大学化学基础

李俊莉 主编

曲靖师范学院无机化学教研组

科学出版社
北京

内 容 简 介

本书是按照大学化学课程的性质和教学目标编写的,根据课程教学改革的要求,突出了化学知识的科普性和应用性。本书内容包括:绪论、气体、化学热力学基础、化学动力学基础、化学平衡、酸碱平衡、沉淀溶解平衡、氧化还原反应、原子结构、分子结构、晶体结构、配位化合物、化学与环境、化学与能源、化学与材料。学生通过本书的学习,对化学学科的特点及其重要作用有一概括了解,从而达到开拓视野、提高科学素养、增加解决复杂问题思路的目的。

本书可作为高等学校化学类及相关专业本科生的大学化学教材,也可供自学者、工程技术人员参考。

图书在版编目(CIP)数据

大学化学基础/李俊莉主编. —北京:科学出版社,2016
ISBN 978-7-03-048358-4

I. ①大… II. ①李… III. ①化学-高等学校-教材 IV. ①O6

中国版本图书馆 CIP 数据核字(2016)第 114992 号

责任编辑:丁 里/责任校对:蒋 萍
责任印制:张 伟/封面设计:迷底书装

科学出版社 出版
北京东黄城根北街 16 号
邮政编码:100717
http://www.sciencep.com

北京东华虎彩印刷有限公司印刷
科学出版社发行 各地新华书店经销
*
2016 年 6 月第 一 版 开本:787×1092 1/16
2017 年 6 月第三次印刷 印张:17 1/2 插页:1
字数:445 000
定价:49.00 元
(如有印装质量问题,我社负责调换)

《大学化学基础》编写委员会

主　编　李俊莉
编　委　(按姓名汉语拼音排序)
　　　　陈　广　成飞翔　侯能邦　李俊莉
　　　　屠长征　杨玉亭　尹红菊

前　言

化学与数学、物理学一样，是经典的自然科学。随着人类的进步和社会的发展，化学已渗透到人类生活的每一个角落，人们已离不开也避不开化学。因此，化学知识是人们生活必不可少的基础知识。但是由于专业发展的需要，很多学校在理学中已经减弱甚至删除了化学课程的设置，此外学生由于种种压力，把更多的时间用于外语以及计算机等工具性课程的学习，而忽视了自然科学在文化素质中的重要作用；尤其是对于化学基础课程重视不够，导致很多人对化学学科产生了误解，而没有意识到化学课程基础作用的重要性。为了适应地方高校人才培养的需要，提高素质教育水平，编者参考国内外普通化学教材，借鉴其理念与做法，结合学生的知识体系水平编写了本书，希望能让更多的人了解化学；也期望通过教材的编写能够促进学校制定专业培养计划时，考虑将大学化学课程列为学生尤其是理工科学生的自然科学基础必修课。

在本书编写过程中参考了多本化学教材，希望能做到教材总体结构布局合理，知识体系简明完整，同时又能够结合地方实际，突出特色。本书内容包括基本原理和实际应用两部分。基本原理包括化学热力学、化学动力学、溶液、四大平衡（酸碱平衡、沉淀溶解平衡、氧化还原和配位平衡）、物质结构等；实际应用主要介绍化学在材料、能源、环境等前沿领域中的应用，体现化学知识的重要性。本书的知识体系起点低，内容衔接跨度小，具体理论内容介绍详细；其次降低了基础理论的深度和难度，尽量避免过度抽象的描述以及深奥的推理，力求做到简明易懂，利于学生自学；书中也适当地增加一些当今世界密切关注、与化学紧密相关的学科内容，如能源、环境、材料与化学的关系等，这样既可以扩大学生的知识面，又使学生感受到化学这门学科对社会发展的责任与作用，从而激发学生的学习兴趣。

本书编写分工如下：李俊莉（绪论，第 2~4 章），屠长征（第 1 章），尹红菊（第 5 章），陈广（第 6、7 章），侯能邦（第 8、9 章），杨玉亭（第 10、11 章），成飞翔（第 12~14 章）。全书由李俊莉统稿。

本书的出版得到曲靖师范学院教务处、化学与环境科学学院以及有关领导的支持和鼓励，在此表示衷心的感谢。

编写本书时曾参考了许多院校的同类教材和公开出版的书刊中的有关内容，在此向有关作者表示深切的谢意。

本书是在教学改革中的一种尝试，由于教改经验不足，认识上还与时代的要求存在一定的差距，加之教材内容涉及多面，限于编者的学识和水平，书中难免有疏漏和不足之处，恳请有关专家、教师与读者批评指正。

编　者
2016 年 4 月

目 录

前言
绪论 ··· 1
0.1 化学是研究物质的科学 ·· 1
   0.1.1 化学的研究对象与内容 ·· 1
   0.1.2 化学研究的目的 ··· 1
   0.1.3 化学在社会发展中的地位与作用 ··· 2
0.2 化学发展简史 ·· 2
   0.2.1 古代化学 ·· 2
   0.2.2 近代化学 ·· 4
   0.2.3 化学的现状 ··· 5
0.3 化学学科的分类 ·· 5
   0.3.1 无机化学 ·· 5
   0.3.2 有机化学 ·· 5
   0.3.3 分析化学 ·· 6
   0.3.4 物理化学 ·· 7
0.4 化学学习方法 ·· 7

第1章 气体 ·· 8
1.1 理想气体定律 ·· 8
   1.1.1 理想气体状态方程式 ·· 8
   1.1.2 理想气体状态方程式的应用 ·· 9
1.2 气体混合物 ·· 10
   1.2.1 分压定律 ··· 10
   1.2.2 分体积定律 ·· 11
   1.2.3 实际气体 ··· 12

第2章 化学热力学基础 ·· 14
2.1 热力学的术语和基本概念 ··· 14
   2.1.1 系统和环境 ·· 14
   2.1.2 状态和状态函数 ··· 15
   2.1.3 过程和途径 ·· 15
   2.1.4 化学反应计量式和反应进度 ·· 15
   2.1.5 热和功 ··· 16
   2.1.6 热力学能 ··· 16
   2.1.7 热力学第一定律 ··· 17

2.2 反应热和反应焓变 ·· 17
2.2.1 焓 ·· 17
2.2.2 热化学方程式 ·· 18
2.2.3 赫斯定律 ··· 19
2.2.4 应用标准摩尔生成焓计算标准摩尔反应焓 ··· 20
2.3 化学反应的方向 ·· 21
2.3.1 自发过程 ··· 21
2.3.2 影响化学反应方向的因素 ·· 21
2.3.3 热化学反应方向的判断 ·· 23

第3章 化学动力学基础 ·· 28
3.1 化学反应速率的概念 ·· 28
3.1.1 化学反应速率及其表示法 ·· 28
3.1.2 定容反应的反应速率 ··· 29
3.1.3 化学反应速率的实验测定 ·· 30
3.2 反应速率理论简介 ·· 30
3.2.1 碰撞理论简介 ·· 30
3.2.2 过渡状态理论简介 ·· 31
3.3 影响化学反应速率的因素 ··· 33
3.3.1 浓度(压力)对化学反应速率的影响 ·· 33
3.3.2 温度对化学反应速率的影响 ··· 36
3.3.3 催化剂对化学反应速率的影响 ·· 37

第4章 化学平衡 ·· 40
4.1 可逆反应和化学平衡 ·· 40
4.1.1 可逆反应 ··· 40
4.1.2 化学反应平衡 ·· 41
4.2 平衡常数 ··· 41
4.2.1 经验平衡常数 ·· 41
4.2.2 标准平衡常数 ·· 44
4.2.3 平衡常数的应用 ·· 46
4.3 化学平衡的移动 ··· 48
4.3.1 浓度对化学平衡的影响 ·· 48
4.3.2 压力对化学平衡的影响 ·· 48
4.3.3 温度对化学平衡的影响 ·· 49
4.3.4 勒夏特列原理 ·· 51

第5章 酸碱平衡 ·· 53
5.1 酸碱理论 ··· 53
5.1.1 酸碱的电离理论 ·· 53
5.1.2 酸碱的质子理论 ·· 53
5.1.3 酸碱的电子理论 ·· 54

5.2 水的解离平衡和溶液的酸碱性 ·· 55
5.2.1 水的解离平衡 ··· 55
5.2.2 溶液的酸碱性 ··· 56
5.3 电解质溶液 ··· 57
5.3.1 强电解质溶液 ··· 57
5.3.2 弱酸、弱碱的解离平衡 ··· 58
5.4 盐的水解 ··· 62
5.4.1 弱酸强碱盐的水解 ··· 62
5.4.2 弱碱强酸盐的水解 ··· 64
5.4.3 弱酸弱碱盐的水解 ··· 65
5.4.4 影响盐类水解的因素 ·· 66
5.5 缓冲溶液 ··· 67
5.5.1 同离子效应和盐效应 ·· 68
5.5.2 缓冲溶液的概念 ··· 69

第 6 章 沉淀溶解平衡 ·· 73
6.1 溶解度和溶度积 ··· 73
6.1.1 溶解度 ··· 73
6.1.2 溶度积 ··· 74
6.1.3 溶度积和溶解度的关系 ··· 75
6.2 溶度积规则 ··· 76
6.3 溶度积规则的应用 ··· 77
6.3.1 沉淀的生成 ··· 77
6.3.2 沉淀的溶解 ··· 77
6.3.3 分步沉淀 ··· 78
6.3.4 沉淀的转化 ··· 79

第 7 章 氧化还原反应 ·· 80
7.1 氧化还原反应的基本概念 ··· 80
7.1.1 氧化数 ··· 80
7.1.2 氧化还原的基本概念 ·· 81
7.1.3 氧化还原反应方程式的配平 ··· 82
7.2 电化学电池 ··· 85
7.2.1 原电池 ··· 85
7.2.2 原电池的组成和表示法 ·· 86
7.2.3 电极类型 ··· 87
7.3 电极电势 ··· 88
7.3.1 电极电势的产生 ··· 88
7.3.2 标准氢电极和甘汞电极 ··· 89
7.3.3 影响电极电势的因素——能斯特方程 ································ 92
7.4 电极电势的应用 ··· 94

- 7.4.1 判断氧化剂和还原剂的强弱 ... 94
- 7.4.2 判断氧化还原反应自发进行的方向 ... 95
- 7.4.3 判断氧化还原的顺序 ... 96
- 7.4.4 求氧化还原反应的平衡常数 ... 97
- 7.4.5 元素电势图 ... 99
- 7.4.6 电势-pH 图 ... 101
- 7.5 电化学基础 ... 103
  - 7.5.1 化学电源 ... 103
  - 7.5.2 电解 ... 106

第8章 原子结构 ... 112
- 8.1 玻尔氢原子理论 ... 112
  - 8.1.1 原子结构理论的发展简史 ... 112
  - 8.1.2 氢原子光谱 ... 113
  - 8.1.3 玻尔氢原子结构理论 ... 114
- 8.2 氢原子结构的量子力学模型 ... 116
  - 8.2.1 微观粒子的特性及其运动规律 ... 116
  - 8.2.2 薛定谔方程 ... 117
- 8.3 多电子原子结构和元素周期律 ... 124
  - 8.3.1 多电子原子轨道能级 ... 124
  - 8.3.2 多电子原子核外电子排布 ... 127
  - 8.3.3 元素周期律概述 ... 132

第9章 分子结构 ... 142
- 9.1 化学键的键参数和分子的性质 ... 142
  - 9.1.1 键参数 ... 142
  - 9.1.2 分子的性质 ... 145
- 9.2 离子键理论 ... 146
  - 9.2.1 离子键的形成与本质 ... 146
  - 9.2.2 离子键的特点 ... 147
  - 9.2.3 离子键的离子性 ... 147
  - 9.2.4 晶格能 ... 148
  - 9.2.5 离子的特征 ... 149
- 9.3 价键理论 ... 151
  - 9.3.1 共价键的本质 ... 152
  - 9.3.2 价键理论的基本要点 ... 153
  - 9.3.3 共价键的特点 ... 153
  - 9.3.4 共价键的类型 ... 154
- 9.4 杂化轨道理论 ... 155
  - 9.4.1 杂化轨道理论的基本要点 ... 156
  - 9.4.2 杂化类型 ... 156

9.5 价层电子对互斥理论 ... 159
9.5.1 价层电子对互斥理论的基本要点 ... 159
9.5.2 价层电子对互斥理论的应用 ... 160
9.6 分子轨道理论 ... 163
9.6.1 分子轨道理论的基本要点 ... 163
9.6.2 分子轨道的类型 ... 164
9.6.3 分子轨道的能级 ... 166
9.6.4 分子轨道理论的应用 ... 166
9.7 金属键 ... 169
9.8 分子间作用力和氢键 ... 169
9.8.1 分子间力 ... 169
9.8.2 氢键 ... 171

第10章 晶体结构 ... 174
10.1 晶体的特征与基本结构类型 ... 174
10.1.1 晶体 ... 174
10.1.2 晶体的内部结构 ... 174
10.2 晶体类型 ... 176
10.2.1 离子晶体 ... 176
10.2.2 原子晶体 ... 182
10.2.3 分子晶体 ... 182
10.2.4 金属晶体 ... 182
10.2.5 混合型晶体 ... 184
10.3 晶体缺陷 ... 185
10.3.1 点缺陷 ... 186
10.3.2 线缺陷 ... 187
10.3.3 面缺陷 ... 187

第11章 配位化合物 ... 189
11.1 配合物的基本概念 ... 189
11.1.1 配合物的定义 ... 189
11.1.2 配合物的组成 ... 190
11.1.3 配合物的命名 ... 193
11.1.4 配合物的类型 ... 193
11.1.5 配合物的异构现象 ... 194
11.2 配合物的结构理论 ... 196
11.2.1 配合物的价键理论 ... 196
11.2.2 晶体场理论 ... 199
11.3 配合物的稳定性 ... 203
11.3.1 配离子的稳定常数 ... 203
11.3.2 稳定常数的应用 ... 204

第 12 章 化学与环境 ... 209
12.1 大气污染及防治 ... 209
12.1.1 大气污染及概况 ... 209
12.1.2 大气污染物 ... 211
12.1.3 综合性大气污染现象 ... 212
12.1.4 大气污染的防治与治理技术 ... 216
12.2 水污染及防治 ... 217
12.2.1 水体污染物 ... 217
12.2.2 水污染的防治 ... 220
12.3 土壤污染及防治 ... 221
12.3.1 土壤的主要污染物 ... 222
12.3.2 土壤污染的防治 ... 223

第 13 章 化学与能源 ... 225
13.1 能源概述 ... 225
13.1.1 能源的分类 ... 225
13.1.2 能源利用概况 ... 225
13.2 常规能源——煤、石油和天然气 ... 226
13.2.1 煤 ... 226
13.2.2 石油和天然气 ... 229
13.3 新能源 ... 230
13.3.1 太阳能 ... 230
13.3.2 氢能 ... 230
13.3.3 地热能 ... 231
13.3.4 风能 ... 232
13.3.5 可燃冰——天然气水合物 ... 232
13.3.6 生物质能 ... 233

第 14 章 化学与材料 ... 234
14.1 材料概述 ... 234
14.1.1 材料的发展过程 ... 234
14.1.2 材料的分类 ... 235
14.2 金属材料 ... 235
14.2.1 钢铁 ... 235
14.2.2 合金 ... 236
14.3 无机非金属材料 ... 240
14.3.1 传统无机非金属材料 ... 240
14.3.2 新型无机非金属材料 ... 242
14.4 有机高分子材料 ... 245
14.4.1 高分子化合物概述 ... 245
14.4.2 普通高分子材料 ... 247

  14.4.3 新型高分子材料 …………………………………………………………… 249
14.5 复合材料 ………………………………………………………………………… 250
  14.5.1 复合材料概述 ……………………………………………………………… 250
  14.5.2 几类先进的复合材料 ……………………………………………………… 251

参考文献 …………………………………………………………………………………… 253

附录 ………………………………………………………………………………………… 254
 附录1 一些常用的物理化学常数 ……………………………………………………… 254
 附录2 常用法定计量单位(部分) ……………………………………………………… 254
 附录3 常用标准热力学数据(298.15K) ……………………………………………… 255
 附录4 常见弱电解质的标准解离常数(298.15K) …………………………………… 259
 附录5 常见难溶电解质的溶度积(298.15K) ………………………………………… 260
 附录6 常见氧化还原电对的标准电极电势 …………………………………………… 261

绪 论

0.1 化学是研究物质的科学

0.1.1 化学的研究对象与内容

世界是由物质构成的，物质是客观存在的东西，也是化学研究的对象。化学是一门试图了解物质的性质和物质发生反应的科学，它从自身特有的特点来研究和认识物质。

物质存在的空间形式有2种：一种是实体性物质(气、液、固态物体乃至社会组织)，另一种是能量性场物质(电场、磁场、引力场等)。实体性物质占有排他性空间，而能量性场物质可以共享空间但同样具有方向性等空间属性，化学研究的物质是实物。实体性物质可以分为若干层次，目前大家公认的为三个层次：宇观、宏观和微观。宇观是指人们用不同波段的天文望远镜及航天飞机上的现代宇宙探测仪器能观察到的宇宙尺度。宏观是指人眼能够直接观察到的尺度，大致从0.1mm到1km。微观是指原子和小分子的尺度范围，我国科学家钱学森建议增加渺观和胀观两个物质层次。化学研究的主要对象是单质、化合物与原子、分子和离子等这个层次的实物。

物质是运动的，整个世界就是永恒运动着的物质世界。自然界和社会的一切形象都是运动着的物质的存在形式。物质的运动形式有多种，化学研究的是物质的化学运动即化学变化，在化学变化中，分子组成或原子、离子等结合方式发生了质变，产生了新物质，这种质变是由分子中原子或离子的外层电子运动状态改变而引起的，但各元素原子核均不改变，因此不会产生新的元素。

物质的性质是由它的组成和结构决定的，研究化学变化必须研究物质的组成和结构。因为在化学变化过程中往往伴随着能量的吸收或释放，所以研究化学变化还必须了解变化与能量的关系。

由此可见，化学是一门在原子、分子或离子的层次上研究物质的组成、结构、性能、相互变化以及变化过程中能量关系的科学。

0.1.2 化学研究的目的

人类社会赖以生存和发展的基础是物质资料的生产，自然界的物质有的可以直接被人们利用，如石油、煤等可以直接作为燃料；而有些物质则必须经过加工处理，才能成为有用的物质，如铁矿石只有经过加工才能成为用途极广的钢铁；有些能直接利用的物质经过加工，也可以变成有其他用途的物质。这些加工处理的方法，有很多都属于化学的方法。因此，化学研究的目的在于通过对实验的观察来认识物质的化学变化规律，并将这些规律应用于实际的化工生产中，以便人们从廉价而丰富的天然资源中提取有用的物质和制备人工产品，从而满足社会生产和人们生活的需要。

0.1.3 化学在社会发展中的地位与作用

化学是使人类继续生存的关键科学，是自然科学的中心科学，是一门满足社会需要的中心科学，因为它与人类的生活和社会的发展息息相关。

化学对人类的生存和社会的发展具有重大的意义，化学与人类的生活息息相关，人们的衣食住行都离不开化学，我们生活在化学的世界里。化学与社会的发展息息相关，社会的发展依赖于农业、工业、国防、科学技术现代化的发展，而农业、工业、国防、科学技术现代化的发展又离不开化学的发展。例如，化肥、农药、植物生长素、除草剂等，这些化学产品可以使产量大大提高，并且改变了耕作方式，更重要的是它解决了我们十多亿的人口大国的吃饭问题。社会的发展同时依赖于工业和国防现代化的发展，而工业和国防现代化的发展又依赖于化学的发展。例如，在国防现代化中，制作导弹、卫星、原子弹、氢弹需要各种性能优异的金属材料、非金属材料和高分子材料，这些材料在自然界不存在，必须通过化学合成才能获得；导弹、卫星、原子弹、氢弹所需的高能燃料、高能电池、高敏胶片和耐辐射材料等也都必须通过化学合成获得。

现在的能源主要来自煤、石油和天然气。它们既是当前的主要能源，又是主要的化工原料。煤的气化和液化、石油的炼制与石油化工产品的生产都离不开化学。能源的消耗量急剧增加，人类不得不加快开发新的能源，其中核能、太阳能、氢能是三种重要能源，这三种能源的开发利用需要化学。

材料是一切科学技术的物质基础。化学对于促进科学技术进步的一个重要作用，就是向科学技术的各个领域提供各种优质材料。从"传统材料"钢铁、铝、其他合金、塑料、合成纤维、合成橡胶，到各种各样具有特殊的光、电、磁、声、热、气或力学功能的"特殊材料"都离不开化学。这些材料被用于电子信息、生物医学、新型能源、生态环境和航空航天等领域。

现代工业生产给人类创造了巨大的物质财富。与此同时，工业废气、废水、废渣的排放以及使用工业制品后的废弃物却造成了日益严重的环境污染，这些污染既直接危害了人类，扩散后又破坏了生态平衡，长期地影响人类的生存。要解决化学工业造成的环境污染问题，还要靠化学自身的进步。这就要求人们一方面应注意降低各种工业过程的废物排放指标，排放的废料应做净化处理；另一方面应重视开发无污染或少污染的产品。

正如《化学的今天和明天》的作者，美国著名化学家布雷斯洛(Breslow)所说的那样："化学是最古老的学科之一，经过化学家的辛勤劳动，它必将成为最新的中心学科之一"。

0.2 化学发展简史

自从有了人类，化学便与人类结下了不解之缘。钻木取火、用火烧煮食物、烧制陶器、冶炼青铜器和铁器等都是化学技术的应用。正是这些应用，极大地促进了当时社会生产力的发展，成为人类进步的标志。

0.2.1 古代化学

1. 实用化学时期(公元前后)

科学的发生及发展进程归根到底是由生产所决定的。化学起源于几个古代科学文化发达的国家。古代化学的特点是实用化学，如制作陶瓷器、冶炼金属、制造火药、造纸、染色和酿酒等。这一时期的化学工艺以中国、印度、埃及等国家最为突出。应当指出，汉代的造纸术、唐代的火药以及汉唐以来的制瓷技术，堪称中国古代化学工艺的三大发明，它标志着我国古代劳动人民对化学的产生作出了重要贡献。

在这一时期，人们已开始对物质的构成和相互关系提出了种种观点。最早尝试解答这个问题的是我国商朝末年的西伯昌（约公元前1140年），以阴阳八卦来解释物质的组成，他认为："易有太极，易生两仪，两仪生四象，四象生八卦"。

约公元前1400年，西方的自然哲学提出了物质结构的思想。希腊的泰立斯认为水是万物之母；黑拉克里特斯认为，万物是由火生成的；亚里士多德在《发生和消灭》一书中论证物质构造时，以四种"原性"作为自然界最原始的性质，它们分别是热、冷、干、湿，把它们成对地组合起来，便形成了四种"元素"：水、火、气、土，然后构成了各种物质。

2. 炼丹术与炼金术（公元前后～公元1500年）

当封建社会发展到一定的阶段，生产力有了较大提高时，统治阶级对物质享受的要求也越来越高，皇帝和贵族自然而然地产生了两种奢望：第一，希望掌握更多的财富，供他们享乐；第二，当他们有了巨大的财富以后，总希望永远享用下去，于是便有了长生不老的愿望。例如，秦始皇统一中国以后，便迫不及待地寻求长生不老药，不但让徐福等出海寻找，还召集了一大帮方士（炼丹家）日日夜夜为他炼制丹砂——"长生不老药"。

炼金家想要点石成金（用人工方法制造金银）。他们认为，可以通过某种手段把铜、铅、锡、铁等贱金属转变为金、银等贵金属。希腊的炼金家就把铜、铅、锡、铁熔化成一种合金，然后把它放入多硫化钙溶液中浸泡，于是在合金表面便形成了一层硫化锡，它的颜色酷似黄金（现在，金黄色的硫化锡称为金粉，可用作古建筑等的金色涂料）。这样，炼金家主观地认为"黄金"已经炼成了。实际上，这种仅从表面颜色而不从本质来判断物质变化的方法是自欺欺人，他们从未达到"点石成金"的目的。

虽然炼丹家和炼金家的原始出发点是为统治阶级包括他们自己牟取利益，但是在这过程中他们夜以继日地做这些最原始的化学实验，必定需要大批实验器具，于是，他们发明了蒸馏器、熔化炉、加热锅、烧杯及过滤装置等。他们还根据当时的需要，制造出很多化学药剂、有用的合金或治病的药，其中很多都是今天常用的酸、碱和盐。为了把实验的方法和经过记录下来，他们还创造了许多技术名词，写下了许多著作。正是这些理论、化学实验方法、化学仪器以及炼丹、炼金著作，开创了化学这门科学的先河。

3. 医药化学时期（公元1500～1700年）

16世纪初期，欧洲生产力发展很快，封建社会向资本主义社会发展，商业的兴盛和生活本身提出新的要求，迫使化学要发展新的方向，欧洲人放弃了炼金术、炼丹术，开始了制药。巴拉塞尔斯写道："化学的目的并不是制作金子和银子，而是制造药剂"。当时用化学法制得了许多无机药剂，成功地医治了许多疾病。

我国明代医药化学家、医生李时珍著有一药物巨著《本草纲目》，书中广泛涉及医学、药物学、生物学、矿物学、化学、环境与生物、遗传与变异等诸多科学领域。在化学史上，它较早地记载了纯金属、金属、金属氯化物、硫化物等一系列的化学反应，同时又记载了蒸馏、结晶、升华、沉淀、干燥等现代化学中应用的一些操作方法。李时珍还指出，月球和地球一样，都是具有山河的天体，"窃谓月乃阴魂，其中婆娑者，山河之影尔"。《本草纲目》不仅是我国的一部药物学巨著，也是我国古代乃至世界的百科全书。

4. 燃素学说时期（公元 1700～1774 年）

1700 年，斯塔尔（Stahl）提出了燃素学说。他认为能燃烧的物质里都含有一种燃素，物质燃烧就失去燃素，在矿石中加入燃素，就可以得到金属。这一学说，在某种程度上统一说明了当时积累的几乎全部实验材料。他的功绩是彻底清除了亚里士多德的原性学说，但本身存在着致命的缺点：所有被氧化的物质总比被氧化前重，这与预期的结果相反。1774 年在燃素学说失败以后，拉瓦锡提出了氧化理论。实验证实：燃烧不是放出燃素，相反，是燃烧物质和空气中的氧所起的化合反应，由此萌发了近代化学。

0.2.2 近代化学

近代化学时期的到来首先应归功于天平的使用，发展中心在欧洲。它使化学的研究进入了定量的阶段，出现了一系列的基本定律和原子分子学说。在这段时期有 4 位科学家最具代表性。

(1) 英国科学家波义尔（Boyle，1627—1691）确立了化学元素的新概念，把化学确定为科学。他把观察、实验的科学方法结论运用到化学中，他认为：我所指的元素乃是具有确定性质的、实在的、可觉察到的实物，是不能用一般的化学方法再分解为简单的物体的实物。恩格斯给予波义尔很高的评价："波义尔把化学确定为科学"。

(2) 法国化学家拉瓦锡（Lavoisier，1743—1794）提出燃烧是氧化过程的理论。他运用系统的实验定量分析方法，提出燃烧是氧化过程的重大化学理论。该理论彻底否定了统治百年之久的物质燃烧过程中总有某种"燃素"逸出的错误观点。拉瓦锡做了大量的燃烧实验，从而证明了化学过程中的物质不灭定律。

(3) 英国化学家道尔顿（Dalton，1766—1844）提出原子论。道尔顿出生在英国西部的一个农民家庭，没有受过正式教育。从 14 岁开始当小学教师助手，后来终身当教师，且是色盲。1808 年，他在前人的质量守恒定律、定组成定律和自己的倍比定律的基础上提出了原子学说："一切物质都是由分子组成的，分子是保持原有物质一切化学性质的最小微粒；各种分子又是由更小的粒子——原子组成的。"他的原子学说的主要论点在今天已是家喻户晓的常识。已故著名化学家、两次诺贝尔奖获得者鲍林说过："在所有的化学领域中，最为主要的是原子学说。"恩格斯指出："化学中的新时代是从原子论开始的"（所以近代化学的始祖不是拉瓦锡，而是道尔顿）。1811 年，阿伏伽德罗（Avogadro，1776—1856）提出分子假说以后，进一步充实了原子-分子学说，为物质结构理论的研究奠定了基础。

(4) 俄国化学家门捷列夫（Mendeleev，1834—1907）创立元素周期律。1869 年，门捷列夫把当时已知的 63 种元素按相对原子质量和化学性质之间的递变规律排列起来，组成了一个元素周期系，并找出了它的规律——元素周期律。这一工作不仅使无机化学形成了比较完整的体系，而且与原子-分子学说相结合，形成了化学理论体系，奠定了现代无机化学的基础。今天我们在研究物质的结构和性质时，通常离不开元素周期律。

在这一时期，化学从经验上升到理论，化学至此才真正被确立为一门独立的科学，并且出现了无机化学、有机化学、分析化学和物理化学等分支学科。

0.2.3 化学的现状

19世纪90年代至21世纪以来为现代化学时期。在现代化学时期，化学开始从宏观领域进入微观领域，把宏观和微观的研究结合起来，可以更深刻地揭示物质结构和化学现象的本质。微观化学从量子化学、结构化学和核化学三个方向发展并向许多方面渗透，特别是表现在化学动力学、生命化学和元素的人工合成等方面。在实验技术上，由于物理学的发展和生产水平的提高，各种先进新型仪器设备相继出现，从而促进化学实验水平的全面提高。化学研究向从描述到推理、从宏观到微观、从定性到定量、从静态到动态、从单一到综合的方向发展。

现代化学的发展速度快，化学成果和水平的变化日新月异。从20世纪开始，化学在迅速发展的原子物理学和后来的量子力学的推动下，致力于从电子层次解释和预测分子的结构和性质，由此产生的量子化学以及关联领域得到迅速发展。人们以为物质世界的一切结构和性质都能在量子力学基础上解释和预测。现代化学突破了原有化学的研究范围，同其他基础学科相互交叉、结合为许多分支学科或边缘学科。现代化学正是站在化学发展的交叉性、边缘性的前沿来预测化学的发展，分析其基本特点。

0.3 化学学科的分类

化学学科是最古老和涉及范围最广的学科之一，积累了大量人类的知识，具有广阔的发展前景。尽管各化学学科之间的界限不是很分明，而且各学科之间彼此交叉，由于研究方法目标和目的不同，有必要将化学进行分类。按传统分类，可将化学分为四大分支：无机化学、有机化学、分析化学和物理化学，下面做简要介绍。

0.3.1 无机化学

无机化学是研究无机物质的组成、性质、结构和反应的科学，它是化学中最古老的分支学科。无机物质包括所有化学元素及其化合物，大部分的碳化合物除外（除二氧化碳、一氧化碳、碳酸、二硫化碳、碳酸盐等简单的碳化合物仍属无机物质外，其余均属于有机物质），即无机化学是除碳氢化合物及其衍生物外，对所有元素及其化合物的性质和它们的反应进行实验研究和理论解释的学科，是化学学科中发展最早的一个分支学科。

20世纪50年代以来，随着原子能工业、电子工业、宇航、激光等新兴工业的兴起，对具有特殊电、磁、光、声、热或力学性能的新型无机材料的需求也日益增加，从而建立了大规模的无机新材料工业体系；另外，随着结构理论（化学键理论、配合物）的发展、现代物理方法的引入和无机化学与其他学科的互相渗透，产生了一系列新的边缘学科，无机化学又得到了新的发展。

0.3.2 有机化学

有机化学是研究有机化合物的来源、制备、结构、性质、应用以及有关理论的科学，又称碳化合物的化学,是化学中极重要的一个分支。"有机化学"这一名词于1806年首次由伯齐利厄斯提出,当时是作为"无机化学"的对立物而命名的。

19世纪初,许多化学家相信,在生物体内由于存在所谓"生命力",才能产生有机化合物,而在实验室里是不能由无机化合物合成的。1824年,德国化学家韦勒从氰经水解制得草酸;1828年,他无意中用加热的方法又使氰酸铵转化为尿素。氰和氰酸铵都是无机化合物,而草酸和尿素都是有机化合物。韦勒的实验结果给予"生命力"学说第一次冲击。此后,乙酸等有机化合物相继由碳、氢等元素合成,"生命力"学说才逐渐被人们抛弃。由于合成方法的改进和发展,越来越多的有机化合物不断地在实验室中合成出来,其中绝大部分是在与生物体内迥然不同的条件下合成出来的。"生命力"学说逐渐被抛弃,"有机化学"这一名词却沿用至今。

在有机化学发展的初期,有机化学工业的主要原料是动植物体,有机化学主要研究从动植物体中分离有机化合物。19世纪中到20世纪初,有机化学工业逐渐变为以煤焦油为主要原料。合成染料的发现,使染料、制药工业蓬勃发展,推动了芳香族化合物和杂环化合物的研究。30年代以后,以乙烯为原料的有机合成兴起。40年代前后,有机化学工业的原料又逐渐转变为以石油和天然气为主,发展了合成橡胶、合成塑料和合成纤维工业。由于石油资源日趋枯竭,以煤为原料的有机化学工业将重新发展。当然,天然的动植物和微生物体仍是重要的研究对象,未来有机化学的发展首先是研究能源和资源的开发利用问题。有机化学作为最大的化学分支学科,正朝着高选择合成、天然复杂有机物的合成与分离、有机金属化合物的研究开发等领域不断前进。

0.3.3 分析化学

分析化学是研究获取物质化学组成与结构信息的分析方法及相关理论的一门学科,是化学学科的一个重要分支。分析化学以化学基本理论和实验技术为基础,并吸收物理、生物、统计、电子计算机、自动化等方面的知识以充实本身的内容,从而解决科学、技术所提出的各种分析问题。分析化学的主要任务:鉴定物质的化学组成(元素、离子、官能团、或化合物)、确定物质的结构(化学结构、晶体结构、空间分布)、测定物质的有关组分的含量和存在形态(价态、配位态、结晶态)及其与物质性质之间的关系等。

分析化学这一名称虽创自波义尔,但其实践运用与化学工艺的历史同样古老。古代冶炼、酿造等工艺的高度发展,都是与鉴定、分析、制作过程的控制等手段密切联系在一起的。在东、西方兴起的炼丹术、炼金术等都可视为分析化学的前驱。在科学史上,分析化学曾经是研究化学的开路先锋,它对元素的发现、相对原子质量的测定等都曾作出重要贡献。但是,直到19世纪末,人们还认为分析化学尚无独立的理论体系,只能算是分析技术,不能算是一门学科。20世纪以来,分析化学经历了三次巨大变革,确立了自己的学科地位,分析化学已由单纯提供数据,上升到从分析数据中获取有用的信息和知识,成为生产和科研中实际问题的解决者。现代分析化学已突破了纯化学领域,它将化学与数学、物理学、计算机学及生物学紧密地结合起来,发展成为一门多学科性的综合学科。

0.3.4 物理化学

物理化学是以丰富的化学现象和体系为对象，用物理的原理和实验技术探索、归纳和研究化学的基本规律和理论，构成化学科学的理论基础。物理化学的水平在相当大程度上反映了化学发展的深度。

1752年，"物理化学"这个概念被俄国科学家罗蒙索诺夫在圣彼得堡大学的一堂课程上首次提出。一般认为，物理化学作为一门学科的正式形成，是从1877年德国化学家奥斯特瓦尔德和荷兰化学家范特霍夫创刊的《物理化学杂志》开始的。从这一时期到20世纪初，物理化学以化学热力学的蓬勃发展为特征。随着科学的迅速发展和各门学科之间的相互渗透，物理化学与物理学、无机化学、有机化学之间存在着越来越多的互相重叠的新领域，从而不断地派生出许多新的分支学科，如物理有机化学、生物物理化学、化学物理学等。物理化学还与许多非化学的学科有着密切的联系，如冶金过程物理化学、海洋物理化学。物理学和数学的成就，加上计算机技术的飞速发展，为物理化学的发展提供了新的领域。

0.4 化学学习方法

化学是人类生活、生产活动中十分活跃、积极的学科，其应用渗透到生活、生产和现代高新技术开发的各个领域。日益提高的现代化生活，要求我们必须懂得化学，以便合理使用各种化学制品，科学地安排生活，提高生活质量。现代科学技术在高层次上走向综合化和整体化，交叉科学不断涌现，化学将更加广泛深入地同各个工程技术学科相互渗透，并相互促进发展。学习大学化学，就是为了掌握物质发生化学变化的规律，改变物质的性能，甚至使一些物质变废为宝，变一用为多用，化害为利，从而充分利用自然资源，创造出更多更好的新产品。化学是全面发展的人才知识、素质和能力结构中必不可少的重要组成部分。

本书内容主要包括化学反应的基本原理、物质结构基础以及化学的基础应用三部分，基本原理和物质结构是化学的基础理论，基础理论部分又分为宏观理论和微观理论，学习宏观理论时应注意弄清有关概念、定律的意义、应用条件与范围，分清它们的差别，知道其相互关系，不可混淆。学习微观理论时，要通过自己的想象力，在头脑中建立起一套微观体系模型，才能使通常认为抽象难懂的原子、分子结构理论迎刃而解。本书也介绍了化学在当今重点关注、快速发展的重大学科(环境、能源、材料等)中的交叉渗透和应用，反映化学在社会发展和科技进步中的重要地位与作用。

化学学科的形成和发展，起源于实验又依赖于实验，是一门以实验为基础的自然学科，是一门应用性极强的学科。实践是检验真理的最高标准，是认识世界的基础。人们要想认识世界，就必须实践。物质世界中千变万化的化学现象都是通过化学实验观察到的，化学中的一些学说、定律都是在实验的基础上综合归纳而得到的，并且在实验中鉴别修正，反过来再指导实验。化学的实验性强，也有自身的理论，化学设有理论课和实验课，它们是一个整体，是互相补充和完善的，学习中不能偏废。实验可以加深感性认识，而理论可以加深对感性认识的理解。

第1章 气　　体

物质的聚集状态是实物的存在形式，在通常的温度和压力下，气体、液体和固体是物质存在的三种状态。在特殊条件下，物质还可以其他形态(等离子态、超高密度态)存在。与液体、固体相比，气体是物质的一种较简单的聚集状态。许多生化过程和化学过程都是在空气中发生的，动物的呼吸、植物的光合作用、燃烧、生物固氮等都与空气密切相关；在实验研究和工业生产中，许多气体参与了重要的化学反应。在认识世界的历史长河中，科学家首先对气体的研究给予了特别的关注。

1.1　理想气体定律

气体的性质最简单，气态也是人们迄今研究和了解得较为全面的一种状态。理论和实践均已证明，气体由许多快速、独立和无规则运动着的分子组成。

气体有两个显著的特征：一是扩散性。当把一定量气体放入一真空容器时，它会很快充满整个容器空间，均匀分布；如果容器中原来已经有了另一种气体，则后加入的气体分子将很快与其均匀混合。二是可压缩性。对气体施加压力时，其体积就会相应地缩小，温度和压力显著地影响气体的体积。这说明气体分子处于运动之中，分子间距离较大，密度很小。在科学研究和生产技术上，研究温度和压力对气体的影响显得十分重要。

1.1.1　理想气体状态方程式

理想气体是分子之间没有相互吸引和排斥，分子本身的体积相对于气体所占有体积完全可以忽略的一种假想情况。描述理想气体的性质经常用气体的压力(p)、体积(V)、温度(T)和物质的量(n)等物理量，低压下气体的几个经验定律可以说明几个物理量之间的关系。

(1) 波义尔定律：在定温下，一定量气体的体积V与压力p成反比，即$V \propto 1/p$。

(2) 查理-盖·吕萨克(Charles-Gay-Lussac)定律：在恒压下，一定量气体的体积V与温度成正比，即$V \propto T$。

(3) 阿伏伽德罗定律：在同温同压下，相同体积的气体含有相同的分子数，即$V \propto n$。

将三个定律结合起来，可以得到一个能描述一定量气体的四个变量间相互关系的方程式，称为理想气体状态方程式，其表示形式为

$$pV = nRT \tag{1-1}$$

式中，p为气体的压力，单位为帕(Pa)；V为体积，单位为立方米(m^3)；n为物质的量，单位为摩(mol)；T为热力学温度，单位为开(K)；R为摩尔气体常量。

在标准状况下，$p = 1.013\,25 \times 10^5$ Pa，$T = 273.15$ K，1 mol气体的摩尔体积$V = 22.414 \times 10^{-3}$ m^3，则R值可求得

$$R = \frac{pV}{nT} = \frac{1.01325 \times 10^5 \text{Pa} \times 22.414 \times 10^{-3} \text{m}^3}{1\text{mol} \times 273.15\text{K}} = 8.314 \text{Pa} \cdot \text{m}^3 \cdot \text{K}^{-1} \cdot \text{mol}^{-1}$$
$$= 8.314 \text{J} \cdot \text{mol}^{-1} \cdot \text{K}^{-1}$$

R 的数值取决于 p 和 V 的单位，上述是最常用的单位。

对于真实气体，分子本身有体积，分子间有作用力，因此真实气体的行为不可能在任何条件下都服从理想气体状态方程式，只有在高温（>273K）、低压（<1.01325×10⁵Pa）下，才能较好地服从理想气体状态方程式。

1.1.2 理想气体状态方程式的应用

根据 $pV = nRT$ 可以确定气体所处的状态或状态变化。

1. 计算 p、V、T、n 四个物理量之一

> **【例 1-1】** 将 2.50g XeF_4 气体在 353.15K 时导入体积为 3.00L 的真空容器中，求该气体的压力。
>
> **解** 根据 $pV = nRT = \frac{m}{M}RT$，得
>
> $$p = \frac{mRT}{MV} = \frac{2.50\text{g} \times 8.314 \text{J} \cdot \text{mol}^{-1} \cdot \text{K}^{-1} \times 353.15\text{K}}{207.3 \text{g} \cdot \text{mol}^{-1} \times 3.00 \times 10^{-3} \text{m}^3} = 1.18 \times 10^4 \text{Pa}$$

利用 $pV = nRT$ 方程式计算时，适用于温度不太低、压力不太高的真实气体。

2. 气体摩尔质量、相对分子质量的计算，并由此推断其分子式

利用理想气体状态方程式，可得

$$M = \frac{m}{pV}RT \tag{1-2}$$

> **【例 1-2】** 在 293K 和 9.87×10⁴Pa 下，一气体样品占有 4×10⁻⁴m³ 体积，其质量为 0.842g，试求该气体的相对分子质量。
>
> **解** 根据 $pV = nRT = \frac{m}{M}RT$，得
>
> $$M = \frac{mRT}{pV} = \frac{0.842\text{g} \times 8.314 \text{Pa} \cdot \text{m}^3 \cdot \text{mol}^{-1} \cdot \text{K}^{-1} \times 293\text{K}}{9.87 \times 10^4 \text{Pa} \times 4 \times 10^{-4} \text{m}^3} = 51.95 \text{g} \cdot \text{mol}^{-1}$$

该气体的相对分子质量为 51.95。

3. 气体密度的计算

利用理想气体定律，可在已知温度和压力下，计算气体的密度：

$$\rho = \frac{pM}{RT} \tag{1-3}$$

由此可知，理想气体定律形式变换后，可以反映各种气体的个性，这种个性可从摩尔质

量上反映出来，气体的摩尔质量越大，则该气体的密度也越大。

1.2 气体混合物

在生产和科学研究中，人们常接触的是混合气体。例如，空气是氮气、氧气、二氧化碳、稀有气体等几种气体的混合物；合成氨的原料气体是氮气和氢气的混合物；用排水法制得的气体也是被该温度下的水蒸气所饱和的混合气体。那么，这些互不作用混合均匀的混合气体是否遵循理想气体定律呢？

1.2.1 分压定律

英国科学家道尔顿通过对大气中水蒸气压力变化的研究，于 1807 年指出了有关混合气体分压的经验定律——道尔顿分压定律。该定律表述如下：混合气体的总压力等于组成混合气体的各气体的分压之和。其数学表达式为

$$p_\text{总} = p_1 + p_2 + p_3 + \cdots + p_i = \sum_{i=1}^{n} p_i \tag{1-4}$$

式中，$p_1, p_2, p_3, \cdots, p_i$ 表示各组分气体的分压。

分压是指混合气体中的某种气体单独占有与混合气体相同体积时所产生的压力。设组分气体遵循理想气体定律，则

$$p_i = n_i RT / V$$

$$\begin{aligned} p_\text{总} &= p_1 + p_2 + p_3 + \cdots + p_i \\ &= n_1 RT/V + n_2 RT/V + n_3 RT/V + \cdots + n_i RT/V \\ &= (n_1 + n_2 + n_3 + \cdots + n_i)RT/V \\ &= \sum_{i=1}^{n} n_i RT / V \end{aligned}$$

在混合气体中，如果组分气体 B 和混合气体的物质的量分别为 n_B 和 n，那么它们的压力分别为

$$p_B = n_B RT / V$$

$$p_\text{总} = n_\text{总} RT / V$$

两式相除可得

$$\frac{p_B}{p_\text{总}} = \frac{n_B}{n_\text{总}} = x_B$$

式中，$\dfrac{n_B}{n_\text{总}}$ 为组分气体 B 的摩尔分数，这样

$$p_B = x_B p_{总} \tag{1-5}$$

由此得出：混合气体中某组分气体的分压等于混合气体的总压力乘以该组分气体的摩尔分数。

道尔顿分压定律是由理想气体状态方程式推导出来的，所以仅适用于理想气体混合物。对低压下的气体混合物，可近似地适用。根据道尔顿分压定律可以计算混合气体的总压力，也可以由总压力求组分气体的分压。

> **【例 1-3】** 在潜水员自身携带的水下呼吸器中充有氧气和氦气混合气体（氮气在血液中溶解度较大，易导致潜水员患上气栓病，所以用氦气代替氮气）。对一特定的潜水操作来说，将 25℃、0.10MPa 的 46L O_2 和 25℃、0.10MPa 的 12L He 充入体积为 5.0L 的储罐中，计算 25℃下在该罐中两种气体的分压和混合气体的总压。
>
> **解** 混合前后温度保持不变，氦气和氧气的物质的量不变。
>
> 混合前，$p_1(O_2) = p_1(He) = 0.10\text{MPa}, V_1(O_2) = 46L, V_2(He) = 12L$
>
> 混合气体总体积 $V=5.0L$，则其中
>
> $$p(O_2) = \frac{p_1(O_2)V_1(O_2)}{V_2(O_2)} = \frac{0.10\text{MPa} \times 46L}{5.0L} = 9.2 \times 10^2 \text{kPa}$$
>
> $$p(He) = \frac{0.10\text{MPa} \times 12L}{5.0L} = 2.4 \times 10^2 \text{kPa}$$
>
> $$p = p(O_2) + p(He) = (9.2 + 2.4) \times 10^2 \text{kPa} = 1.16 \times 10^3 \text{kPa} = 1.16 \text{MPa}$$

1.2.2 分体积定律

在混合气体中，各组分气体的相对含量也可以用组分气体的分体积或体积分数来表示。19 世纪阿马格（Amage）指出，混合气体的体积等于各组分的分体积之和。其数学表达式为

$$V_{总} = V_1 + V_2 + V_3 + \cdots + V_i = \sum_{i=1}^{n} V_i \tag{1-6}$$

混合气体中某一组分 B 的分体积 V_B 是该组分单独存在并具有与混合气体相同温度和压力时所占有的体积。由气体定律知

$$V_i = n_i RT / p_{总}$$

则

$$V_{总} = \frac{n_1 RT}{p_{总}} + \frac{n_2 RT}{p_{总}} + \frac{n_3 RT}{p_{总}} + \cdots + \frac{n_i RT}{p_{总}} = \sum_{i=1}^{n} \frac{n_i RT}{p_{总}}$$

在实际应用中，把各组分气体的分体积与总体积的比值称为体积分数，用 $V_i/V_{总}$ 表示，可知

$$\frac{V_i}{V_{总}} = \frac{n_i}{n_{总}} = x_i$$

$$V_i = x_i V_总 \tag{1-7}$$

由式(1-7)可知，组分气体在混合气体中的体积分数等于组分气体的摩尔分数，可据此计算混合气体中组分气体的分体积。

【例 1-4】 由 NH_4NO_3 分解制氮气，在 296K、$9.56×10^5$Pa 压力下，用排水集气法收集到 0.0575L 氮气，计算：

(1) 氮气的分压。
(2) 干燥后氮气的体积（已知水在 296 K 时的饱和蒸气压为 $2.81×10^3$ Pa）。

解 (1) $p_{N_2} = p_总 - p_{H_2O} = 9.56×10^5 - 2.81×10^3 = 9.53×10^5 (Pa)$

(2) 经干燥后的氮气，在总压力不变的情况下除去了水蒸气，此时的体积是其分体积。

由 $p_{N_2} V_总 = p_总 V_{N_2}$ 得

$$V_{N_2} = \frac{p_{N_2} V_总}{p_总} = \frac{9.53×10^5 × 0.0575}{9.56×10^5} = 0.0573(L)$$

1.2.3 实际气体

严格来讲，理想气体状态方程式仅适用于理想气体，对于实际气体，只有在低压和较高温度下才近似正确。实验发现在高压和低温下，实际气体的行为与理想气体定律有偏差。压力越高或温度越低，偏差越大，而且在同样温度和压力下不同气体的偏差程度不同(图 1-1)。

由于实际气体偏离理想气体行为，所以在进行精确计算时不能应用理想气体状态方程式。那么，应该采用什么样的状态方程式来描述实际气体的行为呢？

到目前为止，人们所提出的实际气体状态方程式已有 200 多种。其中以 1873 年荷兰科学家范德华(van der Waals)提出的方程式被人们重视：

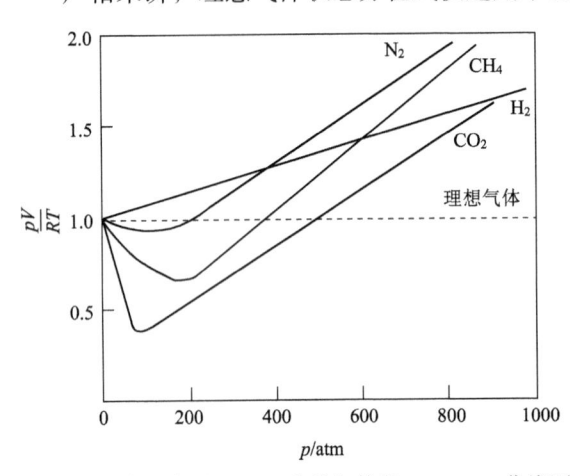

图 1-1 指定温度下，1mol 几种气体的 pV/RT-p 曲线图
$1atm = 1.013\ 25 × 10^5 Pa$

$$\left(p + \frac{n^2 a}{V^2}\right)(V - nb) = nRT \tag{1-8}$$

此方程式称为范德华气体状态方程式。该方程式针对引起实际气体与理想气体产生偏差的两个主要原因，即实际气体分子自身体积和分子间作用力，在理想气体状态方程式中引入 $\frac{n^2 a}{V_2}$ 和 nb 两个校正项得出。所得两个校正项分别校正了分子间引力和分子本身的体积对气体行为的影响。a 和 b 是两个常数，称为范德华常数，常数 a 为校正压力，常数 b 为校正体积，均可由实验确定。表 1-1 列出了一些气体的范德华常数。

表 1-1　一些气体的范德华常数

气体	$a/(\times 10^{-1}\text{Pa}\cdot\text{m}^6\cdot\text{mol}^{-2})$	$b/(\times 10^{-4}\text{m}^3\cdot\text{mol}^{-1})$
He	0.03457	0.2370
H_2	0.2476	0.2661
Ar	1.363	0.3219
O_2	1.378	0.3183
N_2	1.408	0.3913
CH_4	2.283	0.4278
CO_2	3.64	0.4267
HCl	3.716	0.4081
NH_3	4.225	0.3707
NO_2	5.354	0.4424
H_2O	5.536	0.3049
C_2H_6	5.562	0.6380
SO_2	6.803	0.5636
C_2H_5OH	12.18	0.8407

【例 1-5】 试分别用理想气体状态方程式和范德华气体状态方程式计算 1.00mol N_2 在 273.15K、体积为 $70.3\times10^{-6}\text{m}^3$ 时的压力。

解 已知 $T=273.15\text{K}$，$V=70.3\times10^{-6}\text{m}^3$，$n=1.00\text{ mol}$

由表 1-1 查得 N_2 的 $a=0.1408\text{Pa}\cdot\text{m}^6\cdot\text{mol}^{-2}$，$b=0.3913\times10^{-4}\text{m}^3\cdot\text{mol}^{-1}$

$$p_1=\frac{nRT}{V}=\frac{1.00\text{mol}\times8.314\text{J}\cdot\text{mol}^{-1}\cdot\text{K}^{-1}\times273.15\text{K}}{70.3\times10^{-6}\text{m}^3}=3.23\times10^7\text{Pa}$$

$$p_2=\frac{nRT}{V-nb}-\frac{n^2a}{V^2}$$

$$=\frac{1.00\text{mol}\times8.314\text{J}\cdot\text{mol}^{-1}\cdot\text{K}^{-1}\times273.15\text{K}}{70.3\times10^{-6}\text{m}^3-1.00\text{mol}\times0.3913\times10^{-4}\text{m}^3\cdot\text{mol}^{-1}}-\frac{(1.00\text{mol})^2\times0.1408\text{Pa}\cdot\text{m}^6\cdot\text{mol}^{-2}}{(70.3\times10^{-6}\text{m}^3)^2}$$

$$=7.29\times10^7\text{Pa}-2.85\times10^7\text{Pa}$$

$$=4.44\times10^7\text{Pa}$$

习　题

1. 在 273.15K 和 $1.01325\times10^5\text{Pa}$ 压力下，测得某气体的密度为 $1.340\text{g}\cdot\text{L}^{-1}$，在一实验中测得这种气体的组成是 C 79.8%和 H 20.2%。求此化合物的分子式。

2. 在相同条件下，2.00L 某气体重 3.04 g，8.00L N_2 重 10.00g，求该气体的相对分子质量。

3. 在 293K 和 $9.33\times10^4\text{Pa}$ 条件下，在烧瓶中称量某物质的蒸气得到下列数据，烧瓶容积为 $2.93\times10^{-4}\text{m}^3$，烧瓶和空气的质量为 48.3690g，烧瓶与该物质蒸气质量为 48.5378g，且已知空气的平均相对分子质量为 29，计算此物质的相对分子质量。

4. 在容积为 50.0L 的容器中，充入 140.0g 的 CO 和 20.0g 的 H_2，温度为 300K。试计算：
   (1) CO 和 H_2 的分压。
   (2) 混合气体的总压。

5. 在 290K 和 $1.01\times10^5\text{Pa}$ 时，水面上收集了 0.15L 氮气。经干燥后重 0.172g，求氮气的相对分子质量和干燥后的体积(干燥后温度、压力不变，已知 290K 时水的饱和蒸气压为 $1.93\times10^3\text{Pa}$)。

6. 一敞口烧瓶在 280K 所盛气体需加热到什么温度，才能使 1/3 的气体逸出烧瓶？

7. 44.0℃时 1.00mol $CO_2(\text{g})$ 在 1.2L 容器中，实验测定其压力为 $1.97\times10^6\text{Pa}$。试分别用理想气体状态方程式和范德华气体状态方程式计算 CO_2 的压力，并与实验值比较。

第2章 化学热力学基础

热力学是专门研究能量相互转变过程中所遵循的法则的一门科学。把热力学的理论、规律以及研究方法用于研究化学现象就产生了化学热力学。

研究化学现象，必然会提出如下的问题：①某些物质在一定条件下能否发生化学反应？②若发生化学反应，伴随着该反应的能量变化如何？是放热还是吸热？③如果反应能够进行，反应能进行到什么程度？反应物转变为产物的最大限度是多少？④反应进行的速率如何？⑤化学反应的本质即物质的结构和性能的关系如何？

前3个问题属于化学热力学的范围，速率的问题是化学动力学的研究范围，最后一个问题则是物质结构的研究范围。

化学热力学可以解决化学反应中的能量变化问题、化学反应的方向问题，以及化学反应进行的程度问题。化学热力学研究的对象是大量质点的集合体，只考虑物质的宏观性质，不考虑物质的微观结构，不研究反应机理，只考虑发生变化前后的净结果，所以说化学热力学是从宏观上处理问题。

2.1 热力学的术语和基本概念

2.1.1 系统和环境

物质世界是无穷尽的，研究问题只能选取其中的一部分。

系统是被人为地划定作为研究对象的物质(又称体系或物系)。系统具有边界，这一边界可以是实际的界面，也可以是人为确定的用来划定研究对象的空间范围。系统是由大量微观粒子组成的宏观集合体。

体系边界之外的，与体系之间产生相互作用和相互影响的部分称为环境。

按照体系与环境之间物质交换和能量交换的不同，将体系分为以下三类。

敞开系统：与环境既有物质交换又有能量交换。例如，一个敞口的盛有一定量水的广口瓶，就是敞开系统。因为这时瓶内既有水的不断蒸发和气体的溶解(物质交换)，又有水和环境间的热量交换。

封闭系统：与环境无物质交换而有能量交换。例如，在盛有水的广口瓶上再加一个塞子，即为封闭系统。因为这时水的蒸发和气体的溶解只限制在瓶内进行，体系和环境间仅有热量交换。

孤立系统：与环境既无物质交换又无能量交换。例如，将水盛在加塞的保温瓶内，即为孤立系统。如果一个体系不是孤立系统，只要把与此体系有物质和能量交换的那一部分环境都加到这个体系中，组成一个新体系，则此新体系就变成孤立系统。

在热力学中，研究对象主要是封闭系统。

2.1.2 状态和状态函数

热力学中，系统的性质确定系统的状态。系统的状态是系统一切性质的综合表现。性质指温度、压力、体积、物态、物质的量、相等。当系统的所有性质各具有确定的值且不再随时间变化时，系统处于一定的状态。如果系统有一种性质发生了变化，则系统的状态也发生了变化。能够确定系统状态的物理量称为状态函数。

系统的状态性质、热力学性质、状态函数等基本上都是同义词，它们都是系统自身的属性。当系统的状态函数有定值时，系统就处于定态；反之，当系统处于定态时，状态函数就有一定的值。例如，理想气体的状态就是 n、T、p、V 等性质的综合表现，当这些性质的数值一定时，系统的状态也就确定了。

当系统的状态发生变化时，状态函数的数值也相应地改变，但其变化值只取决于系统的始态和终态，而与系统变化时所经历的途径无关。状态函数的改变量经常用希腊字母 Δ 表示，如始态的温度为 T_1，终态的温度为 T_2，状态函数 T 的改变量 $\Delta T = T_2 - T_1$。如果系统经历了环程变化，则系统状态函数的变化值都等于零。

总之，状态函数有以下特征：状态一定值一定，状态变化值改变，异途同归变值等，周而复始变值零。

有些状态函数，如 V 和 n 等所表示的系统的性质与物质的量有关系，具有加和性，如一瓶氢、氧混合气体的物质的量是瓶中两种气体物质的量的总和。系统中具有加和性的某些状态函数称为系统的广度性质(或称容量性质)。n、V 以及本章将要学到的热力学能、焓等都是广度性质。

有些状态函数，如 p 和 T 系统的性质，不具有加和性，不能说系统的温度等于各部分温度之和，系统的这类性质称为强度性质。

2.1.3 过程和途径

系统状态的变化称为过程。过程进行的具体方式称为途径。变化前系统所处的状态称为初始状态(简称初态)，变化后系统所处的状态称为最终状态(简称终态)。系统从同一始态变化到同一终态，可以经过各种不同的途径。由始态到终态，我们就说系统发生了一个过程。过程可分为以下几种。①等温过程：过程中始态、终态和环境的温度相等($\Delta T = 0$)，并且过程中始终保持这个温度。等温变化和等温过程不同，它只强调始态和终态的温度相同，而对过程中的温度不作任何要求。②等压过程：过程中始态、终态和环境的压力相等($\Delta p = 0$)。同样，等压变化和等压过程不同，它只强调始态和终态的压力相同，而对过程中的压力不作任何要求。③等容过程：始态、终态体积相等，并且过程中始终保持这个体积(密闭容器)，即 $V_{始} = V_{终}(\Delta V = 0)$。④绝热过程：过程中系统和环境无热量交换($\Delta Q = 0$)。

2.1.4 化学反应计量式和反应进度

化学反应计量式即化学方程式。依据规定，化学式前的"系数"称为化学计量数，以 ν_B 表示，ν_B 为量纲一的量，并规定：化学计量数对于反应物为负，对于产物为正。对于任意反应：

$$dD+eE = fF+gG \quad \text{或} \quad 0 = \sum_B \nu_B B$$

B 代表反应物和产物，ν_B 为物质 B 的化学计量数：

$$\nu_D = -d, \quad \nu_E = -e, \quad \nu_F = f, \quad \nu_G = g$$

反应进度：表示化学反应进行程度的物理量，其定义为

$$\xi = \frac{\Delta n_B}{\nu_B} = \frac{n_B(\xi) - n_B(0)}{\nu_B}$$

式中，$n_B(\xi)$ 和 $n_B(0)$ 分别代表反应进度 $\xi = \xi$ 和 $\xi = 0$（反应未开始）时 B 的物质的量。

2.1.5 热和功

热和功是系统发生变化时与环境进行能量交换的两种形式。也就是说，只有当系统经历某过程时，才能以热和功的形式与环境交换能量。热和功均具有能量的单位，如 J、kJ 等。

系统与环境之间因温度的差别而引起能量的交换，这种被传递的能量就称为热，用符号 Q 表示。一般规定当系统吸热时，Q 为正值，即 $Q>0$；当系统放热时，Q 为负值，即 $Q<0$。

除热之外，其他在系统和环境之间被传递的能量均称为功，以符号 W 表示。并规定当系统对环境做功时，功为负值，$W<0$；当环境对系统做功时，功为正值，$W>0$。当系统中有气体物质时，系统在变化过程中体积常有较大的变化，如有气体参加的化学反应中，气体物质可作为反应物被消耗，也可作为生成物而生成。只要反应发生就必然有伴随系统的体积变化而产生的体积功，有时也称为膨胀功，并用符号 W_e 表示。除了膨胀功以外，还有电功等。例如，在蓄电池中，通过化学反应可以产生电功，这属于非体积功，用符号 W_f 表示。所以 $W=W_e+W_f$。一般不特别指明，W 仅指体积功。

热是物质运动的一种表现形式。大量分子的集合体，其平均动能越大，运动的强度越大，温度也越高，分子无规则运动的混乱度也越大。当两个温度不同的物质接触时，由于无规则运动的程度不同，它们就可能通过分子碰撞而交换能量。热就是由这种方式传递的能量。功是系统与环境之间因物质有序运动而交换的能量。换言之，热是与无序运动相联系的，而功则是与有序运动相联系的。

应该特别强调的是，热和功都是在系统和环境之间被传递的能量，它们只在系统发生变化时才表现出来。热和功都不是系统自身的性质，它们都不是系统的状态函数，因此不能说"系统含有多少热或多少功"。在给定系统的起始和终了状态后，Q 和 W 的数值与系统发生变化时所经历的途径有关。不同的途径有不同的功和热的交换。

2.1.6 热力学能

热力学能又称内能，它是系统内部各种形式能量的总和，用符号 U 表示。热力学能包括系统中分子的平动能、转动能、振动能、电子运动及原子核内的能量以及系统内部分子与分子间的相互作用的势能等，但不包括系统整体的动能和整体的势能。随着人们对物质运动形态认识的不断深化，热力学能中究竟应包含哪些能量是说不清楚的，但定态下热力学能应有

定值，即对于任意一个给定的系统，在状态一定时，系统内部的能量应有定值，换言之，U是状态函数。当状态发生变化时，ΔU的值仅取决于系统的始态和终态。

热力学能是一种广度性质，与系统物质的量成正比，但其绝对值是不知道的。若2mol物质的热力学能是U，那么4mol物质的热力学能就是$2U$。

2.1.7 热力学第一定律

人类经过长期的实践证明："自然界的一切物质都具有能量，能量有各种不同形式，能够从一种形式转化为另一种形式，从一个物体传递给另一个物体，而在转化和传递中能量的总数量不变。"这个规律就是能量守恒和转化定律，即热力学第一定律。

当封闭系统与环境之间的能量传递既有功的形式，也有热的形式时，则能量守恒与转化定律的数学表达式为

$$\Delta U = Q + W \tag{2-1}$$

规定：系统吸热，$Q>0$，放热则$Q<0$；系统对环境做功$W<0$，环境对系统做功$W>0$。这是一个经验定律。热力学第一定律表明，系统从始态变到终态时，其热力学能的变化等于系统吸收的热量和环境对系统做的功之和。

【例2-1】 某过程中，系统吸收了$40kJ \cdot mol^{-1}$的热，对环境做了$20kJ \cdot mol^{-1}$的功，求该过程中系统热力学能的改变量和环境热力学能的改变量。

解 根据 $\Delta U = Q + W$
$Q = +40kJ \cdot mol^{-1}$ $W = -20kJ \cdot mol^{-1}$
$\Delta U_{(系统)} = (+40kJ \cdot mol^{-1}) + (-20kJ \cdot mol^{-1}) = +20kJ \cdot mol^{-1}$

即该系统在变化过程中，热力学能增加$20kJ \cdot mol^{-1}$，而对环境来说，其热力学能改变量为$\Delta U_{(系统)} = -\Delta U_{(环境)} = -20 kJ \cdot mol^{-1}$，即系统热力学能变化与环境热力学能变化的绝对值相等，但符号相反，遵守热力学第一定律。

2.2 反应热和反应焓变

当生成物与反应物的温度相同，并且反应过程中系统只做体积功时，化学反应过程中吸收或放出的热称为化学反应的热效应，简称反应热。反应热与系统的组成、状态及反应条件有关，如与反应进度、温度、压力等条件有关。

2.2.1 焓

设一封闭系统在变化中只做体积功，不做其他功，下式中W代表体积功。

$$\Delta U = Q + W$$

若系统的变化是在等容下进行时，则$\Delta V = 0$，不做其他功，也不做体积功，即$W=0$，故

$$\Delta U = Q_V$$

可见，对于封闭系统，在不做体积功和其他功的条件下，系统所吸收的热全部用来增加系统的热力学能。换言之，系统所吸收或放出的热等于系统热力学能的变化。

若系统变化是恒压过程，即 p 为定值，Q_p 表示恒压过程的热。当系统的体积膨胀时，$\Delta V = V_2 - V_1 > 0$，此时系统对环境做功，故 W 应为负值，即 $W = -p\Delta V = -p(V_2 - V_1)$，则

$$U = Q_p + W = Q_p - p(V_2 - V_1)$$
$$U_2 - U_1 = Q_p - p(V_2 - V_1)$$
$$Q_p = (U_2 + pV_2) - (U_1 + pV_1)$$

式中，U、p、V 都是系统的状态函数，它们的组合 $(U+pV)$ 一定也具有状态函数的性质。在热力学上将 $(U+pV)$ 定义为一个新的状态函数 H，称为焓：

$$H \equiv U + pV \tag{2-2}$$

焓与热力学能、体积等物理量一样是系统的性质，在一定状态下，每一种物质都有特定的焓。因为不能确定 U 的绝对值，所以也不能确定 H 的绝对值。焓也是广度性质，具有能量的量纲，但没有确切的物理意义。由此可得

$$Q_p = H_2 - H_1 = \Delta H \tag{2-3}$$

式(2-3)表示，封闭系统在恒压和不做其他功的条件下发生变化时，吸收或放出的热等于系统的焓的变化。当系统不做其他功时，可以从系统和环境间的热量传递来衡量系统内部焓的变化。对于一个化学反应

$$\Delta H = \sum H_{生成物} - \sum H_{反应物}$$

如果化学反应的焓变为正值，表示系统从环境吸收热，称此反应为吸热反应，即 $\sum H_{反应物} < \sum H_{生成物}$；如果化学反应的焓变为负值，则表示系统放热给环境，称此反应为放热反应，即 $\sum H_{反应物} > \sum H_{生成物}$。

2.2.2 热化学方程式

表示化学反应与热效应关系的方程式称为热化学方程式。例如：

$$H_2(g) + 1/2\, O_2(g) = H_2O(l) \qquad \Delta_r H_m^{\ominus}(298K) = -285.8 \text{ kJ}\cdot\text{mol}^{-1}$$

写热化学方程式须注意以下几点：

(1) 注明反应的温度及压力，采用 10^5 Pa 为标准压力。热力学规定物质（理想气体、纯固体、纯液体）处于 10^5 Pa 下的状态为标准状态，用右上标 $\ominus$ 表示标准态。温度则用括号标注在 $\Delta_r H$ 之后。如 $\Delta_r H^{\ominus}(298K)$ 表示参加反应各物质都处于标准态，并在 298K 时反应的等压热效应。若在标准态及 298K 下的热效应，可不注明。

(2) 反应物和生成物的聚集状态或固态物质的晶形不同，则反应热效应不同，所以写热化学方程式时必须在参加化学反应各物质化学式的右侧注明其物态。分别用小写的 s、l、g 三个英文字母表示固态、液态、气态。如果物质有几种晶形，也应注明是哪一种，如 C(石墨)、C(金刚石)。

(3) 化学式前的系数是化学计量数，不表示分子数，可以是整数或简单分数。

对于同一反应，反应式中化学计量数不同，反应热效应不同。例如：

① $2H_2(g) + O_2(g) = 2H_2O(g)$　　　$\Delta_r H_m^\ominus (298K) = -483.6 kJ \cdot mol^{-1}$

② $H_2(g) + 1/2 O_2(g) = H_2O(g)$　　　$\Delta_r H_m^\ominus (298K) = -241.8 kJ \cdot mol^{-1}$

反应热的单位是 $kJ \cdot mol^{-1}$，表示的是摩尔反应热，即按照所给反应式发生 1mol 反应时吸收或放出的热。对于等压过程，称为等压反应热，其数值等于在等压且不做其他功的条件下发生 1mol 反应时焓值的变化。符号应为 $\Delta_r H_m$，为了简便，常省去下标 m。这里所说的 1mol 反应的基本单元是按该反应式所示的那些粒子的特定组合。反应热的数值是该特定组合的基本单元数为 6.022×10^{23} 时反应的热效应。如例①是表示 2mol $H_2(g)$ 与 1mol $O_2(g)$ 反应生成了 2mol $H_2O(g)$ 时系统焓的改变值，即相应反应的等压热效应是 $-483.6 kJ \cdot mol^{-1}$。

物质的基本单元改变，等压热效应的数值也随之变化，故不能离开相应的反应式表示反应热为若干，反应式不同，$\Delta_r H$ 值不同。

因 ΔH 和 ΔU 是状态函数的改变量，当系统的始态与终态相互颠倒时，热效应的绝对值不变，正负号相反。例如：

$H_2O(g) = H_2(g) + \dfrac{1}{2} O_2(g)$　　　$\Delta_r H_m^\ominus (298K) = +241.8 kJ \cdot mol^{-1}$

2.2.3 赫斯定律

化学反应的热效应可以用实验方法测得，但许多化学反应由于速率过慢，测量时间过长，因热量散失而难以测准反应热，也有一些化学反应由于条件难以控制，产物不纯，也难以测准反应热。能否通过热化学方法计算反应热呢？

1840 年前后，俄国科学家赫斯(Hess)在总结大量实验事实的基础上指出：一个化学反应若能分解成几步来完成，总反应的焓变 $\Delta_r H_m$ 等于各步分反应的焓变 $\Delta_r H_i$ 之和，这就是赫斯定律。它实质上是热力学第一定律在化学反应中具体应用的必然结果。

这个定律表明，热化学方程式可以像普通简单的代数方程那样进行加减运算，从而可以利用已准确测量过热效应的反应，通过代数组合，计算那些难以测量的反应热。例如，C 和 O_2 化合成 CO 的反应热，不能直接进行测量，因为实验难以控制 C 燃烧只变成 CO，而不生成 CO_2，但可以根据赫斯定律间接求得。

【例 2-2】 已知：

① $C(石墨) + O_2(g) = CO_2(g)$　　　$\Delta_r H_{m(1)} = -393.5 kJ \cdot mol^{-1}$

② $CO(g) + \dfrac{1}{2} O_2(g) = CO_2(g)$　　　$\Delta_r H_{m(2)} = -283.0 kJ \cdot mol^{-1}$

求 $C(石墨) + \dfrac{1}{2} O_2(g) = CO(g)$ 的 $\Delta_r H_m$。

解 将反应②的逆反应设为③，则

③ $CO_2(g) = CO(g) + \dfrac{1}{2} O_2(g)$　　　$\Delta_r H_{m(3)} = 283.0 kJ \cdot mol^{-1}$

① + ③ 得　$C(石墨) + \dfrac{1}{2} O_2(g) = CO(g)$　　$\Delta_r H_m$

由赫斯定律：$\Delta_r H_m = \Delta_r H_{m(1)} + \Delta_r H_{m(2)} = -393.5 + 283.0 = -110.5 (kJ \cdot mol^{-1})$

为了求某个反应的反应热,可以设计一些中间辅助反应,而不必考虑这些中间反应是否真实发生,只要注意保持相同的始态和终态即可。

2.2.4 应用标准摩尔生成焓计算标准摩尔反应焓

1. 标准摩尔生成焓

一种物质的标准摩尔生成焓(或称标准摩尔生成热)定义为:"在标准压力和指定温度下,由最稳定单质生成 1mol 该物质时的焓变。"用符号 $\Delta_f H_m^\ominus$ (B,相态,T)表示,有时为了简便去掉下标 m,简称生成热,单位为 kJ·mol^{-1}。下角标 f 表示生成(formation)。例如:

$$H_2(g, 10^5Pa) + \frac{1}{2}O_2(g, 10^5Pa) = H_2O(l) \quad \Delta_f H_m^\ominus(298K) = -285.8 \text{kJ·mol}^{-1}$$

$H_2O(l)$ 的标准摩尔生成热 $\Delta_f H_m^\ominus(H_2O, l) = -285.8 \text{ kJ·mol}^{-1}$。

上述定义中已暗含着"最稳定单质的标准摩尔生成热都等于零"。可见,物质的生成焓实际上是一个相对值。一些物质的标准摩尔生成热可查附录3。

2. 标准摩尔反应焓的计算

生成热是物质性质的重要数据之一。可以利用生成热来计算反应热($\Delta_r H$)。例如,求 $3CO(g) + Fe_2O_3(s) = 2Fe(s) + 3CO_2(g)$ 的反应热,根据生成热的定义,则有

① $CO(g) = C(石墨) + \frac{1}{2}O_2(g) \quad \Delta_r H_1^\ominus = -\Delta_f H^\ominus(CO, g)$

② $Fe_2O_3(s) = 2Fe(s) + \frac{3}{2}O_2(g) \quad \Delta_r H_2^\ominus = -\Delta_f H^\ominus(Fe_2O_3, s)$

③ $C(石墨) + O_2(g) = CO_2(g) \quad \Delta_r H_3^\ominus = \Delta_f H^\ominus(CO_2, g)$

根据赫斯定律,总反应=3×①+②+3×③,可得

$$\Delta_r H^\ominus = 3\Delta_r H_1^\ominus + \Delta_r H_2^\ominus + 3\Delta_r H_3^\ominus$$

即

$$\Delta_r H^\ominus = 3\Delta_f H^\ominus(CO_2, g) - 3\Delta_f H^\ominus(CO, g) - \Delta_f H^\ominus(Fe_2O_3, s)$$

由此可见反应热等于产物的生成热总和减去反应物的生成热总和。对于任意化学反应:

$$aA + bB = dD + eE$$

式中 A、B、D、E 代表物质的化学式;a、b、d、e 代表化学计量数。

$$\Delta_r H^\ominus = d\Delta_f H^\ominus(D) + e\Delta_f H^\ominus(E) - a\Delta_f H^\ominus(A) - b\Delta_f H^\ominus(B)$$

即

$$\Delta_r H^\ominus = \sum_B \nu_B \Delta_f H^\ominus(B) \tag{2-4}$$

式中,B 代表物质(反应物和产物);ν_B 代表物质 B 的化学计量数,对于产物是正值,对于反应物是负值。

2.3 化学反应的方向

2.3.1 自发过程

自发过程是指在一定条件下不需要外力的作用就能自发进行的过程。

自然界中发生的过程都有一定的方向性。例如，水由高处往低处流，而绝不会自动从低处往高处流；电流总是从电位高的地方向电位低的地方流动，其反方向也是不会自动进行的，这种在一定条件下，不需外力作用就能自动进行的过程称为自发过程。铁器暴露于潮湿空气中会生锈；锌片放入硫酸铜稀溶液中能置换出铜。这些都是自发过程，而它们的逆过程是非自发的。

自发过程可被用来做有用功。例如，向下流动的水可推动机器，锌与 $CuSO_4$ 溶液的反应可被设计成原电池，可将氢燃烧反应设计成燃料电池，等等。非自发过程是不能自动发生的。要使非自发过程发生，必须对它做功。例如，用水泵抽水，就能使水从低处流向高处；在电流的作用下，水分解成氢和氧。

2.3.2 影响化学反应方向的因素

一切自发过程都有方向性，过程发生之后，都不会自动逆转恢复原状。是什么因素决定这些自发变化的方向性呢？对一个化学反应来说，如何判断其能否自发进行呢？

1. 化学反应的焓变

法国化学家贝特洛(Bethelot)和丹麦化学家汤姆森(Thomson)在 19 世纪中叶提出用焓变的正负值，即用化学反应的热量变化来判断反应的方向。他们认为 ΔH 为负值，生成物的焓值低于反应物的焓值，反应过程后系统的能量降低了，系统处于稳定状态(正如水由高到低，降低势能)。事实也确实如此，许多自发过程是放热过程。例如：

$$CH_4(g) + 2O_2(g) = CO_2(g) + 2H_2O(g) \qquad \Delta_r H^\ominus = -802.3 \text{kJ} \cdot \text{mol}^{-1}$$

$$Cu^{2+} + Zn = Cu + Zn^{2+} \qquad \Delta_r H^\ominus = -88.13 \text{kJ} \cdot \text{mol}^{-1}$$

$$2Fe(s) + 3/2 O_2(g) = Fe_2O_3(s) \qquad \Delta_r H^\ominus = -824 \text{kJ} \cdot \text{mol}^{-1}$$

从反应系统的能量变化来看，放热反应发生以后，系统的能量降低。反应放出的热量越多，系统的能量降低得越多，反应越完全。这就是说，在反应过程中，系统有趋向于最低能量的倾向，常称其为能量最低原理。不仅化学变化有趋向于最低能量状态的倾向，相变化也具有这种倾向，即系统的能量降低($\Delta H < 0$)，有利于反应正向进行。

不过后来的实验证明贝特洛和汤姆森的判据不全面，能量的释放并不是自发反应的唯一条件，有许多例子说明，有的反应 ΔH 为正值，也能够自发进行。

例如，室温下冰的融化 $\qquad H_2O(s) = H_2O(l) \qquad \Delta H$ 为正值

NH_4NO_3 溶于水 $\qquad NH_4NO_3 = NH_4^+(aq) + NO_3^-(aq) \qquad \Delta H$ 为正值

可见，反应的焓变 $\Delta_r H_m^\ominus$ 对反应的进行方向有一定的影响，但不是唯一的因素。过程的热效

应或过程的焓变化符号不能作为该过程能否自发进行的判据。解决一切过程的方向性问题包括化学反应的方向性问题，有待进一步探讨。

2. 化学反应的熵变

水的蒸发、硝酸铵等盐类在水中溶解，都是自发的吸热过程，这样的过程系统从有序到无序。这类过程的共同特点是体系的无序程度增加，通常用"混乱度"一词来表示系统的不规则或无序状态。混乱度增加即表示系统变得更无序。因此，上述过程都是混乱度增加的过程，可以说，系统的混乱度增大是自发过程的又一种趋势。

由此可知，过程的自发与其焓变化及混乱度变化都有关。在实际的化学变化中，系统要趋于最低能量状态的倾向与系统要趋于最大混乱度的倾向有时会出现矛盾。判断某种变化是否能够自发进行，要权衡这两种倾向，有时可能是最低能量为主要因素，有时可能是最大混乱度起主导作用。

热力学上用熵来描述物质的混乱度。系统的有序性越高，即混乱度越低，熵值就越低。每一过程有焓的变化，也有熵的变化。熵是物质的一个状态函数，用符号 S 表示。熵是广度性质，与物质的量有关。

人们根据一系列实验现象，得出了热力学第三定律：在 0K 时，任何物质完美晶体的熵值为零。在标准压力下 1mol 纯物质的熵值称为标准熵，用符号 $S^{\ominus}$ 表示，其单位是 $J \cdot mol^{-1} \cdot K^{-1}$。水溶液中单个离子的标准熵是相对于指定水合氢离子的标准熵为零而求得的。熵与焓一样都是物质的状态函数，但熵与焓又有所不同，就是纯单质的标准熵不等于零。附录 3 中热力学数据表中给出的是标准压力下 298K 的标准熵而不是生成熵。

根据熵的物理意义，我们可以总结出判断熵值的一些规律。

(1) 同一物质的气、液、固三态相比较，其混乱度递减，因此其熵值递减，即 $S_{气} > S_{液} > S_{固}$。例如，下列物质 298K 时的 $S^{\ominus}/(J \cdot mol^{-1} \cdot K^{-1})$：

	气态	液态	固态
H_2O	188.8	70	39.3
I_2	260.7		116.1

(2) 同一物质当温度升高时，其混乱度增大，因此熵值也增大。例如：

	298K	400K	500K	1000K
$H_2O(g)$	188.8	198.61	208.5	232.6

(3) 同一状态下，分子中的原子数或电子数越多，一般熵值越大。例如：

X=	F	Cl	Br	I
NaX(s)	51.1	72.1	85.8	92.5

化学反应的熵变（$\Delta S^{\ominus}$）与焓变（$\Delta H^{\ominus}$）的计算方法相同。对于反应：

$$aA + bB \rightleftharpoons dD + eE$$

$$\Delta_r S^{\ominus} = dS^{\ominus}(D) + eS^{\ominus}(E) - aS^{\ominus}(A) - bS^{\ominus}(B)$$

即

$$\Delta_r S^{\ominus} = \sum_B \nu_B S^{\ominus}(B) \tag{2-5}$$

$\Delta_r S^{\ominus}$ 的单位是 $J \cdot mol^{-1} \cdot K^{-1}$，即在标准压力下按照所给反应式发生 1mol 反应时熵的变化值。物质的熵都随温度升高而增加。在相同相态时，大多数情况下产物的熵与反应物的熵增加的数量相近，所以化学反应的 $\Delta_r S$ 与温度有关但变化较小，在近似计算中可以忽略其变化。

可见，自然界的某些自发过程(或反应)常有增大系统混乱度的倾向。但是，正如不能仅用化学反应的焓变(ΔH)的正负值作为反应自发性的判据一样，单纯用系统熵变(ΔS)的正负值来作为反应自发性的判据也是不可靠的。例如，$SO_2(g)$ 氧化为 $SO_3(g)$ 的反应在 298K、标准态下是一个自发反应，但其 $\Delta S^{\ominus} < 0$。又如，水转化为冰的过程，其 $\Delta S^{\ominus} < 0$，但在 $T < 273K$ 的条件下却是自发过程，这表明过程(或反应)的自发性不仅与焓变和熵变有关，还与温度条件有关。

2.3.3 热化学反应方向的判断

1. 吉布斯自由能

为了确定一个过程(或反应)自发性的判据，1878 年美国著名的物理化学家吉布斯(Gibbs)提出了一个综合反映系统的焓、熵和温度三者关系的新状态函数。这个函数称为吉布斯自由能，用符号 G 表示，即

$$G \equiv H - TS \tag{2-6}$$

式中，T 为热力学温度。H、S 和 T 是状态函数，G 必定是一个状态函数，即定态下有定值，其改变只取决于物质的始态和终态，而且它是广度性质。若系统的状态发生了变化，其吉布斯自由能的变化用 ΔG 来表示。在等温等压不做有用功的条件下：

$\Delta G < 0$，过程是自发的。
$\Delta G > 0$，过程是非自发的。
$\Delta G = 0$，系统处于平衡态。

一个化学反应的吉布斯自由能变化用符号 $\Delta_r G_m$ 表示，它等于产物和反应物的吉布斯自由能之差，即 $\Delta_r G_m = \sum G_{产物} - \sum G_{反应物}$。

因为热力学能和焓不能测得绝对值，所以无法获得吉布斯自由能绝对值。因此，也就不能利用公式 $\Delta_r G^{\ominus} = \sum G_{产物} - \sum G_{反应物}$ 去求算反应的吉布斯自由能变量。

2. 标准摩尔吉布斯自由能变的计算

为求算反应的吉布斯自由能变量，同定义标准生成焓的方法一样，定义标准生成吉布斯自由能：某纯物质的标准生成吉布斯自由能是"在标准压力下，由稳定单质生成 1mol 该物质时反应的吉布斯自由能变化"，简称标准生成自由能，用符号 $\Delta_f G_m^{\ominus}$ 表示(为了简便，可省略下标 m)，单位为 $kJ \cdot mol^{-1}$。根据上述定义，最稳定单质的标准摩尔生成自由能都等于零。水合离子的标准生成吉布斯自由能是指从标准态的稳定单质生成 1mol 溶于足够大量水中的离子时的吉布斯自由能变化。规定 $H^+(\infty aq)$ 的标准生成吉布斯自由能为零。在此基础上求得其他离子的标准生成吉布斯自由能。

同由生成热求算反应的焓变一样，可以通过下式求算化学反应的标准吉布斯自由能的变化值：

$$\Delta_r G_m^\ominus = \sum_B \nu_B \Delta_f G^\ominus \tag{2-7}$$

式中，B 代表物质(反应物及产物)；ν_B 为反应式中化学计量数，对于产物为正值，对于反应物为负值。式(2-7)表明，一个化学反应的标准摩尔吉布斯自由能变化等于在标准压力下，按照所给反应式发生 1mol 反应时，产物的标准生成吉布斯自由能总和减去反应物的标准生成吉布斯自由能总和。习惯上省略 $\Delta_r G_m^\ominus$ 中的下标 m。

> **【例 2-3】** 通过计算说明在 298K 时，下列反应可否用来固氮。
> ① $2N_2(g) + O_2(g) \Longrightarrow 2N_2O(g)$
> ② $N_2(g) + CO_2(g) \Longrightarrow C(石墨) + 2NO(g)$
>
> **解** 查表得
>
> | | $N_2(g)$ | $O_2(g)$ | C(石墨) | $N_2O(g)$ | $CO_2(g)$ | NO(g) |
> |---|---|---|---|---|---|---|
> | $\Delta_f G_m^\ominus$ /(kJ·mol^{-1}) | 0 | 0 | 0 | 103.6 | –394.4 | 87.6 |
>
> $\Delta_r G_{m,1}^\ominus = 2 \times 103.6 - 0 - 0 = 207.2 \text{(kJ·mol}^{-1}\text{)}$
> $\Delta_r G_{m,2}^\ominus = 2 \times 87.6 + 0 - (-394.4) - 0 = 569.6 \text{(kJ·mol}^{-1}\text{)}$
>
> 在 298K 时，两个反应正向都不能自发进行，所以不能用来固氮。

吉布斯自由能是状态函数，$\Delta_r G$ 只取决于始态和终态。如某一反应可看作两个或更多反应的总和，则总反应的 $\Delta_r G$ 等于各分反应的 $\Delta_r G$ 的总和。当温度发生改变时，$\Delta_r G$ 的变化较 $\Delta_r H$ 和 $\Delta_r S$ 明显。如反应物或产物不处于标准状态，$\Delta_r G$ 的数值也与 $\Delta_r G^\ominus$ 不同。

3. 吉布斯-亥姆霍兹公式

综上讨论可知，对于化学反应，$\Delta_r G$ 数值的正负号决定反应自发进行的方向。$\Delta_r H$ 是化学反应时能量的变化。$\Delta_r S$ 是化学反应时混乱度的变化。过程的 ΔG、ΔH 和 ΔS 之间有什么联系呢？

当系统在恒压恒温下发生状态变化时，系统的吉布斯自由能由 G_1 变成 G_2。根据式(2-6) $G \equiv H - TS$，有

$$G_1 = H_1 - TS_1 \qquad G_2 = H_2 - TS_2$$

$$G_2 - G_1 = (H_2 - TS_2) - (H_1 - TS_1) = (H_2 - H_1) - T(S_2 - S_1) \tag{2-8}$$

$$\Delta G = \Delta H - T\Delta S$$

式(2-8)称为吉布斯-亥姆霍兹(Gibbs-Helmholtz)公式。式中，T 为热力学温度；ΔG、ΔH 和 ΔS 分别为 T 时的吉布斯自由能变化、焓变化和熵变化。公式表明，恒温恒压下化学反应的方向和限度的判据——吉布斯自由能的变化值是由两项决定的，一项是焓变化，另一项是与熵变化有关的"$T\Delta_r S$"。$\Delta_r G$ 综合了 $\Delta_r H$ 和 $\Delta_r S$ 对反应方向的影响。

在吉布斯-亥姆霍兹公式 $\Delta G = \Delta H - T\Delta S$ 中，由于反应焓变 ΔH 和熵变 ΔS 受温度的影响很小，故常用 298K 的焓变 ΔH 和熵变化 ΔS 来代表任意温度下的焓变化和熵变化，则有

$$\Delta_r G(T) = \Delta_r H(298K) - T\Delta_r S(298K)$$

若为标准态：

$$\Delta_r G^{\ominus}(T) = \Delta_r H^{\ominus}(298K) - T\Delta_r S^{\ominus}(298K) \tag{2-9}$$

下面分四种情况分别说明恒压过程中，温度对反应进行方向的影响(表2-1)。

表2-1 反应自发性与温度的关系

类型	$\Delta_r H$	$\Delta_r S$	$\Delta_r G$	反应的自发性	实例
1	−	+	永远是−	任何温度正向自发	$2H_2O_2(l) = 2H_2O(g)+O_2(g)$
2	+	−	永远是+	任何温度正向非自发	$CO(g) = C(s)+1/2O_2(g)$
3	−	−	低温时− 高温时+	因温度变化而改变	$HCl(g)+NH_3(g) = NH_4Cl(s)$
4	+	+	低温时+ 高温时−	因温度变化而改变	$CaCO_3(s) = CaO(s)+CO_2(g)$

表2-1中四种类型又可分成两大类。其中类型2是类型1的逆过程，二者的共同点是 $\Delta_r H$ 和 $\Delta_r S$ 的数值的符号相反。单独改变温度不能调转反应自发进行的方向。

【**例2-4**】 讨论温度变化对下列反应的方向的影响。

$$CaCO_3(s) = CaO(s)+CO_2(g)$$

解 查表得

	$CaCO_3(s)$	$CaO(s)$	$CO_2(g)$
$\Delta_f G_m^{\ominus}/(kJ \cdot mol^{-1})$	−1129.1	−603.3	−394.4
$\Delta_f H_m^{\ominus}/(kJ \cdot mol^{-1})$	−1207.6	−634.9	−393.5
$S_m^{\ominus}/(J \cdot mol^{-1} \cdot K^{-1})$	91.7	38.1	213.8

$$\Delta_r G_m^{\ominus}(298K) = \Delta_f G_m^{\ominus}(CaO, s) + \Delta_f G_m^{\ominus}(CO_2, g) - \Delta_f G_m^{\ominus}(CaCO_3, s)$$
$$= (-603.3 kJ \cdot mol^{-1}) + (-394.4 kJ \cdot mol^{-1}) - (-1129.1 kJ \cdot mol^{-1})$$
$$= 131.4 kJ \cdot mol^{-1}$$

$\Delta_r G_m^{\ominus}(298K) > 0$，故反应在常温下不能自发进行。

用类似的方法可以求出反应的 $\Delta_r H_m^{\ominus}$ 和 $\Delta_r S_m^{\ominus}$。

$$\Delta_r H_m^{\ominus}(298K) = 179.2 \text{ kJ} \cdot mol^{-1}, \quad \Delta_r S_m^{\ominus}(298K) = 160.2 \text{ J} \cdot mol^{-1} \cdot K^{-1}$$

根据 $\Delta_r G_m^{\ominus} = \Delta_r H_m^{\ominus} - T\Delta_r S_m^{\ominus}$，当 $\Delta_r G_m^{\ominus} < 0$ 时，$\Delta_r H_m^{\ominus} < T\Delta_r S_m^{\ominus}$，则

$$T > \frac{\Delta_r H_m^{\ominus}}{\Delta_r S_m^{\ominus}} = \frac{179.2 \times 1000 J \cdot mol^{-1}}{160.2 J \cdot mol^{-1} \cdot K^{-1}} = 1118.6K$$

由此可见，当 $T > 1118.6K$ 时，反应的 $\Delta_r G_m^{\ominus} < 0$，反应可以自发进行。$CaCO_3(s)$ 在温度高于1118.6K时分解。

计算结果说明，$\Delta_r G^{\ominus}$ 受温度变化影响较大，在298K时，$CaCO_3$ 分解反应的 $\Delta_r G^{\ominus} = 131.4 \text{ kJ} \cdot mol^{-1}$，而在1118.6K时，$T\Delta_r S_m^{\ominus}$ 的影响超过 $\Delta_r H_m^{\ominus}$ 的影响，$\Delta_r G_m^{\ominus}$ 降低至负值。

用式(2-9)处理问题需要注意两点：①该式是经近似处理而得，所以求得数值为近似值；②反应物和产物均处于标准状态的情况。

习 题

1. 计算下列过程系统的热力学能变化。
    (1) 系统吸热 100kJ，对环境做 54kJ 的功。
    (2) 系统吸热 25kJ，环境对系统做 40kJ 的功。

2. 下列纯态单质中，哪些单质的标准生成焓不等于零？
    (1) 金刚石　(2) Fe(s)　(3) O_3　(4) Br_2(l)　(5) 石墨

3. 已知：$2Cu_2O(s) + O_2(g) = 4CuO(s)$　　$\Delta_r H^\ominus = -290$ kJ·mol^{-1}
    $CuO(s) + Cu(s) = Cu_2O(s)$　　$\Delta_r H^\ominus = -12$ kJ·mol^{-1}
    试求 CuO(s) 的标准生成热。

4. 已知下列热化学方程式：
    $Fe_2O_3(s) + 3CO(g) = 2Fe(s) + 3CO_2(g)$　　$\Delta_r H^\ominus = -25$ kJ·mol^{-1}
    $3Fe_2O_3(s) + CO(g) = 2Fe_3O_4(s) + CO_2(g)$　　$\Delta_r H^\ominus = -47$ kJ·mol^{-1}
    $Fe_3O_4(s) + CO(g) = 3FeO(s) + CO_2(g)$　　$\Delta_r H^\ominus = +19$ kJ·mol^{-1}
    不用查表，计算下列反应的 $\Delta_r H^\ominus$：
    $FeO(s) + CO(g) = Fe(s) + CO_2(g)$

5. 计算下列反应的焓变：
    (1) $CaO(s) + SO_3(g) + 2H_2O(l) = CaSO_4 \cdot 2H_2O(s)$
    (2) $2Al(s) + Fe_2O_3(s) = Al_2O_3(s) + 2Fe(s)$
    (3) $CuO(s) + H_2(g) = Cu(s) + H_2O(g)$
    (4) $Fe_2O_3(s) + 6H^+(aq) = 2Fe^{3+}(aq) + 3H_2O(l)$
    (5) $Fe(s) + Cu^{2+}(aq) = Fe^{2+}(aq) + Cu(s)$

6. 用标准摩尔生成焓的数据计算 SiF_4(g) 与足量 H_2O(l) 反应生成 SiO_2(s) 和 HF(g) 的摩尔反应焓。

7. 利用本书附录 3 与下列数据计算石灰岩[以 $CaCO_3$(方解石)计]被 CO_2(g) 溶解发育成喀斯特地形的如下反应的标准摩尔生成焓：
    $CaCO_3(s) + CO_2(g) + H_2O(l) = Ca^{2+}(aq) + 2HCO_3^-(aq)$
    $\Delta_r H_m^\ominus$ / (kJ·mol^{-1})　　Ca^{2+}(aq)　　-542.8　　HCO_3^-(aq)　　-692

8. 火柴头中的 P_4S_3(s) 的标准摩尔燃烧热为 -3677 kJ·mol^{-1} [注：燃烧产物为 P_4O_{10}(s) 和 SO_2]，利用本书附录的数据计算 P_4S_3(s) 的标准摩尔生成焓。

9. 诺贝尔(Nobel, 1833—1896)发明的炸药爆炸可使产生的气体因热膨胀体积增大 1200 倍，其化学原理是硝酸甘油发生如下分解反应：
    $4C_3H_5(NO_3)_3(l) = 6N_2(g) + 10H_2O(g) + 12CO_2(g) + O_2(g)$
    已知 $C_3H_5(NO_3)_3$(l) 的标准摩尔生成焓为 -355 kJ·mol^{-1}，计算爆炸反应的标准摩尔反应焓。

10. 生石灰的水化反应放出的热足以将纸张着火或鸡蛋煮熟。试利用本书附录的数据计算 500g(1 市斤)生石灰(s)与足量的水生成熟石灰(s)放出的热(注：可忽略溶解反应)。

11. 生命体的热源通常以摄入的供热物质折合成葡萄糖燃烧释放的热，已知葡萄糖[$C_6H_{12}O_6$(s)]的标准摩尔生成焓为 -1272kJ·mol^{-1}，利用本书附录的数据计算它的燃烧热。

12. 经测定，葡萄糖完全氧化反应：$C_6H_{12}O_6(s) + 6O_2(g) = 6CO_2(g) + 6H_2O(l)$ 的标准摩尔反应自由能为 -2840 kJ·mol^{-1}，试查出产物的标准生成自由能，计算葡萄糖的标准摩尔生成自由能。将所得数据与习题 11 的生成焓数据比较。

13. 已知 N_2、NO 和 O_2 的解离焓分别为 941.7 kJ·mol^{-1}、631.8 kJ·mol^{-1} 和 493.7 kJ·mol^{-1}，仅利用这些数据判断 NO 在常温常压下能否自发分解。

14. 预计下列反应是熵增反应还是熵减反应，不能预计的通过标准熵进行计算。
    (1) 葡萄糖燃烧；(2) 乙炔燃烧；(3) 碳酸氢钠分解；(4) 铁丝燃烧；(5) 甲烷与水蒸气反应生成水煤气(CO 与 H_2 的混合气)；(6) 甲

烷和氧气反应生成合成气(CO 和 H$_2$ 的混合气体)。

15. 碘钨灯因在灯内发生如下可逆反应：
$$W(s) + I_2(g) \Longrightarrow WI_2(g)$$
碘蒸气与扩散到玻璃内壁的钨会反应生成碘化钨气体，后者扩散到钨丝附近会因钨丝的高温而分解出钨重新沉积到钨丝上，从而延长灯丝的使用寿命。

已知在 298 K 时：   W(s)   WI$_2$(g)   I$_2$(g)

$\Delta_f G_m^{\ominus}$ /(kJ·mol^{-1})   0   −8.37   19.327

$S_m^{\ominus}$ /(J·mol^{-1}·K^{-1})   33.5   251   260.69

(1) 设玻璃内壁的温度为 623K，计算上式反应的 $\Delta_r G_m^{\ominus}$ (623K)。

(2) 估计 WI$_2$(g) 在钨丝上分解所需的最低温度。

16. 查出生成焓和标准熵，计算汽车尾气中的一氧化氮和一氧化碳在催化剂表面上反应生成氮气和二氧化碳在什么温度范围内是自发的。这一反应能否实际发生？

17. 以下反应，哪些在常温的热力学标态下能自发向右进行？哪些不能？

   298K $\Delta_r H_m^{\ominus}$ /(kJ·mol^{-1}) $\Delta_r S_m^{\ominus}$ /(J·mol^{-1}·K^{-1})

(1) 2CO$_2$(g) ══ 2CO(g) + O$_2$(g)   566.1   174

(2) 2N$_2$O(g) ══ 2N$_2$(g) + O$_2$(g)   −163   22.6

(3) 2NO$_2$(g) ══ N$_2$(g) + 2O$_2$(g)   113   145

(4) 2NO$_2$(g) ══ 2NO(g) + O$_2$(g)   −67.8   120

(5) CaCO$_3$(s) ══ CaO(s) + CO$_2$(g)   178.0   161

(6) C(s) + O$_2$(g) ══ CO$_2$(g)   −393.5   3.1

(7) CaF$_2$(s) ══ Ca^{2+}(aq) + 2F^{-}(aq)   6.3   −152

18. 高价金属的氧化物在高温下容易分解为低价氧化物。以氧化铜分解为氧化亚铜为例，估算分解反应的温度。该反应的自发性是焓驱动还是熵驱动的？温度升高对反应自发性的影响如何？

19. 已知二氧化钛(金红石)在常温下的标准摩尔生成焓和标准熵分别为 −912 kJ·mol^{-1} 和 50.25 J·mol^{-1}·K^{-1}，试分析以下哪一种还原反应是消耗能量最少的。

$$TiO_2(s) + 2H_2(g) \Longrightarrow Ti(s) + 2H_2O(g)$$
$$TiO_2(s) + C(s) \Longrightarrow Ti(s) + CO_2(g)$$
$$TiO_2(s) + 2Cl_2(g) + C(s) \Longrightarrow TiCl_4(l) + CO_2(g)$$
$$TiCl_4(l) + 2H_2(g) \Longrightarrow Ti(s) + 4HCl(g)$$

[TiCl$_4$(l) 在 298K 下的生成焓和标准熵分别为 −750.2 kJ·mol^{-1} 和 252.7 J·mol^{-1}·K^{-1}]

第3章 化学动力学基础

无论是在理论还是工业中，化学的两个最大问题是产量和速率。前者是平衡的问题，将在第4章讨论。在固定氮气的工业中，我们不但要知道自若干吨的 N_2 和 H_2 可得多少吨 NH_3，还要知道需要多长时间。一个炸弹的爆炸力固然和其大小有关，但是反应速率若太慢，如需要一年才炸完，炸弹的威力也就不存在了。在日常生活中，我们常吃些助消化的药，这类药的功能就是帮助消化反应快些发生；保存水果和鱼肉用冷藏库，就是使腐烂的反应慢些发生。由此可见化学反应速率的重要性，这是化学研究的中心问题。

3.1 化学反应速率的概念

3.1.1 化学反应速率及其表示法

化学反应速率是指化学反应过程进行的快慢，即参加反应的各物质的数量随时间的变化率。它常用单位时间内反应物浓度的减少或生成物浓度的增加来表示，因此它具有"浓度·时间$^{-1}$"的量纲。其中的浓度项常用 $mol \cdot L^{-1}$ 表示，而时间项则根据反应的不同情况，可用 s(秒)、min(分)、h(小时)等表示，这样，反应速率的单位可以是 $mol \cdot L^{-1} \cdot s^{-1}$、$mol \cdot L^{-1} \cdot min^{-1}$ 或 $mol \cdot L^{-1} \cdot h^{-1}$。

对绝大多数反应来说，反应速率随着反应的进行在不断改变，因而反应速率有平均速率和瞬时速率之分。例如，下列分解反应：

$$2N_2O_5(g) \Longrightarrow 4NO_2(g) + O_2(g)$$

开始浓度/($mol \cdot L^{-1}$)	2.10	0	0
100s 浓度/($mol \cdot L^{-1}$)	1.95	0.30	0.075

由此可求出在 0~100s 化学反应的平均速率为

$$\bar{v}(N_2O_5) = -\frac{(1.95-2.10)mol \cdot L^{-1}}{100s} = 1.5 \times 10^{-3} mol \cdot L^{-1} \cdot s^{-1}$$

$$\bar{v}(NO_2) = -\frac{(0.30-0)mol \cdot L^{-1}}{100s} = 3.0 \times 10^{-3} mol \cdot L^{-1} \cdot s^{-1}$$

$$\bar{v}(O_2) = -\frac{(0.075-0)mol \cdot L^{-1}}{100s} = 7.5 \times 10^{-4} mol \cdot L^{-1} \cdot s^{-1}$$

以上是反应在 0~100s 的平均反应速率，可以看出不同物质表示出的反应速率的数值是不同的，比值为各物质前的系数比。平均反应速率就是在一定时间间隔内某反应物或某产物浓度的量的变化。

$$v = \frac{\Delta c}{\Delta t} \tag{3-1a}$$

绝大多数化学反应的速率是随着反应的不断进行而越来越慢，即绝大多数反应的速率不是不随时间而变的"定速"，而是随反应时间变化的"变速"。用某一给定瞬间的瞬时速率能更确切地表示某时刻 t 时的反应速率。

瞬时速率表示时间间隔 Δt 趋于无限小时的平均速率的极限。

$$v = \pm \lim_{\Delta t \to 0} \frac{\Delta c}{\Delta t} = \pm \frac{dc}{dt} \tag{3-1b}$$

这就是真正的反应速率，从数学意义上来说，时间间隔缩至极短，它的极限就可用微商来表示。这个数量的重要性是可以从它求得反应在任何时间的产物。

上例中，用各物质表示的瞬时速率为

$$v(N_2O_5) = \lim_{\Delta t \to 0} \frac{-\Delta c(N_2O_5)}{\Delta t} = -\frac{dc(N_2O_5)}{dt}$$

$$v(NO_2) = \lim_{\Delta t \to 0} \frac{\Delta c(NO_2)}{\Delta t} = \frac{dc(NO_2)}{dt}$$

$$v(O_2) = \lim_{\Delta t \to 0} \frac{\Delta c(O_2)}{\Delta t} = \frac{dc(O_2)}{dt}$$

3.1.2 定容反应的反应速率

对于定容条件下的化学反应，按国际纯粹与应用化学联合会（IUPAC）推荐，反应速率定义为单位时间单位体积内的反应进度，即

$$v = \frac{d\xi}{Vdt} = \frac{1}{v_B} \frac{dc_B}{dt} \tag{3-2}$$

v 的单位为 $mol \cdot L^{-1} \cdot s^{-1}$（或 $mol \cdot L^{-1} \cdot min^{-1}$），它与反应物或产物是哪一种无关。反应的平均反应速率可表示为

$$v = \frac{1}{v_B} \frac{\Delta c_B}{\Delta t}$$

对于一般的化学反应：$aA + bB \Longrightarrow dD + eE$

$$v = -\frac{1}{a}\frac{\Delta c_A}{\Delta t} = -\frac{1}{b}\frac{\Delta c_B}{\Delta t} = \frac{1}{d}\frac{\Delta c_D}{\Delta t} = \frac{1}{e}\frac{\Delta c_E}{\Delta t}$$

$$\frac{-dc(A)}{dt} : \frac{-dc(B)}{dt} : \frac{dc(D)}{dt} : \frac{dc(E)}{dt} = a : b : d : e \tag{3-3a}$$

可见，某一化学反应，用各组分浓度变化表示的反应速率之比等于各自计量系数绝对值之比，

则定容系统中(体积不变)的反应速率可表示为

$$v = \frac{1}{\nu_A}\frac{d[A]}{dt} = \frac{1}{\nu_B}\frac{d[B]}{dt} = \frac{1}{\nu_D}\frac{d[D]}{dt} = \frac{1}{\nu_E}\frac{d[E]}{dt} = \frac{1}{\nu_B}\frac{d[B]}{dt} \tag{3-3b}$$

式中，ν_B 为反应式中各物质的计量数，规定反应物取负值，生成物取正值。这里的 v 表示的是整个反应的反应速率，其数值只有一个，它与反应系统中选用何种物质测定反应速率的跟踪物无关。

3.1.3 化学反应速率的实验测定

化学反应的速率是通过实验测定的。例如，340K 时，将 0.160mol N_2O_5 放在 1L 容器中，实验测定 N_2O_5 浓度随时间变化的数据，以 N_2O_5 浓度为纵坐标，时间为横坐标，可以得出 N_2O_5 的浓度随时间变化的 c-t 曲线，如图 3-1 所示。

在曲线上任一点作切线，则

$$斜率 = \frac{dc(N_2O_5)}{dt}$$

c-t 曲线上任一点的斜率的负值即等于该点对应时间的化学反应速率。

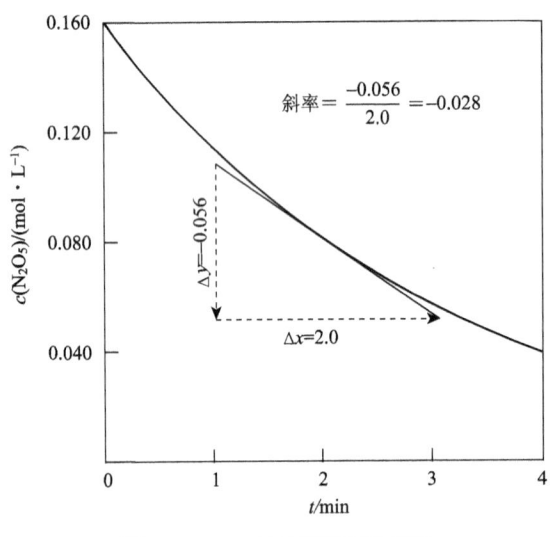

图 3-1　N_2O_5 的浓度随时间变化

由图 3-1 可以看出，反应进行 2min 时，曲线的斜率等于 -0.028 mol·min^{-1}·L^{-1}。因此，此时的反应速率为

$$v = -(-0.028 \text{ mol·L}^{-1}\text{·min}^{-1}) = 0.028 \text{ mol·L}^{-1}\text{·min}^{-1}$$

所以，测定反应速率实际上是测定不同时间 t 时某组分的浓度。

3.2　反应速率理论简介

对于不同的化学反应，反应速率的差别很大。是什么影响反应速率的快慢呢？如何解释外界因素对反应速率的影响？科学家先后提出了两种化学反应速率理论——碰撞理论和过渡状态理论。前者是建立在分子运动论的基础上的，后者是在量子力学和统计力学发展的过程中逐步形成的。

3.2.1　碰撞理论简介

1918 年，美国物理学家路易斯(Lewis)在气体分子运动论的基础上提出了反应速率的碰撞理论。该理论的基本要点是：

(1) 反应物分子间的相互碰撞是反应进行的先决条件。反应物分子的相互碰撞才能使化学键旧键断裂，新键形成，发生反应。如果反应物分子互不接触，就不会有任何反应发生。因此，化学反应发生的先决条件是反应物分子必须相互碰撞。

(2) 互相碰撞的分子必须具有足够的能量。只有具有较高能量的分子，碰撞时才能够克服分子间的相互斥力，完成化学键的改组，使反应完成。这种能发生化学反应的碰撞称为有效碰撞。碰撞理论把能够发生有效碰撞的分子称为活化分子。活化分子具有比普通分子更高的能量，在碰撞时才能克服电子云之间的相互排斥作用而相互接近，从而打破原有的化学键而形成新分子，发生化学反应。

在一定温度下，分子能量分布可用图 3-2 表示。图中横坐标表示能量，纵坐标表示具有一定能量的分子百分数。曲线下面的面积表示分子百分数的总和为 100%，阴影部分的面积表示活化分子所占的百分数。$\overline{E}_k$ 为分子的平均能量，E_c 为活化分子所具有的最低能量，$\overline{E}_c$ 为活化分子具有的平均能量。活化分子所具有的平均能量和反应分子的平均能量之差称为活化能（activation energy），活化能用符号 E_a 表示（$E_a = \overline{E}_c - \overline{E}_k$），单位是 $kJ \cdot mol^{-1}$。

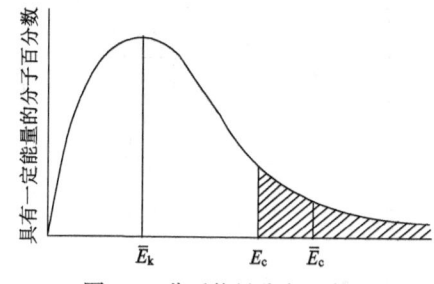

图 3-2 分子能量分布示意图

在一定温度下，每一个反应都有它特定的活化能，一般化学反应的活化能为 $42 \sim 420 kJ \cdot mol^{-1}$，多数为 $60 \sim 250 kJ \cdot mol^{-1}$。在一定的温度下，反应的活化能越小，反应系统中活化分子所占的百分数越大，单位时间内的有效碰撞次数越多，反应速率就越快。反之，反应的活化能越大，反应系统中活化分子所占的百分数越小，单位时间内的有效碰撞次数越少，反应速率就越慢。反应速率主要取决于单位时间内的有效碰撞次数。$E_a < 42 kJ \cdot mol^{-1}$ 的反应，活化分子百分数大，有效碰撞次数多，反应速率大，可瞬间进行；$E_a > 420 kJ \cdot mol^{-1}$ 的反应，反应速率很小。

(3) 互相碰撞的反应物分子应有合适的碰撞取向。分子通过碰撞发生化学反应，不仅要求分子有足够的能量，而且要求这些分子有适当的取向（或方位）。只有当活化分子采取合适的取向碰撞时，反应才能发生。例如，下列反应：

$$CO(g) + NO_2(g) = CO_2(g) + NO(g)$$

只有当 CO 分子中的碳原子与 NO_2 中的氧原子相碰撞时，才能发生重排反应；而碳原子与氮原子相碰撞的这种取向，则不会发生氧原子的转移。

碰撞理论非常直观，比较成功地解释了某些实验事实，用于简单的反应比较成功。但由于碰撞理论把反应分子看成没有内部结构的刚性球体的模型过于简单，本身不能预测取向因子，因此对一些分子结构复杂的反应通常不能解释。

3.2.2 过渡状态理论简介

20 世纪 30 年代中期，艾林（Eyring）和波拉尼（Polanyi）等在量子力学和统计力学发展的基础上提出了反应速率的过渡状态理论，又称活化配合物理论。这一理论认为，反应物中的活化分子相互碰撞，不是直接变为产物，而是要经过一个中间过渡状态，即首先形成活化配合物。这种活化配合物既能与原来的反应物建立热力学的平衡，又能进一步转变为产物。化学反应是从反应物到生成物逐渐过渡的一个连续进行的过程，可表示为

反应物 ——→ 活化配合物 ——→ 生成物

A+B—C ——→ [A···B···C] ——→ A—B+C

在活化配合物[A···B···C]中，旧键 B—C 已经削弱，新键 A—B 正在形成，它处于高能量状态，非常不稳定，一方面它可分解为原反应物，另一方面它可转变为产物。

反应过程中势能变化如图 3-3 所示。图中 E_1 为反应物的平均能量，E_2 为活化配合物的平均能量，E_3 为产物的平均能量。过渡状态理论中，活化配合物的平均能量和反应物平均能量之差称为活化能。E_a 是正反应的活化能，E_a' 是逆反应的活化能，即

$$E_a = E_2 - E_1$$

$$E_a' = E_2 - E_3$$

$E_a - E_a'$ 是反应物平均能量与产物平均能量的差值 ΔH。

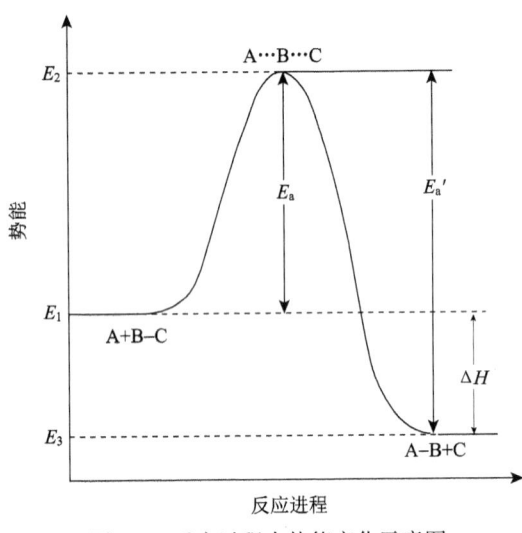

图 3-3　反应过程中势能变化示意图

$$\Delta H = E_a - E_a' \tag{3-4}$$

$E_a < E_a'$，$\Delta H < 0$，正反应是放热反应，逆反应是吸热反应。

由此可见，反应物分子必须越过能垒，反应才能进行，化学反应也就是反应物分子吸收足够的能量以克服能垒的过程，能垒越高，反应的阻力越大，反应就难进行。活化能的大小代表了能垒的高低，形成新键需要克服的斥力越大，或破坏旧键克服的引力越大，需要消耗的能量越大，能垒就越高。不同物质的化学键能不同，改组化学键所需的能量不同，因而不同化学反应具有不同的活化能。一定温度下，反应的活化能越大，活化分子数越少，反应速率越慢；反之，活化能小的反应速率越快。活化能是决定反应速率的内因。

过渡状态理论把反应速率和反应过程中物质的微观结构联系起来，因而可借助某些微观物理量，通过复杂的理论计算，获得反应过程中分子间相互作用的势能变化，从而进一步了解反应所经历的途径及反应速率的有关知识。但由于活化配合物的寿命极短（一般为 10^{-12}s 左右），对其进行观测非常困难。20 世纪 60 年代以后，随着激光技术、分子束技术以及光电子能谱等实验技术的出现，对过渡态的探测和研究大大前进了一步。

化学反应过程就是化学键的拆散和重组过程。要深入了解反应，就要在真正的分子水平上研究它们的一次碰撞行为，或称之为"态-态"反应。分子是一个群体，其速率和能量都有一个分布，要从其中筛选出具有某一能态的分子束来进行反应，在实验上是相当困难的。美

籍华裔物理化学家李远哲教授在交叉分子束的研究方面作出了突出贡献，他因此获得了 1986 年诺贝尔化学奖。

3.3 影响化学反应速率的因素

不同反应在一定条件下的反应速率相差很大，其内在原因是反应的活化能不同。而同一反应，在不同的外界条件下，反应速率也有差别，如反应物的浓度、温度等都影响反应的速率。

3.3.1 浓度（压力）对化学反应速率的影响

1. 化学反应速率方程

对于绝大多数化学反应来说，在一定温度下，增大反应物浓度，反应速率就加快。这种关系可根据反应速率理论解释：在一定温度下，反应物中活化分子的百分数是一定的，增大反应物的浓度，单位体积内反应物的分子数增多，活化分子数相应增多，从而增加了单位时间内的有效碰撞次数，使反应速率加快。

反应速率和反应物浓度间定量关系如何？通过实验可以确定其反应速率与反应物浓度间的定量关系，用反应速率方程表示。

对于一般的反应

$$a\text{A} + b\text{B} = c\text{C} + d\text{D}$$

$$v = k_c c_A^\alpha c_B^\beta \tag{3-5a}$$

速率方程中的浓度只包括气态反应物的浓度和溶液中反应物的浓度，因为它们是可变量。在多相反应中，反应只在界面上进行，固态或纯液态反应物的浓度可看作常数，对反应速率的影响已包括在反应速率常数 k 中，因此它们的浓度不写在速率方程中。例如，碳的燃烧反应：

$$\text{C} + \text{O}_2 = \text{CO}_2$$

速率方程为

$$v = k c_{\text{O}_2}$$

对于气体反应，速率方程中的浓度可用气体反应物的分压来表示。例如，下列反应：

$$2\text{NO}_2 = 2\text{NO} + \text{O}_2$$

用浓度表示时，速率方程为

$$v = k_c c_{\text{NO}_2}^2$$

用分压表示时，速率方程为

$$v = k_p p_{NO_2}^2$$

应当注意，两种表示方法的 k 无论是数值还是单位都是不同的，它们之间的关系可以通过理想气体状态方程式推导得出。

2. 反应级数

速率方程中，c_A、c_B 分别为反应物 A、B 的浓度，单位为 $mol·L^{-1}$；反应物浓度的指数 α、β 分别称为参加反应的各组分 A、B 的级数，即对反应物 A 来说，其级数为 α，对反应物 B 来说，其级数为 β，依此类推。各组分反应级数的代数和称为该反应的反应级数 n，即 $n = \alpha + \beta + \cdots$。反应级数可以是整数，可以是分数，也可以是零，甚至是负数。零级反应表示反应速率与反应物浓度无关，负数表示该反应物对反应起阻碍作用。一级反应和二级反应较为常见，三级反应为数不多，三级以上的反应目前尚无发现。

α、β 是量纲一的量，可以通过实验测定。但是若反应是基元反应则可以根据反应方程式直接写出速率方程。1867 年，挪威学者古德贝格(Guldberg)和瓦格(Waage)根据对大量化学反应的研究发现：恒温下，基元反应的反应速率与各反应物浓度计量系数次方的乘积成正比，称为基元反应的质量作用定律。

某基元反应：　　　　　　　$aA + bB \Longrightarrow gG + hH$

其质量作用定律的数学表示式为

$$v = kc_A^a c_B^b \tag{3-5b}$$

由反应物分子(或离子、原子以及自由基等)直接碰撞发生相互作用而生成产物的反应称为基元反应(又称元反应)。由一个基元反应构成的化学反应称为简单反应；而由两个或两个以上基元反应构成的化学反应称为非基元反应或复合反应。

对于基元反应，$\alpha=a$，$\beta=b$；对于复合反应，反应级数不一定等于化学反应方程中该物种的化学式的系数，其速率方程必须通过实验(如初始速率法)确定。但是，$\alpha=a$，$\beta=b$ 的反应不一定是基元反应。

3. 速率常数的意义和性质

速率方程中的 k 为比例常数，称为反应速率常数或速率常数。当 $c_A=c_B=1mol·L^{-1}$ 时，$v=k$。因此，k 的物理意义是：各反应物浓度为单位浓度时的反应速率。一定温度下，不同的反应在各组分浓度相同时，仍有不同的反应速率，可见，k 是表明化学反应速率相对大小的物理量，其值大小取决于反应本性，即不同反应，k 值不同。

(1) 速率常数取决于反应的本性。在相同的条件下，不同的反应有不同的 k 值。一般来说，k 值越大，反应速率越快。

(2) 速率常数 k 与浓度无关。

(3) 速率常数 k 随温度而变化，通常温度升高，k 值增大。

速率常数 k 的量纲取决于反应级数，不同反应级数的化学反应，其速率常数的单位不同，见表 3-1。

表 3-1　速率常数的单位

反应级数	速率方程	k 的单位
1	$v = k \cdot c_A$	s^{-1}
$\dfrac{3}{2}$	$v = k \cdot c_A^{\frac{3}{2}}$	$(L \cdot mol^{-1})^{1/2} \cdot s^{-1}$
2	$v = k \cdot c_A^2$	$(L \cdot mol^{-1})^1 \cdot s^{-1}$
3	$v = k \cdot c_A^2 \cdot c_B$	$(L \cdot mol^{-1})^2 \cdot s^{-1}$
n	$v = k \cdot c_A^n$	$(L \cdot mol^{-1})^{n-1} \cdot s^{-1}$

【例 3-1】 有一个化学反应 $aA+bB \Longrightarrow C$，在 298K 时，将 A、B 溶液按不同浓度混合，得到下列实验数据：

A 的初始浓度/(mol·L^{-1})	B 的初始浓度/(mol·L^{-1})	初速率*/(mol·L^{-1}·s^{-1})
1.0	1.0	1.2×10^{-2}
2.0	1.0	2.3×10^{-2}
4.0	1.0	4.9×10^{-2}
1.0	1.0	1.2×10^{-2}
1.0	2.0	4.8×10^{-2}
1.0	4.0	1.9×10^{-1}

*这里的初速率指反应开始时单位时间内生成物 C 浓度的增大值。

由此求该反应的速率方程及速率常数。

解　设该反应的速率方程为

$$v = k c_A^\alpha c_B^\beta$$

前三次实验，B 的浓度保持不变，而改变 A 的浓度，当 A 的浓度增大为原来的 x 倍，反应速率也增大为原来的 x 倍，可见反应速率与 A 的浓度成正比，$\alpha=1$。

后三次实验，A 的浓度保持不变，而改变 B 的浓度，当 B 的浓度增大为原来的 y 倍时，反应速率增大为原来的 y^2 倍，可见反应速率与 B 浓度的平方成正比，$\beta=2$。

所以，该反应的速率方程为

$$v = k c_A \cdot c_B^2$$

是一个三级反应。

$$k = \frac{v}{c_A \cdot c_B^2}$$

将任一次实验数据代入速率方程中，得

$$k = \frac{1.2 \times 10^{-2} \text{mol} \cdot L^{-1} \cdot s^{-1}}{(1.0 \text{mol} \cdot L^{-1})(1.0 \text{mol} \cdot L^{-1})^2}$$
$$= 1.2 \times 10^{-2} \text{mol}^{-2} \cdot L^2 \cdot s^{-1}$$

3.3.2 温度对化学反应速率的影响

温度对化学反应速率的影响十分敏感而且情况复杂，对大多数化学反应来说，反应速率随温度的升高而加快。根据反应速率理论，当温度升高时，分子的运动速率加快，单位时间内的碰撞次数增加，使反应速率加快；更主要的是温度升高时，一些能量较低的分子获得能量而成为活化分子，活化分子的百分数增大，有效碰撞次数增多，从而使反应速率加快。

由速率方程可知，反应速率是由速率常数和反应物浓度共同决定的。一般来说，温度的变化对反应物浓度影响很小。因此，温度对反应速率的影响实质上是对速率常数的影响。

1889 年，瑞典科学家阿伦尼乌斯（Arrhenius，1859—1927）总结大量实验事实，提出了反应速率常数和温度的定量关系式：

$$k = A\mathrm{e}^{-\frac{E_\mathrm{a}}{RT}} \tag{3-6a}$$

以对数形式表示，则为

$$\ln k = -\frac{E_\mathrm{a}}{RT} + \ln A \tag{3-6b}$$

或

$$\lg k = -\frac{E_\mathrm{a}}{2.303RT} + \lg A$$

式中，k 为速率常数；T 为热力学温度；R 为摩尔气体常量；E_a 为反应的活化能；A 为一个常数，称为指前因子或频率因子。对某一给定反应来说，E_a 和 A 可认为不随温度改变而改变。由此可见，k 与 T 成指数关系，因此 T 的微小改变将会使 k 值发生相对很大的变化。

如果实验测得不同温度时的速率常数 k，以 $\lg k$ 对 $1/T$ 作图，由该直线的斜率（$-E_\mathrm{a}/2.303R$）即可求得活化能 E_a。

例如，反应 $\mathrm{CO(g)} + \mathrm{NO_2(g)} \Longleftrightarrow \mathrm{CO_2(g)} + \mathrm{NO(g)}$，实验数据如下：

T/K	600	650	700	750	800
$k/(\mathrm{L \cdot mol \cdot s^{-1}})$	0.028	0.22	1.3	6.0	23

根据实验数据作 $\lg k - \dfrac{1}{T}$ 图（图 3-4），由图中求得该反应的活化能。

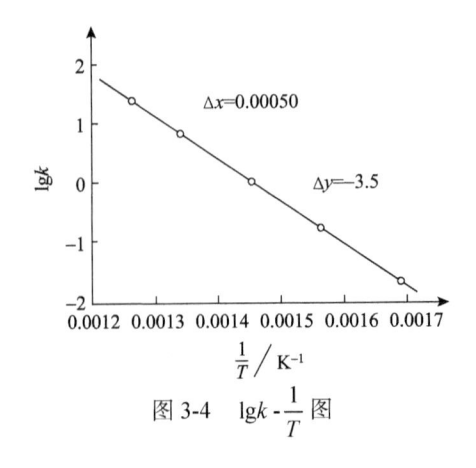

图 3-4　$\lg k - \dfrac{1}{T}$ 图

可得

$$E_a = -2.303 \times 8.314 \times 斜率$$
$$= -2.303 \times 8.314 \times (-7.0 \times 10^3) \text{J} \cdot \text{mol}^{-1}$$
$$= 134\,000 \text{J} \cdot \text{mol}^{-1}$$
$$= 134 \text{kJ} \cdot \text{mol}^{-1}$$

对于某一反应，若已知活化能 E_a 及某温度 T_1 时的速率常数 k_1，利用式(3-7)可求得另一温度 T_2 时的速率常数 k_2。

$$\lg \frac{k_2}{k_1} = \frac{E_a}{2.303R}\left(\frac{1}{T_1} - \frac{1}{T_2}\right) \tag{3-7}$$

【例 3-2】 某反应的活化能 $E_a = 1.14 \times 10^5 \text{J} \cdot \text{mol}^{-1}$。在 600K 时，$k = 0.75 \text{L} \cdot \text{mol}^{-1} \cdot \text{s}^{-1}$，求 700K 时的 k，并说明温度由 600K 升高至 700K 时，反应速率增加了多少倍。

解 根据 $\lg \frac{k_2}{k_1} = \frac{E_a}{2.303R}\left(\frac{1}{T_1} - \frac{1}{T_2}\right)$

已知 $T_1 = 600$K，$k_1 = 0.75 \text{L} \cdot \text{mol}^{-1} \cdot \text{s}^{-1}$，$T_2 = 700$K，$E_a = 1.14 \times 10^5 \text{J} \cdot \text{mol}^{-1}$，代入数据得

$$\lg \frac{k_2}{0.75} = \frac{1.14 \times 10^5 \text{J} \cdot \text{mol}^{-1}}{2.303 \times 8.314 \text{J} \cdot \text{mol} \cdot \text{K}^{-1}}\left(\frac{1}{600\text{K}} - \frac{1}{700\text{K}}\right) = 1.42$$

$$k_2 = 20 \text{L} \cdot \text{mol}^{-1} \cdot \text{s}^{-1}$$

$$\frac{k_2}{k_1} = \frac{20 \text{L} \cdot \text{mol}^{-1} \cdot \text{s}^{-1}}{0.75 \text{L} \cdot \text{mol}^{-1} \cdot \text{s}^{-1}} = 26.7$$

即温度由 600K 升高至 700K 时，反应速率增加了 26.7 倍。

3.3.3 催化剂对化学反应速率的影响

催化剂是影响化学反应速率的另一重要因素，在现代工业生产中，80%～90%的生产过程都使用催化剂。例如，合成氨、石油裂化、油脂加氢、药品合成等都使用催化剂。催化剂的组成多半是金属、金属氧化物、多酸化合物和配合物等。

催化剂是一种能改变反应速率，但不改变化学反应的平衡位置，而且在反应前后本身的质量和组成都保持不变的物质。通常把能加快反应速率的催化剂称为正催化剂。例如，铂粉就是氢气和氧气化合反应的正催化剂。把减慢反应速率的催化剂称为负催化剂，也称阻化剂或抑制剂。例如，六次甲基四胺$(CH_2)_6N_4$是钢铁锈蚀的阻化剂。一般提到催化剂，指的都是正催化剂。

催化剂能改变反应速率的作用称为催化作用。催化剂加快反应速率，是通过改变反应历程，降低反应的活化能来实现的。图 3-5 表明了反应 A+B⟶AB 无催化剂时是按途径Ⅰ进行的，活化能为 E_a。当有催化剂 K 时，其反应历程发生变化，按途径Ⅱ分两步进行。

$$A + K \longrightarrow AK \quad 活化能为 E_1$$
$$AK + B \longrightarrow AB + K \quad 活化能为 E_2$$

E_1、E_2 都小于 E_a，所以反应速率加快了。

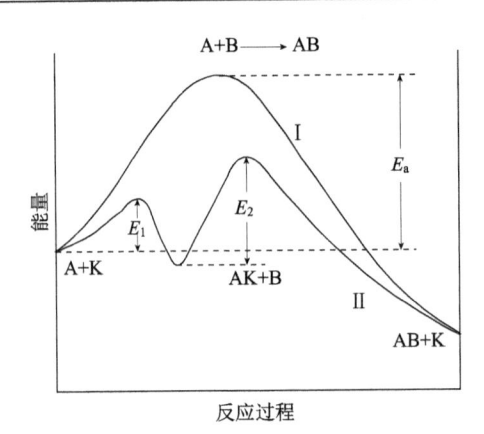

图 3-5 催化剂改变途径示意图

催化剂通过改变反应历程，降低活化能使反应速率加快的倍数是异常惊人。例如，合成氨反应，无催化剂时反应的活化能为 326.4kJ·mol^{-1}，加入 Fe 作催化剂时，活化能降低至 175.5kJ·mol^{-1}。根据阿伦尼乌斯公式计算表明，在 773K 时加入催化剂后反应的速率增加到原来的 $1.57×10^{10}$ 倍。

由图 3-5 可以看出，加入催化剂 K 后，逆反应的活化能也降低了，所以也加快了逆反应的速率，催化剂同时加快正、逆反应的速率。催化剂 K 的加入，不影响反应物和产物的相对能量，不改变反应的始态和终态，所以催化剂并不改变反应的 $\Delta_r H$ 和 $\Delta_r G$。这说明，催化剂不能改变平衡的位置，只能加速热力学上认为可能进行的反应。对于通过热力学计算不能进行的反应，使用任何催化剂都是徒劳的。

催化剂及其催化作用的应用相当普遍。据统计，在已工业化的化工生产工艺中，80%～85%的流程涉及催化剂。在有生命的动植物体内，几乎所有的化学反应都是由酶催化的。酶催化的特点是高催化效率和高选择性（专一性）。事实证明，使用优良的催化剂是加快反应速率最经济、最有效的途径。无生命系统和有生命系统中的催化剂及其催化作用的研究和应用是现代化学和现代生物化学的重要研究课题之一。

习 题

1. 分别以各物质浓度的变化表示下列反应的速率并指出各种速率表示间的相互关系。

$$4NH_3(g) + 5O_2(g) = 4NO(g) + 6H_2O(g)$$

2. $(CH_3)_2O$ 分解反应的实验数据如下：

t/s	0	200	400	600	800
$c_{(CH_3)_2O}$ /(mol·L^{-1})	0.010 00	0.009 16	0.008 39	0.007 68	0.007 03

(1) 计算 600s 和 800s 间的平均速率。
(2) 绘出 c-t 图，求 800s 时的瞬时速率。

3. 某一化学反应，A+B ⟶ 生成物，实验测得 A、B 的起始浓度和速率的关系如下：

c_A /(mol·L^{-1})	c_B /(mol·L^{-1})	起始速率 /(mol·L^{-1}·s^{-1})
0.10	0.10	0.0090
0.20	0.10	0.036
0.10	0.20	0.018
0.10	0.30	0.027

(1) 计算对反应物 A 的反应级数。

(2)计算对反应物 B 的反应级数。

(3)写出反应速率方程。

4. A(g) ⟶ B(g) 为二级反应。当 A 的浓度为 0.05mol·L⁻¹ 时，其反应速率为 1.2mol·L⁻¹·min⁻¹。

(1)写出该反应的速率方程。

(2)计算速率常数。

(3)温度不变时，欲使反应速率加倍，A 的浓度应是多少？

5. 某一化学反应：A+B ⟶ C，某温度实验测得如下数据：

	起始浓度/(mol·L⁻¹)		起始速率/(mol·L⁻¹·min⁻¹)
	A	B	
1	0.1	0.1	2.0×10⁻³
2	0.2	0.2	8.0×10⁻³
3	0.1	0.2	8.0×10⁻³

(1)写出该反应的速率方程。

(2)求反应的速率常数。

6. 气体 A 的分解反应 A(g) ⟶ 产物，当 A 浓度等于 0.50mol·L⁻¹ 时，反应速率为 0.014mol·L⁻¹·min⁻¹，如该反应分别为：(1)零级反应；(2)一级反应；(3)二级反应时，A 浓度等于 1.0mol·L⁻¹ 时，反应速率分别是多少？

7. 反应 D(g) ⟶ 产物，当 D 浓度为 0.150mol·L⁻¹ 时，反应速率是 0.030mol·L⁻¹·min⁻¹，如该反应分别为：(1)零级反应；(2)一级反应；(3)二级反应时，反应速率常数分别是多少？

8. 假定某一反应的定速步骤是 2A(g)+B(g) ⟶ C(g)，将 2mol A(g) 和 1mol B(g) 放在一个 1L 容器中混合，将下列速率同此时反应的初始速率相比较各发生什么变化？

(1)A 和 B 都用掉一半时的速率。

(2)A 和 B 各用掉 $\frac{2}{3}$ 时的速率。

(3)在一个 1L 容器里装入 2mol A 和 2mol B 时的初速率。

(4)在一个 1L 容器里装入 4mol A 和 2mol B 时的初速率。

9. N₂O₅ 分解反应，400K 时 k=1.4s⁻¹，450K 时 k=43s⁻¹，求该反应的活化能。

10. 化学反应在 40℃时的反应速率是在 20℃时反应速率的 3 倍，求该反应的活化能。

11. 患者发烧至 40℃时，使体内某一酶催化反应的速率常数增大为正常体温(37℃)时的 1.23 倍，试求该酶催化反应的活化能。

12. 某反应 E_a=82kJ·mol⁻¹，300K 时速率常数 k=1.2×10⁻² mol·L⁻¹·s⁻¹，求 400K 的 k。

13. 已知青霉素 G 的分解反应为一级反应，37℃时其活化能为 84.8kJ·mol⁻¹，指前因子 A 为 4.2×10¹²h⁻¹，求 37℃反应的速率常数 k。

14. 温度相同时，三个基元反应的活化能数据如下：

反应	E_a/(kJ·mol⁻¹)	E_a'/(kJ·mol⁻¹)
1	30	55
2	70	20
3	16	35

(1)哪个反应的正反应速率最大？

(2)哪个反应的逆反应是放热反应？

(3)反应 1 的 ΔH 是多少？

15. 300K 时，下列反应：

$$H_2O_2(aq) \Longrightarrow H_2O(l) + \frac{1}{2}O_2(g)$$

活化能为 75.3kJ·mol⁻¹。若用 I⁻催化，活化能降为 56.5kJ·mol⁻¹。若用酶催化，活化能降为 25.1kJ·mol⁻¹。试计算在相同温度下，该反应用 I⁻催化及酶催化时，其反应速率分别是无催化剂时的多少倍。

16. 判断下列说法正确与否，并说明理由。

(1)反应的级数等于反应的分子数。

(2)从反应速率常数的单位可以判断该反应的级数。

(3)反应速率常数的大小就是反应速率的大小。

17. 对于下列反应：

$$N_2+3H_2(g) \Longrightarrow 2NH_3 \qquad \Delta_rH^\ominus(298K)=-92.2kJ·mol⁻¹$$

若增加总压力，或升高温度，或加入催化剂，反应速率常数 $k_正$、$k_逆$，反应速率 $v_正$、$v_逆$ 如何变化？

第 4 章 化 学 平 衡

前两章讨论了化学反应中的能量变化、反应方向以及在一定条件下反应进行的快慢问题，本章将研究在一定条件下反应进行的程度，即有多少反应物转化为生成物，也就是化学平衡问题。例如，高炉炼铁中的主要反应：

$$Fe_2O_3 + 3CO \Longrightarrow 2Fe + 3CO_2$$

若按照方程式计算生产所需原料，将与实际情况有很大出入，从而加大生产成本，造成浪费。因为在炼铁过程中原料无法完全转化成产物，反应程度是有限的。通过对化学反应的研究，人们发现这是因为这样的化学反应不可能单方向进行到底。可见，化学平衡是对可逆反应而言的。下面将研究化学反应在一定条件下理论上的最大限度以及如何通过改变外界条件使这个限度向我们所希望的方向变化。

4.1 可逆反应和化学平衡

4.1.1 可逆反应

在同一条件下，既能向正反应方向进行又能向逆反应方向进行的化学反应称为可逆反应。例如，在高温下 CO 与 H_2O 反应生成 H_2 和 CO_2，同时 H_2 与 CO_2 反应也能生成 CO 和 H_2O：

$$CO(g) + H_2O(g) \Longrightarrow H_2(g) + CO_2(g)$$

也就是说，在同一个条件下，可以由反应物变成产物，同时也可以由产物变成反应物的一个化学反应，就称为可逆反应。如果强调一个反应是可逆反应，则方程式中用双箭头代替等号。

可以认为几乎所有的化学反应都具有可逆性，只是有些反应在人们已知的条件下，逆反应进行的程度极为微小，从表面上看似乎只朝着一个方向进行，以致逆反应被忽略。例如，钡离子与硫酸根的沉淀反应：

$$Ba^{2+}(aq) + SO_4^{2-}(aq) \Longrightarrow BaSO_4(s)$$

从表面上看，这是一个生成沉淀的单向反应，其实本质上也是一个可逆反应，因为将 $BaSO_4(s)$ 放到水中，经过一段时间，最终也能达到上述平衡，只不过其逆反应的趋势非常小。但就我们所研究的可逆反应而言，主要是指在同一条件下，正反应趋势与逆反应趋势相差不是很大的反应。

4.1.2 化学反应平衡

当一个可逆反应的正反应速率和逆反应速率相等时,这个化学反应体系所处的状态称为化学平衡状态,简称化学平衡。例如,高温下,在一个密闭容器中进行上述反应。在反应开始时,CO 与 H_2O 以较快的速率生成 H_2 和 CO_2(正反应),随着容器中 H_2 和 CO_2 的增加,H_2 与 CO_2 反应生成 CO 和 H_2O(逆反应)的速率逐渐增大。当正反应速率和逆反应速率相等时,容器内各物质的分压(或浓度)便维持一定值,不再随时间而变化,此时该系统便达到了平衡状态(图 4-1)。平衡状态下的化学反应仍在继续着,只不过是反应物生成产物的速率与产物分解成反应物的速率相等。只要系统的温度、压力维持不变,也不从系统中取走或加入什么物质,这种平衡状态就可以继续维持下去。从上面可以看出,处于平衡状态的化学反应具有以下几个特点:

(1)能够建立平衡的化学反应必定是一个恒温条件下的封闭体系中进行的可逆反应。

(2)一个化学反应达到平衡状态的标志是各反应物、产物的浓度或分压不再随时间的改变而变化。

(3)对一个化学反应而言,平衡状态是有条件的动态平衡。当条件改变时,平衡状态将被破坏,直到在新的条件下建立起新的动态平衡。

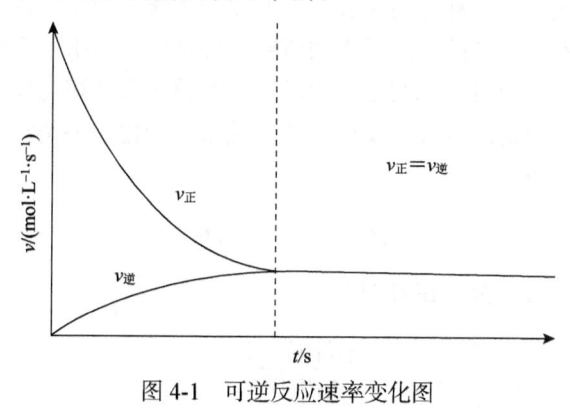

图 4-1 可逆反应速率变化图

4.2 平 衡 常 数

4.2.1 经验平衡常数

1. 经验平衡常数简介

当可逆反应达到化学平衡时,反应物和生成物的浓度将不再改变。这时,这些浓度之间有什么关系?为此进行了如下实验:在三个封闭的容器中,分别加入不同数量的 H_2、I_2 和 HI。将容器恒温在 793K,直至建立起化学平衡:

$$H_2(g) + I_2(g) \rightleftharpoons 2HI(g)$$

然后分别测量平衡时 H_2、I_2 和 HI 的浓度,表 4-1 给出三组实验测定结果。

表 4-1　793K 时 $H_2(g) + I_2(g) \rightleftharpoons 2HI(g)$ 的实验数据

实验编号	起始浓度/(mol·L^{-1})			平衡浓度/(mol·L^{-1})			$\dfrac{c^2(HI)}{c(H_2) \cdot c(I_2)}$
	$c(H_2)$	$c(I_2)$	$c(HI)$	$c(H_2)$	$c(I_2)$	$c(HI)$	
1	0.200	0.200	0.000	0.188	0.188	0.024	0.016
2	0.000	0.000	0.200	0.094	0.094	0.012	0.016
3	0.100	0.100	0.100	0.177	0.177	0.023	0.017

实验数据表明，该实验无论从正反应开始（实验 1），还是从逆反应开始（实验 2），或者从 H_2、I_2 和 HI 混合物开始（实验 3），尽管平衡时各反应物、生成物的浓度不同，但以方程式中化学计量系数为幂次的各生成物浓度的乘积与各反应物浓度的乘积之比值接近一常数，即

$$\frac{c^2(HI)}{c(H_2) \cdot c(I_2)} = 0.016$$

在不同温度下，对这个反应体系进一步的研究发现，当温度发生变化时，$c^2(HI)$ 与 $c(H_2) \cdot c(I_2)$ 的比值也随之改变，但在任何给定温度下，平衡体系的 $c^2(HI)$ 与 $c(H_2) \cdot c(I_2)$ 的比值均为一确定常数，我们称它为该温度下的化学平衡常数，简称平衡常数。

通过对其他许多不同类型的可逆反应的研究，大量的实验事实证明，一定温度下，任何一个可逆反应达到化学平衡时产物浓度的化学计量系数次方之积与反应物浓度的化学计量系数次方之积的比值是一确定的常数。我们把这种关系称为化学平衡定律。

由此可知，对于一般的可逆反应：

$$a\text{A} + b\text{B} \rightleftharpoons d\text{D} + e\text{E}$$

在一定温度下达到平衡时，都存在着如下的关系式：

$$\frac{[\text{D}]^d [\text{E}]^e}{[\text{A}]^a [\text{B}]^b} = K_c \tag{4-1}$$

式中，[D]、[E]、[A]、[B]是由实验测定的产物与反应物的平衡浓度，单位是 mol·L^{-1}；K_c 称为该反应的经验平衡常数。

K_c 的数值越大，表明该反应达到平衡状态时，生成物在平衡系统中所占的比例越大，也就是正反应的趋势越强；反之，K_c 的数值越小，表明反应达到平衡状态时，生成物在平衡系统中所占的比例越小，也就是逆反应的趋势越强。

对于气体反应，可用反应物、产物平衡状态下的分压代替浓度。上述生成 HI 的反应，其平衡关系式可表示为

$$\frac{p^2(HI)}{p(H_2) p(I_2)} = K_p \tag{4-2}$$

K_p 称为用分压表示的经验平衡常数，分压的单位是 Pa。

可见，经验平衡常数是通过测定平衡系统中各物质的浓度（或分压），根据化学平衡定律计算出来的，也就是说，由实验直接测定的方法得到的平衡常数称为经验平衡常数，用符号 K 或 K_c、K_p 表示。K_c 或 K_p 的数值越大，表明该化学反应正方向的反应趋势越大，达到平衡

状态时产物的浓度越大，由反应物转变为产物的转化率越高。反之，K_c 或 K_p 的数值越小，表明该化学反应逆方向的反应趋势越大，达到平衡状态时产物的浓度越小，由反应物转变为产物的转化率越低。

2. K_c 与 K_p 的关系

K_c 是以平衡浓度表示的平衡常数，K_p 是以平衡时各物质的分压表示的平衡常数。对同一个化学反应而言，K_c 和 K_p 的关系可作如下推导。

根据理想气体状态方程式：$pV = nRT$，有

$$p = cRT$$

对一般的化学反应方程式：

$$a\text{A} + b\text{B} \rightleftharpoons d\text{D} + e\text{E}$$

以 p_A、p_B、p_D、p_E 表示各物质的分压，则

$$p_A = [\text{A}]RT,\ p_B = [\text{B}]RT,\ p_D = [\text{D}]RT,\ p_E = [\text{E}]RT$$

代入化学平衡关系式，则有

$$K_p = \frac{p_D^d p_E^e}{p_A^a p_B^b} = \frac{[\text{D}]^d[\text{E}]^e}{[\text{A}]^a[\text{B}]^b}(RT)^{(d+e)-(a+b)}$$

令 $(d+e)-(a+b)=\Delta n$，则

$$K_p = K_c(RT)^{\Delta n}$$

$$K_p = K_c\ (\Delta n = 0)$$

可见，对于同一个反应来说，通过实验和化学平衡定律确定了其 K_p 数值，就可以计算出该反应的 K_c 数值。

3. 多重平衡规则

如果某反应可以由几个反应相加（或相减）得到，则该反应的平衡常数就等于各个反应的平衡常数之积（或之商），这种关系称为多重平衡规则。根据化学平衡定律，多重平衡规则可以证明如下：

$$\text{CO}(g) + 1/2\text{O}_2(g) \rightleftharpoons \text{CO}_2(g) \tag{1}$$

$$K_{(1)} = \frac{[\text{CO}_2]}{[\text{CO}][\text{O}_2]^{1/2}}$$

$$\text{H}_2\text{O}(g) \rightleftharpoons \text{H}_2(g) + 1/2\text{O}_2(g) \tag{2}$$

$$K_{(2)} = \frac{[\text{H}_2][\text{O}_2]^{1/2}}{[\text{H}_2\text{O}]}$$

将(1)、(2)两个反应相加,得

$$CO(g) + H_2O(g) \rightleftharpoons CO_2(g) + H_2(g) \tag{3}$$

$$K_{(3)} = \frac{[CO_2][H_2]}{[CO][H_2O]} = K_{(1)} \times K_{(2)}$$

应用多重平衡规则,利用已知反应的代数和所组成的未知反应,可以由已知反应的平衡常数求算未知反应的平衡常数,这个规则在以后的学习中很有用处。

4.2.2 标准平衡常数

1. 反应商 J_a

对于一个任意的化学反应:

$$a\text{A} + b\text{B} \rightleftharpoons d\text{D} + e\text{E}$$

$$J_a = \frac{a_D^d a_E^e}{a_A^a a_B^b}$$

J_a 为等温条件下处于任意状态时产物活度的系数次方与反应物活度的系数次方的比值。活度 a 如何确定呢?

(1) 气体反应。理想气体(低压下的气体)的活度为气体的分压 p_i 与标准压力 $p^\ominus$(10^5Pa) 的比值。

$$a_D = \frac{p_D}{p^\ominus}, \quad a_E = \frac{p_E}{p^\ominus}, \quad a_B = \frac{p_B}{p^\ominus}, \quad a_A = \frac{p_A}{p^\ominus}$$

$$J_a = \frac{\left(\dfrac{p_D}{p^\ominus}\right)^d \left(\dfrac{p_E}{p^\ominus}\right)^e}{\left(\dfrac{p_A}{p^\ominus}\right)^a \left(\dfrac{p_B}{p^\ominus}\right)^b} = Q_p$$

(2) 溶液反应。理想溶液(或浓度稀的真实溶液)的活度为溶液浓度与标准浓度 $c^\ominus$(1mol·L^{-1})的比值。

$$a_D = \frac{c_D}{c^\ominus}, \quad a_E = \frac{c_E}{c^\ominus}, \quad a_B = \frac{c_B}{c^\ominus}, \quad a_A = \frac{c_A}{c^\ominus}$$

$$J_a = \frac{\left(\dfrac{c_D}{c^\ominus}\right)^d \left(\dfrac{c_E}{c^\ominus}\right)^e}{\left(\dfrac{c_A}{c^\ominus}\right)^a \left(\dfrac{c_B}{c^\ominus}\right)^b} = Q_c$$

2. 化学反应等温式

在等温等压条件下,可以用吉布斯自由能变来判断一个化学反应进行的方向。当反应物和产物都处在标准状态下,则可用标准摩尔吉布斯自由能变 $\Delta_r G_m^\ominus$ 来判断反应进行的方向。$\Delta_r G_m^\ominus$ 数据可以通过查表,利用标准生成吉布斯自由能 $\Delta_f G_m^\ominus$ 数据求算:

$$\Delta_r G_m^\ominus = \sum_B \nu_B \Delta_f G^\ominus$$

$\Delta_r G_m^\ominus = 0$,系统处于平衡态。在实际的化学反应体系中,各种物质的活度是任意的,这时就要用摩尔吉布斯自由能变 $\Delta_r G_m$ 来判断反应方向,那么摩尔吉布斯自由能变 $\Delta_r G_m$ 如何求算?$\Delta_r G_m$ 与 $\Delta_r G_m^\ominus$ 之间有什么关系呢?

范特霍夫给出了二者之间的关系:

$$\Delta_r G_m = \Delta_r G_m^\ominus + RT \ln J_a \tag{4-3a}$$

式中,R 为摩尔气体常量,单位为 $J \cdot K^{-1} \cdot mol^{-1}$;$T$ 为热力学温度,单位为 K;J_a 为反应商。

3. 标准平衡常数

当一个化学反应达到平衡状态时,$\Delta_r G_m = 0$,由式(4-3a)可得

$$\Delta_r G_m^\ominus + RT \ln \frac{a_D^d a_E^e}{a_A^a a_B^b} = 0 \quad \Delta_r G_m^\ominus = -RT \ln \frac{a_D^d a_E^e}{a_A^a a_B^b}$$

式中,各物质的活度 a_E、a_D、a_B、a_A 均为平衡状态下的活度。

令 $\dfrac{a_D^d a_E^e}{a_A^a a_B^b} = K^\ominus$,则

$$\Delta_r G_m^\ominus = -RT \ln K^\ominus \tag{4-3b}$$

在一定温度下,指定反应的 $\Delta_r G_m^\ominus$ 为一固定值。由式(4-3b)不难看出,$K^\ominus$ 也必是一个固定的数值,$K^\ominus$ 称为标准平衡常数。在一定温度下,反应达到平衡状态时,生成物的活度以方程式中化学计量系数为幂的乘积与反应物的活度以方程式中化学计量系数为幂的乘积之比值称为标准平衡常数。

标准平衡常数是根据热力学函数计算得到的平衡常数,又称热力学平衡常数,用符号 $K^\ominus$ 来表示。平衡时各物种的浓度均以各自的标准态为参考态,物质的浓度使用相对浓度、相对分压所得,$K^\ominus$ 是量纲一的量。

标准平衡常数是表明化学反应限度的特征常数,对于一般的化学反应:

$$a\text{A(g)} + b\text{B (aq)} + c\text{C(s)} \rightleftharpoons x\text{X(g)} + y\text{Y(aq)} + z\text{Z(l)}$$

$$K^\ominus = \frac{\left[p(\text{X})/p^\ominus\right]^x \left[c(\text{Y})/c^\ominus\right]^y}{\left[p(\text{A})/p^\ominus\right]^a \left[c(\text{B})/c^\ominus\right]^b} \tag{4-3c}$$

在该平衡常数表达式中，各物种均以各自的标准态为参考态。如果是气体，要用分压表示，但分压要除以 $p^{\ominus}(10^5 \text{Pa})$；若是溶液中的某溶液，其浓度要除以 $c^{\ominus}(1\text{mol}\cdot\text{L}^{-1})$；若是液体或固体，其标准态为相应的纯液体或纯固体，因此表示液体和固体状态的相应物理量不出现在标准平衡常数表达式中（称其活度为1）。利用热力学数据表，可以直接求算一个化学反应的标准平衡常数。

4.2.3 平衡常数的应用

化学反应的平衡常数是表明反应系统处于平衡状态的一种数量标志，利用它能回答许多问题，如判断反应程度（或限度）、预测反应方向以及计算平衡组成等。

1. 判断反应程度

在一定条件下，化学反应达到平衡状态时，正、逆反应速率相等，平衡组成不再改变。这表明在这种条件下反应物向产物转化达到了最大限度。如果该反应的标准平衡常数很大，其表达式的分子（对应产物的分压或浓度）比分母（对应反应物的分压或浓度）要大得多，说明反应物大部分转化成产物，反应进行得比较完全。反之，如果 $K^{\ominus}$ 的数值很小，表明平衡时产物对反应物的比例很小，反应正向进行的程度很小，反应进行得很不完全。$K^{\ominus}$ 越小，反应进行得越不完全。如果 $K^{\ominus}$ 数值不太大也不太小（如 $10^3 > K^{\ominus} > 10^{-3}$），平衡混合物中产物和反应物的分压（或浓度）相差不大，反应物部分转化为产物。

对同类反应而言，$K^{\ominus}$ 越大，反应进行得越完全。实际应用中，反应进行的程度常用平衡转化率来表示。平衡转化率是指平衡时已经转化了的某反应物的量占该反应物初始时量的百分比，用 $\alpha(A)$ 表示。平衡状态是一个化学反应进行的最大限度，平衡转化率是反应在指定条件下的最大转化率。$K^{\ominus}$ 越大，往往 $\alpha(A)$ 也越大。知道了一个化学反应的平衡常数数值，可求算出该系统中各组分的平衡浓度或某一组分的平衡转化率。

【例 4-1】 水煤气中的转化反应：

$$CO(g) + H_2O(g) \rightleftharpoons CO_2(g) + H_2(g)$$

在 1103K 时的 $K_c = 1.0$。若将 2.0mol CO 和 3.0mol H_2O 在 1L 的密闭容器中反应，试计算达到平衡时各物质的平衡浓度浓度和 CO 的转化率。

解 设平衡时 CO_2 的浓度为 x mol·L^{-1}，那么根据反应方程式有

	CO(g) +	H₂O(g) ⇌	CO₂(g) +	H₂(g)
起始浓度/(mol·L⁻¹)	2.0	3.0	0	0
变化浓度/(mol·L⁻¹)	$-x$	$-x$	$+x$	$+x$
平衡浓度/(mol·L⁻¹)	$2.0-x$	$3.0-x$	x	x

将各平衡浓度代入平衡关系，则有

$$K_c = \frac{[H_2][CO_2]}{[CO][H_2O]} = \frac{x^2}{(2.0-x)(3.0-x)} = 1.0$$

$$x = 1.2 \text{mol}\cdot\text{L}^{-1}$$

据此，求出各物质的平衡浓度：

$$[CO] = 2.0 \text{mol} \cdot \text{L}^{-1} - 1.2 \text{mol} \cdot \text{L}^{-1} = 0.8 \text{mol} \cdot \text{L}^{-1}$$

$$[H_2O] = 3.0 \text{mol} \cdot \text{L}^{-1} - 1.2 \text{mol} \cdot \text{L}^{-1} = 1.8 \text{mol} \cdot \text{L}^{-1}$$

$$[CO_2] = [H_2] = 1.2 \text{mol} \cdot \text{L}^{-1}$$

CO 的平衡转化率：

$$\alpha(CO) = [(2.0 \text{mol} \cdot \text{L}^{-1} - 0.8 \text{mol} \cdot \text{L}^{-1})/2.0 \text{mol} \cdot \text{L}^{-1}] \times 100\% = 60\%$$

2. 预测反应方向

将 $\Delta_r G_m^\ominus = -RT\ln K^\ominus$ 代入化学反应等温式，则得

$$\Delta_r G_m = -RT\ln K^\ominus + RT\ln J_a \tag{4-4}$$

式(4-4)也称化学反应等温式。可利用 J_a 和 $K^\ominus$ 的相对关系来判断化学反应进行的方向和限度。当系统处于非平衡态时，$J_a \neq K^\ominus$，表明反应仍在进行中。随着时间的推移，J_a 在不断变化，直到 $J_a = K^\ominus$，$v_{正} = v_{逆}$，反应达到平衡。即化学反应进行方向的反应商判据：$J_a = K^\ominus$，反应达到平衡；$J_a < K^\ominus$，反应向正方向进行；$J_a > K^\ominus$，反应向逆方向进行。

【例 4-2】 利用热力学数据表，求算在 298.15K 时的标准状态下，(1)NO 转变为 NO_2 的标准平衡常数 $K^\ominus$。(2)任意状态下：$p(NO) = 4 \times 10^5 \text{Pa}$，$p(NO_2) = 5 \times 10^5 \text{Pa}$，$p(O_2) = 2 \times 10^5 \text{Pa}$ 的反应商 J_a，并判断反应进行的方向。

解 (1)查附录 3 得

$$\Delta_f G_m^\ominus(O_2) = 0, \quad \Delta_f G_m^\ominus(NO_2) = 51.3 \text{kJ} \cdot \text{mol}^{-1}, \quad \Delta_f G_m^\ominus(NO) = 87.6 \text{kJ} \cdot \text{mol}^{-1}$$

则反应 $2NO(g) + O_2(g) \rightleftharpoons 2NO_2(g)$ 的 $\Delta_r G_m^\ominus$ 为

$$\Delta_r G_m^\ominus = [2 \times (51.3 \text{kJ} \cdot \text{mol}^{-1})] - [2 \times (87.6 \text{kJ} \cdot \text{mol}^{-1})] = -72.6 \text{kJ} \cdot \text{mol}^{-1}$$

$$-RT\ln K^\ominus = -72.6 \text{kJ} \cdot \text{mol}^{-1}$$

$$\ln K^\ominus = \frac{72.6 \times 10^3 \text{J} \cdot \text{mol}^{-1}}{8.314 \text{J} \cdot \text{mol}^{-1} \cdot \text{K}^{-1} \times 298 \text{K}} = 29.30, \quad K^\ominus = 5.31 \times 10^{12}$$

(2)任意状态下的 J_a：

$$J_a = \frac{a^2(NO_2)}{a^2(NO)a(O_2)} = \frac{(5 \times 10^5 \text{Pa}/10^5 \text{Pa})^2}{(4 \times 10^5 \text{Pa}/10^5 \text{Pa})^2 (2 \times 10^5 \text{Pa}/10^5 \text{Pa})} = \frac{5^2}{4^2 \times 2} = 0.78$$

$J_a < K^\ominus$，反应自发正向进行。

3. 计算平衡组成

利用平衡常数与平衡浓度之间的关系，根据实验所测得的平衡系统中各组分物质的平衡浓度数据，可以求算该反应的经验平衡常数；进而计算出反应物的初始浓度和平衡时体系的组成。

> **【例 4-3】** HI 的热分解反应：$2HI(g) \rightleftharpoons H_2(g)+I_2(g)$，在 721K 达平衡时，各物质的浓度分别是：$[H_2]=0.3 mol·L^{-1}$，$[I_2]=0.2 mol·L^{-1}$，$[HI]=1.73 mol·L^{-1}$，求该温度时的经验平衡常数。
>
> **解** 求平衡常数 K_c：已知平衡浓度，代入平衡常数表达式即可。
>
> $$K_c = \frac{[H_2][I_2]}{[HI]^2} = \frac{0.3 mol·L^{-1} \times 0.2 mol·L^{-1}}{(1.73 mol·L^{-1})^2} = 0.02$$

4.3 化学平衡的移动

化学反应达到平衡时，宏观上反应不再进行，但是在微观上正、逆反应仍在进行，并且两者的速率相等，影响反应速率的外界因素，如浓度、压力和温度等对化学平衡也同样产生影响。当外界条件改变时，向某一方向进行的反应速率大于相反方向进行的速率，平衡状态被破坏，直到正、逆反应速率再次相等，此时系统的组成已发生了变化，建立起与新条件相适应的新的平衡。像这样因外界条件的改变使化学反应从一种平衡状态到另一种平衡状态的过程称为化学平衡的移动。影响平衡的因素有浓度、压力、温度等，催化剂能缩短反应达到平衡的时间，但不能使化学平衡移动。

4.3.1 浓度对化学平衡的影响

由化学反应等温式(4-3a)可知，体系处于任意状态时的摩尔吉布斯自由能变 $\Delta_r G_m$ 与体系在此温度时的标准平衡常数 $K^\ominus$ 和任意状态时的活度商有关。

$$\Delta_r G_m = RT\ln(J_a/K^\ominus)$$

根据任意状态下 J_a 与 $K^\ominus$ 的相对大小关系，可判断平衡移动的方向。温度一定时，增加反应物的浓度或减少生成物的浓度，$J_a < K^\ominus$，平衡向正反应方向移动；反之，减小反应物的浓度或增加生成物的浓度，$J_a > K^\ominus$，平衡向逆反应方向移动；平衡时，$J_a = K^\ominus$。浓度虽然可以使化学平衡发生移动，但是它不能改变标准平衡常数的数值，因为在一定的温度下，$K^\ominus$ 是一定的。

在化工实际生产中，为了尽量利用成本较高的气体，人们往往通过加入过量的廉价气体以提高昂贵反应物的转化率。例如，工业上制备硫酸时，存在下列可逆反应：

$$2SO_2(g) + O_2(g) \rightleftharpoons 2SO_3(g)$$

为了尽量利用成本较高的 SO_2 气体，就要通入过量的氧气，氧气来自廉价的空气。按方程式 SO_2 与 O_2 的比例是 1∶0.5，实际生产中采用的是 1∶1.6，以此使生产成本大大降低。

4.3.2 压力对化学平衡的影响

由于压力对固体和液体影响比较小，因此改变体系的总压力只对有气体参与的反应平衡有影响。对于有气体参与的化学反应来说，同浓度的变化相似，分压的变化也不改变标准平衡常数的数值，只能使反应商的数值改变。只有 $J_a \neq K^\ominus$，平衡才有可能发生移动。由于改变系统压力的方法不同，所以改变压力对平衡移动的影响要视具体情况而定。

1. 部分物种的分压的变化

对于恒温恒容条件下的反应，增大(或减小)一种(或多种)反应物的分压，或者减小(或增大)一种(或多种)产物的分压，能使反应商减小(或增大)，导致 $J_a < K^\ominus$ (或 $J_a > K^\ominus$)，平衡向正(或逆)方向移动。这种情形与上述浓度变化对平衡移动的影响是一致的。

2. 体积改变引起压力的变化

对于 $\sum \nu_{B(g)} = 0$ 的反应，即反应前后气体分子数不变的反应，恒温压缩或恒温膨胀时，$J_a = K^\ominus$，平衡不发生移动。

对于 $\sum \nu_{B(g)} \neq 0$ 的反应，即反应前后气体分子数变化的反应，恒温压缩时，系统的总压力增大，平衡向气体分子数减小的反应方向移动，即向减小压力的方向移动；恒温膨胀时，系统的总压力减小，平衡向气体分子数增多的反应方向移动，即向增大压力的方向移动。

3. 惰性气体的影响

惰性气体为不参与化学反应的气态物质，通常为 $H_2O(g)$、$N_2(g)$ 等，不同条件下通入惰性气体对反应的影响不一样。

(1) 若某一反应在惰性气体存在下已达到平衡，仿照上述体积改变引起压力变化的情形，将反应系统恒温下压缩，总压增大，各组分的分压也增大。由于惰性气体的分压不出现在 J_a 和 $K^\ominus$ 的表达式中，只要 $\sum \nu_{B(g)} \neq 0$，平衡同样向气体分子数减小的方向移动，即向减小压力的方向移动；恒温膨胀时，系统的总压减小，各组分的分压也减小，平衡向气体分子数增多的反应方向移动，即向增大压力的方向移动。

(2) 对恒温恒压下达到平衡的反应，引入惰性气体，为了保持总压不变，可使系统的体积相应增大。在这种情况下，各组分气体分压相应减小，若 $\sum \nu_{B(g)} \neq 0$，平衡向气体分子数增多的方向移动。

(3) 对恒温恒容下达到平衡的反应，加入惰性气体，系统的总压力增大，但各反应物和产物的分压不变，$J_a = K^\ominus$，平衡不发生移动。

综上所述，压力对化学平衡移动的影响，关键在于各反应物和产物的分压是否改变，同时要考虑反应前后气体分子数是否改变，基本判据仍然是 J_a 与 $K^\ominus$ 的相对大小关系。

4.3.3 温度对化学平衡的影响

浓度和压力对化学平衡的影响是通过改变系统的组成，使 J_a 改变，但是 $K^\ominus$ 并不改变。温度对化学平衡的影响则不然，温度变化引起标准平衡常数的改变，从而使化学平衡发生移动。

$$\Delta_r G_m^\ominus = -RT \ln K^\ominus = -2.303 RT \lg K^\ominus$$

$$\Delta_r G_m^\ominus = \Delta_r H_m^\ominus - T \Delta_r S_m^\ominus \tag{4-5a}$$

$$\ln K^\ominus = -\Delta_r H_m^\ominus / RT + \Delta_r S_m^\ominus / R$$

若反应在温度 T_1 时有平衡常数 K_1，反应在温度 T_2 时有平衡常数 K_2，且认为在 $T_1 \sim T_2$ 范围内，$\Delta_r H_m^\ominus$ 和 $\Delta_r S_m^\ominus$ 数值变化很小，则有

$$\ln K_1^\ominus = -\Delta_r H_m^\ominus / RT_1 + \Delta_r S_m^\ominus / R$$

$$\ln K_2^\ominus = -\Delta_r H_m^\ominus / RT_2 + \Delta_r S_m^\ominus / R$$

$$\ln \frac{K_2^\ominus}{K_1^\ominus} = \frac{\Delta_r H_m^\ominus}{R}\left(\frac{1}{T_1} - \frac{1}{T_2}\right) \tag{4-5b}$$

或

$$\lg \frac{K_2^\ominus}{K_1^\ominus} = \frac{\Delta_r H_m^\ominus}{2.303R}\left(\frac{1}{T_1} - \frac{1}{T_2}\right)$$

$$\ln K^\ominus = -\frac{\Delta_r H_m^\ominus}{R}\left(\frac{1}{T}\right) + C \tag{4-5c}$$

式中，$K_1^\ominus$、$K_2^\ominus$ 分别为温度为 T_1、T_2 时的标准平衡常数；$\Delta_r H_m^\ominus$ 为可逆反应的标准摩尔焓变。从式中可以看出，温度对 $K^\ominus$ 的影响与 $\Delta_r H_m^\ominus$ 有关。

对于放热反应，$\Delta_r H_m^\ominus < 0$，温度升高，$K^\ominus$ 减小，$J_a > K^\ominus$，平衡逆向移动，即平衡向吸热反应方向移动；若温度降低，$K^\ominus$ 增大，$J_a < K^\ominus$，平衡正向移动，即平衡向放热反应方向移动。

对于吸热反应，$\Delta_r H_m^\ominus > 0$，温度升高，$K^\ominus$ 增大，$J_a < K^\ominus$，平衡正向移动，即平衡向吸热反应方向移动；若温度降低，$K^\ominus$ 减小，$J_a > K^\ominus$，平衡逆向移动，即平衡向放热反应方向移动。

例如，$N_2(g) + 3H_2(g) \rightleftharpoons 2NH_3(g)$ $\Delta_r H^\ominus = -92.2 \text{ kJ} \cdot \text{mol}^{-1}$

$T_1 = 298\text{K}$， $K_{p_1} = 6.2 \times 10^5$；

$T_2 = 473\text{K}$， $K_{p_2} = 6.2 \times 10^{-1}$；

$T_3 = 673\text{K}$， $K_{p_3} = 6.0 \times 10^{-4}$。

即温度降低，平衡向放热反应（正反应）的方向移动，且 K_p 增大。

总之，在平衡系统中，温度升高，平衡总是向吸热方向移动；反之，降低温度，平衡总是向放热方向移动。

【例 4-4】 试计算反应 $CO_2(g) + 4H_2(g) \rightleftharpoons CH_4(g) + 2H_2O(g)$ 在 800K 时的 $K^\ominus$ 值。

解 利用热力学数据表，分别查出反应物、产物的 $\Delta_f G_m^\ominus$ 和 $\Delta_f H_m^\ominus$ 数据，并列在相应物质的下面。

	$CO_2(g)$	$H_2(g)$	$CH_4(g)$	$H_2O(g)$
$\Delta_f H_m^\ominus /(\text{kJ} \cdot \text{mol}^{-1})$	-393.5	0	-74.6	-241.8
$\Delta_f G_m^\ominus /(\text{kJ} \cdot \text{mol}^{-1})$	-394.4	0	-50.5	-228.6

求算该反应的 $\Delta_r G^\ominus$ 和 $\Delta_r H^\ominus$：

$\Delta_r H^\ominus = [(-74.6) + 2 \times (-241.8)] \text{ kJ} \cdot \text{mol}^{-1} - (-393.5 \text{ kJ} \cdot \text{mol}^{-1}) = -164.7 \text{ kJ} \cdot \text{mol}^{-1}$

$\Delta_r G^\ominus = [(-50.5) + 2 \times (-228.6)] \text{ kJ} \cdot \text{mol}^{-1} - (-394.4 \text{ kJ} \cdot \text{mol}^{-1}) = -113.3 \text{ kJ} \cdot \text{mol}^{-1}$

利用公式 $\Delta_r G^\ominus = -2.303RT\lg K^\ominus$，求算 298K 下的 $\lg K^\ominus$ 值：

$$\lg K^\ominus = \frac{-\Delta_r G^\ominus}{2.303RT} = \frac{113.3 \times 10^3 \text{J} \cdot \text{mol}^{-1}}{2.303 \times 8.314 \text{J} \cdot \text{mol}^{-1} \cdot \text{K}^{-1} \times 298\text{K}} = 19.86$$

$$K^\ominus = 7.2 \times 10^{19}$$

利用式(4-5b), 求算 800K 下的 $K^\ominus$ 值:

$$\lg K^\ominus_{800\text{K}} - 19.86 = \frac{-164.7 \times 10^3 \text{J} \cdot \text{mol}^{-1}}{2.303 \times 8.314 \text{J} \cdot \text{mol}^{-1} \cdot \text{K}^{-1}} \left(\frac{800\text{K} - 298\text{K}}{298\text{K} \times 800\text{K}} \right) = -18.11$$

$$\lg K^\ominus_{800\text{K}} = 19.86 - 18.11 = 1.75$$

$$K^\ominus_{800\text{K}} = 56.2$$

通过计算可知, 该反应是放热反应, 温度升高, $K^\ominus$ 值变小。

4.3.4 勒夏特列原理

从以上的讨论中已经知道：浓度、压力、温度的改变将使一个体系已经建立的平衡被破坏，直到在新的浓度、压力、温度等条件下，该体系重新建立起新的平衡为止，该过程即为化学平衡的移动。

化学平衡的移动是有方向的：增大反应物的浓度，平衡向生成物浓度增大(使反应物浓度降低)的方向移动；增大总压力，平衡向气体分子数减少的方向(使总压力降低的方向)移动；升高温度，平衡向吸热反应方向(使温度降低)的方向移动。

事实上，早在1887年，法国化学家勒夏特列(Le Chatelier, 1850—1936)在总结大量实验事实的基础上提出一个更为概括的规律："任何一个处于化学平衡的系统，假如改变平衡系统的条件之一(温度、压力、浓度)，系统的平衡将发生移动。平衡移动的方向总是向着减弱这种改变的方向进行。"这就是勒夏特列原理。

勒夏特列原理是一条具有普遍性的规律，适用于所有的动态平衡系统，简言之，如果对平衡系统施加外力，则平衡将沿着减小外力影响的方向移动。

习 题

1. 写出与下列反应方程式相应的平衡常数(K_c)关系式:
   (1) $2N_2(g) + 4O_2(g) \rightleftharpoons 4NO_2(g)$
   (2) $1/2 N_2(g) + O_2(g) \rightleftharpoons NO_2(g)$
   (3) $NO_2(g) \rightleftharpoons 1/2 N_2(g) + O_2(g)$
   (4) $N_2(g) + 2O_2(g) \rightleftharpoons 2NO_2(g)$

2. 写出下列可逆反应的平衡常数 $K^\ominus$ 的关系式:
   (1) $NO(g) + 1/2 O_2(g) \rightleftharpoons NO_2(g)$
   (2) $CH_4(l) + 2O_2(g) \rightleftharpoons CO_2(g) + 2H_2O(g)$
   (3) $C(s) + O_2(g) \rightleftharpoons CO_2(g)$
   (4) $Fe_3O_4(s) + 4H_2(g) \rightleftharpoons 3Fe(s) + 4H_2O(g)$

3. 计算下列反应在 1773K 时的平衡常数 $K^\ominus$。已知 $[N_2]$=0.05mol·L^{-1}, $[O_2]$=0.05mol·L^{-1}, $[NO]$=0.00055mol·L^{-1}, 反应方程式如下:

$$2NO(g) \rightleftharpoons N_2(g) + O_2(g)$$

4. 在 1105K 时将 3.0mol 的 SO_3 放入 8.0L 的容器中, 达到平衡时, 产生 0.95mol 的 O_2。试计算在该温度时下列反应的 $K^\ominus$ 值。

$$2SO_2(g) + O_2(g) \rightleftharpoons 2SO_3(g)$$

5. 已知 298K 时，$\Delta_f H^\ominus$(HgO, s) = –90.8kJ·mol^{-1}，$\Delta_f G^\ominus$(HgO, s) = –58.5kJ·mol^{-1}，求：(1) 298K 时，下列分解反应的平衡常数 $K^\ominus$ 以及 O_2 的分解压力。

$$2HgO(s) \rightleftharpoons 2Hg(s) + O_2(g)$$

(2) 若要使 O_2 的分解压力达到 100kPa，那么所需反应(HgO 分解反应)的温度是多少？

6. 如欲除去容器中的水蒸气，利用下面的数据，推断用哪种试剂最好。

	K_c
$Cu(s) + H_2O(g) \rightleftharpoons CuO(s) + H_2(g)$	2×10^{-18}
$CO(g) + H_2O(g) \rightleftharpoons CO_2(g) + H_2(g)$	1×10^{2}
$CO(g) + H_2(g) \rightleftharpoons C(s) + H_2O(g)$	2×10^{17}
$2H^+(aq) + SO_4^{2-}(aq) \rightleftharpoons SO_3(g) + H_2O(g)$	1×10^{-28}

7. 反应 $H_2O(g) + C(s) \rightleftharpoons CO(g) + H_2(g)$ 的平衡常数 $K^\ominus$ 在 900K 时为 3×10^{-3}，1200K 是 0.2。该反应的正向反应是吸热还是放热？为什么？

8. 已知下列反应的平衡常数：

(1) $HCN \rightleftharpoons H^+ + CN^-$ $K_1^\ominus = 4.9 \times 10^{-10}$

(2) $NH_3 + H_2O \rightleftharpoons NH_4^+ + OH^-$ $K_2^\ominus = 1.8 \times 10^{-5}$

(3) $H_2O \rightleftharpoons H^+ + OH^-$ $K_w^\ominus = 1.8 \times 10^{-14}$

试计算下面反应的平衡常数：$NH_3 + HCN \rightleftharpoons NH_4^+ + CN^-$。

9. 已知反应 $CO(g) + H_2O(g) \rightleftharpoons CO_2(g) + H_2(g)$ 在密闭容器中建立平衡，在 749K 时该反应的平衡常数 $K^\ominus = 2.6$。

(1) 求 n_{H_2O}/n_{CO} 为 1 时，CO 的平衡转化率。

(2) 求 n_{H_2O}/n_{CO} 为 3 时，CO 的平衡转化率。

(3) 从计算结果说明浓度对平衡移动的影响。

10. 在 900K 和 1.013×10^5 Pa 时，若反应 $SO_3(g) \rightleftharpoons SO_2(g) + 1/2 O_2(g)$ 的平衡混合物的密度为 0.925 g·dm^{-3}，求 SO_3 的解离度。

11. 反应 $H_2(g) + Br_2(g) \rightleftharpoons 2HBr(g)$，在 1297K 时 $K^\ominus$ 为 1.6×10^5，在 1495K 时 $K^\ominus$ 为 3.5×10^4。(1) 此反应的 $\Delta_r H_m^\ominus$ 是多少？(2) 在 1297K 时，此反应的 $\Delta_r G_m^\ominus$ 是多少？

12. 现有下列反应：

$$H_2(g) + CO_2(g) \rightleftharpoons H_2O(g) + CO(g)$$

在 1259K 达平衡。平衡时 $[H_2] = [CO_2] = 0.22$ mol·L^{-1}，$[H_2O] = [CO] = 0.28$ mol·L^{-1}，求此温度下的平衡常数 K_c 及开始时 H_2 和 CO_2 的浓度。

13. PCl_5 加热后的分解反应为

$$PCl_5(g) \rightleftharpoons PCl_3(g) + Cl_2(g)$$

在 10L 密闭容器内盛有 2mol PCl_5，某温度时有 1.5mol 分解，求该温度下的平衡常数 K_c。若在该密闭容器内通入 1mol Cl_2 后，有多少摩尔 PCl_5 分解？

14. 在一定温度和压力下，某一定量的 PCl_5 气体的体积为 1L，此时 PCl_5 气体已有 50% 解离为 PCl_3 和 Cl_2 气体。试判断下列条件下，PCl_5 的解离度是增大还是减小。

(1) 减压使 PCl_5 的体积变为 2L。

(2) 保持压力不变，加入氮气使体积增至 2L。

(3) 保持体积不变，加入氮气使压力增加 1 倍。

(4) 保持压力不变，加入氯气使体积变为 2L。

(5) 保持体积不变，加入氯气使压力增加 1 倍。

15. 在工业中，CO 的变换反应为

$$CO_2(g) + H_2(g) \rightleftharpoons CO(g) + H_2O(g)$$

在 700K 时 $\Delta_r H^\ominus = -37.9$ kJ·mol^{-1}，$K^\ominus = 9.07$，求 800K 时的 $K^\ominus$。

第5章 酸碱平衡

许多化学反应,特别是无机化学反应都是在水介质中进行的,因为水是很理想的极性溶剂。在水介质中参与化学反应的物质可以各种各样,但主要是酸、碱和盐三种类型,因此研究酸、碱、盐在水溶液中的状态和行为是一个很重要的问题。

5.1 酸 碱 理 论

5.1.1 酸碱的电离理论

阿伦尼乌斯根据电解质水溶液能够导电的实验事实,在1887年提出了"部分电离学说"。该学说认为,电解质溶于水中时,部分自发地电离为带电的离子,使溶液具有导电性。阿伦尼乌斯根据他的电离学说给酸碱下了如下定义:电解质在水溶液中电离时,产生的阳离子都是H^+的物质称为酸;电离时产生的阴离子都是OH^-的物质称为碱。我们将其称为酸碱的电离理论。

在酸碱的电离理论中,酸碱反应的本质是$H^+ + OH^- \rightleftharpoons H_2O$,这很好地解释了酸碱反应中和热都相同的实验事实。该理论的成功之处在于从物质的化学组成上揭示了酸碱的本质,是人类对酸碱认识的一次飞跃,同时阿伦尼乌斯还提出了电离度的概念,并应用化学平衡原理找到了计算电解质溶液电离度大小,进而衡量酸碱强度的标度,直到目前还在应用。但是随着科学的发展,酸碱电离理论的局限性也显现出来。最明显的局限性在于把酸碱限定于水溶液中,离开水溶液就无法确定什么物质是酸,什么物质是碱,为此又产生了许多关于酸碱的理论。

5.1.2 酸碱的质子理论

1. 酸碱的定义

酸碱的质子理论是1923年分别由丹麦物理化学家布朗斯台德(Brönsted)和英国化学家劳里(Lowry)同时提出的。酸碱的质子理论给酸碱下的定义如下:凡能给出氢质子(H^+)的物质都是酸,凡能接受氢质子(H^+)的物质都是碱。例如:

$$HCl \rightleftharpoons H^+ + Cl^-$$
$$NH_4^+ \rightleftharpoons H^+ + NH_3$$
$$H_2PO_4^- \rightleftharpoons H^+ + HPO_4^{2-}$$
$$HPO_4^{2-} \rightleftharpoons H^+ + PO_4^{3-}$$

左边的反应物都是酸,右边的产物是H^+和碱,因此酸和碱之间存在着如下的共轭关系:

$$酸 \rightleftharpoons 质子 + 碱$$

一种酸与其释放出一个质子后产生的碱称为一对共轭酸碱对。酸与其共轭碱必定同时存在。从上述的例子可以看出：酸或碱可以是分子，也可以是离子(离子既可以是阴离子，也可以是阳离子)。有些物质在一个共轭酸碱对中是酸，而在另一个共轭酸碱对中是碱，这类物质称其为两性物质。酸碱的电离理论把物质分为酸、碱和盐，而质子理论则把物质分为酸、碱和非酸非碱物质。例如，电离理论认为 Na_2CO_3 是盐，质子理论则认为 CO_3^{2-} 是碱，而 Na^+ 是非酸非碱物质，因为它既不给出质子，也不接受质子。

2. 酸碱反应的实质

根据酸碱质子理论，酸碱反应的实质是两个共轭酸碱对之间质子传递的反应。

$$HAc + H_2O \rightleftharpoons H_3O^+ + Ac^-$$

酸₁　　碱₁　　　酸₂　　碱₂

氢质子的半径很小，又带正电荷，所以不可能单独以游离态存在。实验已经证明，氢质子在水中的平均寿命只有 10^{-14} s。因此，它一出现，便立即附着于水分子(或另一碱性分子、离子)上。若没有水(或其他碱性分子、离子)接受氢质子，则 HAc 就不能转变成它的共轭碱 Ac^-。可见，单独的一个共轭酸碱对的反应是不能进行的。

质子传递反应的方向与碱和酸的强度有关。一般来说，质子传递反应的方向总是向着生成比原先更弱的酸和碱的方向进行。那么如何判断质子酸或质子碱的强度呢？

酸碱质子理论的成功之处在于把"酸、碱"的范围扩大到所有能够发生质子传递的系统，而不问它的物理状态如何，以及是否有水存在，同时可以用平衡常数来定量地衡量酸、碱的相对强度。而酸碱质子理论的局限性在于其不能确定不含质子的一类化合物的酸碱性，也不适用于没有质子传递的反应。

5.1.3 酸碱的电子理论

1923 年，路易斯在上述酸碱理论的基础上，结合酸碱的电子结构提出了酸碱的电子理论：在反应过程中，凡是可以接受电子对的任何分子、原子、原子团或离子等物质称为酸，凡是可以给出电子对的任何分子、原子、原子团或离子等物质称为碱。这样定义的酸和碱也称路易斯酸和路易斯碱。

按照路易斯的理论，酸碱在反应过程中发生了电子转移，碱性物质提供电子对，酸性物质接受电子对，因此路易斯的理论又称酸碱电子理论。例如：

$$HCl + :NH_3 \rightleftharpoons \left[H\overset{..}{\underset{..}{\overset{H}{N}}}H \right]^+ + Cl^-$$

酸　　　碱　　　酸碱配合物

可见酸碱反应的实质是配位键的形成并生成酸碱配合物。酸碱电子理论使得酸、碱的范围更加广泛，只要可以提供电子对的物质都是碱，凡是有空轨道可以接受电子对的物质都是酸。例如，在配位化合物中，作中心原子或离子的金属原子或离子都有空轨道，可以接受电子，所以是酸；金属离子周围的配体可以提供孤电子对，所以是碱。此后，人们又将路易斯酸、路易斯碱的概念进一步扩大，试图将所有化合物都看作是酸碱的结合。例如，对无机物，视金属阳离子为路易斯酸，阴离子为路易斯碱。对有机物，如乙醇视为 $C_2H_5^+$ 酸和 OH^- 碱的结合，视乙酸乙酯为 CH_3CO^+ 酸和 $C_2H_5O^-$ 碱的结合。从这一概念出发，认为酸碱配合物的稳定性与生成配合物的酸、碱的软硬有关，于是在 1963 年皮尔逊(Pearson)提出了软硬酸碱理论，其主要内容如下：

(1) 路易斯酸若具有体积小，正电荷多、不易极化、不易失去电子，容易形成离子性较强的键的物质称为硬酸。反之，若体积大，正电荷少、易极化、易失去电子，容易形成共价性较强的键的物质则称为软酸。在二者之间的称为中间酸。

(2) 路易斯碱若具有电负性大、不易极化、不易失去电子、容易形成离子性较强的键的物质称为硬碱。反之电负性小、易极化、易失去电子，容易形成共价性较强的键的物质称为软碱。在二者之间的称为中间碱。

(3) 硬酸容易与硬碱生成稳定配合物，软酸容易与软碱生成稳定配合物；硬酸与软碱、硬碱与软酸不易生成配合物，或生成的配合物不稳定；中间酸与中间碱、软碱、硬碱都能生成配合物，若中间酸偏硬，则它与硬碱形成的配合物比较稳定，其余可类推。常见离子、分子按软硬酸碱性质分类见表 5-1。

表 5-1 软硬酸碱

性质	酸	碱
硬	H^+、Li^+、Na^+、Be^{2+}、Mg^{2+}、Ca^{2+}、Sr^{2+}、Ba^{2+}、Al^{3+}、Fe^{3+}、Cr^{3+}、BF_3、SO_3、CO_2	H_2O、OH^-、F^-、CO_3^{2-}、ClO_4^-、PO_4^{3-}、Cl^-、ROH、RO^-、NH_3、N_2H_4
中间	Fe^{2+}、Co^{2+}、Ni^{2+}、Cu^{2+}、Zn^{2+}、Pb^{2+}、$B(CH_3)_3$、SO_2、$C_6H_5^+$、NO^+	$C_6H_5NH_2$、C_5H_5N、N_3^-、Br^-、NO_2^-、SO_3^{2-}
软	Pt^{2+}、Cu^+、Ag^+、Cd^{2+}、Hg_2^{2+}、Au^+、$GaCl_3$，金属原子	H^-、R_2S、RSH、RS^-、I^-、SCN^-、R_3P、CN^-、CO、C_2H_4

但是，路易斯和皮尔逊定义的酸碱概念过于广泛，而且对酸碱的强度没有统一的标度，缺乏像质子理论那样明确的定量关系。因此，在处理水溶液体系中的酸碱问题，或在基础课的教学中常采用质子理论或阿伦尼乌斯的电离理论。

5.2 水的解离平衡和溶液的酸碱性

水是生命之源，是最重要的溶剂。许多生物、地质和环境化学反应以及多数化工产品的生产都是在水溶液中进行的。

5.2.1 水的解离平衡

在纯水中，水分子、水合氢离子和氢氧根离子总是处于平衡状态。按照酸碱质子理论，水的自身解离平衡可表示为

$$H_2O(l) + H_2O(l) \rightleftharpoons H_3O^+(aq) + OH^-(aq)$$

简写为
$$H_2O(l) \rightleftharpoons H^+(aq) + OH^-(aq)$$

当电离过程达到平衡状态时，根据化学平衡原理有

$$K_w^\ominus = \{c(H^+)/c^\ominus\}\{c(OH^-)/c^\ominus\} \quad (5\text{-}1a)$$

通常简写为

$$K_w^\ominus = c(H^+)c(OH^-) \quad (5\text{-}1b)$$

$K_w^\ominus$ 称为水的离子积常数，下标 w 表示水。$K_w^\ominus$ 的意义为：一定温度时，水溶液中 $c(H^+)$ 和 $c(OH^-)$ 之积为一常数。可见，水的离子积（$K_w^\ominus$）实际上是一个标准电离平衡常数，无论水溶液呈现酸性还是碱性，H^+ 与 OH^- 同时存在，二者浓度的乘积是一个常数。

298K 时，1L 水中仅有 $1.0×10^{-7}$mol H_2O 电离，可见[H^+]和[OH^-]都为 $1.0×10^{-7}$mol·L^{-1}，则可求得 $K_w^\ominus = 1.0×10^{-14}$。在稀溶液中，水的离子积常数不受溶质浓度的影响，但随温度的升高而增大。水的解离是比较强烈的吸热反应。根据平衡移动原理，水的离子积 $K_w^\ominus$ 随温度升高会明显地增大。

5.2.2 溶液的酸碱性

氢离子或氢氧根离子浓度的改变能引起水的解离平衡的移动。在纯水中，$c(H^+) = c(OH^-)$；如果在纯水中加入少量的 HCl 或 NaOH 形成稀溶液，$c(H^+)$ 和 $c(OH^-)$ 将发生改变。达到新的平衡时，$c(H^+) \neq c(OH^-)$；但是，只要温度保持不变，$c(H^+)c(OH^-) = K_w^\ominus$ 仍然保持不变。若 $c(H^+)$ 已知，可根据式(5-1)求得 $c(OH^-)$；反之亦然。

任何物质的水溶液，不论它是中性、酸性还是碱性，都同时含有 H^+ 和 OH^-，只是[H^+]和[OH^-]的相对浓度不同，即

中性溶液中：[H^+] = [OH^-]，[H^+] = $1×10^{-7}$mol·L^{-1}；
酸性溶液中：[H^+] > [OH^-]，[H^+] > $1×10^{-7}$mol·L^{-1}；
碱性溶液中：[H^+] < [OH^-]，[H^+] < $1×10^{-7}$mol·L^{-1}。

因此，可以统一用 H^+ 的浓度来表示溶液的酸碱性，水溶液中氢离子浓度称为溶液的酸度。在化学科学中，通常习惯以 $c(H^+)$ 的负对数来表示其很小的数量级，即

$$pH = -\lg c(H^+)$$

中性溶液 pH=7，酸性溶液 pH < 7，碱性溶液 pH > 7。pH 越小，溶液的酸性越强，pH 越大，溶液的碱性越强。当溶液的 H^+ 或 OH^- 的浓度大于 1mol·L^{-1} 时，用 pH 表示溶液的酸碱性并不简便，如下所示：

[H^+]	2mol·L^{-1}	4mol·L^{-1}	6mol·L^{-1}
pH	−0.3	−0.6	−0.78

所以当溶液中 H^+ 的浓度大于 1mol·L^{-1} 时，一般不用 pH 表示溶液的酸碱性，而是直接用 H^+ 的浓度来表示。

测定溶液 pH 的方法很多，根据对溶液 pH 要求精度的不同可用各种型号的酸度计，也可以用酸碱指示剂或 pH 试纸。

5.3 电解质溶液

熔融状态下或在水溶液中能够导电的物质称为电解质。根据其在同一条件下导电能力的大小，又将电解质分为强电解质和弱电解质。强酸、强碱以及大部分盐类都是强电解质，它们在水溶液中全部电离，其电离过程不可逆，不存在电离平衡。弱酸、弱碱和某些盐类（$HgCl_2$、Hg_2Cl_2 等）都是弱电解质，它们在水溶液中部分电离，电离过程是可逆的，存在着电离和分子化之间的动态平衡。

5.3.1 强电解质溶液

强电解质的晶体都是典型的离子晶格，这已被 X 射线分析证实。因此，强电解质溶解后是完全电离的，其电离度应是 100%。但是根据溶液导电性的实验所测得的强电解质在水溶液中的电离度都小于 100%：

KCl	$ZnSO_4$	HCl	HNO_3	H_2SO_4	NaOH	$Ba(OH)_2$
86%	40%	92%	92%	61%	91%	81%

是什么原因造成强电解质溶液的电离度不完全的现象呢？

1923 年，德拜（Debye）和休克尔（Hückel）首先提出了"离子氛"的概念，认为强电解质在水溶液中是完全电离的，但不完全"自由"，在溶液中存在着暂时的组合"离子氛"（图 5-1），由于离子氛的存在，中心离子的运动受到很大的束缚，因此溶液的导电性就比理论上要低一些，产生一种电离不完全的假象。

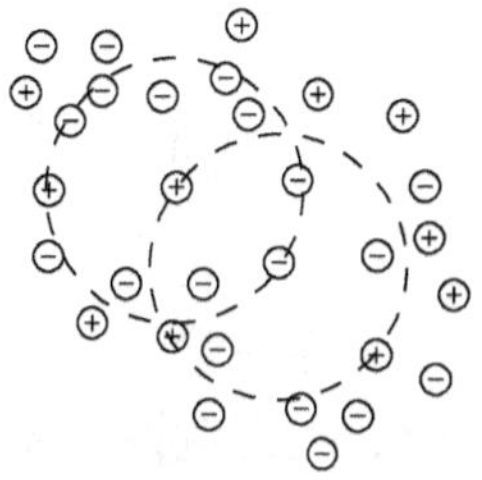

离子氛的存在是溶液中正、负离子之间相互牵制作用的结果。因此，我们把实验测得的强电解质的电离度称为表观电离度，表观电离度的大小所反映的正是这种正、负离子之间相互牵制作用的大小。为了定量地描述强电解质溶液中离子间相互牵制作用的大小，引入了"活度"概念。

图 5-1 离子氛示意图

由于强电解质溶液中离子间有相互牵制的作用，理论上离子的浓度与实际上离子浓度之间有差别。例如，0.1mol·L^{-1} 的 NaCl 溶液，其中 Na$^+$ 与 Cl$^-$ 的浓度都应是 0.1mol·L^{-1}，但由于离子氛的存在，Na$^+$ 与 Cl$^-$ 之间的互相牵制作用，溶液中 Na$^+$ 与 Cl$^-$ 的真实浓度（或有效浓度）小于 0.1mol·L^{-1}，这个真实浓度（或有效浓度）称为活度。可见，活度就是单位体积电解质溶液中离子的真实浓度（也称为有效浓度），用符号 a 表示。某种离子的活度 a 与其理论浓度 c 之间的关系为

$$a = \gamma c \tag{5-2}$$

γ 称为活度系数，γ 的数值为 1～0.1，即 $1 > \gamma > 0.1$。γ 值越小，则 a 与 c 之间的偏离越大；γ 值越大，则 a 与 c 之间的偏离越小。那么，影响 γ 值大小的因素有哪些呢？

1921 年，路易斯根据大量的实验数据指出，影响 γ 值大小的主要因素是离子的浓度 c 和

离子所带的电荷数 Z，而与离子的本性无关。把这两个因素结合在一起，他提出了"离子强度"的概念。溶液中所有离子的浓度与离子电荷的平方的乘积的总和的 1/2 称为该溶液的离子强度，用符号 I 表示：

$$I=1/2\,(c_1Z_1^2+c_2Z_2^2+c_3Z_3^2+\cdots)$$

离子强度的大小反映了离子间相互牵制的作用力的强弱，I 值越大，离子间作用力越大，活度系数就越小；反之，I 值越小，离子间互相牵制的作用力越弱，活度系数就越大。

【例 5-1】 求 $0.01\,\text{mol}\cdot\text{L}^{-1}\text{NaCl}$ 溶液的离子强度。

解 $I=1/2\,(c_1Z_1^2+c_2Z_2^2+c_3Z_3^2+\cdots)=1/2\,(0.01\times1^2+0.01\times1^2)=0.01$

5.3.2 弱酸、弱碱的解离平衡

1. 一元弱酸、弱碱的电离

只能电离出一个 H^+ 的弱酸称为一元弱酸，如 HAc 是一元弱酸。只能电离出一个 OH^- 的弱碱称为一元弱碱，如氨水是一元弱碱。现以乙酸和氨水为例来讨论一元弱酸、弱碱的电离。

1) 电离常数

乙酸的电离过程如下：

$$\text{HAc}+\text{H}_2\text{O} \rightleftharpoons \text{H}_3\text{O}^+ + \text{Ac}^-$$

简写为

$$\text{HAc} \rightleftharpoons \text{H}^+ + \text{Ac}^-$$

在一定的温度下，当 HAc 电离的分子数和溶液中由 H^+ 和 Ac^- 形成 HAc 的分子数相等时，我们就说 HAc 的电离过程达到了一个平衡状态。根据化学平衡定律，有如下的平衡关系式存在：

$$\frac{[\text{H}^+][\text{Ac}^-]}{[\text{HAc}]}=K_a$$

式中，K_a 称为乙酸的电离常数；$[\text{H}^+]$ 和 $[\text{Ac}^-]$ 分别表示电离过程达到平衡状态时，H^+ 和 Ac^- 的平衡浓度；$[\text{HAc}]$ 表示平衡时未电离的乙酸分子浓度。

定义：一元弱酸的电离过程达到了平衡状态时，各离子的平衡浓度与平衡时未电离的分子浓度的比值是一个常数，称为弱酸的电离平衡常数，简称酸常数。

同样，一元弱碱氨水的电离过程是

$$\text{NH}_3 + \text{H}_2\text{O} \rightleftharpoons \text{NH}_4^+ + \text{OH}^-$$

平衡常数关系式为

$$\frac{[NH_4^+][OH^-]}{[NH_3]} = K_b$$

K_b 称为氨水的电离平衡常数，简称碱常数。

酸常数和碱常数统一用 K_i 表示。可见，K_i 是化学平衡常数的一种形式。K_i 的数值越大，表明达到电离平衡状态时，离子的浓度越大，而未电离的分子的浓度越小，也就是相应的弱酸或弱碱的电离程度越大，因此可以根据 K_i 数值的大小来比较弱电解质的相对强弱。通常把 $K_i = 10^{-7} \sim 10^{-2}$ 称为弱酸或弱碱，$K_i < 10^{-7}$ 称为极弱酸或极弱碱。附录 4 中给出了一些弱电解质的 K_i 数值。

既然 K_i 是化学平衡常数的一种形式，那么其一定是温度的函数，通过实验已知电离过程是吸热过程。但由于其热效应较小，温度的改变对平衡常数数值影响不大，其数量级一般不变，所以室温范围内可以忽略温度对 K_i 的影响。

2）电离度

K_i 是一个与弱电解质溶液浓度无关的平衡常数。除了 K_i 以外，我们还可以用电离度来定量地比较弱电解质的电离程度的相对大小。定义：一定温度下达到电离平衡时，弱电解质电离的百分数称为电离度，用符号 α 表示。

$$\alpha = \frac{已解离的弱电解质的浓度}{弱电解质的初始浓度} \times 100\%$$

从上面的公式可以看出，电离度的大小是一个与弱电解质初始浓度有关的量。当初始浓度相同时，电离度可以反映出不同弱电解质电离程度的大小。例如，298K 时，$0.1\,mol \cdot L^{-1}$ 乙酸 $\alpha = 1.33\%$，$0.1\,mol \cdot L^{-1}$ 氢氟酸 $\alpha = 8.48\%$。

电离常数与电离度都能反映弱电解质的电离程度，它们之间的定量关系可以乙酸为例进行如下推导：

	HAc	⇌	H$^+$	+	Ac$^-$
起始浓度	c		0		0
变化浓度	$-c\alpha$		$+c\alpha$		$+c\alpha$
平衡浓度	$c - c\alpha$		$+c\alpha$		$+c\alpha$

$$K_a = \frac{[H^+][Ac^-]}{[HAc]} = \frac{(c\alpha)(c\alpha)}{c - c\alpha} = \frac{c\alpha^2}{1-\alpha}$$

当 $\alpha \leqslant 5\%$ 时，$1 - \alpha \approx 1$，则 $K_a = c\alpha^2$，有

$$\alpha^2 = \frac{K_a}{c}$$

$$\alpha = \sqrt{\frac{K_a}{c}} \tag{5-3}$$

它表明 α 与浓度的平方根成反比关系，溶液越稀，电离度越大；相同浓度的不同弱电解质，它们的电离度分别与其电离常数的平方根成正比，电离常数大的弱电解质，其电离度也大。式（5-3）称为稀释定律。

3)电离常数的应用

弱电解质可以破坏水的电离平衡,从而使得弱电解质的水溶液显示一定的酸碱性,那么其水溶液中的 H^+ 和 OH^- 的浓度如何求算呢? 知道了电离常数,便可以计算弱酸、弱碱水溶液的pH。

【例 5-2】 求 $0.1 mol \cdot L^{-1}$ 的乙酸溶液的 H^+ 浓度。

解 设达到电离平衡时,溶液中 H^+ 浓度为 $x\ mol \cdot L^{-1}$。

	HAc	$\rightleftharpoons$	H^+	+	Ac^-
起始浓度/$(mol \cdot L^{-1})$	0.1		0		0
变化浓度/$(mol \cdot L^{-1})$	$-x$		$+x$		$+x$
平衡浓度/$(mol \cdot L^{-1})$	$0.1-x$		$+x$		$+x$

将各物质的平衡浓度代入平衡关系式,则有

$$K_a = \frac{x^2}{0.1-x} = 1.74 \times 10^{-5}$$

分析:如果某一弱电解质的 $\alpha \leqslant 5\%$,说明达到电离平衡状态时,已经电离的分子数很少,则 $c_{酸} \approx [c_{酸}]$,即 $0.1-x \approx 0.1$,则上式就可以进行近似计算,求解 x 值将变得简单。那么如何判断某一弱电解质的电离度是否小于5%呢?

根据稀释定律的推导, $\alpha \leqslant 5\%$,相当于 $\frac{c_{酸}}{K_a} \geqslant 400$,那么我们就可以利用某一弱电解质的电离常数与该弱电解质的初始浓度的比值来判断是否可以进行近似计算。例如,本题的 $\frac{c_{酸}}{K_a} \geqslant 400$,所以可近似计算:

$$x = [H^+] = \sqrt{K_a \cdot c} = \sqrt{1.74 \times 10^{-5} \times 0.1} = 1.32 \times 10^{-3}\ (mol \cdot L^{-1})$$

把以上近似计算推广到一般浓度为 c 的一元弱酸溶液中:

$$[H^+] = \sqrt{K_a \cdot c} \tag{5-4}$$

将这个结论推广到一元弱碱的电离平衡,可得出求算一元弱碱溶液中 OH^- 浓度的公式:

$$[OH^-] = \sqrt{K_b \cdot c} \tag{5-5}$$

2. 多元弱酸的电离

含有一个以上可置换的氢质子的弱酸称为多元弱酸。多元弱酸的电离是分步进行的,每一步电离都有一个电离常数。下面以 H_2CO_3 为例来讨论二元弱酸在溶液中分步电离的情况。

1)H_2CO_3 的电离

H_2CO_3 在水溶液中是分步电离的,各步电离反应及其平衡常数表达形式如下:

(1) $H_2CO_3 \rightleftharpoons H^+ + HCO_3^-$

$$K_1 = \frac{[H^+][HCO_3^-]}{[H_2CO_3]} = 4.47 \times 10^{-7}$$

(2) $HCO_3^- \rightleftharpoons H^+ + CO_3^{2-}$

$$K_2 = \frac{[H^+][CO_3^{2-}]}{[HCO_3^-]} = 4.68 \times 10^{-11}$$

由于 $K_1 \gg K_2$，第一步电离出来的 H^+ 远远大于第二步电离出的 H^+，因此可忽略二级电离产生的 H^+，计算时可作一元酸处理。

【例 5-3】 求室温下 CO_2 饱和水溶液中的 $[H^+]$、$[HCO_3^-]$、$[H_2CO_3]$ 和 $[CO_3^{2-}]$。已知 $c_{H_2CO_3} = 0.040 \text{mol} \cdot L^{-1}$。

解 设溶液中的 H^+ 浓度为 x mol·L^{-1}，由于 $K_1/K_2 \geqslant 10^2$，可忽略二级电离，当作一元酸处理。H_2CO_3 的一级电离为

$$H_2CO_3 \rightleftharpoons H^+ + HCO_3^- \quad (1)$$

起始浓度/(mol·L^{-1})	0.04	0	0
变化浓度/(mol·L^{-1})	$-x$	$+x$	$+x$
平衡浓度/(mol·L^{-1})	$0.04-x$	$+x$	$+x$

将各物质的平衡浓度代入平衡关系式，则有

$$K_1 = \frac{x^2}{0.04-x} = 4.47 \times 10^{-7}$$

因为 $c/K_1 \geqslant 400$，可作近似计算，即 $0.04 - x \approx 0.04$，所以

$$x = [H^+] = \sqrt{K_1 c} = \sqrt{4.47 \times 10^{-7} \times 0.04} = 1.3 \times 10^{-4} \text{ (mol·}L^{-1})$$

H_2CO_3 的二级解离为

$$HCO_3^- \rightleftharpoons H^+ + CO_3^{2-} \quad (2)$$

$$K_2 = \frac{[H^+][CO_3^{2-}]}{[HCO_3^-]} = 4.68 \times 10^{-11}$$

因为 $K_1 \gg K_2$，$[H^+] \approx [HCO_3^-]$，所以 $[CO_3^{2-}] \approx K_2 = 4.68 \times 10^{-11}$ mol·L^{-1}。

2) 溶液的 pH 与多元弱酸酸根的关系

根据多重平衡规则，例 5-3 的式(1)与式(2)相加可得到下式，设其为式(3)，则

$$H_2CO_3 \rightleftharpoons 2H^+ + CO_3^{2-} \quad (3)$$

$$K = \frac{[H^+]^2[CO_3^{2-}]}{[H_2CO_3]} = K_1 \times K_2 = 2.1 \times 10^{-17}$$

总的电离常数关系式仅表明平衡时 $[H^+]$、$[CO_3^{2-}]$、$[H_2CO_3]$ 三者之间的关系，而不说明电离的过程是按式(3)进行的。根据平衡移动的原理，改变多元弱酸溶液的 H^+ 浓度，将使电离平衡发生移动。

根据式(3)有

$$[CO_3^{2-}] = K \times \frac{[H_2CO_3]}{[H^+]^2}$$

已知 CO_2 饱和水溶液的浓度为 $0.04\,mol\cdot L^{-1}$，且 $c_{H_2CO_3}\approx[H_2CO_3]$，所以上式变成：

$$[CO_3^{2-}] = K\times\frac{[H_2CO_3]}{[H^+]^2} = \frac{0.04K}{[H^+]^2} = \frac{常数}{[H^+]^2} \tag{5-6}$$

$[H^+]$越大，溶液的 pH 越小，$[CO_3^{2-}]$越小，即溶液的 pH 与弱酸酸根浓度成正比。所以，可以通过控制溶液的 pH 来改变溶液中弱酸酸根离子的浓度。

【例 5-4】 室温下，饱和的 CO_2 水溶液中如果同时存在着其他酸，且溶液的 H^+ 浓度为 $1\times10^{-3}\,mol\cdot L^{-1}$，则此溶液中的$[CO_3^{2-}]$是多少？

解 不存在其他酸时，$[CO_3^{2-}]=K_2=4.68\times10^{-11}\,mol\cdot L^{-1}$

当溶液中存在其他酸，且其$[H^+]$为 $1\times10^{-3}\,mol\cdot L^{-1}$ 时

$$[CO_3^{2-}] = \frac{0.04\times K}{(1\times10^{-3})^2} = 8.4\times10^{-13}(mol\cdot L^{-1})$$

【例 5-5】 在饱和硫化氢水溶液（$0.1\,mol\cdot L^{-1}$）中加酸，使氢离子浓度为 $0.24\,mol\cdot L^{-1}$，这时溶液中$[S^{2-}]$是多少？

解 未加酸时$[S^{2-}]=K_2=1.26\times10^{-14}$，当$[H^+]=0.24\,mol\cdot L^{-1}$时

$$[S^{2-}] = \frac{K_1K_2[H_2S]}{[H^+]^2}$$

$$= \frac{8.9\times10^{-8}\times1.26\times10^{-14}\times0.1}{0.24^2}$$

$$= 1.9\times10^{-21}(mol\cdot L^{-1})$$

5.4 盐 的 水 解

盐是强电解质，当其溶于水时，将与水中的氢离子或氢氧根离子作用，生成弱电解质，从而引起水的电离平衡发生移动，改变溶液中 H^+ 和 OH^- 的相对浓度，使盐的水溶液呈现出一定的酸碱性。盐的离子与溶液中水电离出的氢离子或氢氧根离子作用，生成弱电解质的反应称为盐的水解。

5.4.1 弱酸强碱盐的水解

1. 一元弱酸强碱盐的水解

以乙酸钠为例来讨论，乙酸钠在水中是完全电离的：

$$NaAc \Longrightarrow Na^+ + Ac^-$$

溶液中同时存在着以下的可逆反应：

$$H_2O \rightleftharpoons OH^- + H^+ \tag{1}$$

$$Ac^- + H^+ \rightleftharpoons HAc \tag{2}$$

将式(1)和式(2)相加,有

$$H_2O + Ac^- \rightleftharpoons HAc + OH^-$$

上式就是乙酸钠的水解反应方程式。根据化学平衡原理就有如下的平衡关系式:

$$K_h = \frac{[OH^-][HAc]}{[Ac^-]} = \frac{[OH^-][HAc][H^+]}{[Ac^-][H^+]} = \frac{K_w}{K_a} \tag{5-7}$$

K_h 称为水解常数,其数值的大小可以衡量盐水解程度的大小。K_h 越大,盐的水解趋势越大。因为 K_a 与 K_h 成反比关系,所以酸越弱,弱酸强碱盐的水解程度越大。

根据酸碱的质子理论可知,$K_w = K_a K_b$,$K_w = K_a K_h$,所以弱酸盐的水解常数就是该弱酸的共轭碱的碱常数 K_b。

当一个水解反应达到平衡时,已经水解的盐的浓度占盐的初始浓度的百分数称为水解度,用符号 h 表示:

$$h = \frac{\text{已水解的盐的浓度}}{\text{盐的初始浓度}} \times 100\% \tag{5-8}$$

根据水解常数可以求溶液中 OH^- 的浓度,进而确定盐溶液的 pH。

【例 5-6】 求算 $c\ mol \cdot L^{-1}$ NaAc 溶液的 pH 和水解度 h。

解 (1)求 pH。

设平衡时 $[OH^-]$ 为 $x\ mol \cdot L^{-1}$

	$H_2O + Ac^-$	$\rightleftharpoons$	HAc	$+$	OH^-
起始浓度/(mol·L⁻¹)	$c_{盐}$		0		0
变化浓度/(mol·L⁻¹)	$-x$		$+x$		$+x$
平衡浓度/(mol·L⁻¹)	$c-x$		$+x$		$+x$

将各平衡浓度代入平衡关系式,则有

$$\frac{[HAc][OH^-]}{[Ac^-]} = \frac{x^2}{c-x} = K_h$$

当 $h \leqslant 5\%$ 或 $c_{盐}/K_h \geqslant 400$ 时,$c_{盐} - x \approx c_{盐}$,所以

$$x = [OH^-] = \sqrt{K_h c_{盐}} = \sqrt{\frac{K_w}{K_a} \cdot c} \tag{5-9}$$

可见,弱酸强碱盐水溶液的 OH^- 浓度与弱酸常数的平方根成反比,与盐浓度的平方根成正比。

(2)求盐的水解度。

$$h = \frac{[OH^-]}{c_{盐}} \times 100\% = \frac{\sqrt{K_h c_{盐}}}{c_{盐}} \times 100\% = \sqrt{\frac{K_h}{c_{盐}}} \times 100\% \tag{5-10}$$

2. 多元弱酸强碱盐的水解

以碳酸钠为例讨论如下：

$$Na_2CO_3 \longrightarrow 2Na^+ + CO_3^{2-}$$

$$CO_3^{2-} + H_2O \rightleftharpoons HCO_3^- + OH^- \qquad K_{h_1} = K_w/K_{a_2} = 2.14 \times 10^{-4}$$

$$HCO_3^- + H_2O \rightleftharpoons H_2CO_3 + OH^- \qquad K_{h_2} = K_w/K_{a_1} = 2.24 \times 10^{-8}$$

可见多元弱酸的水解如同多元酸的电离一样都是分级进行的，伴随着每一步的水解都有一个水解常数存在，但是 $K_{h_1} \gg K_{h_2}$，所以只考虑一级水解，二级水解忽略不计。在求算溶液中 OH^- 浓度和水解度时，用一级水解常数，即

$$[OH^-] = \sqrt{K_{h_1} c_{盐}} = \sqrt{\frac{K_w}{K_{a_2}} \cdot c_{盐}} \tag{5-11}$$

3. 酸式盐的水解

多元弱酸的酸式盐也是阴离子水解，这些阴离子既能给出 H^+（电离）显酸性，又能结合 H^+（水解）显碱性，这样如何判断溶液的酸碱性呢？以碳酸氢钠为例进行讨论。

$$NaHCO_3 \rightleftharpoons Na^+ + HCO_3^-$$

$$HCO_3^- \rightleftharpoons H^+ + CO_3^{2-} \qquad K_{a_2} = 4.68 \times 10^{-11}$$

$$HCO_3^- + H_2O \rightleftharpoons H_2CO_3 + OH^- \qquad K_{h_2} = K_w/K_{a_1} = 2.24 \times 10^{-8}$$

可见 $K_{h_2} > K_{a_2}$，所以 HCO_3^- 以水解为主，溶液显碱性。$0.1 mol \cdot L^{-1}$ 的 $NaHCO_3$ 水溶液的 pH=8.3。

可见，通过比较酸式盐阴离子的电离常数和水解常数的相对大小，便可以确定酸式盐水溶液的酸碱性。

5.4.2 弱碱强酸盐的水解

以氯化铵为例来讨论一元弱碱强酸盐的水解：

$$NH_4Cl \longrightarrow NH_4^+ + Cl^-$$

在氯化铵溶液中，存在着如下的两个平衡：
(1) $H_2O \rightleftharpoons OH^- + H^+ \qquad K_1 = K_w$
(2) $NH_4^+ + OH^- \rightleftharpoons NH_3 + H_2O \qquad K_2 = 1/K_b$

水解方程式为以上两个平衡关系式的代数和：

$$NH_4^+ + H_2O \rightleftharpoons NH_3 + H_3O^+$$

根据多重平衡规则，则有

$$K_h = K_1 \cdot K_2 = \frac{K_w}{K_b} \tag{5-12}$$

可见，弱碱强酸盐是阳离子水解，水解的结果使溶液显酸性。K_b 与 K_h 成反比关系，碱越弱，水解程度越彻底，且 K_h 就是该弱碱的共轭酸的酸常数 K_a。

同推导浓度为 $c\text{mol} \cdot \text{L}^{-1}$ 乙酸钠水解的方法一样，可以推导出计算氯化铵水解后溶液中的氢离子浓度和水解度的公式：

$$[\text{H}^+] = \sqrt{K_h \cdot c_{\text{盐}}} = \sqrt{\frac{K_w}{K_b} \cdot c_{\text{盐}}} \tag{5-13}$$

$$h = \frac{[\text{H}^+]}{c_{\text{盐}}} = \sqrt{\frac{K_h}{c_{\text{盐}}}} \times 100\% \tag{5-14}$$

5.4.3 弱酸弱碱盐的水解

以乙酸铵为例来讨论这个问题：

$$\text{NH}_4\text{Ac} \rightleftharpoons \text{NH}_4^+ + \text{Ac}^-$$

在乙酸铵水溶液中存在着以下三个平衡：

(1) $\text{Ac}^- + \text{H}_2\text{O} \rightleftharpoons \text{HAc} + \text{OH}^-$　　　$K_1 = K_w/K_a$
(2) $\text{NH}_4^+ + \text{H}_2\text{O} \rightleftharpoons \text{NH}_3 + \text{H}_3\text{O}^+$　　　$K_2 = K_w/K_b$
(3) $\text{H}_3\text{O}^+ + \text{OH}^- \rightleftharpoons 2\text{H}_2\text{O}$　　　　　$K_3 = 1/K_w$

水解平衡式为以上三个反应式的代数和

$$\text{Ac}^- + \text{NH}_4^+ \rightleftharpoons \text{HAc} + \text{NH}_3$$

$$K_h = K_1 K_2 K_3 = \frac{K_w}{K_a K_b} \tag{5-15}$$

弱酸弱碱盐的水解常数与其弱酸的酸常数和弱碱的碱常数之积成反比。由于 $K_h K_b$ 的数值较小，可见弱酸弱碱盐的水解倾向较大，那么它们水溶液的酸碱性究竟如何呢？

仍以乙酸氨为例进行推导。由于 HAc 的 K_a 与 NH$_3$ 的 K_b 相近，所以有

$$[\text{Ac}^-] \approx [\text{NH}_4^+];\quad [\text{HAc}] \approx [\text{NH}_3]$$

$$\frac{[\text{HAc}]^2}{[\text{Ac}^-]^2} = \frac{K_w}{K_a K_b}$$

在乙酸的电离平衡中有

$$K_a = \frac{[\text{H}^+][\text{Ac}^-]}{[\text{HAc}]}$$

$$[\text{HAc}] = \frac{[\text{H}^+][\text{Ac}^-]}{K_a}$$

则
$$\frac{[H^+]^2[Ac^-]^2}{[Ac^-]^2 K_a^2} = \frac{K_w}{K_a K_b}$$

$$[H^+]^2 = \frac{K_w}{K_a K_b} \times K_a^2 \tag{5-16}$$

$$[H^+] = \sqrt{\frac{K_w K_a}{K_b}}$$

可见，弱酸弱碱盐溶液的 pH 与盐的浓度无关，仅取决于弱酸弱碱电离常数的大小。当 $K_a = K_b$ 时，$[H^+] = (K_w)^{1/2} = 10^{-7}$ mol·L^{-1}，溶液显中性；$K_a > K_b$，$[H^+] > 10^{-7}$ mol·L^{-1}，溶液显酸性；$K_a < K_b$，$[H^+] < 10^{-7}$ mol·L^{-1}，溶液显碱性。

【例 5-7】 求 0.1 mol·L^{-1} 的 NH$_4$F 溶液的 pH。

解 已知 NH$_3$ 的 $K_b = 1.79 \times 10^{-5}$，HF 的 $K_a = 6.31 \times 10^{-4}$

$$[H^+] = \sqrt{\frac{K_w K_a}{K_b}} = \sqrt{\frac{1.0 \times 10^{-14} \times 6.31 \times 10^{-4}}{1.79 \times 10^{-5}}} = 4.4 \times 10^{-7} (\text{mol·L}^{-1})$$

$$\text{pH} = 6.35$$

因为 $K_a > K_b$，故弱碱的水解程度比弱酸的水解程度大，溶液中 $[H^+] > [OH^-]$，所以溶液显酸性。

5.4.4 影响盐类水解的因素

盐类的水解作为一种平衡，影响它的因素有两个方面：一方面是从平衡常数的角度来影响水解；另一方面是从外界条件的改变来影响水解。

1. 水解平衡常数的影响

水解平衡常数越大，盐类水解程度越大。从以上介绍的内容得到的水解常数公式中，我们已经知道：水解常数 K_h 和弱酸、弱碱的电离平衡常数有关。

$$K_h = \frac{K_w}{K_a}, \quad K_h = \frac{K_w}{K_b}, \quad K_h = \frac{K_w}{K_a K_b}$$

可见，盐类水解后所生成的弱酸、弱碱的电离平衡常数越小，则盐的水解常数越大。例如，NaAc 和 NaF 都是强碱弱酸盐，由于 $K_{a(HAc)} < K_{a(HF)}$，当 NaAc 溶液和 NaF 溶液浓度相同时，NaAc 的水解程度要大一些。

水解常数的大小是盐类本性的体现，因此我们也说，影响盐类水解的内因是盐类的本性。

2. 外界条件的影响

1) 温度的影响

水解反应一般是吸热过程，$\Delta H > 0$。由公式 $\ln \frac{K_2}{K_1} = \frac{\Delta H}{R}\left(\frac{1}{T_1} - \frac{1}{T_2}\right)$ 看出，当温度升高时，平衡常数增大，因此升高温度可使水解程度增大。在分析化学和无机化学制备中常通过升高温度使水解进行完全以达到分离和合成的目的。

2) 盐的浓度的影响

水解常数是温度的函数，温度不变，水解常数不发生变化。当水解常数一定时，水解度与盐的浓度的关系为

$$h = \frac{[H^+]}{c_{盐}} = \sqrt{\frac{K_h}{c_{盐}}} \times 100\%$$

盐的浓度越小，水解度越大，即稀溶液的水解度比较大。这一结果也可以从平衡移动角度得出。一定浓度的 NaAc 溶液达到水解平衡时，有如下关系式：

$$K_h = \frac{[OH^-][HAc]}{[Ac^-]}$$

加水稀释，体积变成原来的 5 倍，于是各物质的浓度均变为原来的 1/5，此时水解反应脱离平衡态，有如下关系式：

$$J = \frac{\frac{1}{5}[OH^-]\frac{1}{5}[HAc]}{\frac{1}{5}[Ac^-]} = \frac{1}{5}K_h$$

因为 $J < K_h$，所以平衡向水解方向移动，直到建立新的平衡为止，故水解度增大。

3) 溶液酸度的影响

盐类的水解既然会使溶液的酸度改变，那么根据平衡移动的原理，可以通过控制溶液的酸度来控制水解平衡。

例如，KCN 是剧毒物质，它在水中有明显的水解，生成剧毒物 HCN。为了防止 HCN 的生成，在配制 KCN 溶液时加入适量的 NaOH：

$$CN^- + H_2O \rightleftharpoons HCN + OH^-$$

再如，实验室配制 Sn^{2+}、Fe^{3+}、Bi^{3+} 等容易水解的盐的溶液时，要用相应的酸来配制，防止水解生成沉淀：

$$SnCl_2 + H_2O \rightleftharpoons Sn(OH)Cl \downarrow + HCl$$

$$Bi(NO_3)_3 + H_2O \rightleftharpoons BiO(NO_3) \downarrow + 2HNO_3$$

5.5 缓冲溶液

弱电解质的电离平衡也是相对的、暂时的，一旦条件改变，平衡也会发生移动，使电离平衡发生移动的主要因素有同离子效应和盐效应。

5.5.1 同离子效应和盐效应

1. 同离子效应

在乙酸溶液中加入少量的乙酸钠，由于溶液中 Ac⁻浓度增大，乙酸的电离平衡向左移动，从而降低了 HAc 的电离度。

$$HAc \rightleftharpoons H^+ + Ac^-$$

$$NaAc = Na^+ + Ac^-$$

可见，同离子效应体现了浓度对电离平衡的影响。

在已经建立了电离平衡的弱电解质溶液中，加入与其含有相同离子的另一种强电解质，而使平衡向降低弱电解质电离度方向移动的作用称为同离子效应。

> **【例 5-8】** 向 0.1mol·L⁻¹ 乙酸溶液中加入少量的乙酸钠，使其浓度为 0.1mol·L⁻¹，求该溶液的 [H⁺]和电离度。
>
> **解** （1）求[H⁺]。
>
> 在 HAc-NaAc 体系中，设乙酸电离产生的氢离子浓度为 x mol·L⁻¹，则有
>
> | | NaAc | = | Na⁺ | + | Ac⁻ |
> |---|---|---|---|---|---|
> | | HAc | ⇌ | H⁺ | + | Ac⁻ |
> | 起始浓度/(mol·L⁻¹) | 0.1 | | 0 | | 0.1 |
> | 变化浓度/(mol·L⁻¹) | −x | | +x | | 0.1+x |
> | 平衡浓度/(mol·L⁻¹) | 0.1−x | | x | | 0.1+x |
>
> 由于同离子效应，0.1mol·L⁻¹ HAc 的解离度更小，所以
>
> $$[HAc]=0.10-x \approx 0.10$$
>
> $$[Ac^-]=0.10+x \approx 0.10$$
>
> 代入平衡关系式可得
>
> $$K_a = \frac{[H^+][Ac^-]}{[HAc]} = \frac{0.1x}{0.1} = 1.74 \times 10^{-5}$$
>
> $$[H^+]=x=1.74 \times 10^{-5} \text{ mol·L}^{-1}$$
>
> (2) 求电离度 α。
>
> $$\alpha = [H^+]/0.1 = (1.74 \times 10^{-5}/0.1) \times 100\% = 0.0174\%$$
>
> 与未加乙酸钠的 0.1mol·L⁻¹ HAc 溶液的[H⁺]和电离度进行比较，可以清楚地看出同离子效应的影响。
>
> | 0.1mol·L⁻¹ HAc 溶液 | [H⁺]/(mol·L⁻¹) | α /% |
> |---|---|---|
> | 加 NaAc 以前 | 1.32×10⁻³ | 1.32 |
> | 加 NaAc 以后 | 1.74×10⁻⁵ | 1.74×10⁻² |

通过上述例题，我们可以推导出一元弱酸及其盐的混合溶液中[H$^+$]的一般计算公式。设酸的浓度为$c_{酸}$，盐的浓度为$c_{盐}$，则有

	HA	⇌	H$^+$ +	A$^-$
起始浓度	$c_{酸}$		0	$c_{盐}$
平衡浓度	$c_{酸}-x \approx c_{酸}$		x	$c_{盐}+x \approx c_{盐}$

代入平衡关系式

$$K_a = \frac{c_{盐} \cdot [H^+]}{c_{酸}}$$

$$[H^+] = K_a \frac{c_{盐}}{c_{酸}} \tag{5-17a}$$

$$pH = pK_a - \lg \frac{c_{酸}}{c_{盐}} \tag{5-17b}$$

同理，可以推导出求算弱碱及其盐溶液中[OH$^-$]的计算公式：

$$[OH^-] = K_b \frac{c_{碱}}{c_{盐}} \tag{5-18a}$$

$$pOH = pK_b - \lg \frac{c_{碱}}{c_{盐}} \tag{5-18b}$$

$$pH = 14 - pOH = 14 - pK_b + \lg \frac{c_{碱}}{c_{盐}} \tag{5-18c}$$

2. 盐效应

如果在HAc溶液中加入不含有同种离子的强电解质（如NaCl）时，HAc的电离度会增大。例如，0.1mol·L^{-1}HAc中加入NaCl，使其浓度也为0.1mol·L^{-1}，则[H$^+$]不再是1.32×10^{-3}mol·L^{-1}，而是1.82×10^{-3}mol·L^{-1}，α从1.32%增大为1.82%。

在弱电解质溶液中，加入不含相同离子的强电解质，使弱电解质电离度略有增大的现象称为盐效应。盐效应的产生同弱电解质的稀释一样，使弱电解质离子的分子化速度减小，电离平衡右移，解离度增大。

在有同离子效应发生的同时，必伴随有盐效应，但盐效应的影响不大，可略去盐效应只考虑同离子效应。

5.5.2 缓冲溶液的概念

1. 缓冲溶液的定义

向1L含有1mol的HAc和1mol的NaAc体系中加入少量的酸、碱或水进行稀释，我们来看一下HAc-NaAc溶液的pH会有什么变化。

(1) 加少量的盐酸，使[H⁺]=0.01mol·L⁻¹，此时 H⁺与 Ac⁻结合生成 HAc，$c_{酸}$=(1+0.01)mol·L⁻¹，$c_{盐}$=(1−0.01)mol·L⁻¹，则

$$pH = pK_a - \lg\frac{1.00+0.01}{1.00-0.01} = 4.76 - \lg\frac{1.01}{0.99} = 4.75$$

(2) 加少量的碱，使[OH⁻]=0.01mol·L⁻¹，此时 H⁺与 OH⁻结合生成 H₂O，$c_{酸}$=(1−0.01)mol·L⁻¹，$c_{盐}$=(1+0.01)mol·L⁻¹，则

$$pH = pK_a - \lg\frac{1.00-0.01}{1.00+0.01} = 4.76 - \lg\frac{0.99}{1.01} = 4.75$$

向 HAc-NaAc 溶液中加入 0.01mol·L⁻¹ H⁺或 OH⁻，溶液的 pH 仅改变 0.01 个单位；如果向纯水中加入同样的酸或碱，则 pH 将改变 7−2=5 个单位，即 HAc-NaAc 混合溶液能够抵抗外加的少量酸、碱或稀释。定义：能够抵抗外加的少量酸、碱或稀释而本身 pH 不发生显著变化的作用称为缓冲作用，具有缓冲作用的溶液称为缓冲溶液。

2. 缓冲溶液的组成

用电离理论来说，由弱酸和与弱酸含有共同离子的弱酸盐或由弱碱和与弱碱含有共同离子的弱碱盐可以组成缓冲溶液；用质子理论来说，由任何一对共轭酸碱对所组成的溶液都具有缓冲作用。例如，由 NH₃-NH₄Cl 组成的缓冲体系：

$$NH_3 + H_2O \rightleftharpoons NH_4^+ + OH^-$$

$$NH_4Cl = NH_4^+ + Cl^-$$

其中，OH⁻是抗酸成分，加入的少量酸(H⁺)将被其中和，发生 H⁺+OH⁻══H₂O 的反应，促使电离平衡向右移动，继续电离出 OH⁻，以补充消耗的 OH⁻；NH₄⁺是抗碱成分，加入的少量碱(OH⁻)将被其中和，发生 OH⁻+NH₄⁺══NH₃·H₂O 的反应，而溶液中由 NH₄Cl 提供的 NH₄⁺是大量的。

由磷酸和磷酸二氢钠组成的体系也具有缓冲作用。

$$H_3PO_4 \rightleftharpoons H^+ + H_2PO_4^-$$

$$NaH_2PO_4 = Na^+ + H_2PO_4^-$$

其中 H⁺是抗碱成分，H₂PO₄⁻是抗酸成分。

3. 缓冲原理

缓冲溶液为什么能够保持 pH 相对稳定，而不因加入少量强酸或强碱引起 pH 有较大的变化？假定缓冲溶液含有浓度相对较大的弱酸 HA 和它的共轭碱 A⁻，在溶液中发生的质子转移反应为

$$HA(aq) + H_2O(l) \rightleftharpoons A^-(aq) + H_3O^+(aq)$$

$$c(H^+) = \frac{K_a^\ominus(HA)c(HA)}{c(A^-)}$$

从式中可以看出，$c(H^+)$ 取决于 $c(HA)/c(A^-)$。

加入少量强酸时，溶液中大量的 A^- 与外加的少量 H^+ 结合成 HA，平衡左移。而且 HA 解离度很小，使得 $c(HA)/c(A^-)$ 变化不大，溶液的 $c(H^+)$ 或 pH 基本不变。

加入少量强碱时，外加的少量 OH^- 与溶液中的 H^+ 生成 H_2O，平衡右移，同时 HAc 解离出 H^+，使得 $c(HA)/c(A^-)$ 变化不大，溶液的 $c(H^+)$ 或 pH 基本不变。

加水稀释时，浓度同时减小，使得 $c(HAc)/c(Ac^-)$ 不变，溶液的 $c(H^+)$ 或 pH 基本不变。可见，缓冲溶液具有缓冲作用是同离子效应的应用。

4. 缓冲溶液 pH 的计算

缓冲溶液 pH 的计算实际上就是产生同离子效应时弱酸或弱碱平衡组成的计算。在讨论缓冲溶液的缓冲原理时已经知道，缓冲溶液中 $c(H^+)$ 取决于弱酸的解离常数和共轭酸、碱浓度的比值，即

$$c(H^+) = \frac{K_a^\ominus(HA)c(HA)}{c(A^-)}$$

由此可以推出

$$pH = pK_a^\ominus(HA) - \lg\frac{c(HA)}{c(A^-)}$$

或

$$pH = pK_a^\ominus(HA) + \lg\frac{c(A^-)}{c(HA)}$$

由于同离子效应的存在，$c(HA) \approx c_0(HA)$，$c(A^-) \approx c_0(A^-)$，所以

$$pH = pK_a^\ominus(HA) - \lg\frac{c_0(HA)}{c_0(A^-)} \tag{5-19a}$$

对于弱碱及其共轭酸组成的缓冲溶液 $B\text{-}BH^+$，其 pH 的计算公式为

$$pH = 14 - pK_b^\ominus(B) + \lg\frac{c_0(B)}{c_0(BH^+)} \tag{5-19b}$$

缓冲溶液的 pH 主要是由 $pK_a^\ominus$ 或 $pK_b^\ominus$ 决定的，其次还与 $\frac{c_0(HA)}{c_0(A^-)}$ 或 $\frac{c_0(B)}{c_0(BH^+)}$ 有关。当弱酸及其共轭碱浓度较大时，缓冲能力较强，一般以 $0.01 \sim 0.1 \text{mol} \cdot L^{-1}$ 为宜；当 $\frac{c_0(HA)}{c_0(A^-)}$ 或 $\frac{c_0(B)}{c_0(BH^+)}$ 接近 1 时，缓冲能力最强。选择和配制缓冲溶液时，所选择的缓冲溶液除了参与和 H^+ 或 OH^- 有关的反应以外，不能与反应体系中的其他物质发生副反应；应使 $pK_a^\ominus(HA)$ 或 $14 - pK_b^\ominus(B)$ 尽可能接近所需要的 pH，若 $pK_a^\ominus(HA)$ 或 $14 - pK_b^\ominus(B)$ 与所需 pH 不相等，依所

需 pH 调整 $\dfrac{c_0(\mathrm{HA})}{c_0(\mathrm{A}^-)}$，并通过计算确定出弱酸及其共轭碱的量。要注意缓冲溶液的缓冲能力是有限的。

【例5-9】 欲配制 pH = 5.00 的缓冲溶液，需在 50 mL 0.10 mol·L^{-1} 的 HAc 溶液中加入 0.10 mol·L^{-1} 的 NaOH 多少毫升？

解 设需 NaOH x mL，则 $n(\mathrm{NaOH}) = n(\mathrm{Ac}^-)$

$$\mathrm{pH} = \mathrm{p}K_a^\ominus(\mathrm{HA}) - \lg\dfrac{c_0(\mathrm{HA})}{c_0(\mathrm{A}^-)}$$

$$5.00 = 4.76 - \lg\dfrac{0.10\times 50 - 0.10x}{0.10x}$$

$$x = 32\,\mathrm{mL}$$

习　题

1. 根据酸碱质子理论，写出下列分子或离子的共轭酸的化学式：
   $\mathrm{HSO_4^-}$；$\mathrm{HS^-}$；$\mathrm{H_2PO_3^-}$；$\mathrm{NH_3}$；$\mathrm{HS^-}$；$\mathrm{HSO_4^-}$；$\mathrm{H_2PO_4^-}$。

2. 根据质子理论，用方程式说明下列分子或离子哪些是两性物质。
   $\mathrm{HS^-}$；$\mathrm{CO_3^{2-}}$；$\mathrm{H_2PO_4^-}$；$\mathrm{NH_3}$；$\mathrm{H_2S}$；HAc；$\mathrm{OH^-}$；$\mathrm{H_2O}$；$\mathrm{NO_2^-}$。

3. 把下列溶液的 pH 换算为 [H$^+$]。
   牛奶的 pH=6.5，柠檬汁的 pH=2.3，海水的 pH=3.3，人的血液 pH=7.35，啤酒的 pH=4.5。

4. 为什么 pH = 7 并不总是表明水溶液是中性的？

5. 计算下列溶液的 pH：
   (1) 0.20 mol·L^{-1} NaAc；　(2) 0.20 mol·L^{-1} NH$_4$Cl；
   (3) 0.20 mol·L^{-1} Na$_2$CO$_3$；　(4) 4.5×10^{-4} mol·L^{-1} Ba(OH)$_2$。

6. 计算下列各种溶液的 pH：
   (1) 10 mL 5.0×10^{-3} mol·L^{-1} 的 NaOH。
   (2) 10 mL 0.40 mol·L^{-1} HCl 与 10 mL 0.10 mol·L^{-1} NaOH 的混合溶液。
   (3) 10 mL 0.2 mol·L^{-1} NH$_3$·H$_2$O 与 10 mL 0.1 mol·L^{-1} HCl 的混合溶液。
   (4) 10 mL 0.2 mol·L^{-1} HAc 与 10 mL 0.2 mol·L^{-1} NH$_4$Cl 的混合溶液。

7. 0.01 mol·L^{-1} HAc 溶液的解离度为 4.2%，求 HAc 的电离常数和该溶液的 [H$^+$]。

8. 某弱酸 HA 的浓度为 0.015 mol·L^{-1} 时电离度为 0.80%，浓度为 0.10 mol·L^{-1} 时电离度多大？

9. 计算室温下饱和 CO$_2$ 水溶液 (0.04 mol·L^{-1} 的 H$_2$CO$_3$ 溶液) 中的 [H$^+$]、[HCO$_3^-$]、[CO$_3^{2-}$]。

10. 某未知浓度的一元弱酸用未知浓度的 NaOH 滴定，当用去 3.26 mL NaOH 时，混合溶液的 pH=4.00；当用去 18.30 mL NaOH 时，混合溶液的 pH=5.00，求该弱酸的电离常数。

11. 缓冲溶液 HAc-Ac$^-$ 的总浓度为 1.0 mol·L^{-1}，当溶液的 pH 分别为 4.0、5.0 时，HAc 和 Ac$^-$ 的浓度分别多大？

12. 欲配制 pH=5.0 的缓冲溶液，需称取多少克 NaAc·3H$_2$O 固体溶解在 300 mL 0.5 mol·L^{-1} 的 HAc 溶液中？

13. 将 Na$_2$CO$_3$ 和 NaHCO$_3$ 混合物 30g 配成 1L 溶液，测得溶液的 pH=10.62，计算溶液中含 Na$_2$CO$_3$ 和 NaHCO$_3$ 各多少克。

14. 在 0.10 mol·L^{-1} Na$_3$PO$_4$ 溶液中，[PO$_4^{3-}$] 和 pH 多大？

15. 分别计算下列混合溶液的 pH：
    (1) 50.0 mL 0.200 mol·L^{-1} NH$_4$Cl 和 50.0 mL 0.200 mol·L^{-1} NaOH。
    (2) 50.0 mL 0.200 mol·L^{-1} NH$_4$Cl 和 25.0 mL 0.200 mol·L^{-1} NaOH。
    (3) 25.0 mL 0.200 mol·L^{-1} NH$_4$Cl 和 50.0 mL 0.200 mol·L^{-1} NaOH。
    (4) 20.0 mL 1.00 mol·L^{-1} H$_2$C$_2$O$_4$ 和 30.0 mL 1.00 mol·L^{-1} NaOH。

第6章 沉淀溶解平衡

水溶液中的酸碱平衡是均相反应，除此之外，另一类重要的离子反应是难溶电解质在水中的溶解，即在含有固体难溶电解质的饱和溶液中存在着电解质与它解离产生的离子之间的平衡，称为沉淀溶解平衡，这是一种多相离子平衡。沉淀的生成和溶解现象在我们的周围经常发生。例如，肾结石通常是生成难溶盐草酸钙(CaC_2O_4)和磷酸钙[$Ca_3(PO_4)_2$]所致；自然界中石笋和钟乳石的形成与碳酸钙($CaCO_3$)沉淀的生成和溶解反应有关；工业上可用碳酸钠与消石灰制取烧碱等。这些实例说明了沉淀溶解平衡对生物化学、医学、工业生产以及生态学有着深远影响。

6.1 溶解度和溶度积

6.1.1 溶解度

溶解性是物质的重要性质之一。常以溶解度来定量表明物质的溶解性，溶解度定义如下：在一定温度下，达到溶解平衡时，一定量的溶剂中含有溶质的质量。对水溶液来说，通常以饱和溶液中100g水所含溶质的质量来表示。电解质的溶解度往往有很大的差异，习惯上将其划分为易溶、可溶、微溶和难溶等不同的等级。如果在100g水中能溶解10g以上的，这种溶质称为易溶的溶质；物质的溶解度为 $1\sim10\text{g}\cdot(100\text{g H}_2\text{O})^{-1}$ 的溶质称为可溶的；物质的溶解度小于 $0.1\text{g}\cdot(100\text{g H}_2\text{O})^{-1}$ 时，称为难溶的；溶解度介于可溶与难溶之间，称为微溶的。绝对不溶解的物质是不存在的。

对于学习化学，了解化合物溶解性是十分重要的。现将常见化合物的溶解性总结如下：常见的无机酸是可溶的；硅酸是难溶的。氨、ⅠA族氢氧化物、$Ba(OH)_2$ 是可溶的；$Sr(OH)_2$、$Ca(OH)_2$ 是微溶的；其余元素的氢氧化物大多是难溶的。几乎所有硝酸盐都是可溶的；$Ba(NO_3)_2$ 是微溶的。大多数乙酸盐是可溶的，$Be(Ac)_2$ 是难溶的。大多数氯化物是可溶的，$PbCl_2$ 是微溶的，$AgCl$、Hg_2Cl_2 是难溶的。大多数溴化物、碘化物是可溶的，$PbBr_2$、$HgBr_2$ 是微溶的，$AgBr$、Hg_2Br_2、AgI、Hg_2I_2、PbI_2 和 HgI_2 是难溶的。大多数硫酸盐是可溶的，$CaSO_4$、Ag_2SO_4、$HgSO_4$ 是微溶的，$SrSO_4$、$BaSO_4$ 和 $PbSO_4$ 是难溶的。大多数硫化物是难溶的，ⅠA、ⅡA族金属硫化物和 $(NH_4)_2S$ 是可溶的。多数碳酸盐、磷酸盐和亚硫酸盐是难溶的；ⅠA族金属(Li除外)和铵离子的这些盐是可溶的。多数氟化物是难溶的，ⅠA族(Li除外)金属氟化物、NH_4F、AgF 和 BeF_2 是可溶的，SrF_2、BaF_2、PbF_2 是微溶的。几乎所有的氯酸盐、高氯酸盐都是可溶的，$KClO_4$ 是微溶的。几乎所有的钠盐、钾盐均是可溶的，$Na[Sb(OH)_6]$、$NaAc\cdot Zn(Ac)_2\cdot 3UO_2(Ac)_2\cdot 9H_2O$ 和 $K_2Na[Co(NO_2)_6]$ 是难溶的。

利用溶解度的差异可以分离或提纯物质。这里主要讨论微溶和难溶(以下统称难溶)无机化合物的沉淀溶解平衡。

6.1.2 溶度积

一定温度下,将难溶强电解质(如氯化银固体)放入水中时,溶解和沉淀两个相反的过程同时发生:一方面在极性水分子的作用下,一部分 Ag^+ 和 Cl^- 离开 AgCl 固体表面,成为水合离子进入溶液,这个过程称为溶解。另一方面,溶液中的 Ag^+ 和 Cl^- 在无序的运动中相互碰撞到 AgCl 表面时,又会重新析出或回到 AgCl 固体表面上,这个过程称为沉淀。

开始时,由于溶液中 Ag^+ 和 Cl^- 的浓度小,AgCl 溶解的速度快些,随着溶液中 Ag^+ 和 Cl^- 浓度的增加,沉淀的速度加快,随着时间的推移,当沉淀和溶解的速度相等时,溶液中的 Ag^+ 和 Cl^- 的浓度不再改变,难溶强电解质达到了沉淀溶解平衡状态,这时的 AgCl 溶液是饱和溶液,饱和溶液中是固液两相平衡共存,即 AgCl 固体与溶液中的 Ag^+ 和 Cl^- 之间存在着如下的平衡关系:

$$AgCl(s) \rightleftharpoons Ag^+(aq) + Cl^-(aq)$$

简写为

$$AgCl(s) \rightleftharpoons Ag^+ + Cl^-$$

按照化学平衡定律则应有如下的平衡关系式存在:

$$K_{sp}^{\ominus} = \{c(Ag^+)/c^{\ominus}\}\{c(Cl^-)/c^{\ominus}\}$$

简写为

$$K_{sp} = c(Ag^+)c(Cl^-)$$

K_{sp} 是难溶强电解质沉淀溶解平衡的平衡常数。K_{sp} 数值的大小反映了难溶强电解质溶解能力的大小,因此 K_{sp} 也称难溶强电解质的溶度积常数,简称溶度积。

严格地说,上述溶液中的离子浓度应该用活度表示,但是难溶电解质的溶解度很小,饱和溶液中的离子浓度很低,因此在一般情况下,可以不考虑活度系数的影响,认为离子浓度近似等于活度,我们就常用浓度代替活度。

对于一般的难溶强电解质 A_xB_y 而言,其溶度积表达式为

$$A_xB_y(s) \rightleftharpoons xA^{y+}(aq) + yB^{x-}(aq)$$

$$K_{sp}(A_xB_y) = [A^{y+}]^x[B^{x-}]^y \tag{6-1}$$

例如:

$$Ag_2CrO_4(s) \rightleftharpoons 2Ag^+(aq) + CrO_4^{2-}(aq)$$

$$K_{sp}(Ag_2CrO_4) = [Ag^+]^2[CrO_4^{2-}]$$

可见一个难溶强电解质的溶解度无论多么小,其饱和溶液中都有与其达成平衡的离子存在,且离子浓度的系数次方之积是一个常数。

与所有的平衡常数一样,溶度积也是温度的函数,温度改变,溶度积数值改变,但改变

的幅度不大，我们常用的是 298.15K 下的溶度积数据。某些难溶强电解质的 K_{sp}(298.15K)数值见本书附录 5。

6.1.3 溶度积和溶解度的关系

溶度积 K_{sp} 从平衡常数的角度表示难溶电解质的溶解趋势，溶解度也可以表示难溶电解质的溶解能力，二者之间既有区别又有联系，并且可以进行换算。

一定温度下饱和溶液的浓度，也就是该难溶电解质的溶解度，一般用符号 s 表示，单位用 $mol \cdot L^{-1}$ 表示。现在我们讨论不同类型的难溶电解质，其溶度积和溶解度之间有怎样的关系（假定离子不发生水解）。

1. 1:1 型或 AB 型

$$AB(s) \rightleftharpoons \underset{s}{A^+(aq)} + \underset{s}{B^-(aq)}$$

$$K_{sp}(AB) = c(A)c(B) = s^2$$

$$s = \sqrt{K_{sp}} \tag{6-2a}$$

2. 1:2 型或 AB_2 型

$$AB_2(s) \rightleftharpoons \underset{s}{A^{2+}(aq)} + \underset{2s}{2B^-(aq)}$$

$$K_{sp}(AB_2) = s \times (2s)^2 = 4s^3$$

$$s = \sqrt[3]{\frac{K_{sp}}{4}} \tag{6-2b}$$

3. 2:3 型或 A_2B_3 型

$$A_2B_3(s) \rightleftharpoons \underset{2s}{2A^{3+}(aq)} + \underset{3s}{3B^{2-}(aq)}$$

$$K_{sp}(A_2B_3) = (2s)^2 \times (3s)^3 = 108s^5$$

$$s = \sqrt[5]{\frac{K_{sp}}{108}} \tag{6-2c}$$

从以上的讨论可以看出，K_{sp} 和 s 之间有明确的换算关系，同时也可以看出，尽管两者均表示难溶物的溶解性，但 K_{sp} 大的，s 不一定大。只有构型相同的难溶物，才能根据其 K_{sp} 的大小关系确定物质溶解性大小。

【例 6-1】 已知一定温度下 AgCl 的 K_{sp} 为 1.56×10^{-10}，Ag_2CrO_4 的 K_{sp} 为 9.0×10^{-12}，比较各饱和溶液中[Ag^+]的大小。

解 AgCl 为 1:1 型：

$$[Ag^+] = \sqrt{K_{sp}} = \sqrt{1.56 \times 10^{-10}} = 1.25 \times 10^{-5} \, (mol \cdot L^{-1})$$

Ag_2CrO_4 为 1：2 型：

$$S = \sqrt[3]{\frac{K_{sp}}{4}} = \sqrt[3]{\frac{9.0 \times 10^{-12}}{4}} = 1.3 \times 10^{-4} \text{ (mol·L}^{-1})$$

$$[Ag^+] = 2s = 2 \times 1.3 \times 10^{-4} = 2.6 \times 10^{-4} \text{ (mol·L}^{-1})$$

【例 6-2】 把足量的 AgCl 固体放在 1L 纯水中，溶解度是多少？把足量的 AgCl 固体放在 1L 1.0mol·L^{-1} 的盐酸中，溶解度又是多少（AgCl 的 K_{sp} 为 1.56×10^{-10}）？

解 在纯水中：　　　　　　　　AgCl $\rightleftharpoons$ Ag$^+$ + Cl$^-$
起始浓度　　　　　　　　　　　　　　　　　　　0　　　0
平衡浓度　　　　　　　　　　　　　　　　　　　s　　　s

$$K_{sp} = [Ag^+][Cl^-] = 1.56 \times 10^{-10}$$

$$s = 1.25 \times 10^{-5} \text{mol·L}^{-1}$$

在 1.0mol·L^{-1} 的盐酸中：

　　　　　　　　　　　　　　　　AgCl $\rightleftharpoons$ Ag$^+$ + Cl$^-$

起始浓度　　　　　　　　　　　　　　　　　　　0　　　1.0
平衡浓度　　　　　　　　　　　　　　　　　　　s'　　　1.0+s'≈1

达到饱和时，[Ag$^+$]可以代表 AgCl 的溶解度：

$$K_{sp} = [Ag^+][Cl^-] = s'(1+s') = 1.56 \times 10^{-10}$$

$$s' = 1.56 \times 10^{-10} \text{ mol·L}^{-1}$$

AgCl 在盐酸中的溶解度降低是同离子效应所致。可见，溶解度的大小与溶液中已经存在的离子的浓度有关，而 K_{sp} 在一定温度下是一个与离子浓度无关的常数。

6.2 溶度积规则

难溶电解质在一定温度下达到平衡，可用下式表示多相平衡关系：

$$A_nB_m(s) \rightleftharpoons nA^{m+}(aq) + mB^{n-}(aq)$$

$$K_{sp}^{\ominus}(A_nB_m) = \{c(A^{m+})\}^n \{c(B^{n-})\}^m$$

若难溶强电解质未达到沉淀溶解平衡时，其离子浓度的系数次方之积称为离子积，用符号 Q_i 表示。

$$Q_i = \{c(A^{m+})\}^n \{c(B^{n-})\}^m$$

式中，$c(A^{m+})$、$c(B^{n-})$ 是任意状态下难溶电解质溶液中 A^{m+}、B^{n-} 的相对浓度。

难溶电解质的沉淀溶解平衡是一种动态平衡。一定温度下，当溶液中的离子浓度变化时，平衡会发生移动,直至离子积等于溶度积为止。因此,将 Q_i 与 $K_{sp}^{\ominus}$ 比较可判断沉淀的生成与溶解:

$Q_i < K_{sp}^{\ominus}$ 溶液为不饱和溶液,无沉淀析出。若原来有沉淀存在,则沉淀溶解,直至饱和为止。

$Q_i = K_{sp}^{\ominus}$ 溶液为饱和溶液,溶液中离子与沉淀之间处于动态平衡。

$Q_i > K_{sp}^{\ominus}$ 平衡向左移动,溶液处于过饱和状态,沉淀从溶液析出。

上述三种关系就是沉淀和溶解平衡的反应商判据,称其为溶度积规则,常用来判断沉淀的生成与溶解能否发生。

6.3 溶度积规则的应用

6.3.1 沉淀的生成

根据溶度积规则,要想使一个沉淀生成,必须使其离子积大于溶度积,即 $Q_i > K_{sp}$。

【例6-3】 向20mL 0.002mol·L^{-1} 的 Na$_2$SO$_4$ 溶液中加入20mL 0.002mol·L^{-1} 的 CaCl$_2$ 溶液,有无 CaSO$_4$ 沉淀生成?如果用 0.02mol·L^{-1} BaCl$_2$ 代替 CaCl$_2$ 进行同样实验,是否有 BaSO$_4$ 沉淀析出?

解 已知 CaSO$_4$ 的 K_{sp} 为 1.96×10^{-5},当 Na$_2$SO$_4$ 溶液和 CaCl$_2$ 溶液混合以后,$c(SO_4^{2-}) = 0.001$ mol·L^{-1},$c(Ca^{2+}) = 0.001$ mol·L^{-1}

$$c(SO_4^{2-}) \cdot c(Ca^{2+}) = 0.001 \times 0.001 = 10^{-6} < K_{sp}(CaSO_4)$$

所以,没有 CaSO$_4$ 沉淀生成。

已知 BaSO$_4$ 的 K_{sp} 为 1.08×10^{-10},用 BaCl$_2$ 代替 CaCl$_2$ 后,$c(Ba^{2+}) = 0.01$ mol·L^{-1}

$$c(Ba^{2+}) \cdot c(SO_4^{2-}) = 0.01 \times 0.001 = 1 \times 10^{-5} > K_{sp}(BaSO_4)$$

所以,有 BaSO$_4$ 沉淀析出。

6.3.2 沉淀的溶解

沉淀物与饱和溶液共存时,如果要使沉淀溶解,必须降低该难溶盐饱和溶液中某一离子浓度,以使 $Q_i < K_{sp}$。常用的降低离子浓度的方法有以下几种。

1. 生成弱电解质

FeS 沉淀能够溶于盐酸,因为 FeS 电离出的 S^{2-} 与盐酸中的 H$^+$ 可以生成弱电解质 H$_2$S,降低了溶液中的 S^{2-} 的浓度,使 $Q_i < K_{sp}$,沉淀溶解平衡向右移动,促使 FeS 沉淀溶解。这个过程可以示意为

$$FeS(s) \rightleftharpoons Fe^{2+}(aq) + S^{2-}(aq)$$

$$2HCl = 2Cl^- + 2H^+$$

$$2H^+ + S^{2-} \rightleftharpoons H_2S$$

只要加入足够的酸,FeS 将全部溶解。不少金属氢氧化物能溶于盐酸,例如:

$$Fe(OH)_3(s) \rightleftharpoons Fe^{3+}(aq) + 3OH^-(aq)$$

$$HCl \rightleftharpoons H^+ + Cl^-$$

$$H^+ + OH^- \rightleftharpoons H_2O$$

沉淀溶解也是由于生成了弱电解质水。

2. 氧化还原反应

加入某一试剂，使难溶盐中的某一离子发生氧化还原反应而降低浓度。例如：

$$3Ag_2S + 8HNO_3 \rightleftharpoons 6AgNO_3 + 3S\downarrow + 2NO\uparrow + 4H_2O$$

HNO_3 为氧化剂，它使 S^{2-} 氧化成单质硫而降低浓度，以使 $Q(Ag_2S) < K_{sp}(Ag_2S)$，Ag_2S 沉淀溶解。

3. 生成配离子

某些试剂能与难溶电解质中的金属离子反应生成配合物，从而破坏了沉淀溶解平衡，使沉淀溶解。

例如，"定影"时用硫代硫酸钠（$Na_2S_2O_3$）溶液冲洗照片，则未感光的 AgBr 将被溶解，原因就是 $Na_2S_2O_3$ 与 AgBr 作用生成了可溶的配离子 $[Ag(S_2O_3)_2]^{3-}$。

又如：

$$AgCl(s) \rightleftharpoons Ag^+(aq) + Cl^-(aq)$$

$$Ag^+(aq) + 2NH_3(aq) \rightleftharpoons Ag(NH_3)_2^+(aq)$$

可见，沉淀的溶解是涉及多种平衡的复杂过程。

6.3.3 分步沉淀

如果溶液中含有几种离子，当加入一种试剂时，它们都能产生沉淀，但由于这几种沉淀物质的 K_{sp} 不同，它们将按照一定的顺序先后析出，这种现象称为分步沉淀。根据溶度积原理，可以判断一个混合溶液中分步沉淀的次序和效果。

【例 6-4】 在一个含有 $0.01\,mol \cdot L^{-1}\,Cl^-$ 和 $0.01\,mol \cdot L^{-1}\,I^-$ 的混合溶液中，逐滴加入 $0.01\,mol \cdot L^{-1}$ $AgNO_3$ 溶液，哪一种离子先沉淀？后一种离子沉淀时，先沉淀的离子是否已经沉淀完全？

解 已知 $K_{sp}(AgCl) = 1.56 \times 10^{-10}$，$K_{sp}(AgI) = 1.50 \times 10^{-16}$，根据溶度积原理，哪一种沉淀所需要的 Ag^+ 浓度低，沉淀先析出。

AgCl 所需的 $[Ag^+] = 1.56 \times 10^{-10} / 0.01 = 1.56 \times 10^{-8}\,(mol \cdot L^{-1})$

AgI 所需的 $[Ag^+] = 1.50 \times 10^{-16} / 0.01 = 1.50 \times 10^{-14}\,(mol \cdot L^{-1})$

所以，AgI 先析出。

随着 AgI 沉淀的不断析出，溶液中 I^- 浓度逐渐降低，Ag^+ 浓度逐渐增加，当 $[Ag^+]$ 达到 $1.56 \times 10^{-8}\,mol \cdot L^{-1}$ 时，AgCl 开始析出。此时溶液中的 I^- 浓度还有多大呢？我们说此时的 Ag^+ 同时满足 AgCl 和 AgI 的溶度积，那么就有

$$[Ag^+][Cl^-] = 1.56 \times 10^{-10}, \quad [Ag^+][I^-] = 1.50 \times 10^{-16}$$

$$[I^-] = 1.50 \times 10^{-16} / [Ag^+] = 1.50 \times 10^{-16} / 1.56 \times 10^{-8} = 9.62 \times 10^{-9}\,(mol \cdot L^{-1})$$

在一般的分析中，当溶液中某种离子的浓度 $< 10^{-5} \text{mol} \cdot \text{L}^{-1}$ 时，我们就认为该种离子完全沉淀了。所以当 AgCl 开始沉淀时，I⁻已经沉淀完全。必须注意的是，AgNO₃ 溶液如果不是很稀并且逐滴加入，而是一次性加入并使得其浓度大于使该混合溶液体系中 AgCl 和 AgI 沉淀所需的 Ag^+，那么 AgCl 和 AgI 将同时沉淀。可见根据溶度积原理，控制反应条件，利用分步沉淀的次序，可使混合溶液中的离子分离。而分步沉淀的次序主要取决于溶度积的大小，但如果溶度积相差的数量级不多，离子浓度又相差很大，分步沉淀的次序将发生改变，因此具体问题要具体分析，需要通过计算来判断。

6.3.4 沉淀的转化

在某种沉淀中加入适当的沉淀试剂，使原有的沉淀溶解而生成另一种沉淀的过程称为沉淀的转化。某些难溶电解质采用上述方法也很难使其溶解，这时可采用沉淀转化的方法。

例如，在含有 PbCl₂ 沉淀及其饱和溶液(约 5mL)的试管中，逐滴加入 $0.01 \text{mol} \cdot \text{L}^{-1}$ KI 溶解，振荡试管，则白色沉淀 PbCl₂ 逐渐转变为黄色沉淀 PbI₂。由于 $K_{sp}^{\ominus}(\text{PbI}_2) < K_{sp}^{\ominus}(\text{PbCl}_2)$，所以向 PbCl₂ 饱和溶液中加入 KI 溶液后，将有更难溶解的 PbI₂ 生成，溶液中 Pb^{2+} 浓度降低，致使 $J_a(\text{PbCl}_2) < K_{sp}^{\ominus}(\text{PbCl}_2)$，溶液对 PbCl₂ 不饱和，沉淀溶解平衡向右移动。随着 PbI₂ 的不断加入，PbCl₂ 将逐渐溶解，并转化为 PbI₂ 沉淀。

上述反应的平衡常数为

$$K = \frac{c^2(\text{Cl}^-)}{c^2(\text{I}^-)} = \frac{c(\text{Pb}^{2+})c^2(\text{Cl}^-)}{c(\text{Pb}^{2+})c^2(\text{I}^-)} = \frac{K_{sp}^{\ominus}(\text{PbCl}_2)}{K_{sp}^{\ominus}(\text{PbI}_2)} = \frac{1.2 \times 10^{-5}}{1.39 \times 10^{-8}} = 8.6 \times 10^2$$

该沉淀转化反应的平衡常数很大，反应向右进行的趋势很强。

沉淀转化是一种难溶电解质不断溶解，而另一种难溶电解质不断生成的过程。通常由溶解度大的沉淀向溶解度小的沉淀转化，两种沉淀的溶解度相差越大，沉淀转化越容易进行。对于相同类型的难溶电解质，由 $K_{sp}^{\ominus}$ 较大的向 $K_{sp}^{\ominus}$ 较小的方向进行。溶解度相差不大时，一定条件下能使溶解度小的沉淀向溶解度大的沉淀转化。

习　题

1. 已知 $\text{Zn}(\text{OH})_2$ 的溶度积为 1.8×10^{-14}，求其溶解度。
2. 已知 25℃ 时 PbI₂ 在纯水中溶解度为 1.29×10^{-3}，求 PbI₂ 的溶度积。
3. 由下列难溶物的溶度积求在纯水中溶解度 s^* (分别以 $\text{mol} \cdot \text{L}^{-1}$ 和 $\text{g} \cdot \text{L}^{-1}$ 为单位；忽略副反应)：
   (1) $\text{Zn}(\text{OH})_2$　$K_{sp}=1.8 \times 10^{-14}$；(2) PbF_2　$K_{sp}=7.12 \times 10^{-7}$。
4. 现有 100mL 溶液，其中含 0.001mol 的 NaCl 和 0.001mol 的 K₂CrO₄，逐滴加入 AgNO₃ 时，何者先产生沉淀？
5. 298K 时，将 H₂S 通入 100mL PbBr₂ 饱和溶液中，生成 0.135g PbS 沉淀。试计算 PbBr₂ 的溶解度和溶度积。
6. 在 100mL $0.120 \text{mol} \cdot \text{L}^{-1}$ MnCl₂ 溶液中，加入 100mL 含有 NH₄Cl 的 $0.010 \text{mol} \cdot \text{L}^{-1}$ 氨水溶液，若欲阻止 $\text{Mn}(\text{OH})_2$ 沉淀，上述氨水中需含几克 NH₄Cl (忽略固体加入引起的溶液体积的变化)？
7. 已知 AgI 的 $K_{sp}=1.5 \times 10^{-16}$，求其在纯水和 $0.010 \text{mol} \cdot \text{L}^{-1}$ KI 溶液中的溶解度 ($\text{g} \cdot \text{L}^{-1}$)。
8. 一溶液中含有 Fe^{3+} 和 Fe^{2+}，它们的浓度都是 $0.05 \text{mol} \cdot \text{L}^{-1}$，如果要求 $\text{Fe}(\text{OH})_3$ 沉淀完全而 Fe^{2+} 不生成 $\text{Fe}(\text{OH})_2$ 沉淀，需控制 pH 为何值？
9. 某溶液中含有 $0.10 \text{mol} \cdot \text{L}^{-1}$ FeCl₂ 和 $0.10 \text{mol} \cdot \text{L}^{-1}$ CuCl₂，通 H₂S 于该溶液中是否会生成 FeS 沉淀？

第 7 章 氧化还原反应

所有的化学反应可划分为两类：一类是氧化还原反应，另一类是非氧化还原反应。前面所讨论的酸碱反应和沉淀反应都是非氧化还原反应。氧化还原反应中，电子从一种物质转移到另一种物质，相应某些元素的氧化值发生了改变，这是一类非常重要的反应。早在远古时代，"燃烧"这一最早被应用的氧化还原反应促进了人类的进化，地球上植物的光合作用也是氧化还原过程。据估计，每年通过光合作用储存了大约 10^{17}kJ 的能量，同时将 10^{10}t 的碳转化为碳水化合物和其他有机物。人体内氧气的输送和消耗过程也是氧化还原反应过程。在现代社会中，金属冶炼、高能燃料和众多化工产品的合成都涉及氧化还原反应。在电池中，自发的氧化还原反应将化学能转变为电能；相反，在电解池中，电能使非自发的氧化还原反应进行，并将电能转化为化学能，电能与化学能之间的转化是电化学研究的重要内容，电化学是化学的分支学科之一。

7.1 氧化还原反应的基本概念

人们对氧化还原反应的认识经历了一个过程。最初把一种物质同氧化合的反应称为氧化；把含氧的物质失去氧的反应称为还原。随着对化学反应的深入研究，人们认识到还原反应实质上是得到电子的过程，氧化反应是失去电子的过程；氧化与还原必然是同时发生的，而且得失电子数目相等。总之，这样一类有电子转移（电子得失或共用电子对偏移）的反应称为氧化还原反应。例如：

$$Cu^{2+}(aq)+Zn(s) = Zn^{2+}(aq)+Cu(s) \qquad 电子得失$$

$$H_2(g)+Cl_2(g) = 2HCl(g) \qquad 电子偏移$$

$$CH_3CHO+\frac{1}{2}O_2(g) = CH_3COOH \qquad 电子偏移$$

氧化还原反应的基本特征是反应前后元素的氧化数发生了改变。

7.1.1 氧化数

在氧化还原反应中，电子转移引起某些原子的价电子层结构发生变化，从而改变了这些原子的带电状态。为了描述原子带电状态的改变，表明元素被氧化的程度，提出了氧化数的概念。表示元素氧化态的数值称为元素的氧化值，又称氧化数。氧化数是指某元素的一个原子的荷电数，该荷电数是假定把每一化学键的电子指定给电负性更大的原子而求得的。确定氧化数的规则如下：

(1) 在单质中，元素的氧化数为零。

(2) 在单原子离子中,元素的氧化数等于离子所带的电荷数。例如,Cu^{2+}、Na^+、Cl^- 和 S^{2-},它们的电荷数分别为+2、+1、-1 和-2。

(3) 在共价键结合的多原子分子或离子中,原子所带的形式电荷数就是其氧化数。例如,CO_2 中,C 的氧化数为+4,O 的氧化数为-2。

(4) 在大多数化合物中,氢的氧化数为+1;只有在金属氢化物(如 NaH、CaH_2)中,氢的氧化数为-1。

(5) 通常,在化合物中氧的氧化数为-2;但是在 H_2O_2、Na_2O_2、BaO_2 等过氧化物中,氧的氧化数为-1;在氧的氟化物中,如 OF_2 和 O_2F_2 中,氧的氧化数分别为+2 和+1。

(6) 在所有的氟化物中,氟的氧化数都为-1。

(7) 碱金属和碱土金属在化合物中的氧化数分别为+1 和+2。

(8) 在中性分子中,各元素氧化数的代数和为零。在多原子离子中,各元素氧化数的代数和等于离子所带电荷数。例如,$K_2Cr_2O_7$ 中,Cr 为+6;Fe_3O_4 中,Fe 为+8/3;$Na_2S_2O_3$ 中,S 为+2。

可见,氧化数纯粹是为了说明物质的氧化状态而引入的一个概念,它是人为规定的,可以是正数、负数,也允许有分数。氧化数实质上是一种表观电荷数,表示元素原子平均的、表观的氧化状态。

在中学化学中,把化合价当作氧化数来使用,严格地说,氧化数与化合价是有区别的,化合价只表示元素原子结合成分子时,原子数目的比例关系;从分子结构来看,化合价也就是离子键和共价键化合物的电价数和共价数,当然不可能有分数。化合价比起氧化数来虽更能反映分子内部的基本属性,然而氧化数在分子式的书写和方程式的配平中,是很有实用价值的基本概念。

7.1.2 氧化还原的基本概念

在化学反应中,根据氧化数的概念,将氧化还原反应定义为元素的原子或离子在反应前后氧化数发生了变化的一类反应称为氧化还原反应。其中氧化数升高的过程称为氧化,氧化数降低的过程称为还原,发生氧化的反应物称为还原剂,发生还原的反应物为氧化剂。例如:

$$\overset{\text{氧化数升高,被氧化}}{\underset{\text{氧化数降低,被还原}}{\overset{0}{Br_2} + 2\overset{-1}{KI} = 2\overset{-1}{KBr} + \overset{0}{I_2}}}$$

(氧化剂) (还原剂)　(还原产物) (氧化产物)

在反应中同一种元素既作氧化剂,又作还原剂,这类反应称为自身氧化还原反应。例如:

$$2\overset{-3}{N}H_4\overset{+5}{N}O_3 \xrightarrow{>320℃} 2\overset{0}{N_2} + O_2 + 4H_2O$$

若同一价态的元素,一部分氧化,另一部分还原,这类氧化还原反应称为歧化反应,是自身氧化还原反应的一种特殊类型。例如:

$$\overset{0}{Cl_2} + H_2O \rightleftharpoons \overset{+1}{HClO} + \overset{-1}{HCl}$$

一半 Cl 是氧化剂，一半 Cl 是还原剂。又如：

$$4\overset{+5}{KClO_3} \xrightarrow{\triangle} 3\overset{+7}{KClO_4} + \overset{-1}{KCl}$$

$\dfrac{3}{4}$ 的 $KClO_3$ 是还原剂，$\dfrac{1}{4}$ 的 $KClO_3$ 是氧化剂。

$$3KClO_3 + KClO_3 \xrightarrow{\triangle} 3KClO_4 + KCl$$

用氧化数来定义氧化、还原以及氧化剂、还原剂等概念，它与中学所学的用电子得失来定义这些概念完全一致，但后者不严密。例如，$C+O_2 \!=\!=\! CO_2$ 反应中，并无电子的得失，只有共用电子对的偏移，而用氧化数来定义则无此弊端。

7.1.3 氧化还原反应方程式的配平

配平氧化还原方程式，首先要知道在反应条件（如温度、压力、介质的酸碱性等）下，氧化剂的还原产物和还原剂的氧化产物是什么，然后根据氧化剂和还原剂氧化数的变化相等的原则，或氧化剂和还原剂得失电子数相等的原则进行配平。前者称为氧化数法，后者称为离子-电子法，下面结合实例作介绍。

1. 氧化数法

以实验室中用高锰酸钾与浓盐酸作用制取氯气的反应为例，说明本方法配平步骤：
(1) 根据实验事实或已有知识，写出反应的反应物和主要产物的化学式。

$$KMnO_4 + HCl \longrightarrow MnCl_2 + Cl_2$$

(2) 求有关元素的氧化数变化值。

标出氧化剂、还原剂中有关元素的氧化数变化情况，必要时可调整原子个数。如生成一分子氯，必须消耗两分子盐酸，因此可在盐酸化学式前先加系数 2。

$$\overset{+7}{K}MnO_4 + 2H\overset{-1}{Cl} \longrightarrow \overset{}{MnCl_2} + \overset{0}{Cl_2}$$

（氧化数降低5；氧化数升高1×2）

(3) 求氧化数升高与降低的最小公倍数，以确定氧化剂和还原剂化学式前的相应系数。

$$\overset{+7}{K}MnO_4 + 2H\overset{-1}{Cl} \longrightarrow \overset{}{MnCl_2} + \overset{0}{Cl_2}$$

（氧化数降低5×2；氧化数升高1×2×5）

则得

$$2KMnO_4 + 10HCl \longrightarrow 2MnCl_2 + 5Cl_2$$

(4)根据反应前后原子数相等的原则,核实其他氧化数不变的原子数,调整相应氧化剂或还原剂的系数,一般先核实其他原子数,后核实氢、氧原子数。

$$2KMnO_4+16HCl = 2MnCl_2+5Cl_2+2KCl+8H_2O$$

当最后核实反应两边的氧原子数相等时,即表示此反应式已配平。

2. 离子-电子法

在水溶液中进行的氧化还原反应,除用氧化数法配平外,还可用离子-电子法配平,其配平原则为:反应过程中,氧化剂获得的电子总数必定等于还原剂失去的电子总数。仍以上例说明离子-电子法配平氧化还原方程式的具体步骤。

$$KMnO_4+HCl \longrightarrow MnCl_2+Cl_2$$

(1)写成离子反应式,消去未参加反应的离子。

$$MnO_4^-+Cl^- \longrightarrow Mn^{2+}+Cl_2$$

(2)把离子方程式分成氧化和还原两个未配平的半反应式:

还原半反应: $MnO_4^- \longrightarrow Mn^{2+}$
氧化半反应: $2Cl^- \longrightarrow Cl_2$

(3)配平半反应式,使半反应两边的原子数和电荷数相等。

还原半反应: $MnO_4^-+8H^++5e^- = Mn^{2+}+4H_2O$ ①

该式中产物 Mn^{2+} 比反应物 MnO_4^- 少 4 个氧原子,因该反应需要在酸性介质中进行,所以加 8 个 H^+,生成 4 个 H_2O。反应物 MnO_4^- 和 $8H^+$ 的总电荷数为+7,而产物 Mn^{2+} 的总电荷数只有+2,故反应物中应加 5 个电子,使半反应两边的原子数和电荷数均相等。

氧化半反应: $2Cl^- = Cl_2+2e^-$ ②

反应物电荷数为–2,所以在产物中加 2 个电子,使半反应配平。

(4)根据氧化剂获得的电子数和还原剂失去的电子数必相等的原则,把这两个半反应式合并成一个配平的离子方程式:

$$\begin{aligned}&(1)\times 2 \quad MnO_4^-+8H^++5e^- = Mn^{2+}+4H_2O\\ +)&(2)\times 5 \quad 2Cl^- = Cl_2+2e^-\\ \hline &\quad 2MnO_4^-+10Cl^-+16H^+ = 2Mn^{2+}+5Cl_2+8H_2O\end{aligned}$$

恢复成为分子方程式,注意未变化的离子的配平。

$$2KMnO_4+16HCl = 2KCl+2MnCl_2+5Cl_2+8H_2O$$

离子-电子法突出了化学计量数的变动是电子得失的结果,因此更能反映氧化还原反应的真实情况。值得注意的是,无论配平的是离子方程式或分子方程式,都不能出现游离电子。

对于反应前后氧原子数不等的情况,配平氧原子数时,往往要添加 H^+、OH^- 或 H_2O。加什么物质才合理,生成什么物质才恰当,则必须考虑介质的性质。如在酸性条件下反应,就不能加入 OH^- 或生成 OH^-;在碱性条件下反应,则不可能加入 H^+ 或生成 H^+。配平氧原子的大致规律如下:

(1) 反应过程中若反应物转变成生成物时氧原子减少，需要提供氢去结合它。若在酸性介质中，则加 H^+；在碱性介质中，则加 H_2O，其相应生成物分别为 H_2O 和 OH^-。

(2) 反应过程中，若反应物转变为生成物时氧原子增多，则需往反应物中补充氧原子。若在碱性介质中则加 OH^-；在酸性介质中则加 H_2O，其相应生成物分别为 H_2O 和 H^+。为清楚起见，列表如下：

介质种类	反应物氧原子数多 添加物 $\xrightarrow{消耗[O]}$ 产物	生成物氧原子数多 添加物 $\xrightarrow{补充[O]}$ 产物
酸性介质	$H^+ \longrightarrow H_2O$	$H_2O \longrightarrow H^+$
碱性介质	$H_2O \longrightarrow OH^-$	$OH^- \longrightarrow H_2O$
中性介质	$H_2O \longrightarrow OH^-$	$H_2O \longrightarrow H^+$

下面举两个配平氧原子的例子：

(1) MnO_4^- 与 SO_3^{2-} 在酸性介质中反应，配平氧化还原组合后得

$$2MnO_4^- + 5SO_3^{2-} \longrightarrow 2Mn^{2+} + 5SO_4^{2-}$$

反应过程中减少了 3 个氧原子，因是在酸性介质，故可加 $6H^+$，并生成 $3H_2O$，即

$$2MnO_4^- + 5SO_3^{2-} + 6H^+ =\!=\!= 2Mn^{2+} + 5SO_4^{2-} + 3H_2O$$

(2) MnO_4^- 与 SO_3^{2-} 在中性介质中反应，配平氧化还原组合后得

$$2MnO_4^- + 3SO_3^{2-} \longrightarrow 2MnO_2 + 3SO_4^{2-}$$

反应过程中减少了 1 个氧原子，故可加 1 个 H_2O，并生成 $2OH^-$，即

$$2MnO_4^- + 3SO_3^{2-} + H_2O =\!=\!= 2MnO_2 + 3SO_4^{2-} + 2OH^-$$

【例 7-1】 分别用氧化数法和离子-电子法配平高锰酸钾在硫酸中与过氧化氢反应的方程式。

解 (1) 氧化数法

① 写出反应物和主要产物的化学式：

$$KMnO_4 + H_2SO_4 + H_2O_2 \longrightarrow MnSO_4 + O_2 + K_2SO_4 + H_2O$$

② 标出有关元素氧化数，并根据变化值求出最小公倍数。

$$KMnO_4 + H_2SO_4 + H_2O_2 \longrightarrow MnSO_4 + O_2 + K_2SO_4 + H_2O$$

氧化数降低 5×2

氧化数升高 2×5

则得

$$2KMnO_4 + H_2SO_4 + 5H_2O_2 \longrightarrow 2MnSO_4 + 5O_2 + H_2O$$

③ 配平其他元素。

$$2KMnO_4 + 3H_2SO_4 + 5H_2O_2 =\!=\!= 2MnSO_4 + 5O_2 + K_2SO_4 + 8H_2O$$

> (2) 离子-电子法
> ①写出未配平的离子反应式：
>
> $$MnO_4^- + H_2O_2 \longrightarrow Mn^{2+} + O_2$$
>
> ②分成两个半反应式，并配平。
> 氧化半反应： $H_2O_2 - 2e^- =\!=\!= 2H^+ + O_2$
> 还原半反应： $MnO_4^- + 8H^+ + 5e^- =\!=\!= Mn^{2+} + 4H_2O$
> ③使两个半反应的得失电子数相等，然后合并，消去电子。
>
> $$5H_2O_2 - 10e^- =\!=\!= 10H^+ + 5O_2$$
> $$+)\ 2MnO_4^- + 16H^+ + 10e^- =\!=\!= 2Mn^{2+} + 8H_2O$$
> $$\overline{2MnO_4^- + 6H^+ + 5H_2O_2 =\!=\!= 2Mn^{2+} + 5O_2 + 8H_2O}$$
>
> 添加未参与氧化还原反应的其他离子，即得配平的分子反应方程式：
>
> $$2KMnO_4 + 3H_2SO_4 + 5H_2O_2 =\!=\!= 2MnSO_4 + 5O_2 + K_2SO_4 + 8H_2O$$

综上所述，氧化数法适用面较广，它既适用于水溶液中的反应，也适用于高温熔融态或干态下的反应，而且不论是分子反应式还是离子反应式均可；离子-电子法仅适用于水溶液中离子反应的配平，而大多数氧化还原反应都是在水溶液中进行的，只要熟练掌握半反应的写法，此法是很方便的。

7.2 电化学电池

电化学电池起源于医学家研究的医学电现象，其中在科学界引起极大震动和兴趣的是意大利医学和解剖学教授伽伐尼(Galvani)的"动物电"实验，并提出了"动物电"的说法。意大利物理学家伏特(Volta)看到上述内容后，否定了"动物电"的说法，提出了金属电的概念。伏特认为，不同金属之间存在电势差，并分为两类：第一类导体是金属和某些其他固体；第二类导体是液体(电解质溶液和某些熔化的固体)。在此基础上，1800年伏特设计并装配完成了第一个能产生持续电流的电堆(电池)。直到科学技术高度发达的现代社会，各种电池都是以伏特电堆的原理为基础的。

7.2.1 原电池

将锌片放在硫酸铜溶液中，可以看到硫酸铜溶液的蓝色逐渐变浅，析出紫红色的铜，此现象表明 Zn 与 $CuSO_4$ 溶液之间发生了氧化还原反应，Zn 与 Cu^{2+} 之间发生了电子转移。但这种电子转移不是电子的定向移动，不能产生电流。反应中化学能转变为热能，并在溶液中消耗掉。

$$Zn + CuSO_4 =\!=\!= Cu + ZnSO_4$$

若该氧化还原反应在如图 7-1 所示的装置内进行时，会发现当电路接通后，检流计的指针发生偏转，这表明导线中有电流通过，同时锌片开始溶解，而铜片上铜沉积。由检流计指针偏转方向可知，电子从锌电极流向铜电极。

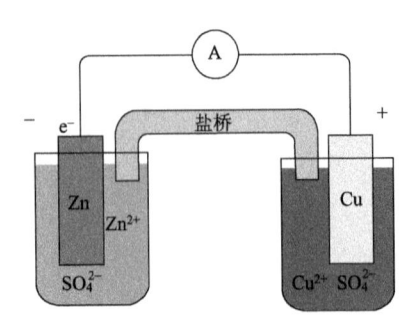

图 7-1 铜锌原电池示意图

这种借助于氧化还原反应自发产生电流的装置称为原电池，在原电池反应中化学能转变为电能。

上述装置称为铜锌原电池。铜锌原电池是由两个半电池（电极）组成的，一个半电池为锌片和 $ZnSO_4$ 溶液，另一个半电池为铜片和 $CuSO_4$ 溶液，两溶液间用盐桥相连。盐桥是一支装满饱和 KCl 或 NH_4NO_3 琼脂的 U 形管。盐桥的作用是沟通两个半电池，使两个半电池的溶液都保持电中性，组成环路，本身并不起变化。原电池中，电子流出的电极是负极，发生氧化反应；电子流入的电极是正极，发生还原反应。

例如，铜锌电池（Daniell cell）：

负极：$Zn - 2e^- = Zn^{2+}$　　氧化反应

正极：$Cu^{2+} + 2e^- = Cu$　　还原反应

电池反应：$Zn + Cu^{2+} = Cu + Zn^{2+}$

原电池中与电解质溶液相连的导体称为电极，在电极上发生的氧化或还原反应则称为电极反应或半电池反应，两个半电池反应合并构成原电池的总反应称为电池反应。

7.2.2　原电池的组成和表示法

任一自发的氧化还原反应原则上都可设计成原电池，各原电池所发生的反应虽然不同，但从其电极反应的本质来看，是存在某些共性的，即所有原电池是由两个半电池组成的。上述铜锌原电池中，锌和锌盐溶液组成一个半电池，铜和铜盐溶液组成另一个半电池。每个半电池都是由氧化剂和还原剂两类物质组成，其中作为氧化剂的物质简称氧化态，如锌半电池中的 Zn^{2+} 和铜半电池中的 Cu^{2+}。与之对应的作为还原剂的物质简称还原态，如铜、锌两个半电池中的铜和锌。氧化态物质和它相对应的还原态物质构成氧化还原电对，可写作 Zn^{2+}/Zn、Cu^{2+}/Cu。半电池中物质的氧化态和还原态在一定条件下可相互转化：

$$还原态 - ne^- = 氧化态$$

n 为转化时得失的电子数。氧化态和还原态是一种"共轭关系"，与酸碱质子理论中的"共轭酸碱对"极为类似；不同的只是前者统一于对电子的关系，后者统一于对质子的关系，它们都生动地体现了氧化态与还原态、酸与碱相互依存、相互转化的对立统一辩证关系。

原电池的装置或构成可以用符号来表示，在电化学中，上述铜锌原电池可表示为

$$(-)Zn|Zn^{2+}(1mol·L^{-1})‖Cu^{2+}(1mol·L^{-1})|Cu(+)$$

正确书写原电池符号的规则如下：

(1) 负极写在左边，正极写在右边。习惯上负极写在左边，正极写在右边，因此通常不另外标出正、负极。

(2) 金属材料写在外面，电解质溶液写在中间。

(3) 用 | 表示电极与离子溶液之间的物相界面，不存在相界面，用"，"分开；用 ‖ 表示盐桥，加上不与金属离子反应的金属惰性电极。

(4) 表示出相应的离子浓度或气体压力和温度。

(5) 若电极反应中无金属导体，则需用惰性电极(Pt 电极或石墨电极)，它只起导电作用，而不参与电极反应。例如：

$$(-)Pt，H_2(p) | H^+(c_1) \| Fe^{3+}(c_2), Fe^{2+}(c_3) | Pt\ (+)$$

7.2.3 电极类型

原则上讲，任何一个自发的氧化还原反应都可设计成一个原电池。有些氧化还原反应对可以由非金属单质及其所含该非金属的离子或同一金属不同氧化态构成，如 Fe^{3+}/Fe^{2+}、MnO_4^-/Mn^{2+}、H^+/H_2、Cl_2/Cl^- 等，这些电对中自身都不是金属导体，通常用金属 Pt 作惰性电极。原电池中电极大致可分为以下四种类型。

1. 金属-金属离子电极

它是金属置于含有同一金属离子的盐溶液中所构成的电极。例如，Zn^{2+}/Zn 电对和 Cu^{2+}/Cu 电对组成的电极，电极反应分别为

$$Cu^{2+}+2e^- =\!=\!= Cu \qquad Zn^{2+}+2e^- =\!=\!= Zn$$

电极符号：　　　　　　$Cu(s) | Cu^{2+}(c)$ 　　　$Zn(s) | Zn^{2+}(c)$

2. 气体-离子电极

这类电极需要一个固体导体，该导体与接触的气体和溶液都不起作用，这种导体称为惰性电极，常用铂和石墨。例如，氢电极(H^+/H_2)和氯电极(Cl_2/Cl^-)，其电极反应分别为

$$2H^++2e^- =\!=\!= H_2 \qquad Cl_2+2e^- =\!=\!= 2Cl^-$$

电极符号：　　　　　　$Pt，H_2(g)|H^+(c)$ 　　　$Pt，Cl_2(g)|Cl^-(c)$

3. 金属-金属难溶盐或氧化物-阴离子电极

将金属表面涂以该金属的难溶盐(或氧化物)，然后将它浸在该盐具有相同阴离子的溶液中。例如，表面涂有 AgCl 的银丝浸在 HCl 溶液中，称为 AgCl 电极。它的电极反应为

$$AgCl+e^- =\!=\!= Ag+Cl^-$$

电极符号：$Ag，AgCl(s)|Cl^-(c)$

Hg-Hg_2Cl_2 浸在氯化物溶液中组成了甘汞电极，它的电极反应为

$$Hg_2Cl_2+2e^- =\!=\!= 2Hg+2Cl^-$$

电极符号：$Hg,Hg_2Cl_2(s)|Cl^-(c)$

4. 氧化还原电极

将惰性导电材料(铂或石墨)放在一种溶液中，这种溶液含有同一元素不同氧化数的两种离子。例如，铂浸在含有 Fe^{3+} 和 Fe^{2+} 的溶液中，即构成氧化还原电极，电极反应为

$$Fe^{3+} + e^- = Fe^{2+}$$

电极符号：$Pt|Fe^{3+}(c_1), Fe^{2+}(c_2)$

这里 Fe^{3+} 和 Fe^{2+} 处于同一液相中，故用"，"分开。

一般来说，一个氧化还原反应用电池符号表示时，要写明电极，电池符号与氧化还原反应有确定对应关系。

【例 7-2】 写出电池符号为 $(-)Pt|Sn^{4+}(c_1), Sn^{2+}(c_2) \| Tl^{3+}(c_3), Tl^+(c_4)|Pt(+)$ 所对应的化学反应。

解 负极上发生氧化反应： $Sn^{2+} = Sn^{4+} + 2e^-$ ①

正极上发生还原反应： $Tl^{3+} + 2e^- = Tl^+$ ②

①+②得电池所对应的化学反应

$$Tl^{3+} + Sn^{2+} = Tl^+ + Sn^{4+}$$

【例 7-3】 设计一个原电池，使其发生如下反应：

$$2MnO_4^- + 10Cl^- + 16H^+ = 2Mn^{2+} + 5Cl_2 + 8H_2O$$

解 首先将反应分解为氧化反应和还原反应：

$$2Cl^- = Cl_2 + 2e^- \quad (\text{氧化反应})$$

$$MnO_4^- + 8H^+ + 5e^- = Mn^{2+} + 4H_2O \quad (\text{还原反应})$$

写出正极和负极符号，发生氧化反应的作负极，发生还原反应的作正极。

负极符号： $Pt|Cl_2(g), Cl^-(c_1)$

正极符号： $Pt|MnO_4^-(c_2), Mn^{2+}(c_3), H^+(c_4)$

负极放在左边，正极放在右边，两极之间用盐桥相连：

$$(-)Pt|Cl_2(g), Cl^-(c_1)\|MnO_4^-(c_2), Mn^{2+}(c_3), H^+(c_4)|Pt(+)$$

7.3 电极电势

在铜锌原电池中，为什么检流计的指针总是指向一个方向，即电子总是从 Zn 传递给 Cu^{2+}，而不是从 Cu 传递给 Zn^{2+} 呢？

7.3.1 电极电势的产生

在一定条件下，当把金属片插入其盐溶液时，极性很大的水分子吸引构成晶格的金属离子，而使部分金属离子脱离金属晶格以水合离子的形式进入金属表面附近的溶液中，电子仍

留在金属片上，使金属带负电荷。

$$M_{(金属)} \longrightarrow M^{n+}_{(进入溶液)} + ne^-_{(留在金属片上)}$$

开始时，溶液中过量的金属离子浓度较小，溶解速度较快。随着金属的不断溶解，溶液中金属离子浓度增加，同时金属棒上的电子也不断增加，于是阻碍了金属的继续溶解。另外，溶液中的金属离子由于受到其他金属离子的排斥作用和金属片上负电荷的吸引作用，有可能从金属表面获得电子，而沉积在金属片上。

$$M^{n+}_{(溶液中)} + ne^- \longrightarrow M_{(沉积在金属上)}$$

随着水合金属离子浓度和金属棒上电子数目的增加，沉淀速度不断增大。

上述两种相反过程的相对大小主要取决于金属的本性，金属越活泼，溶液越稀，金属离子化的倾向越大；金属越不活泼，溶液越浓，离子沉积的倾向越大。当溶解速度和沉积速度相等时，达到动态平衡：

$$M^{n+}_{(溶液中)} + ne^- \rightleftharpoons M_{(沉积在金属上)}$$

这样，金属棒带负电荷，在金属棒附近的溶液中就有较多的 M^{n+} 吸引在金属附近，结果金属表面附近的溶液所带的电荷与金属本身所带的电荷恰好相反，形成一个双电层，如图 7-2 所示。双电层之间存在电势差，这种由于双电层的作用在金属和它的盐溶液之间产生的电势差就称为金属的电极电势。

金属越活泼，极板上的负电荷越多，电势越低。反之，金属越不活泼，极板上的负电荷越少，电势越高。当两半电池用导线连接时，因两极存在电势差，电子就由负极流向正极，电流由正极流向负极。由于两极的双电层遭到破坏，活泼金属不断溶解，不活泼金属离子还原而不断沉积。可据此原理分析铜锌原电池。我国多用代表电极获得电子的倾向表示电极电势，称为还原电势，记作 $\varphi_{氧化型/还原型}$。

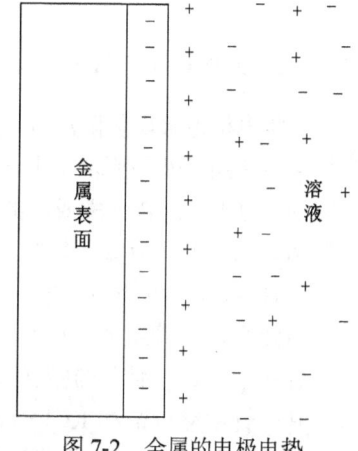

图 7-2 金属的电极电势

综上所述，原电池电流的产生，是由于构成电池的两个电极电势的不同，存在着电势差。在相同条件下，各种金属电极电势的差别又是由于内部结构的不同，以及金属活泼性大小的不同造成的。因此，在水溶液状态下，电极电势的大小标志了金属原子或离子得失电子能力的大小，常用来衡量物质氧化还原能力的强弱。若能定量地测出电对的电极电势值，将有助于判断氧化剂与还原剂的强弱，判断氧化还原反应的方向。遗憾的是单个氧化还原电对的电极电势的绝对值至今无法测定，如同无法确定物质的焓(H)、自由能(G)的绝对值一样，只能测得原电池的电动势，即两个电极的电势差。通常人为地选择某一电极的电势作为标准，将其他电极与之比较测得相对值，就得另一电极的电极电势。

7.3.2 标准氢电极和甘汞电极

电极电势是一个重要的物理量。任何一个电极的电极电势的绝对值是无法测量的，但是可以选择某种电极作为基准，规定它的电极电势为零，通常选择标准氢电极作为基准。将待测电极与标准氢电极组成一个原电池，通过测定该电池的电动势就可以求出待测电极的电极电势的相对值。

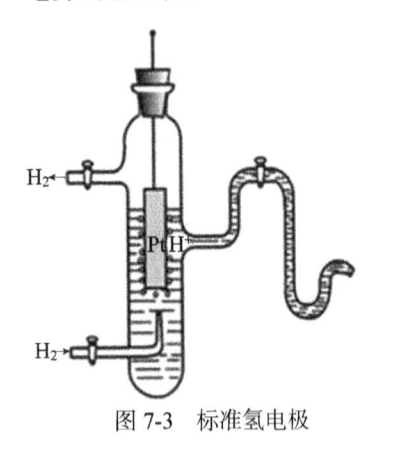

1. 标准氢电极(SHE)

将铂片表面镀上一层多孔的铂黑(细粉状的铂)(镀铂黑的目的是增加电极的表面积，促进对气体的吸附，以有利于与溶液达到平衡)，浸入氢离子浓度为 $1mol \cdot L^{-1}$ 的酸溶液(如 H_2SO_4)中，在 298K 时不断通入压力为 100kPa 的纯氢气流，使铂黑电极上吸附的氢气达到饱和(图7-3)。这时，H_2 与溶液中 H^+ 可达到平衡：$2H^+(aq) + 2e^- \rightleftharpoons H_2(g)$，规定在 298.15K 时它的电极电势为 0.0000V。

氢电极的图示可表示为

图 7-3 标准氢电极

$$Pt, H_2(10^5Pa) | H^+(1mol \cdot L^{-1}) \quad 或 \quad H^+(1mol \cdot L^{-1}) | H_2(10^5Pa), Pt$$

2. 甘汞电极(SCE)

氢电极电极电势随温度变化改变得很小，这是它的优点。但是它对使用条件却要求得十分严格，既不能用在含有氧化剂的溶液中，也不能用在含汞或砷的溶液中。因此，在实际应用中往往采用其他电极作为参比电极。最常用的参比电极是甘汞电极。

甘汞电极的构造如图 7-4 所示。这是一类金属-难溶盐电极。它由两个玻璃管组成，内套管下部有一多孔素瓷塞，并盛有汞和甘汞(Hg_2Cl_2)混合的糊状物，在其间插有作为导体的铂丝。在其外管中盛有饱和 KCl 溶液和少量 KCl 晶体(以保证 KCl 溶液处于饱和状态)；外玻璃管的最底部也有一多孔素瓷塞。多孔素瓷允许溶液中的离子迁移。甘汞电极的图示可表示为

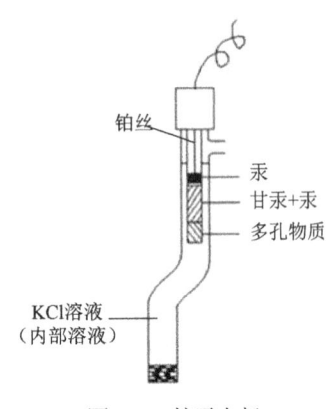

图 7-4 甘汞电极

$$Pt | Hg(l) | Hg_2Cl_2(s) | Cl^-(c)$$

以标准氢电极的还原电极电势为基准，可以测得饱和甘汞电极的电势，其值为 0.2415V。

3. 标准电极电势

在电化学的实际应用中，半电池(电对)的标准电极电势显得更重要。参与电极反应的物质都处于标准状态(浓度 c 均为 $1mol \cdot L^{-1}$，气体的分压 p_i 都是标准压力 100kPa，固体及液体都是纯净物)的电极电势称为标准电极电势，以符号 $\varphi^{\ominus}_{氧化型/还原型}$ 表示。标准电极电势可以通过实验测得。使待测半电池中各物种均处于标准态下，将其与标准氢电极相连组成原电池，以电压表测定该电池的电动势并确定其正极和负极，根据 $\varphi^{\ominus}_{H^+/H_2} = 0V$，$E^{\ominus}_{MF} = \varphi^{\ominus}_+ - \varphi^{\ominus}_-$，可推算出待测电极的标准电极电势。

例如：测定锌电极的标准电极电势。将处于标准态的锌电极与标准氢电极组成原电池。根据检流计指针偏转方向，可知电流由氢电极通过导线流向锌电极，所以标准氢电极为正极，标准锌电极为负极。原电池符号为

$$(-) Zn|Zn^{2+}(1mol \cdot L^{-1})\|H^+(1mol \cdot L^{-1})|H_2(10^5Pa)|Pt (+)$$

电池反应：$Zn+2H^+ = Zn^{2+}+H_2$

298K 时，测得此原电池的标准电动势 $E_{MF}^{\ominus}$=0.7618V，则

$$E_{MF}^{\ominus} = \varphi_{H^+/H_2}^{\ominus} - \varphi_{Zn^{2+}/Zn}^{\ominus} = 0.7618V$$

所以 $\varphi_{Zn^{2+}/Zn}^{\ominus}$ =−0.7618V。

用同样方法可以测出一系列其他电极的标准电势。此外，还可以用热力学方法计算 $\varphi^{\ominus}$，依据：$\Delta_r G_m^{\ominus} = -nFE^{\ominus} = -nF(\varphi_+^{\ominus} - \varphi_-^{\ominus})$。$\Delta_r G^{\ominus}$ 是自由能变化值(J)；n 是在反应中电子的转移数；F 是法拉第常量，96 485C·mol^{-1}；$E^{\ominus}$ 是电动势(V)。

【例 7-4】 已知 $\Delta_f G_m^{\ominus} = (Na^+) = -262kJ \cdot mol^{-1}$，求 $\varphi_{Na^+/Na}^{\ominus}$=?

解 设想把 $Na^+ + e^- = Na$ 半反应与标准氢电极连接成原电池：

$$Na+H^+ = Na^+ + 1/2 H_2$$

$$\Delta_r G_m^{\ominus} = 0+(-262)-0-0 = -262(kJ \cdot mol^{-1}) = -262\,000(J \cdot mol^{-1}) = -96\,485(0-\varphi_{Na^+/Na}^{\ominus})$$

$$\varphi_{Na^+/Na}^{\ominus} = -2.71V$$

各电对的标准电极电势数据可查阅化学手册或本书附录 6。附录 6 采用的是还原电势。可将任意两电对组成原电池，并能计算出该电池的标准电动势 $E^{\ominus}$。电极电势高的电对为正极，电极电势低的电对为负极；两电极的标准电极电势之差等于原电池的标准电动势，即

$$E^{\ominus} = \varphi_+^{\ominus} - \varphi_-^{\ominus}$$

将 $\varphi^{\ominus}$ 按代数值从上到下由小到大的顺序排列，可得到标准电势数据表。显然，氢以上为负，氢以下为正。

使用时的几点说明：

(1)标准电极电势的符号是正或负，不因电极反应的写法而改变。

$$Zn^{2+} + 2e^- = Zn \quad \varphi_{Zn^{2+}/Zn}^{\ominus} = -0.7618V$$

$$Zn - 2e^- = Zn^{2+} \quad \varphi_{Zn^{2+}/Zn}^{\ominus} = -0.7618V$$

(2)标准电极电势仅适用于水溶液，对非水溶液、高温反应、固相反应不适用。
(3) $\varphi^{\ominus}$ 与反应速率无关。
(4)标准电极电势的大小与电极反应式的计量系数无关。
(5)一些电极在不同的介质中，电极反应和电极电势不同。

附录 6 中列出了 25℃时一些常用电对的标准电极电势。查表时要注意溶液的酸碱性，电极在不同的介质中 $\varphi^\ominus$ 一般不同。

7.3.3 影响电极电势的因素——能斯特方程

标准电极电势是在标准状态下测定的，通常参考温度为 298K。如果温度、溶液中离子的浓度和溶液酸碱度改变，则电对的电极电势也将随之发生改变。德国化学家能斯特(Nernst)从理论上导出能斯特方程式，能斯特方程用于求非标准状况下的电极电势，表达了电极电势与浓度、温度之间的定量关系。电极电势的大小首先取决于构成电对物质的性质，同时也受温度、溶液中离子的浓度和溶液酸碱度的影响。

根据化学反应等温式：

$$\Delta_r G_m = \Delta_r G_m^\ominus + RT\ln J_a \quad (J_a 为浓度商)$$

在等温等压条件下，该式同样适用氧化还原反应。设电池反应：

$$2Fe^{3+} + Sn^{2+} = 2Fe^{2+} + Sn^{4+}$$

根据化学反应等温式：

$$\Delta_r G_m = \Delta_r G_m^\ominus + RT\ln\frac{[Fe^{2+}]^2[Sn^{4+}]}{[Fe^{3+}]^2[Sn^{2+}]}$$

$$-nFE = -nFE^\ominus + RT\ln\frac{[Fe^{2+}]^2[Sn^{4+}]}{[Fe^{3+}]^2[Sn^{2+}]}$$

$$E = E^\ominus - \frac{RT}{nF}\ln\frac{[Fe^{2+}]^2[Sn^{4+}]}{[Fe^{3+}]^2[Sn^{2+}]}$$

$$\varphi_{Fe^{3+}/Fe^{2+}} - \varphi_{Sn^{4+}/Sn^{2+}} = \varphi^\ominus_{Fe^{3+}/Fe^{2+}} - \varphi^\ominus_{Sn^{4+}/Sn^{2+}} - \frac{RT}{nF}\ln\frac{[Fe^{2+}]^2[Sn^{4+}]}{[Fe^{3+}]^2[Sn^{2+}]}$$

以上两式分别表示电对 Fe^{3+}/Fe^{2+} 和 Sn^{4+}/Sn^{2+} 的电极电势各自与 Fe^{3+}、Fe^{2+} 和 Sn^{4+}、Sn^{2+} 的浓度以及温度的关系。

一般电池反应：$aA + bB = dD + eE$

$$E = E^\ominus - \frac{RT}{nF}\ln\frac{[D]^d[E]^e}{[A]^a[B]^b} \tag{7-1}$$

式(7-1)为电池反应的能斯特方程。归纳成一般式，若半反应通式为氧化态得电子生成还原态，即 $Ox + ne^- = Red$，那么就有

$$\varphi_{Ox/Red} = \varphi^\ominus_{Ox/Red} + \frac{RT}{nF}\ln\frac{[Ox]}{[Red]} \tag{7-2a}$$

式(7-2a)称为能斯特方程。

将 R、F 的值代入式(7-2a)并取常用对数，在 25℃时，得到能斯特方程的数值方程：

$$\varphi_{Ox/Red} = \varphi^\ominus_{Ox/Red} + \frac{0.059}{n}\lg\frac{[Ox]}{[Red]} \tag{7-2b}$$

使用能斯特方程，应注意以下几点：

(1) 在能斯特方程中，当[Ox]=[Red]时，或氧化型、还原型浓度均为 $1\text{mol}\cdot L^{-1}$（严格用活度）时，$\varphi=\varphi^{\ominus}$。

(2) 使用能斯特方程时，半反应必须配平。因有些半反应中，酸、碱参与电极反应影响电极电势应写入该方程中。

(3) 电极反应中参与反应的物质的系数不为 1 时，应以浓度幂的形式代入。

(4) 若 Ox、Red 物质中含有纯固体、纯液体（包括水）不必代入方程，有气体参加时，则在公式中应以 $(p/p^{\ominus})$ 代替活度。

【例 7-5】 写出下列电对的能斯特方程。

(1) Cu^{2+}/Cu；(2) MnO_2/Mn^{2+}；(3) O_2/H_2O；(4) $AgCl/Ag$

解 (1) 电极反应：$Cu^{2+}+2e^{-} =\!\!=\!\!= Cu$

$$\varphi_{Cu^{2+}/Cu} = \varphi^{\ominus}_{Cu^{2+}/Cu} + \frac{0.059}{2}\lg c(Cu^{2+})$$

(2) 电极反应：$MnO_2+4H^{+}+2e^{-} =\!\!=\!\!= Mn^{2+} + 2H_2O$

$$\varphi_{MnO_2/Mn^{2+}} = \varphi^{\ominus}_{MnO_2/Mn^{2+}} + \frac{0.059}{2}\lg \frac{c(H^{+})^4}{c(Mn^{2+})}$$

(3) 电极反应：$O_2+4H^{+}+4e^{-} =\!\!=\!\!= 2H_2O$

$$\varphi_{O_2/H_2O} = \varphi^{\ominus}_{O_2/H_2O} + \frac{0.059}{4}\lg \frac{(p_{O_2}/p^{\ominus})c(H^{+})^4}{1}$$

(4) 电极反应：$AgCl + e^{-} =\!\!=\!\!= Ag + Cl^{-}$

$$\varphi_{AgCl/Ag} = \varphi^{\ominus}_{AgCl/Ag} + 0.059\lg \frac{1}{c(Cl^{-})}$$

通过例 7-5 可以看出氧化型物质的浓度越大或还原型物质的浓度越小，则电对的电极电势越高，说明氧化型物质获得电子的倾向越大；反之，氧化型物质的浓度越小或还原型物质的浓度越大，则电对的电极电势越低，说明氧化型物质获得电子的倾向越小。

将影响电极电势大小的浓度变化类型归纳如下：

(1) 电极物质本身浓度的变化，氧化型浓度升高，φ 增大；还原型浓度升高，φ 减小。

(2) 参与电极反应 H^{+} 浓度的变化——酸度对氧化还原的影响。

例如，$H_3AsO_4+2H^{+}+2e^{-} \rightleftharpoons HAsO_2+2H_2O$ $\varphi^{\ominus}_{As(V)/As(Ⅲ)}=0.560V$

$[H^{+}] = 4\text{mol}\cdot L^{-1}$ $\varphi = \varphi^{\ominus} + \frac{0.059}{2}\lg\frac{1\times 4^2}{1} = 0.587V$

此时 H_3AsO_4 可氧化 I^{-}，$\varphi^{\ominus}_{I_2/I^{-}}=0.5355V$。

$[H^{+}] = 10^{-8}\text{mol}\cdot L^{-1}$ $\varphi = \varphi^{\ominus} + \frac{0.059}{2}\lg\frac{1\times(10^{-8})^2}{1} = 0.088V$

此时 I_2 可氧化 $HAsO_2$，说明酸度的变化影响氧化还原进行的方向。

(3) 生成难溶物使电极物质浓度降低——沉淀对氧化还原的影响。

生成的沉淀物 $K^{\ominus}_{sp}$ 越小，离子浓度降低得越多，φ 也就越小。

$$\varphi^{\ominus}_{AgCl/Ag} = \varphi^{\ominus}_{Ag^{+}/Ag} + 0.059\lg[Ag^{+}] = 0.7996 + 0.059\lg(1.56\times 10^{-10}) = 0.221(V)$$

因为[Ag⁺][Cl⁻]=K_{sp}，[Cl⁻]=1mol·L⁻¹，所以[Ag⁺]=K_{sp}。

(4)配合物的生成使电极物质浓度降低——配合物对氧化还原的影响。

在非标准状态下，对于两个电势比较接近的电对，离子浓度的改变会引起氧化还原方向的改变。

【例 7-6】 判断 2Fe³⁺+2I⁻ ⇌ 2Fe²⁺+I₂ 在标准状态下和[Fe³⁺]=0.001mol·L⁻¹，[I⁻]=0.001mol·L⁻¹，[Fe²⁺]=1mol·L⁻¹ 时反应方向如何。

解 在标准状态：

$$I_2 + 2e^- \rightleftharpoons 2I^- \qquad \varphi^\ominus_{I_2/I^-} = 0.535V$$

$$Fe^{3+} + e^- \rightleftharpoons Fe^{2+} \qquad \varphi^\ominus_{Fe^{3+}/Fe^{2+}} = 0.771V$$

$$E^\ominus = \varphi^\ominus_+ - \varphi^\ominus_-$$
$$= \varphi^\ominus_{Fe^{3+}/Fe^{2+}} - \varphi^\ominus_{I_2/I^-}$$
$$= 0.771V - 0.535V$$
$$= 0.236V > 0$$

反应方向为 2Fe³⁺+2I⁻ ⇌ 2Fe²⁺+I₂。

在非标准状态，[Fe³⁺]=0.001mol·L⁻¹，[I⁻]=0.001mol·L⁻¹，[Fe²⁺]=1mol·L⁻¹ 时：

$$\varphi_{Fe^{3+}/Fe^{2+}} = \varphi^\ominus_{Fe^{3+}/Fe^{2+}} + \frac{0.059}{1}\lg\frac{[Fe^{3+}]}{[Fe^{2+}]}$$

$$= 0.771V + 0.059\lg\frac{1.0 \times 10^{-3}}{1.0} = 0.594V$$

$$\varphi_{I_2/I^-} = \varphi^\ominus_{I_2/I^-} + \frac{0.059}{2}\lg\frac{[I_2]}{[I^-]^2}$$

$$= 0.535V + \frac{0.059}{2}\lg\frac{1.0}{(0.001)^2} = 0.712V$$

$$E = 0.594V - 0.712V = -0.118V < 0$$

所以，反应逆向进行：2Fe²⁺+I₂ ⇌ 2Fe³⁺+2I⁻。

7.4 电极电势的应用

7.4.1 判断氧化剂和还原剂的强弱

在比较氧化剂或还原剂相对强弱的过程中，标准电极电势是很有用的。根据标准电极电势(还原电势)对应的电极反应，这种半电池反应常写作：

$$\text{氧化型} + ne^- \rightleftharpoons \text{还原型}$$

电对的 $\varphi^\ominus$ 值越大，其氧化型物质在标准态下是越强的氧化剂，还原剂是越弱的还原剂。

反之，电对的 $\varphi^{\ominus}$ 值越小，其氧化型物质在标准态下是越弱的氧化剂，还原剂是越强的还原剂。在 $\varphi^{\ominus}$ 值由小到大的顺序排列的标准电极电势表中，最强的还原剂是 Li，它是标准电极电势最小的电对的还原型；最强的氧化剂是 F_2，它是标准电极电势最大的电对的氧化型。相应的 Li^+ 是最弱的氧化剂，F^- 是最弱的还原剂。

电对的氧化型能力强，其对应的还原型的还原能力就弱。这种共轭关系如同酸碱的共轭关系一样。通常实验室用的强氧化剂其电对的 $\varphi^{\ominus}$ 值往往大于 1，如 $KMnO_4$、$K_2Cr_2O_7$、H_2O_2 等；常用的强还原剂电对的 $\varphi^{\ominus}$ 值往往小于零或稍大于零，如 Zn、Fe、Sn^{2+} 等。当然，氧化剂、还原剂的强弱是相对的，并没有严格的界限。

例如，$\varphi^{\ominus}_{Zn^{2+}/Zn} = -0.762V$，$\varphi^{\ominus}_{Cu^{2+}/Cu} = 0.342V$，所以氧化性：$Cu^{2+} > Zn^{2+}$；还原性：Zn > Cu。

对既有氧化性又有还原性的物质，判断其氧化性时要看其为氧化型的电对，判断其还原性时要看其为还原型的电对。

7.4.2 判断氧化还原反应自发进行的方向

氧化还原反应是争夺电子的反应，自发的氧化还原反应总是在得电子能力强的氧化剂与失电子能力强的还原剂之间发生，即

$$强氧化剂1 + 强还原剂2 \longrightarrow 弱还原剂1 + 弱氧化剂2$$

1. 对角线法

标准电极电势表右上方的还原型物质，在标准态下均能自发地与左下方的氧化型物质发生氧化还原反应，即从标准电极电势表的右上角向左下角画对角线所连接的物质之间在标准态能自发地进行氧化还原反应。可以通俗地总结成："对角线方向相互反应"判断法则，表示如下：

$\varphi^{\ominus}_A$ 较小　　$A_{氧}$　　$A_{还}$

$\varphi^{\ominus}_B$ 较大　　$B_{氧}$　　$B_{还}$

自发进行的氧化还原反应：$A_{强还} + B_{强氧} \longrightarrow A_{弱氧} + B_{弱还}$。

【例 7-7】 试解释在标准状态下，三氯化铁溶液为什么可以溶解铜板。

解 $Cu^{2+} + 2e^- \rightleftharpoons Cu$　　$\varphi^{\ominus} = 0.342V$

$Fe^{3+} + e^- \rightleftharpoons Fe^{2+}$　　$\varphi^{\ominus} = 0.771V$

对应反应：$2Fe^{3+} + Cu \Longrightarrow 2Fe^{2+} + Cu^{2+}$

根据对角线规则，画线连接的是 Fe^{3+} 和 Cu，即 Fe^{3+} 和 Cu 之间的反应能自发进行。

2. 电动势法

按照给定反应组成原电池，计算该电池的电动势，$E_{MF} > 0$，则反应正向自发进行；$E_{MF} < 0$，则反应逆向自发进行；$E_{MF} = 0$，反应达到平衡状态。这与化学反应的吉布斯自由能变判据是一致的。

在氧化还原反应中氧化剂被还原，相应电对为原电池的正极；还原剂被氧化，相应电对为原电池的负极，则

$$E_{MF}^{\ominus} = \varphi_+^{\ominus} - \varphi_-^{\ominus} = \varphi_{(氧化剂电对)}^{\ominus} - \varphi_{(还原剂电对)}^{\ominus}$$

仍以上例说明：试解释在标准状态下，三氯化铁溶液为什么可以溶解铜板。

$$Cu^{2+} + 2e^- \rightleftharpoons Cu \qquad \varphi^{\ominus} = 0.342V$$

$$Fe^{3+} + e^- \rightleftharpoons Fe^{2+} \qquad \varphi^{\ominus} = 0.771V$$

对于反应：$2Fe^{3+} + Cu \rightleftharpoons 2Fe^{2+} + Cu^{2+}$，$Fe^{3+}/Fe^{2+}$ 电对作电池的正极；Cu^{2+}/Cu 电对作电池的负极。因为 $E_{MF}^{\ominus} = \varphi_+^{\ominus} - \varphi_-^{\ominus} = 0.771V - 0.342V > 0$，反应向右自发进行。所以三氯化铁溶液可以溶解铜板。

【例 7-8】 已知 $\varphi_{Pb^{2+}/Pb}^{\ominus} = -0.1262V$，$\varphi_{Sn^{2+}/Sn}^{\ominus} = -0.1375V$，则下列反应 $Pb^{2+} + Sn \longrightarrow Pb + Sn^{2+}$

(1) 在标准状态下能否自发向右进行？

(2) 当 $c(Sn^{2+}) = 1mol \cdot L^{-1}$，$c(Pb^{2+}) = 0.1mol \cdot L^{-1}$ 时能否自发向右进行？

解 (1) 按照给定反应方向，写出电极反应：

正极反应：$Pb^{2+} + 2e^- \rightleftharpoons Pb \qquad \varphi_{Pb^{2+}/Pb}^{\ominus} = -0.1262V$

负极反应：$Sn^{2+} + 2e^- \rightleftharpoons Sn \qquad \varphi_{Sn^{2+}/Sn}^{\ominus} = -0.1375V$

则

$$E_{MF}^{\ominus} = \varphi_+^{\ominus} - \varphi_-^{\ominus} = \varphi_{Pb^{2+}/Pb}^{\ominus} - \varphi_{Sn^{2+}/Sn}^{\ominus} = -0.1262V - (-0.1375V) = 0.0113V > 0$$

因此，反应在标准状态下能正向自发进行。

(2) 当 $c(Sn^{2+}) = 1mol \cdot L^{-1}$，$c(Pb^{2+}) = 0.1mol \cdot L^{-1}$ 时

$$\varphi_{Pb^{2+}/Pb} = \varphi_{Pb^{2+}/Pb}^{\ominus} + \frac{0.059}{n} \lg c(Pb^{2+})$$

$$= -0.1262 + \frac{0.059}{2} \lg 0.1 = -0.1557V$$

$$E_{MF} = \varphi_+ - \varphi_- = \varphi_{Pb^{2+}/Pb} - \varphi_{Sn^{2+}/Sn}^{\ominus}$$

$$= -0.1557V - (-0.1375V) = -0.0182V < 0$$

所以，在该反应条件下反应逆向自发进行。

通常由标准电极电势很容易求得标准电池电动势 $E_{MF}^{\ominus}$，但它只能用于判断标准状态下氧化还原反应的方向。根据经验，$E_{MF}^{\ominus} > 0.2V$，反应正向自发进行；$E_{MF}^{\ominus} < 0.2V$，则反应逆向自发进行；$-0.2V < E_{MF}^{\ominus} < 0.2V$，必须用 E_{MF} 来判断反应方向。这一经验规则在多数情况下是适用的。

7.4.3 判断氧化还原的顺序

如果把氧化剂（或还原剂）加入含有几种还原剂（或氧化剂）的溶液中，哪种物质先被氧化

(或还原)呢？例如，工业上常采用氯气通入苦卤(卤水)，使溶液中的 Br^- 和 I^- 氧化来制取 Br_2 和 I_2，先被氧化的是哪种离子呢？

查表可知：

$$\varphi^{\ominus}_{Cl_2/Cl^-} = +1.36V, \quad \varphi^{\ominus}_{Br_2/Br^-} = +1.07V, \quad \varphi^{\ominus}_{I_2/I^-} = +0.54V$$

$$E_1^{\ominus} = \varphi^{\ominus}_{Cl_2/Cl^-} - \varphi^{\ominus}_{Br_2/Br^-} = +1.36 - (+1.07) = 0.29(V)$$

$$E_2^{\ominus} = \varphi^{\ominus}_{Cl_2/Cl^-} - \varphi^{\ominus}_{I_2/I^-} = +1.36 - (+0.54) = 0.82(V)$$

电动势是电池反应的推动力，电动势越大，反应的推动力也越大，反应越先发生。由于 $E_2^{\ominus} > E_1^{\ominus}$，所以 Cl_2 先氧化 I^-，然后氧化 Br^-。

以上规律也可这样解释：在上述三种物质中，Cl_2 是最强的氧化剂，I^- 是最强的还原剂，而氧化还原反应总是首先在该体系中最强的氧化剂和最强的还原剂之间进行，因此 Cl_2 首先与 I^- 反应。

7.4.4 求氧化还原反应的平衡常数

在定温定压下，系统的吉布斯自由能变值等于系统的最大非膨胀功，即 $\Delta_r G = -W_f$。在原电池中，非膨胀功只有电功一种，所以化学反应的吉布斯自由能转变为电能，即

$$电功 = 电量 \times 电动势 = QE = nFE$$

$$\Delta_r G = -nFE \tag{7-3a}$$

式中，n 为电池的氧化还原反应式中传递的电子数，它实际上是两个半反应中电子的化学计量数 n_1 和 n_2 的最小公倍数；F 为法拉第常量(Faraday constant)，即 1mol 电子所带的电量($F = N_A e$)，其值为 96 485 J·V^{-1}·mol^{-1}(本书常采用近似值 96 500 J·V^{-1}·mol^{-1} 进行计算)；E 为电池的电动势，单位为伏特(V)。

当电池中所有物质都处于标准状态时，电池的电动势就是标准电动势 $E^{\ominus}$。在这种情况下，式(7-3a)可写成

$$\Delta_r G^{\ominus} = -nFE^{\ominus} \tag{7-3b}$$

前面已经介绍过标准自由能变化和平衡常数的关系：

$$\Delta_r G^{\ominus} = -RT \ln K^{\ominus}$$

将式(7-3a)与上面的公式合并：

$$E^{\ominus} = \frac{RT}{nF} \ln K^{\ominus}$$

$$\Delta_r G^\ominus = -nFE^\ominus = -RT\ln K^\ominus$$

用以 10 为底的对数来表示，得

$$E^\ominus = \frac{2.303RT}{nF}\lg K^\ominus$$

若电池反应是在 298K 时，将 R、T 和 F 代入上式得

$$E^\ominus = \frac{2.303 \times 8.314\text{J}\cdot\text{mol}^{-1}\cdot\text{K}^{-1}\times 298\text{K}}{n\times 96\,500\text{J}\cdot\text{V}\cdot\text{mol}^{-1}}\lg K^\ominus = \frac{0.059}{n}\lg K^\ominus$$

故 298K 时平衡常数和 $E^\ominus$ 的关系式为

$$\lg K^\ominus = \frac{nE^\ominus}{0.059} = \frac{n(\varphi_+^\ominus - \varphi_-^\ominus)}{0.059} \tag{7-4}$$

根据式(7-4)，已知标准状态下正负极的电极电势，即可求出该电池反应的平衡常数 $K^\ominus$。

【例 7-9】 求电池反应 $Sn+Pb^{2+} \rightleftharpoons Sn^{2+}+Pb$ 在 298K 时的标准平衡常数。

解 上述反应可设计成下列电池：

$$(-)\,Sn|Sn^{2+}(1\text{mol}\cdot\text{L}^{-1})\|Pb^{2+}(1\text{mol}\cdot\text{L}^{-1})|Pb\,(+)$$

$$\begin{aligned}E^\ominus &= \varphi_+^\ominus - \varphi_-^\ominus \\ &= (-0.126\text{V}) - (-0.138\text{V}) = 0.012\text{V}\end{aligned}$$

根据式(7-4)，得

$$\lg K^\ominus = \frac{2\times 0.012}{0.059} = 0.41$$
$$K^\ominus = 2.55$$

因此，将 Sn 插到 $1\text{mol}\cdot\text{L}^{-1}$ Pb^{2+} 溶液中，平衡时溶液中 $[Sn^{2+}]/[Pb^{2+}]=2.55$。

从求 K 的式(7-4)也可以看出，正、负极标准电势差值越大，即标准状态时电池电动势越大，平衡常数也就越大，反应进行得越彻底。因此，可以直接用 $K^\ominus$ 值的大小来估计反应进行的程度。按一般标准，平衡常数 $K=10^5$，反应向右进行的程度相当完全。一般来说(若在反应中转移的电子数为 2)，$E^\ominus > 0.2\text{V}$ 时，K 值就大于 10^5。这是一个直接从电势的大小来衡量氧化还原反应进行程度的有用数据。

需要指出，用标准电极电势或标准电动势来判断氧化还原反应的程度，只是从热力学的角度说明反应的可能性大小，与实际反应速率无关。例如，298K 时在酸性介质中用高锰酸钾来氧化银：

$$MnO_4^- + 8H^+ + 5Ag \rightleftharpoons Mn^{2+} + 5Ag^+ + 4H_2O$$

查表得 $\varphi_{MnO_4^-/Mn^{2+}}^\ominus = +1.224\text{V}$，$\varphi_{Ag^+/Ag}^\ominus = +0.7996\text{V}$，则

$$E^{\ominus} = \varphi_+^{\ominus} - \varphi_-^{\ominus} = \varphi_{MnO_4^-/Mn^{2+}}^{\ominus} - \varphi_{Ag^+/Ag}^{\ominus}$$
$$=1.224V - 0.7996V=0.424V$$

$$\lg K^{\ominus} = \frac{nE^{\ominus}}{0.059} = \frac{5 \times 0.424}{0.059} = 35.93$$
$$K^{\ominus} = 8.51 \times 10^{35}$$

从 K 值上看，这是一个可以进行得极为完全的自发反应。但其反应速率非常慢，当把银加入高锰酸钾溶液后，几乎看不到 MnO_4^- 的紫色褪去。

7.4.5 元素电势图

当某元素可以形成三种或三种以上氧化数的物种时，这些物种可以组成多种不同的电对，各电对的标准电极电势可用图的形式表示出来，这种图称为元素电势图。

画元素电势图时，可以按元素的氧化数由高到低的顺序，把各物种的化学式从左到右写出来，各不同氧化数物种之间用直线连接起来，在直线上标明两种不同氧化数物种所组成的电对的标准电极电势。如碘在酸性溶液中的电势图为

$$H_5IO_6 \xrightarrow{+1.601} IO_3^- \xrightarrow{+1.14} HIO \xrightarrow{+1.45} I_2 \xrightarrow{+0.5355} I^-$$

（上方连线 +1.195；下方连线 +0.99）

元素电势图对于了解元素的单质及其化合物的氧化还原性质是很有用的。现举例说明。

1. 判断歧化反应是否能够进行

由某元素不同氧化态的三种物质组成两个电对，按其氧化态由高到低排列如下：

$$A \xrightarrow{\varphi_{左}^{\ominus}} B \xrightarrow{\varphi_{右}^{\ominus}} C$$
氧化态降低

假设 B 能发生歧化反应，B 变成 C 是获得电子的过程，应是电池的正极；B 变成 A 是失去电子的过程，应是电池的负极，所以这两个电对所组成的电池电动势：

$$E^{\ominus} = \varphi_{正}^{\ominus} - \varphi_{负}^{\ominus} = \varphi_{右}^{\ominus} - \varphi_{左}^{\ominus} > 0，即 \varphi_{右}^{\ominus} > \varphi_{左}^{\ominus}$$

假设 B 不能发生歧化反应，则

$$E^{\ominus} = \varphi_{正}^{\ominus} - \varphi_{负}^{\ominus} = \varphi_{右}^{\ominus} - \varphi_{左}^{\ominus} < 0，即 \varphi_{右}^{\ominus} < \varphi_{左}^{\ominus}$$

例如，给出元素有关的电势图：$Cu^{2+} \xrightarrow{+0.153} Cu^+ \xrightarrow{+0.521} Cu$，根据以上原则，来看一看 Cu^+ 是否能够发生歧化反应。因为 $\varphi_{右}^{\ominus} > \varphi_{左}^{\ominus}$，所以在酸性溶液中，离子不稳定，它将发生下列歧化反应：

$$2Cu^+ =\!=\!= Cu + Cu^{2+}$$

又如，铁的元素电势图：$Fe^{3+} \xrightarrow{+0.771} Fe^{2+} \xrightarrow{-0.447} Fe$，因为 $\varphi_{右}^{\ominus} < \varphi_{左}^{\ominus}$，不能发生歧化反应。但是由于 $\varphi_{左}^{\ominus} > \varphi_{右}^{\ominus}$，$Fe^{3+}/Fe^{2+}$ 电对中的 Fe^{3+} 可氧化 Fe 生成 Fe^{2+}：

$$2Fe^{3+} + Fe = 3Fe^{2+}$$

此即歧化反应的逆反应。

在元素电势图 $A \xrightarrow{\varphi_{左}^{\ominus}} B \xrightarrow{\varphi_{右}^{\ominus}} C$ 中，若 $\varphi_{右}^{\ominus} > \varphi_{左}^{\ominus}$，物质 B 将自发发生歧化反应，产物为 A 和 C。反之，若 $\varphi_{右}^{\ominus} < \varphi_{左}^{\ominus}$，当溶液中有 A 和 C 存在时，将自发地发生歧化的逆反应，产物为 B。可将上面所讨论的内容推广为一般规律。

2. 求算未知的标准电极电势

$$A \xrightarrow{\Delta_r G_1^{\ominus}, \varphi_1^{\ominus}, n_1} B \xrightarrow{\Delta_r G_2^{\ominus}, \varphi_2^{\ominus}, n_2} C$$
$$\underbrace{\qquad\qquad\qquad\qquad}_{\Delta_r G^{\ominus}, \varphi^{\ominus}, n}$$

由标准自由能变与电对的标准电极电势的关系可知

$$\Delta_r G_1^{\ominus} = -n_1 F \varphi_1^{\ominus}$$

$$\Delta_r G_2^{\ominus} = -n_2 F \varphi_2^{\ominus}$$

$$\Delta_r G^{\ominus} = -nF\varphi^{\ominus}$$

$$n = n_1 + n_2$$

$$\Delta_r G^{\ominus} = -nF\varphi^{\ominus} = -(n_1+n_2)F\varphi^{\ominus}$$

根据赫斯定律得

$$\Delta_r G^{\ominus} = \Delta_r G_1^{\ominus} + \Delta_r G_2^{\ominus}$$

于是有 $-(n_1+n_2)F\varphi^{\ominus} = -n_1 F\varphi_1^{\ominus} - n_2 F\varphi_2^{\ominus}$

$$\varphi^{\ominus} = \frac{n_1\varphi_1^{\ominus} + n_2\varphi_2^{\ominus}}{n_1 + n_2}$$

若有 i 个相邻电对，则

$$\varphi^{\ominus} = \frac{n_1\varphi_1^{\ominus} + n_2\varphi_2^{\ominus} + \cdots + n_i\varphi_i^{\ominus}}{n_1 + n_2 + \cdots + n_i}$$

【例 7-10】 试从下列元素电势图中的已知标准电极电势求 $\varphi^{\ominus}_{BrO_3^-/Br^-}$ 值。

$$BrO_3^- \xrightarrow{1.50V} BrO^- \xrightarrow{1.596V} Br_2 \xrightarrow{1.066V} Br^-$$
$$\underbrace{\qquad\qquad\qquad\qquad\qquad}_{\varphi^{\ominus}}$$

解 根据各电对的氧化数变化可以知道 n_1、n_2、n_3 分别为 4、1、1，则

$$\varphi_{\mathrm{BrO_3^-/Br^-}}^{\ominus} = \frac{n_1\varphi_1^{\ominus}+n_2\varphi_2^{\ominus}+n_3\varphi_3^{\ominus}}{n_1+n_2+n_3}$$

$$= \frac{4\times1.50\mathrm{V}+1\times1.596\mathrm{V}+1\times1.066\mathrm{V}}{4+1+1}$$

$$= 1.44\mathrm{V}$$

【例 7-11】 试从下列元素电势图中的已知标准电极电势求 $\varphi_{\mathrm{IO^-/I_2}}^{\ominus}$ 值。

$$\mathrm{IO^-} \xrightarrow{\varphi^{\ominus}} \mathrm{I_2} \xrightarrow{0.5355} \mathrm{I^-}$$
$$\underline{\qquad 0.49 \qquad}$$

解

$$\varphi^{\ominus} = \varphi_{\mathrm{IO^-/I_2}}^{\ominus} = \frac{n\varphi^{\ominus}-n_2\varphi_2^{\ominus}}{n_1}$$

$$= \frac{2\times0.49\mathrm{V}-1\times0.5355\mathrm{V}}{1}$$

$$= 0.44\mathrm{V}$$

7.4.6 电势-pH 图

很多氧化还原反应不仅与溶液中离子的浓度有关，而且与溶液的 pH 有关。有的电对，如果指定浓度，则其电极电势仅与溶液的 pH 有关。在一定温度和一定浓度的条件下，以 pH 为横坐标，φ 为纵坐标，利用能斯特方程绘出电势-pH 图（φ-pH 图），则更能直观、形象地表示 pH 对 φ 的影响；尤其对涉及多种氧化还原平衡的复杂体系，电势-pH 图可帮助我们纵观问题的全貌。

由于在水溶液中进行化学反应具有普遍性，因此研究水的氧电对和氢电对的电势-pH 图具有重要意义，下面以水的氧电对和氢电对为例说明电势-pH 图的做法和应用。氢、氧电对的电极电势均受酸度影响。

(1) $2\mathrm{H}^+ + 2\mathrm{e}^- \rightleftharpoons \mathrm{H}_2$ ($\varphi_{\mathrm{H^+/H_2}}^{\ominus} = 0.000\mathrm{V}$)

利用能斯特方程得

$$\varphi_{\mathrm{H^+/H_2}} = \varphi_{\mathrm{H^+/H_2}}^{\ominus} + \frac{0.059}{2}\lg\frac{[\mathrm{H}^+]^2}{p_{\mathrm{H_2}}/p^{\ominus}}$$

当 $p(\mathrm{H}_2) = p^{\ominus}$ 时

$$\varphi_{\mathrm{H^+/H_2}} = \varphi_{\mathrm{H^+/H_2}}^{\ominus} + \frac{0.059}{2}\lg[\mathrm{H}^+]^2$$

$$= \varphi_{\mathrm{H^+/H_2}}^{\ominus} + 0.059\lg[\mathrm{H}^+]$$

$$= -0.059\mathrm{pH} \qquad \text{①}$$

(2) $\mathrm{O}_2 + 4\mathrm{H}^+ + 4\mathrm{e}^- \rightleftharpoons 2\mathrm{H}_2\mathrm{O}$ $\varphi_{\mathrm{O_2/H_2O}}^{\ominus} = 1.229\mathrm{V}$

当 $p(\mathrm{O}_2) = p^{\ominus}$ 时

$$\varphi_{O_2/H_2O} = \varphi^{\ominus}_{O_2/H_2O} + \frac{0.059}{4}\lg[H^+]^4$$

$$=1.229+0.059\lg[H^+]$$

$$=1.229-0.059\text{pH} \qquad ②$$

可见，两电对的电极电势都只是 pH 的函数。利用上面公式①、②可计算 pH 从 0~14 时它们相应的电极电势值。

氢电对：pH=0 时，φ=0
　　　　pH=14 时，φ=−0.83V
氧电对：pH=0 时，φ=+1.229V
　　　　pH=14 时，φ=+0.40V

按此数值描绘出水的电势-pH 图，得两条直线 a、b（图 7-5）。实验测出 O_2/H_2O、H^+/H_2 电对的实际电势-pH 图应该是 a′、b′虚线，比原先 a、b 实线伸展约 0.5V，即比理论值偏高或偏低约 0.5V，称为超电势。主要是因为实际放电速度缓慢，需要考虑动力学方面的问题。

图 7-5 中 a、b 线分别表示氢电对 φ_{H^+/H_2}、氧电对 φ_{O_2/H_2O} 的电极电势随 pH 变化而改变的趋势。那些不包含 H^+ 或 OH^- 电对的电势并不随 pH 而变化，图中是一条平行于横坐标的直线，如 F_2/F^-、Na^+/Na 等电对（图 7-6）。

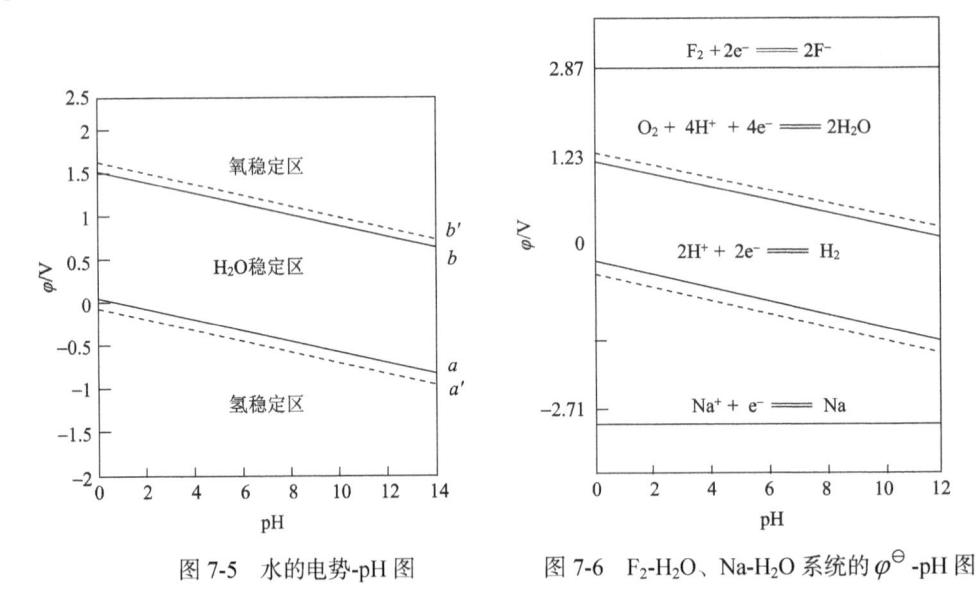

图 7-5　水的电势-pH 图　　　　图 7-6　F_2-H_2O、Na-H_2O 系统的 $\varphi^{\ominus}$-pH 图

电极反应中气态物质放电迟缓，使气体分压增大，在 $\varphi_{O_2/H_2O} = \varphi^{\ominus}_{O_2/H_2O} + \frac{0.059}{4}\lg\frac{(p_{O_2}/p^{\ominus})[H^+]^4}{1}$ 及 $\varphi_{H_2O/H_2} = \varphi^{\ominus}_{H_2O/H_2} + \frac{0.059}{2}\lg\frac{1}{p_{H_2}/p^{\ominus}[OH^-]^2}$ 中，p_{O_2} 及 p_{H_2} 分别在分子及分母上，若平衡条件中 p_{O_2} 及 p_{H_2} 增加，则 φ_{O_2/H_2O} 增大，φ_{H_2O/H_2} 减小。O_2/H_2O、H_2O/H_2 或 H^+/H_2 电对的实际电势-pH 图是 a′、b′虚线，与 a、b 实际相差 0.5V。

显然，电势在 b' 虚线以上的强氧化剂如 F_2 等，在水中不能稳定存在，F_2 易和水剧烈地反应放出氧气。

$$2F_2+2H_2O =\!=\!= 4HF+O_2\uparrow$$

电势在 a' 虚线以下的强还原剂如 Na、K 等活泼金属，在水中也不能稳定存在，会剧烈地与 H_2O 反应放出氢气。

$$2Na+2H_2O =\!=\!= 2NaOH+H_2\uparrow$$

若电对的电势处于 a'、b' 两条虚线之间，如 Cu^{2+}/Cu 等，则它们的氧化态和还原态在水溶液中都能稳定地存在。

电势-pH 图能直观地表明物质在水溶液中稳定存在的 pH 范围，这样就可以控制溶液的 pH 利用氧化还原反应为生产服务。因此，电势-pH 图在湿法冶金、化工生产等方面都获得广泛的应用。

7.5 电化学基础

电化学在生产和生活中有十分广泛的应用，本节仅对某些化学电源、电解作简单的介绍。

7.5.1 化学电源

化学电源又称电池，是使化学能转变为电能的一种装置。从理论上来说，任何两个电极电势不同的电对组合起来，都可以通过电势差推动电流，作为提供电能的化学电源。但是，要把电池作为实用的化学电源，设计时必须考虑实用上的要求，如电压较高、电容量较大、电极反应容易控制、体积小便于携带以及适当的价格等。化学电池使用面广，品种繁多，按照其使用性质可分为三类：干电池、蓄电池、燃料电池；按电池中电解质性质分为锂电池、碱性电池、酸性电池、中性电池。

1. 干电池

干电池是一种以糊状电解液来产生直流电的化学电池（湿电池则为使用液态电解液的化学电池），是日常生活中普遍使用的轻便电池。常见的干电池为锌锰电池（或称碳锌电池），用锌皮为外壳，壳内填充 NH_4Cl、$ZnCl_2$ 和 MnO_2 制成的糊状物质作为电解质溶液，插入石墨，然后包上纸筒，便成干电池，装置如图 7-7 所示。

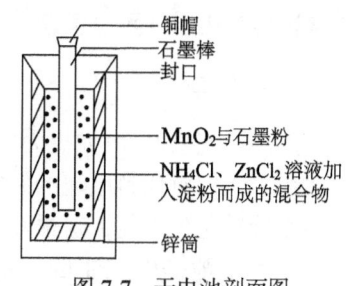

图 7-7 干电池剖面图

锌皮为干电池负极，石墨为正极。干电池内进行的反应较复杂。其原理可用下列反应简单地说明：

锌极（负极）　　　$Zn \rightleftharpoons Zn^{2+}+2e^-$

碳极（正极）　　　$2NH_4^+ + 2e^- \rightleftharpoons 2NH_3+H_2$

在使用过程中，若产物 NH_3 和 H_2 气体在正极大量积累，会阻碍正离子到正极获得电子，产生极化作用。简单地说，电极电势偏离平衡电势的现象称为极化。

糊状物中 Zn^{2+} 和 MnO_2 能分别吸收 NH_3 和氧化 H_2，起着去气的作用，所以又称去极剂，反应式为 $Zn^{2+}+4NH_3 \rightleftharpoons Zn(NH_3)_4^{2+}$，$2MnO_2+H_2 \rightleftharpoons 2MnO(OH)$。

锌锰干电池的电动势为1.5V。因产生的氨气被石墨吸附，故电动势下降较快。如果用高导电的糊状 KOH 代替 NH_4Cl，正极材料改用钢筒，Mn 层紧靠钢筒，就构成碱性锌锰干电池，由于电池反应没有气体产生，内电阻较低，电动势为1.5V，比较稳定。

2. 铅蓄电池

蓄电池是可以储蓄电能的装置。蓄电池放电后，用直流电源充电，可使电池仍回到原来状态。蓄电池中，化学能和电能可以相互转化。最常用的蓄电池是铅蓄电池，它使用历史最早，较为成熟，并且廉价。

铅蓄电池的电极是铅锑合金制成的栅状极片，分别填塞 PbO_2 和海绵状金属铅作为正极和负极。电极浸在浓度为30%、密度为 $1.28g \cdot cm^{-3}$ 的硫酸溶液中。电池符号为

$$(-)Pb \mid H_2SO_4 \mid PbO_2(+)$$

放电时：
Pb 极（负极）　　$Pb+SO_4^{2-} \rightleftharpoons PbSO_4+2e^-$
PbO_2（正极）　　$PbO_2+SO_4^{2-}+4H^++2e^- \rightleftharpoons PbSO_4+2H_2O$
总放电反应　　$Pb+PbO_2+2H_2SO_4 \rightleftharpoons 2PbSO_4+2H_2O$

可见，铅蓄电池放电时，Pb 极进行氧化，PbO_2 极进行还原，使两极表面都沉积一层 $PbSO_4$。同时，硫酸浓度逐渐降低，当密度降到 $1.1g \cdot cm^{-3}$，电动势由2.2V 降至1.9V 左右。此时应加以充电，否则难以恢复。

充电时，电源正极与蓄电池中进行氧化反应的阳极相连，负极与进行还原反应的阴极相连，其充电反应如下：

阳极反应　　$PbSO_4+2H_2O \rightleftharpoons PbO_2+4H^++SO_4^{2-}+2e^-$
阴极反应　　$PbSO_4+2e^- \rightleftharpoons Pb+SO_4^{2-}$
总充电反应　　$2PbSO_4+2H_2O \rightleftharpoons PbO_2+Pb+2H_2SO_4$

可见，铅蓄电池充电时，电池的电动势和硫酸的浓度随之升高。通常可用测定硫酸溶液的密度来确定电池的充电程度。当充电到硫酸密度为 $1.28g \cdot cm^{-3}$，电动势约2.2V，认为铅蓄电池已充足电。铅蓄电池的充电反应和放电反应互为可逆反应。

3. 燃料电池

用燃料直接燃烧（如火力发电）再生能源过程中，化学能的利用总效率经常不到20%，因而激起了人们对燃料电池的研究。由于燃料与氧化剂之间发生的化学反应在电池中进行，化学能直接转化为电能，这样就提高了能量的使用效率。

燃料电池是引人注目的新型绿色环保电池。它的"燃料"如氢气、甲烷或一氧化碳等，氧化剂如氧气、空气、氯气等，采用的电极是多孔性碳电极、多孔性银电极等，电解质是 KOH 溶液或固体电解质以及催化剂制成的电池。在该电池的能量转换过程中，直接将化学能转化为电能，不经过热能这一中间形式，因而能量转换效率不受卡诺循环的限制，可

达 50%～80%，在理论上转换效率可达 100%。而目前柴油机发电组最高效率只有 40%左右。另外，燃料电池还具有环境污染问题很少，容量大，负荷变动快，启动时间短，设备易于元件化，占地面积小，建设工期短等优点。早在 20 世纪 60 年代，燃料电池就已应用于阿波罗登月飞行和航天飞机等空间开发计划中，并逐步应用于制作混合式汽车启动器、大规模功率发生器、边远地区的小规模发电站、化学工业中的能量回收装置等。作为新能源，燃料电池已越来越受到人们的重视。燃料电池种类很多，表 7-1 列出燃料电池类型汇总。

表 7-1 燃料电池类型汇总

简称	燃料电池类型	电解质	工作温度/℃	电化学效率/%	燃料、氧化剂	功率输出
AFC	碱性燃料电池	氢氧化钾溶液	25～90	60～70	氢气、氧气	300W～5kW
PEMFC	质子交换膜燃料电池	质子交换膜	25～80	40～60	氢气、氧气(或空气)	1kW
PAFC	磷酸燃料电池	磷酸	160～220	55	天然气、沼气、过氧化氢、空气	200kW
MCFC	熔融碳酸盐燃料电池	碱金属碳酸盐熔融混合物	620～660	65	天然气、沼气、煤气、过氧化氢、空气	2～10MW
SOFC	固体氧化物燃料电池	氧离子导电陶瓷	800～1000	60～65	天然气、沼气、煤气、过氧化氢、空气	100kW

几类燃料电池的电极反应如下：

(1) 氢氧燃料电池：

负极：$2H_2 + 4OH^- - 4e^- \rightleftharpoons 4H_2O$

正极：$O_2 + 2H_2O + 4e^- \rightleftharpoons 4OH^-$

总反应：$2H_2 + O_2 =\!=\!= 2H_2O$

(2) 甲烷燃料电池：

负极：$CH_4 + 10OH^- - 8e^- \rightleftharpoons CO_3^{2-} + 7H_2O$

正极：$2O_2 + 4H_2O + 8e^- \rightleftharpoons 8OH^-$

总反应：$CH_4 + 2O_2 + 2KOH =\!=\!= K_2CO_3 + 3H_2O$

(3) CH_3OH 燃料电池：

负极：$2CH_3OH + 16OH^- - 12e^- \rightleftharpoons 2CO_3^{2-} + 12H_2O$

正极：$3O_2 + 6H_2O + 12e^- \rightleftharpoons 12OH^-$

总反应：$2CH_3OH + 3O_2 + 4KOH =\!=\!= 2K_2CO_3 + 6H_2O$

由此可见，燃料电池不同于上述的干电池和蓄电池，可以不断加入氧化剂和还原剂，使反应连续地进行。但由于燃料电池中，电解质是强碱性的，氧化还原反应又必须在高温下进行，故设备的腐蚀非常严重，而且反应过程中产生大量的水必须及时移去。这些问题都迫切需要解决。燃料电池是最有发展前途的一种电源。它涉及能源的利用率问题，因此成为研究的热点，但由于商业利益关系等，技术资料不能共享，其成果得不到普遍推广。

7.5.2 电解

1. 原电池与电解池

原电池是将化学能直接转化为电能的一种装置。其原理也是通过化学反应(在正、负极发生不同的氧化还原反应)使闭合电路中产生电子流，从而产生电流。其中在负极发生氧化反应，在正极发生还原反应。

电解是直流电通过电解质溶液或熔盐而引起化学反应的过程。在电解过程中，电能不断地转化为化学能。它与原电池中发生的过程恰好相反。用来进行电解的装置称为电解槽或电解池。电解槽中与电源负极相连的电极称为阴极，与电源正极相连的电极称为阳极。当通电时，电子就从电源的负极流出，进入电解槽的阴极，然后由阳极回到电源的正极，构成回路(电流方向与之相反)。电解质溶液或熔盐在电场的作用下，离子就发生定向移动，正、负离子分别趋向阴极、阳极；然后分别在电极上发生电子得失的氧化还原反应，负离子在阳极上给出电子，发生氧化反应，正离子在阴极上获得电子，发生还原反应。因此，就本质而言，电解过程就是借助于直流电的作用，在阴、阳两极上的氧化还原反应。下面以铜锌原电池和精炼粗铜的电解池相连为例，说明原电池和电解池的区别。

铜锌原电池的正极发生铜离子的析出反应 $Cu^{2+}+2e^- \rightleftharpoons Cu$，在电解池中与铜锌原电池正极相连的粗铜极为阳极。金属铜的电子被原电池正极抽走，发生铜的氧化反应生成铜离子进入溶液 $Cu-2e^- \rightleftharpoons Cu^{2+}$(图 7-8)。

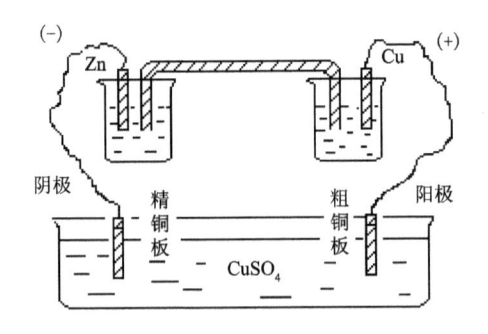

图 7-8 原电池和精炼粗铜的电解池

铜锌原电池的负极发生金属锌的溶解反应 $Zn \rightleftharpoons Zn^{2+}+2e^-$，发生氧化反应。电子流入电解池中的粗铜板，这样，电解池中的铜离子向阴极运动得到电子，析出更纯的金属铜：$Cu^{2+}+2e^- \rightleftharpoons Cu$。由上面分析可知，电解反应和电池反应恰好是相反的过程。电解反应和电池反应虽然同属电化学反应，但各自的电极反应不相同，它们的比较见表 7-2。

表 7-2　原电池与电解池的区别

	原电池		电解池	
组成	都由两个电极组成			
外接电源	无		有	
电子流动方向	由负极流向正极		由阳极流向阴极	
正、负极确定	取决于电极本身，φ 值小的为"−"，φ 值大的为"+"		取决于外电源，与外电源"−"相连的为"−"，与"+"相连的为"+"	
电极名称	负极（阳极）电子出来的极	正极（阴）电子流进的极	阴极与电源负极相连	阳极与电源正极相连
电极反应	氧化反应	还原反应	还原反应	氧化反应
反应方向	电动势 $E>0$，正向自发进行		外加电压大于 E 值，反应被迫进行	
作用	化学能转变为电能		电能转变为化学能	

电解是一种强有力的氧化还原手段，当生产上用一般的氧化剂或还原剂也无法实现的氧化还原反应，往往借助于电解的方法来进行。因此，电解合成、电解冶炼、电解精炼等在工业上获得了极其广泛的应用，虽然每种产品的电解工艺各有所异，然而它们都遵循一些共同规律。

2.电解定律

在电解过程中，电极上析出的物质的物质的量与通过电解池的电量成正比，而与其他因素无关，即

$$n_B = \frac{Q}{F}$$

这一关系称为电解定律，又称法拉第定律。

上述关系式中，Q 与通过电解池的电流及电解时间有关：

$$Q = It$$

式中，I 为电流，单位为 A；t 为时间，单位为 s，因此 Q 的单位为 C。F 为法拉第常量，单位为 $C \cdot mol^{-1}$。

$$F = N_A e$$

式中，N_A 为阿伏伽德罗常量；e 为一个电子的电荷。因此

$$F = 6.022\ 045 \times 10^{23}\ mol^{-1} \times 1.602\ 189 \times 10^{-19}\ C$$
$$= 9.6485 \times 10^4\ C \cdot mol^{-1} \approx 96\ 500\ C \cdot mol^{-1}$$

即 1mol 电子所带电荷的电量为 96 500C。由于离子所带电荷不同，所以在电解过程中产生 1mol 电解产物所需电量也不相同。例如：

半反应	1 mol 电解产物质量/g	所需电量/C
$Na^+ + e^- \longrightarrow Na$	23	96 500
$Mg^{2+} + 2e^- \longrightarrow Mg$	24.3	2×96 500
$Al^{3+} + 3e^- \longrightarrow Al$	27.0	3×96 500

在电解生产中，法拉第常量（96 500C·mol^{-1}）是一个很重要的数据，因为它提供了一个有效利用电能的极限数值。当然，在实际电解生产中，不可能得到理论上相应量的电解产物，因为同时有副反应存在。通常我们把实际产量与理论产量之比称为电流效率，即

$$电流效率 = \frac{实际产量}{理论产量} \times 100\%$$

【例 7-12】 在一铜电解实验中，通过电解池的电流的电流强度为 10A，经过 4h 后，电解得到 45g 铜。求电流效率。

解 通过电解池的电量为

$$Q = 10A \times (4 \times 3600)s = 144\,000C$$

铜的半反应为

$$Cu^{2+} + 2e^- \rightleftharpoons Cu\downarrow$$

电解产生 1mol Cu（63.55g）需 2×96 500C 电量，因此 144 000C 电量应电解得到

$$63.55 \times \frac{144\,000}{2 \times 96\,500} = 47.4(g)$$

$$电流效率 = \frac{实际产量}{理论产量} \times 100\% = \frac{45g}{47.4g} \times 100\% = 95\%$$

---

3. 分解电压

使电解质溶液持续不断地电解所需施加的最低外加电压称为分解电压。分解电压是如何产生的呢？

电解 1mol·L^{-1} NaOH 溶液时，电极反应为

$$阴极：2H_2O + 2e^- \rightleftharpoons H_2\uparrow + 2OH^- （还原）$$

$$阳极：4OH^- - 4e^- \rightleftharpoons O_2\uparrow + 2H_2O （氧化）$$

最初的电解产物 H_2 和 O_2 会分别吸附在阴、阳铂电极上，使阴极变为氢电极，阳极变为氧电极，从而组成了一个氢氧原电池：

$$(-)Pt\,|\,H_2(p^\ominus)\,|\,NaOH(1mol·L^{-1})\,|\,O_2(p^\ominus)\,|\,Pt(+)$$

该原电池中，氢电极是负极，会给出电子，电极反应为

负极：$H_2+2OH^--2e^- \rightleftharpoons 2H_2O$（氧化）

氧电极是正极，得到电子，电极反应为

正极：$O_2+2H_2O+4e^- \rightleftharpoons 4OH^-$（还原）

此电池的电动势：$E=\varphi_{正}-\varphi_{负}=\varphi_{O_2/H_2O}-\varphi_{H_2O/H_2}$。

可见，原电池所发生的电极反应恰好是电解池放电反应的逆过程；原电池的电动势与外加电压数值相等，而方向相反，正是这种反向电动势，因而至少需要外加一定值的电压以克服该原电池产生的电动势，才能使电解顺利进行。这就是分解电压产生的原因。此原电池的电动势即正、负电极的理论电极电势之差，就是该电解液的理论分解电压。

$$[OH^-]=1\,mol\cdot L^{-1} \qquad [H^+]=\frac{K_w}{[OH^-]}=10^{-14}\,mol\cdot L^{-1}$$

根据能斯特方程，可以计算 $1\,mol\cdot L^{-1}$ NaOH 溶液的理论分解电压。原电池的正极反应为 $O_2+2H_2O+4e^- \rightleftharpoons 4OH^-$ $\qquad \varphi^\ominus=0.401V$

$$\varphi_{O_2/H_2O}=\varphi^\ominus_{O_2/H_2O}+\frac{0.059}{4}\lg\frac{1}{[OH^-]^4}=0.401V$$

负极反应为 $H_2+2OH^--2e^- \rightleftharpoons 2H_2O$ $\qquad \varphi^\ominus=-0.828V$

$$\varphi_{H_2O/H_2}=\varphi^\ominus_{H_2O/H_2}+\frac{0.059}{2}\lg\frac{1}{[OH^-]^2}=-0.828V$$

$$E=\varphi_{正}-\varphi_{负}=0.401V-(-0.828V)=1.229V$$

从理论上讲，似乎外加电压只要稍大于其理论分解电压 1.229V 时，电解就能进行了，但是实际上，外加电压要比理论加电压大得多。欲使 $1\,mol\cdot L^{-1}$ NaOH 溶液电解显著进行，外加电压必须大于 1.69V，此值可用实验方法测定，称为实际分解电压，简称分解电压。这种实际上所需要的外加电压同理论分解电压之差称为过电势。大多数金属(Fe、Co、Ni 除外)在电极上的过电势都比较小，一般只有百分之几伏；而非金属气体如 H_2、O_2、Cl_2 等，在电极上才有较大的过电势。而且，对指定的电极反应，不同的电极材料也会产生不同的过电势。

由此可见，在电解时，确定电极上究竟发生怎样的电极反应，不仅与物质的标准电极电势、溶液中离子浓度等有关，还与其相应的过电势有关。一般来说，实际电极电势越正的氧化态物质，越先在阴极上放电；实际电极电势值越负的还原态物质，越先在阳极上放电。

习　题

1. 下列反应中，哪些是氧化还原反应？标出发生氧化和还原的原子或离子的氧化数，并指出氧化剂和还原剂。

   (1) $2KMnO_4+5H_2O_2+3H_2SO_4 =\!\!=\!\!= 2MnSO_4+5O_2+K_2SO_4+8H_2O$

   (2) $Na_2O_2+2H_2O =\!\!=\!\!= 2NaOH+H_2O_2$

(3) $2Na_2S_2O_3 + I_2 = 2NaI + Na_2S_4O_6$

(4) $4Zn + 10HNO_3 = 4Zn(NO_3)_2 + NH_4NO_3 + 3H_2O$

(5) $6KOH + 3Br_2 = KBrO_3 + 5KBr + 3H_2O$

(6) $K_2Cr_2O_7 + 3H_2S + 4H_2SO_4 = K_2SO_4 + Cr_2(SO_4)_3 + 3S + 7H_2O$

2. 用氧化数法配平下列方程式。

(1) $KClO_3 \longrightarrow KClO_4 + KCl$

(2) $Ca_5(PO_4)_3F + C + SiO_2 \longrightarrow CaSiO_3 + CaF_2 + P_4 + CO$

(3) $NaNO_2 + NH_4Cl \longrightarrow N_2 + NaCl + H_2O$

(4) $K_2Cr_2O_7 + FeSO_4 + H_2SO_4 \longrightarrow Cr_2(SO_4)_3 + Fe_2(SO_4)_3 + K_2SO_4 + H_2O$

(5) $CsCl + Ca \longrightarrow CaCl_2 + Cs\uparrow$

3. 用离子-电子法配平下列氧化还原反应式：

(1) $MnO_4^- + NO_2^- \longrightarrow Mn^{2+} + NO_3^-$ （酸性介质）

(2) $Cr_2O_7^{2-} + H_2S \longrightarrow Cr^{3+} + S$ （酸性介质）

(3) $Mn^{2+} + BiO_3^- \longrightarrow MnO_4^- + Bi^{3+}$ （酸性介质）

(4) $CrO_4^{2-} + HSnO_2^- \longrightarrow CrO_2^- + HSnO_3^-$ （碱性介质）

(5) $MnO_4^- + SO_3^{2-} \longrightarrow MnO_2 + SO_4^{2-}$ （碱性介质）

(6) $K_2MnO_4 + H_2SO_4 \longrightarrow KMnO_4 + K_2SO_4 + MnO_2$

4. 将下列水溶液化学反应的方程式先改写为离子方程式，然后分解为两个半反应式：

(1) $2H_2O_2 = 2H_2O + O_2$

(2) $Cl_2 + H_2O = HCl + HClO$

(3) $3Cl_2 + 6KOH = KClO_3 + 5KCl + 3H_2O$

(4) $2KMnO_4 + 10FeSO_4 + 8H_2SO_4 = K_2SO_4 + 5Fe_2(SO_4)_3 + 2MnSO_4 + 8H_2O$

(5) $K_2Cr_2O_7 + 3H_2O_2 + 4H_2SO_4 = K_2SO_4 + Cr_2(SO_4)_3 + 3O_2 + 7H_2O$

5. 将下列反应设计成原电池，用标准电极电势判断标准状态下电池的正极和负极，电子传递的方向，正极和负极的电极反应，电池的电动势，写出电池符号。

(1) $Zn + 2Ag^+ = Zn^{2+} + 2Ag$

(2) $2Fe^{3+} + Fe = 3Fe^{2+}$

(3) $Zn + 2H^+ = Zn^{2+} + H_2$

(4) $H_2 + Cl_2 = 2HCl$

(5) $3I_2 + 6KOH = KIO_3 + 5KI + 3H_2O$

6. 写出下列各对半反应组成的原电池的电极反应和电池符号，并计算标准电动势。

(1) $Fe^{3+} + e^- = Fe^{2+}$；$I_2 + 2e^- = 2I^-$

(2) $Cu^{2+} + I^- + e^- = CuI$；$I_2 + 2e^- = 2I^-$

(3) $Zn^{2+} + 2e^- = Zn$；$2H^+ + 2e^- = H_2$

(4) $Cu^{2+} + 2e^- = Cu$；$2H^+ + 2e^- = H_2$

(5) $O_2 + 2H_2O + 4e^- = 4OH^-$；$2H_2O + 2e^- = H_2 + 2OH^-$

7. 写出下列各原电池的电极反应式和电池反应式，并计算各原电池的电动势(298K)。

(1) $Zn|Zn^{2+}(1.0 mol \cdot L^{-1}) \parallel Fe^{3+}(1.0 mol \cdot L^{-1})$，$Fe^{2+}(1.0 mol \cdot L^{-1})|Pt$

(2) $Sn|Sn^{2+}(1.0 mol \cdot L^{-1}) \parallel Ag^+(1.0 mol \cdot L^{-1})|Ag$

(3) $Pt，H_2(100kPa)|H^+(1.0 mol \cdot L^{-1}) \parallel Cr_2O_7^{2-}(1.0 mol \cdot L^{-1})$，$Cr^{3+}(1.0 mol \cdot L^{-1})$，$H^+(1.0 \times 10^{-2} mol \cdot L^{-1})|Pt$

(4) $Pt|Fe^{2+}(1.0 mol \cdot L^{-1})$，$Fe^{3+}(0.1 mol \cdot L^{-1}) \parallel NO_3^-(1.0 mol \cdot L^{-1})$，$HNO_2(0.010 mol \cdot L^{-1})$，$H^+(1.0 mol \cdot L^{-1})|Pt$

8. 根据电极电势解释下列现象：

(1) 金属铁能置换铜离子，而三氯化铁溶液又能溶解铜板。

(2) 二氯化锡溶液储存易失去还原性。

(3) 硫酸亚铁溶液存放会变黄。

9. 将 Cu 片插入盛有 $0.5 mol \cdot L^{-1}$ 的 $CuSO_4$ 溶液的烧杯中，Ag 片插入盛有 $0.5 mol \cdot L^{-1}$ 的 $AgNO_3$ 溶液的烧杯中，组成原电池。回

答下列问题：
(1)写出该原电池的符号。
(2)写出电极反应式和原电池的电池反应。
(3)求该电池的电动势。
(4)若加氨水于 $CuSO_4$ 溶液中，电池电动势如何变化(定性回答)？

10. 用能斯特方程计算来说明，使 $Fe+Cu^{2+}$══$Fe^{2+}+Cu$ 的反应逆转是否有现实的可能性。

11. 已知电对 $H_3AsO_3+H_2O$⇌$H_3AsO_4+2H^++2e^-$ ($\varphi^\ominus=0.560V$)；电对 $3I^-$══$I_3^-+2e^-$ ($\varphi^\ominus=0.536V$)。求下列反应的平衡常数。如果溶液的 pH=7，反应朝什么方向进行？如果溶液中的 $[H^+]=6\ mol\cdot L^{-1}$，反应朝什么方向进行？

$$H_3AsO_3+I_3^-+H_2O \rightleftharpoons H_3AsO_4+3I^-+2H^+$$

12. 利用半反应 Ag^++e^-══Ag 和 AgCl 的溶度积计算半反应 $AgCl+e^-$══$Ag+Cl^-$ 的标准电极电势。

13. 有下列电势图：

$$CuO^+ \xrightarrow{+1.8V} Cu^{2+} \xrightarrow{+0.153V} Cu^+ \xrightarrow{+0.521V} Cu$$

(1)判断 Cu^+ 能否发生歧化反应。
(2)计算电对 Cu^{2+}/Cu 的标准电极电势。

14. 利用水的离子积计算碱性溶液中的半反应 $2H_2O+2e^-$══H_2+2OH^- 的标准电极电势。

15. 由 $Cu^{2+}+2e^-$══Cu 和 Cu^++e^-══Cu 的标准电极电势求算 $Cu^{2+}+e^-$══Cu^+ 的标准电极电势。

16. 由 $MnO_4^-+4H^++3e^-$══MnO_2+2H_2O 和 $MnO_4^-+e^-$══MnO_4^{2-} 的标准电极电势以及水的离子积求 $MnO_4^{2-}+2H_2O+2e^-$══MnO_2+4OH^- 的标准电极电势。

17. 写出以 K_2CO_3 熔融盐为电解质的氢氧燃料电池的电极反应和电池反应(注：在该电解质中不存在游离的 O^{2-} 和 HCO_3^-，为使电解质溶液的组成保持稳定，需在空气中添加一种物质，这种物质是电池放出的反应产物)。

18. 为什么检测铅蓄电池电解质硫酸的密度可以确定蓄电池充电是否充足？铅蓄电池充电为什么会放出气体？什么气体？

19. 久置空气中的银器会变黑，经分析证实，黑色物质是 Ag_2S。通过计算说明，考虑热力学趋势，以下哪一反应的可能性更大。

$$2Ag+H_2S══Ag_2S+H_2$$
$$4Ag+2H_2S+O_2══2Ag_2S+2H_2O$$

20. 解释如下现象：
(1)镀锡的铁，铁先腐蚀；镀锌的铁，锌先腐蚀。
(2)锂的电离势和升华热都比钠大，为什么锂的电极电势比钠更小(在金属活动顺序表中更远离氢)？
(3)有人说，燃料电池是"一种通过燃烧反应使化学能直接转化为电能的装置"。这种说法正确吗？说明理由。燃料电池的理论效率有可能超过 100% 吗？
(4) $ZnO_2^{2-}[Zn(OH)_4^{2-}]$ 的碱性溶液能把铜转化为 $Cu(OH)_4^{2-}$ 而把铜溶解。
(5)将 $MnSO_4$ 溶液滴入 $KMnO_4$ 酸性溶液得到 MnO_2 沉淀。
(6) Cu^+ (aq) 在水溶液中会歧化为 Cu^{2+} (aq) 和铜。
(7) Cr^{2+} (aq) 在水溶液中不稳定，会与水反应。
(8)将 Cl_2 水(溶液)滴入 I^-、Br^- 的混合溶液，相继得到的产物是 I_2、HIO_3 和 Br_2，而不是 I_2、Br_2 和 HIO_3。

第8章 原子结构

种类繁多、性质各异的物质实际上是由有限的原子化合而成的,原子的电子层结构决定了原子的化学性质并导致原子间不同的结合方式,产生不同的物质。因此,研究原子结构、掌握原子核外电子运动的特征和规律是人们了解原子间化合的本质,掌握物质性质,探索新元素和开发新化合物的关键所在。

8.1 玻尔氢原子理论

8.1.1 原子结构理论的发展简史

人们对原子、分子的认识要比对宏观物体的认识困难得多。因为原子和分子过于微小,人们一般是根据实验事实先提出设想的原子和分子的理论模型,如果设想的模型不符合新的实验事实,就必须修改,甚至摒弃旧的模型,再创建新的模型。可以说为了了解物质到底是由什么构成的,人类经过了一个相当漫长的认识时期。

1. 古代希腊的原子论

早在公元前约400年,古代希腊的哲学家对万物之源就作了种种推测。当时最有影响的唯物论者德谟克利特(Demoeritus,公元前460—公元前370年)认为:宇宙万物是由最微小、坚实、不可分的物质粒子构成,这种粒子称为"原子"。原子在性质上相同,但在形状大小上却是多种多样的。万物之所以不同就是因为万物本身的原子在数目、形状和排列上有所不同。

古希腊的原子论只是建立在直观经验基础上的哲学家的猜测,显然不能反映物质构成的本质,但它在思想上和方法上对后人都影响很深。它成了19世纪初建立在可靠实验基础上的科学原子论的胚胎和源头。

2. 道尔顿的原子论

1808年,化学家道尔顿(Dalton)系统地阐述了近代原子学说,其主要内容有以下三点:

(1)一切物质都是由不可见的、不可分割的原子组成的。原子不能自生自灭。原子在所有化学变化中均保持自己的独特性质。

(2)同一元素的所有原子在质量和性质上完全相同,不同元素的原子则不同。

(3)每一种物质都是由它自己的原子组成的。单质是由简单原子组成的,化合物是由复杂原子组成的,而复杂原子又是由为数不多的简单原子组成的。复杂原子的质量等于组成它的简单原子的质量的总和。

道尔顿原子论的建立,标志着人类对物质结构的认识前进了一大步。它从微观的物质结构角度解释了宏观化学现象的本质,总结了18世纪至19世纪初这个时期的化学知识,特别是原子论引入了相对原子质量的概念,成为后来门捷列夫(Менделеев)发现元素周期律的基础。

3. 卢瑟福的行星式原子模型

19世纪末科学上获得了一系列新发现，特别是汤姆孙（Thomson）发现了电子，打破了原子不可分割的旧观念，也引起了人们对原子结构的探索。

1911年，英国物理学家卢瑟福（Rutherford）用一束平行的α射线射向金箔，发现绝大多数α粒子穿过金箔不改变行进的方向，只有极少数的α粒子产生偏转，其中8000～10000个中有个别的甚至完全弹了回来。

根据α粒子散射实验，卢瑟福受太阳系结构模型的启发，提出了行星式原子模型。他认为：原子有一个带正电并集中了原子的绝大部分质量的核，即原子核，原子核居于原子的中心，带负电的电子质量很小，它在原子核四周绕着原子核运动，就像行星绕着太阳运动一样。由于原子核和电子在整个原子中只占很小的空间，原子中绝大部分是空的，所以当α粒子正遇原子核就会被弹回，擦过核边会产生偏转，穿过空间则不会改变行进方向。

卢瑟福的行星式原子模型解释了许多科学事实，为建立物质结构理论奠定了基础。但是，它与原子的稳定性及原子的线性光谱等事实发生了矛盾。按照卢瑟福的模型和经典的电磁理论，绕核运动的电子应不停地、连续地辐射电磁波，得到连续光谱。由于电磁波的辐射，电子的能量将逐渐地减小，最终会坠落到带正电的核上。事实上，原子却是稳定地存在着，原子可发射出频率不连续的线状光谱。为了解决这些矛盾，必须对原子结构有新的认识。20世纪20年代，科学家创建了原子结构的量子力学理论，揭示了微观粒子运动的内在规律，原子结构理论进入了一个新的发展时期。

8.1.2 氢原子光谱

人们对原子核外电子运动状态的了解起初受到了光谱的启发。太阳光或白炽灯发出的白光通过玻璃三棱镜时，所含不同波长的光折射的程度不同，形成红、橙、黄、绿、青、蓝、紫等没有明显分界线的光谱，这类光谱称为连续光谱（带状光谱）。

并不是各种光源都辐射所有波长的光形成连续光谱。如果将装有高纯度低压氢气的放电管放出的光通过棱镜，则得到不连续的线状光谱，也称为原子光谱。原子光谱中谱线的位置与受激发的原子的种类有关，即每种原子受激发后得到的原子光谱都有其特征谱线，与该种原子的内部结构有关，故可借此进行定性分析。

氢原子光谱是最简单的一种原子光谱。测定氢原子光谱的实验如图8-1所示。装有氢气的放电管通过高压电流，氢原子受到激发，发出的光经过棱镜，就得到氢原子光谱，从红外区到紫外区出现多条具有特征波长的谱线，可见光区有红、青、蓝紫和紫色四条主要谱线，通常用H_α、H_β、H_γ、H_δ标记。

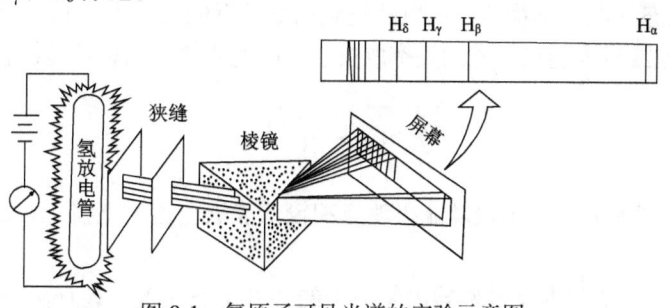

图8-1 氢原子可见光谱的实验示意图

1885年，瑞士一位中学物理教师巴耳末(Balmer)对氢原子光谱在可见光区的几条主要谱线进行分析研究，发现这些谱线频率符合下列公式(巴耳末公式)：

$$\nu = 3.289 \times 10^{15} \left(\frac{1}{2^2} - \frac{1}{n^2} \right) (\text{s}^{-1}) \tag{8-1}$$

当 $n=3$，4，5，6时，可以算出 ν 分别等于氢原子光谱中上述四条谱线的频率。

1913年，瑞典光谱学家里德伯(Rydberg)提出了应用于可见光区以外各氢原子谱线的通式(里德伯公式)：

$$\frac{1}{\lambda} = R_\infty \left(\frac{1}{n_1^2} - \frac{1}{n_2^2} \right) \tag{8-2}$$

式中：n_1，n_2 为正整数，且 $n_2 > n_1$；R_∞ 称为里德伯常量，其值为 $1.0973709 \times 10^7 \text{m}^{-1}$。当 $n_1=2$ 时，式(8-2)即为巴耳末公式。

这些经验公式是从实验事实中总结归纳出来的，但它说明氢原子光谱具有明显的规律性，科学家试图用经典的电磁理论解释氢原子光谱的产生和规律性都出现了矛盾。直到1913年丹麦科学家玻尔(Bohr)提出了原子结构理论，才初步圆满地解释了氢原子光谱。

8.1.3 玻尔氢原子结构理论

玻尔在普朗克(Planck)的量子论和爱因斯坦(Einstein)光子学说的基础上，提出了三点假设：

(1) 原子核外电子不能沿任意的轨道运动，而只能在有确定半径和能量的轨道上运动，这些轨道的角动量 L 必须等于 $\frac{h}{2\pi}$ 的整数倍，即

$$L = n \cdot \frac{h}{2\pi}$$

电子在这些符合量子化条件的轨道上运动时，处于稳定状态，既不吸收能量，也不辐射能量，这些轨道称为定态轨道，具有固定的能量。

(2) 原子中的电子尽可能处于离核最近的轨道上。这时原子的能量最低，即原子处于基态，当原子从外界吸收能量，电子可以跃迁到离核较远的轨道上，这时原子和电子所处的状态称为激发态。

(3) 处于激发态的电子不稳定，可以跃迁到离核较近的轨道上，同时释放出光能。电子跃迁以光的形式释放或吸收能量，光的频率取决于较高能级轨道与较低能级轨道之间的能量差：

$$\nu = \frac{E_2 - E_1}{h}$$

式中，E_1 和 E_2 分别为电子处于较高能级轨道和较低能级轨道的能量；ν 为光的频率；h 为普朗克常量。

玻尔根据以上三条基本假设推导出氢原子的各种定态轨道半径(r_n)和能量(E_n)公式：

$$r_n = 52.9n^2 \text{(pm)}$$

$$E_n = -2.179 \times 10^{-18} \frac{1}{n^2} \text{(J)} \tag{8-3}$$

式中，n=1，2，3，4 …正整数。以上两式分别表明了氢原子中核外电子运动轨道半径和能量的量子化，它们只能取一些不连续的值，其大小取决于n，这是核外电子运动的重要特征。氢原子基态时，电子在n=1 的轨道上运动，能量最低，为 2.179×10⁻¹⁸J，其半径为 52.9pm，称为玻尔半径，用符号a_0表示。电子处于n>1 的各激发态时，n越大，表示电子离核越远，电子能量越高。

根据玻尔理论，当氢原子从外界吸收能量后，核外电子可从基态跃迁到激发态，处于激发态的电子不稳定，将迅速跃迁回到较低能级，并将能量以光子的形式释放出来。由于轨道能量是量子化的，所以放出的光子的频率(或波长)也是不连续的。这就是氢原子光谱为线状光谱(或不连续光谱)的原因。

玻尔理论还从理论上阐明了反映氢原子光谱规律性的里德伯公式的正确性，根据式(8-3)得

$$E_1 = -2.179 \times 10^{-18} \frac{1}{n_1^2} \text{(J)}$$

$$E_2 = -2.179 \times 10^{-18} \frac{1}{n_2^2} \text{(J)}$$

设 $n_2 > n_1$，代入式(8-3)得

$$\nu = \frac{2.179 \times 10^{-18}}{h} \left(\frac{1}{n_1^2} - \frac{1}{n_2^2} \right) \tag{8-4a}$$

将 $\nu = \dfrac{c}{\lambda}$ 代入式(8-4a)得

$$\frac{1}{\lambda} = \frac{2.179 \times 10^{-18}}{c \cdot h} \left(\frac{1}{n_1^2} - \frac{1}{n_2^2} \right) \tag{8-4b}$$

令 $\dfrac{2.179 \times 10^{-18}}{c \cdot h} = R_\infty$ 得

$$\frac{1}{\lambda} = R_\infty \left(\frac{1}{n_1^2} - \frac{1}{n_2^2} \right)$$

上式即为里德伯公式，即式(8-2)的形式。式中 R_∞ 的理论值为 1.09×10⁷m⁻¹，同实验值非常吻合。里德伯公式中 n_1、n_2 的物理意义则是电子的不同能级。从图 8-2 氢原子光谱产生实验示意图看到，当电子从 n_2=3，4，5，…能级跃迁到 n_1=2 能级时，得到可见光区的氢原子光谱，即巴耳末系；当电子从 n_2=2，3，4，…能级跃迁到 n_1=1 能级时，得到紫外光区光谱，即拉曼系；当电子从其他较高能级跃迁到 n_1=3 能级时，得到红外光区光谱，即帕邢系；依此类推可得到氢原子光谱(图 8-2)。

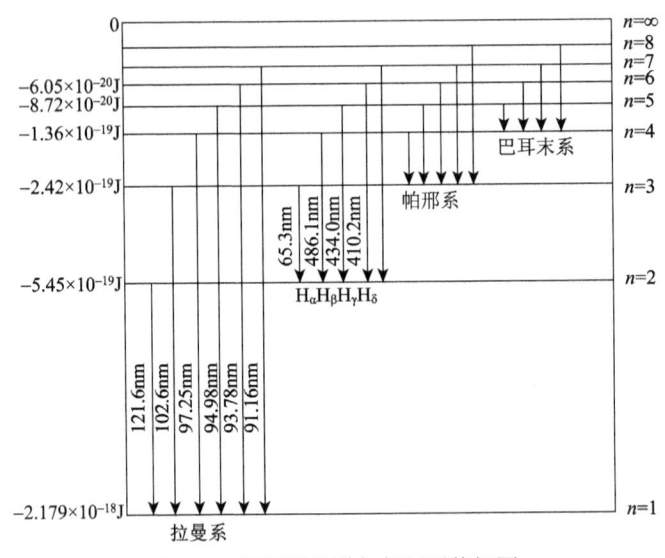

图 8-2 氢原子光谱与氢原子能级图

玻尔的原子结构理论开启了人们正确认识原子结构的大门，但是玻尔理论也有它的局限性。一方面，它在解决核外电子的运动时引入了量子化的观念，但同时又应用了"轨道"等经典概念和有关向心力、牛顿第二定律等牛顿力学的规律，而实际上牛顿力学在微观领域是不适用的。因此，除了氢光谱之外，玻尔理论在其他问题上遇到了很大的困难，20 世纪 20 年代诞生了量子力学，在量子力学中，玻尔理论中的电子轨道只不过是电子出现概率最多的地方。量子力学以全新的观念阐明了微观世界的基本规律，在涉及微观运动的各个领域都获得了巨大的成功。

8.2 氢原子结构的量子力学模型

8.2.1 微观粒子的特性及其运动规律

1. 微观粒子的波粒二象性

1905 年，爱因斯坦提出了光子学说。他认为光的能量不是连续变化的，而是量子化的。光的能量有一个最小的单位，称为光子，光的能量和光的频率成正比，即 $E=h\nu$。光子学说能够圆满地解释光电效应的实验结果，这就促使人们认识到光不仅具有波动性，而且具有粒子性，就是说光同时具有微粒与波动的性质，光的干涉、衍射现象表现出光的波动性，而光压、光电效应则表现出光的粒子性。

1924 年，法国物理学家德布罗意(de Broglie)在光的波粒二象性的启发下，大胆地提出了电子、原子等实物粒子也具有波粒二象性的假设，并预言高速运动的微观粒子(如电子等)波长 λ 为

$$\lambda = \frac{h}{p} = \frac{h}{mv} \tag{8-5}$$

式中，m 为粒子的质量；v 为粒子的运动速度；p 为粒子的动量。这种实物粒子所具有的波通常称为物质波或德布罗意波，式(8-5)就是德布罗意关系式。公式左边波长 λ 表征微观粒子

的波动性，右边动量 p 表征微观粒子的粒子性，通过普朗克常量 h 将微观粒子的波动性和粒子性定量地联系起来。这一理论假设需要用实验来证实。

1927 年，戴维逊(Davisson)和革末(Germer)做了电子衍射实验，证实了电子确实具有波动性。他们发现，当经过电位差加速的电子束 A 入射到镍单晶 B 上，观察散射电子束的强度和散射角的关系，结果得到了完全类似于单色光通过小圆孔那样的衍射图像，如图 8-3 所示。光的衍射现象证明光具有波动性，电子的衍射现象表明电子具有波动性。电子衍射实验证明德布罗意关于微观粒子波粒二象性的假设和物质波的关系式是正确的。1929 年，德布罗意因在电子的波动性研究方面的工作而获得诺贝尔物理学奖。当今的电子显微镜就是利用高速运动的电子来代替光波制作的。

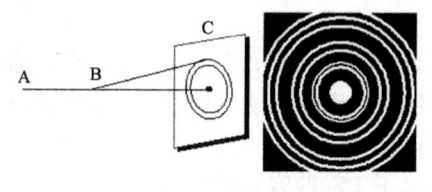

图 8-3　电子衍射示意图

2. 测不准原理与微观粒子运动的统计性规律

经典力学中，宏观物体运动有确定的轨道，可以同时测定它们的位置、动量和运动速度。电子等实物粒子是具有波粒二象性的微观粒子，是不是也能同时测定它们的位置和动量呢？在爱因斯坦相对论的启发下，经过严格的理论分析和推导，证明微观粒子运动规律不同于宏观物体。

1927 年，德国物理学家海森伯(Heisenberg)提出了测不准原理(uncertainty principle)：无法同时确定微观粒子的位置和动量，它的位置越准确，动量(或速度)就越不准确；反之，它的动量越准确，位置就越不准确，微观粒子的位置与动量之间应有以下的测不准关系：

$$\Delta x \cdot \Delta p_x \geqslant \frac{h}{4\pi}$$

式中，Δx 为坐标上粒子在 x 方向的位置误差；Δp_x 为动量在 x 方向的误差。

测不准原理表明，核外电子不可能沿着如玻尔理论所指的半径不变的固定轨道运动，这对玻尔理论实际上是一种否定。但是它并不意味着微观粒子的运动规律是不可认识的，相反恰好反映了微观粒子的波粒二象性，所以研究电子的运动规律及其排布方式只能用统计的方法来处理问题，我们以"概率"和"概率密度"来描述原子中电子的运动特征。

若通过电子枪一粒粒发射电子，通过狭缝打到感光屏幕上，时间较短时，电子数目少，每个电子的分布无规律；而当时间较长时，电子的数目足够多，出现衍射环。衍射环的出现，表明了电子运动的波动性，所以波动性是粒子性的统计结果。实验中明暗交替的衍射环中，亮的地方电子出现的概率大，暗的地方电子出现的概率小。因此，某一点波的强度又与电子出现的概率成正比，即这种电子的分布是有规律的。

以上介绍的微观粒子的三个特征(波粒二象性、测不准原理、运动规律的统计性)说明，研究微观粒子不能用经典的牛顿力学理论。而找出微观粒子的空间分布规律，必须借助数学方法，建立一个数学模式，找出一个函数，用这一函数来研究微观粒子。

8.2.2　薛定谔方程

1926 年，奥地利物理学家薛定谔(Schrödinger)根据微观粒子波粒二象性的概念，联系光的波动方程，并运用德布罗意关系式，提出了描述微观粒子运动规律的波动方程，称为薛定谔方程。它是一个二阶偏微分方程，描述氢原子和类氢离子的电子运动的薛定谔方程为

$$\frac{\partial^2 \Psi}{\partial x^2}+\frac{\partial^2 \Psi}{\partial y^2}+\frac{\partial^2 \Psi}{\partial z^2}+\frac{8\pi^2 m}{h^2}\left(E-\frac{Ze^2}{r}\right)\Psi=0 \tag{8-6}$$

式中，Ψ 为波函数；x, y, z 为空间直角坐标；E、e、m、r 和 Z 分别代表电子的总能量、电子电荷、电子质量、电子离核的距离和该原子的核电荷数；h 为普朗克常量。可见，该方程把体现粒子的粒子性（m、E、e、坐标等）与波动性（Ψ）有机地联系起来，从而用来描述原子中电子运动的客观规律。

薛定谔方程的求解需要较深的数学知识，这是结构化学或量子化学等后续课程的内容。这里只定性地介绍解氢原子薛定谔方程的思路和一些重要结论，重点关注方程的解 Ψ 及其图示表示法。

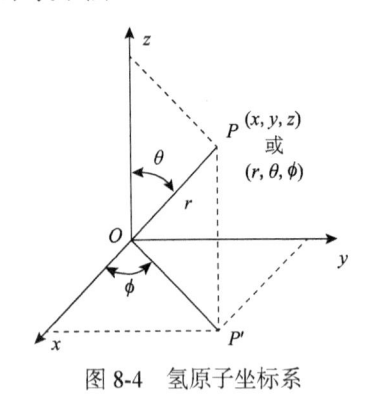

1. 波函数与原子轨道

波函数 Ψ 是一个与坐标有关的量，可用直角坐标表示为 $\Psi(x, y, z)$，也可变换为球坐标表示为 $\Psi(r, \theta, \phi)$。空间任一点 P 在两坐标中的关系如图 8-4 所示。设原子核在坐标原点 O 上，P 为核外电子的位置，r 为电子离核的距离，θ 为 OP 与 z 轴的夹角，ϕ 为 OP 在 xy 平面上的投影 OP' 与 x 轴的夹角。

图 8-4 氢原子坐标系

波函数 $\Psi(r, \theta, \phi)$ 是变量 r, θ, ϕ 的函数，可以分别从 Ψ 随 r 的变化和随角度 θ，ϕ 的变化两方面来讨论薛定谔方程的解和波函数的图像，也就是说，根据数学的方法可将 $\Psi(r, \theta, \phi)$ 表示为两个函数乘积：

$$\Psi(r, \theta, \phi) = R(r) \cdot Y(\theta, \phi)$$

$R(r)$ 称为波函数的径向部分，它表示 θ、ϕ 一定时波函数 Ψ 随 r 变化的关系；$Y(\theta, \phi)$ 称为波函数的角度部分，它表示 r 一定时，波函数随 θ、ϕ 变化的关系。也可将 $Y(\theta, \phi)$ 表示为 $Y(\theta, \phi) = \Theta(\theta) \cdot \Phi(\phi)$。

解薛定谔方程时，先将直角坐标表示的波函数 $\Psi(x, y, z)$ 变换为球坐标表示的波函数 $\Psi(r, \theta, \phi)$，然后分离变量，即将含三个变量(r, θ, ϕ) 的方程变成三个各含一个变量的方程，分别为含变量 ϕ 的 $\Phi(\phi)$ 方程、含变量 θ 的 $\Theta(\theta)$ 方程和含变量 r 的 $R(r)$ 方程。

为了得到合理的解，在解 $\Phi(\phi)$ 方程时，要引入参数 m，得到由 m 决定的 $\Phi(\phi)$ 函数；在解 $\Theta(\theta)$ 方程时又引入一个参数 l，得到由 l、m 决定的 $\Theta(\theta)$ 函数；在解 $R(r)$ 方程时，要引入一个参数 n，得到由 n、l 决定的 $R(r)$ 函数。n, l, m 均为整数，即是量子化的，所以称它们为量子数。这样由 3 个量子数的合理取值解得的 $R_{n,l(r)}$、$\Theta_{l,m(\theta)}$、$\Phi_{m(\varphi)}$ 函数就可组成一个确定的波函数 $\Psi(r, \theta, \phi)_{n,l,m}$。

由此可见，波函数 $\Psi_{n,l,m}$ 是描述核外电子运动状态的数学函数式，它并非是一个具体数值，

而是一个函数式。$\Psi_{n,l,m}$由三个量子数决定,通常也称原子轨道。这里的原子轨道的含义不同于宏观物体的运动轨道,也不同于玻尔理论中的固定轨道,它指的是电子的一种空间运动状态。因此,原子轨道可以理解为电子空间运动状态的形象化描述,它和经典的轨道有本质的区别。

2. 量子数

原子中电子的波函数(原子轨道)是空间坐标的函数,由一套量子数 n、l、m 来确定,记作 $\Psi_{n,l,m}$。量子数的取值限制和它们的物理意义如下:

(1)主量子数 n。主量子数 n 是决定电子能量的主要因素,可以取任意正整数值:1,2,3,4,$\cdots$。n 越小,能量越低,$n=1$ 时能量最低。氢原子和类氢离子等单电子原子的能量只由主量子数决定。多电子原子由于存在电子间的静电排斥,能量在一定程度上还取决于量子数 l。

主量子数也称电子层,决定原子轨道的大小。n 越大,原子轨道也越大。电子层用下列符号表示:

电子层符号	K	L	M	N	$\cdots$
n	1	2	3	4	$\cdots$

(2)角量子数 l。原子轨道角动量由角量子数 l 决定,角量子数决定原子轨道的形状,取值受主量子数限制,只能取小于 n 的正整数和零:0、1、2、3、$\cdots$、$(n-1)$,共可取 n 个值,给出 n 种不同形状的轨道。

原子轨道角动量量子数还决定多电子原子电子能量高低。当 n 给定,l 越大,原子轨道能量越高。l 又称能级或电子亚层。电子亚层用下列符号表示:

能级符号	s	p	d	f	g	$\cdots$
l	0	1	2	3	4	$\cdots$

(3)磁量子数 m。磁量子数决定原子轨道的空间取向,取值受轨道角动量量子数的限制,可以取 $-l$,$\cdots$,0,$\cdots$,$+l$,共有 $2l+1$ 个值,即 m 的取值为 0、± 1、± 2,$\cdots$,$\pm l$。所以,l 亚层共有 $2l+1$ 个不同空间伸展方向的原子轨道。磁量子数与电子能量无关。l 亚层的 $2l+1$ 个原子轨道能量相等,称为简并轨道或等价轨道。每个电子层的轨道总数为 n^2。

(4)自旋量子数 m_s。自旋量子数不是从求解薛定谔方程得来的,而是根据理论和实验的要求引入的。用高分辨率的光谱仪在无外磁场的情况下观察氢原子光谱时,发现原先的一条谱线又分裂为两条靠得很近的谱线。为了解释这一现象,于是又提出自旋量子数 m_s,它只有两个数值,$m_s = \pm\dfrac{1}{2}$,用以表示电子自旋角动量的两种不同取向,代表电子自旋的两种状态,通常用箭头↑和↓来表示。也可理解为:电子处于某一空间运动状态时有两个不同方向的自旋状态。因此,Ψ_{n,l,m,m_s} 是全面描述一个电子运动状态的波函数。它可由空间运动状态的波函数 $\Psi_{n,l,m}$ 和自旋运动的波函数 Ψ_{m_s} 组合得到。一个原子轨道最多容纳自旋相反的两个电子,每电子层最多容纳的电子总数应为 $2n^2$。

综上所述，四个量子数(n, l, m, m_s)可以完全确定核外一个电子的运动状态，而三个量子数(n, l, m)可以确定一个电子的空间运动状态(一个原子轨道)。

3. 原子轨道的图形

电子运动的状态由波函数Ψ来描述，$|\Psi|^2$则是电子在核外空间出现的概率密度。处于不同运动状态的电子，它们的Ψ各不相同，其$|\Psi|^2$也不同。

在波函数$\Psi(r, \theta, \phi) = R(r)\Theta(\theta)\Phi(\phi)$中，$R(r)$与$r$有关，可以用来讨论径向的分布；其他两个函数与电子出现在什么角度(θ和ϕ)有关，可以将两个函数合并起来，用来讨论角度分布，即令$\Theta(\theta)\Phi(\phi) = Y(\theta, \phi)$，$Y(\theta, \phi)$称为角度波函数，于是波函数$\Psi$可以写为

$$\Psi(r, \theta, \phi) = R(r)Y(\theta, \phi)$$

下面分别讨论原子轨道和电子云角度分布图。波函数Ψ的角度部分是$Y(\theta, \phi)$。若以$Y(\theta, \phi)$对θ、ϕ变化作图，则得到波函数的角度分布图，若以$Y^2(\theta, \phi)$对θ、ϕ变化作图，得到电子云的分布图(概率密度的分布图)。

1) $R(r)$和$Y(\theta, \phi)$图

为了更形象直观地了解原子中电子的运动状态，科学家将波函数的径向部分$R(r)$和角度部分$Y(\theta, \phi)$随自变量的变化规律以图的形式表达出来。

波函数的径向分布图是反映在任意角度方向上$R(r)$随r变化的情况。

由图8-5可见：$R(r)$数值随r的不同可正可负。例如，3s轨道，$R(r)$随r的增大，先正值逐渐变小，后变为负值，随后又转为正值。

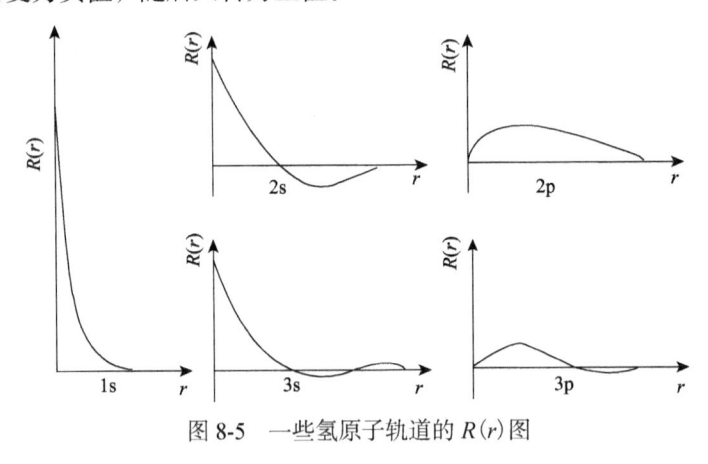

图8-5 一些氢原子轨道的$R(r)$图

波函数角度分布图表示不同方向上角度波函数Y值的相对大小，它只与l、m有关，而与主量子数n无关。因此，只要l、m相同的原子轨道，如$2p_z$、$3p_z$、$4p_z$，它们的角度分布图都相同。

如图8-6所示，s轨道的角度分布图是一球面；p轨道角度分布图是两个相切的球面，曲面的一半为正，一半为负。由于p轨道的角度波函数分别在x、y、z轴上出现最大值，所以分别称为p_x、p_y、p_z轨道；d轨道有五种分布，除d_{z^2}轨道外，都是四瓣花形。p、d轨道角度分布图有正、负部分，是由于波函数的角度部分中三角函数在不同象限有正、负值，它们代表角度函数的对称性，以后将用其分析原子间化学键的形成和价键的方向性。

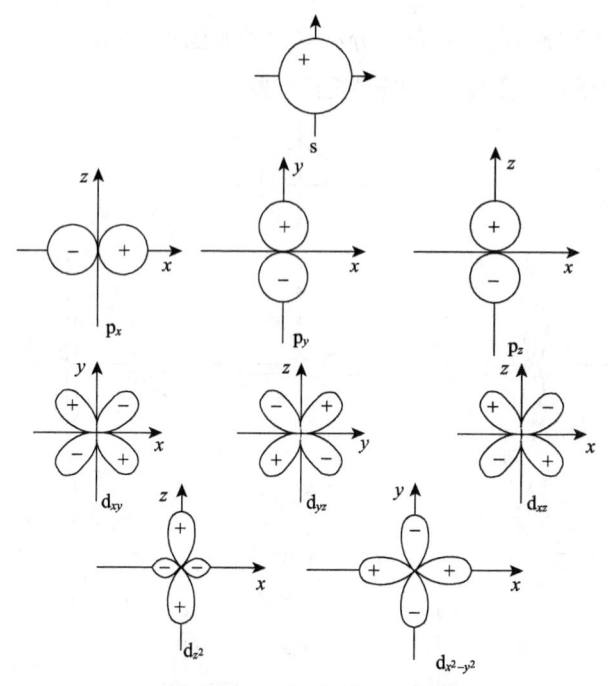

图 8-6　原子轨道角度分布图

2) 电子云径向密度分布图和电子云角度分布图

电子云径向部分 $R^2(r)$ 数值随离核距离 r 的变化的图形称为电子云径向密度分布图，它表示电子的概率密度在任何角度方向上随 r 相对变化的情况。图 8-7 是一些氢原子轨道的 $R^2(r)$ 图。

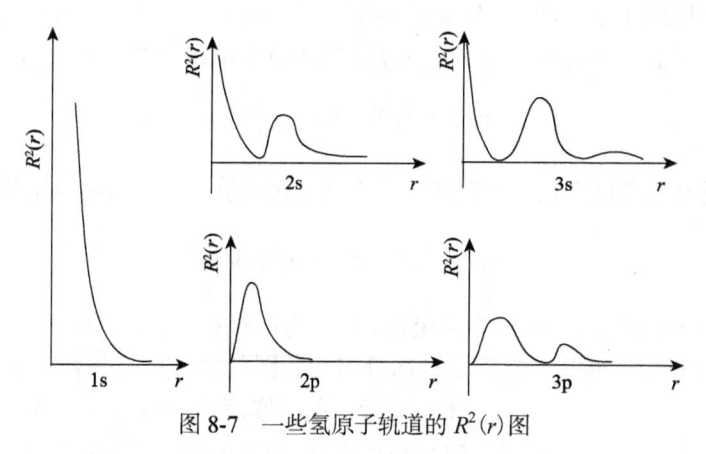

图 8-7　一些氢原子轨道的 $R^2(r)$ 图

从图中可以看出：$R^2(r)$ 图中总是正值。1s 轨道在原子核附近概率密度最大，随 r 增大概率密度逐渐下降。2s 轨道与 1s 轨道不同，它在 r_0 处存在一个概率密度等于零的节面，p 轨道与 s 轨道不同，它在原子核附近概率密度很小。

电子云角度分布图是表示电子在空间不同方向上电子出现的概率密度$|\Psi|^2$的相对大小。电子云角度部分$|Y_{l,m}(\theta,\phi)|^2$ 随角度(θ,ϕ)变化的图形称为电子云角度分布图，如图 8-8 是 s、p、d 电子云角度分布图。此图形的形状与原子轨道角度分布图形状类似。由于数值取平

方，所以电子云的角度分布图无正负之分；且由于波函数的角度部分 $|Y_{l,m}(\theta,\phi)| \leqslant 1$，所以电子云角度分布图比原子轨道角度分布图"瘦长"些。

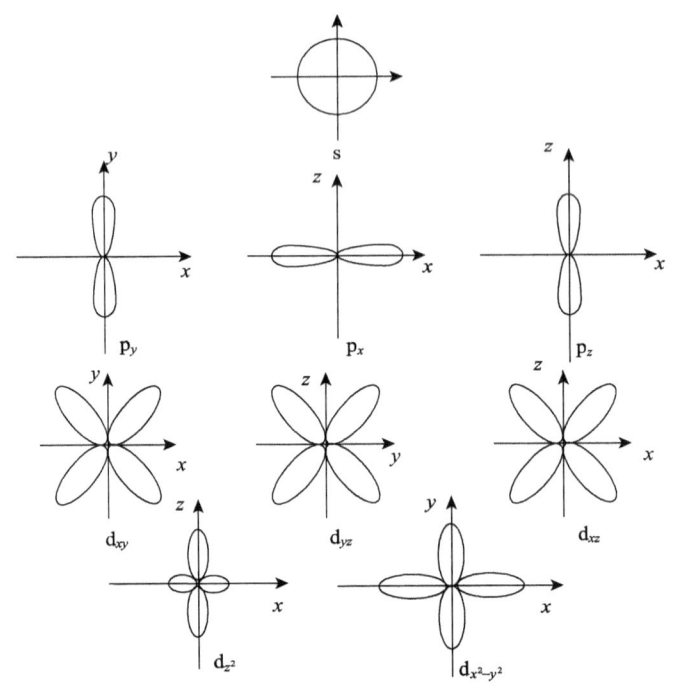

图 8-8　电子云角度分布图

3) 电子云径向分布函数图

考虑一个离核距离为 r，厚度为 Δr 的薄层球壳。以 r 为半径的球面其面积为 $4\pi r^2$，故薄球壳的体积为 $4\pi r^2 \mathrm{d}r$，在这距核为 r 的薄层球壳中电子出现的概率大小为

$$概率 = 概率密度 \times 体积 = |\Psi|^2 4\pi r^2 \mathrm{d}r$$

由于考虑球壳的全部角度区域，所以代入径向波函数 $R_{nl}(r)$，令 $D(r)=$ 概率$/\mathrm{d}r$，则

$$D(r) = |\Psi|^2 4\pi r^2 = R_{nl}^2(r) 4\pi r^2$$

$D(r)$ 称为径向分布函数，以 $D(r)$ 为纵坐标，以 r 为横坐标，则得到电子云径向分布函数图，有时简称径向分布图。因此，电子云径向分布函数图的物理意义是：它表示在半径为 r 的球面附近，单位厚度球壳内电子出现的概率。电子云径向分布函数图由概率密度和体积两个相反的因素构成，由图 8-9 可见，氢原子 1s 电子在核附近尽管概率密度最大，但在该处 dr 厚度的球壳体积小得几乎为零，所以总的概率为零；另外，电子出现的概率密度随着离核的距离 r 而减少，但球壳的体积随着 r 的增大而增大，概率由这两个变化趋势相反的因素决定，因此氢原子 1s 电子径向分布的最大值出现在 $r = 52.9$ pm 处，这正好是氢原子的玻尔半径。最终得到的结果如图 8-10 所示。由图还可看出：

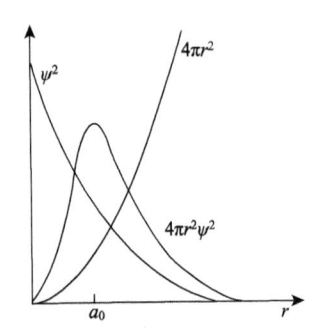

图 8-9　氢原子 1s 径向分布函数图

s 轨道(1s，2s，3s，…)径向分布图中峰的数目与主量子数 n 相等，主峰的位置则随 n 的增加而右移。当 n 相同 l 不同时，则峰的数目取决于 $(n-l)$ 值，2s 轨道有两个峰，2p 轨道有一个峰，其余类推。2s 轨道的第一个小峰比 2p 轨道的峰靠核更近，3s 轨道的第一个小峰比 3p 的第一个小峰靠核更近，这些结果以后在讨论多电子原子的原子轨道能级高低、屏蔽效应和钻穿效应方面很有用。

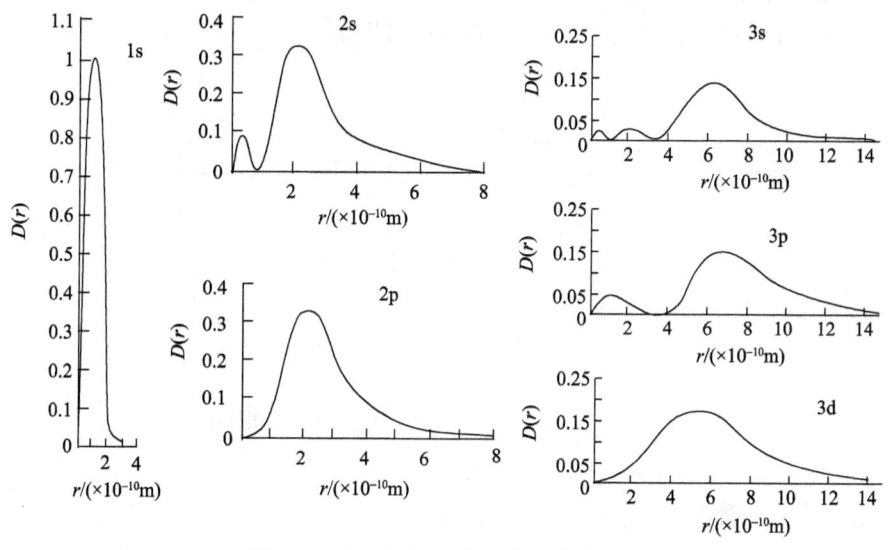

图 8-10 氢原子各种状态的径向分布图

4）电子云空间分布图

波函数 Ψ 是由径向部分和角度部分的乘积组成的，若将 Ψ^2 的径向部分 $R^2(r)$ 和角度部分 $Y^2(\theta,\phi)$ 组合起来，就得到完整的电子云 $|\Psi|^2$ 的空间分布图，如图 8-11 所示。

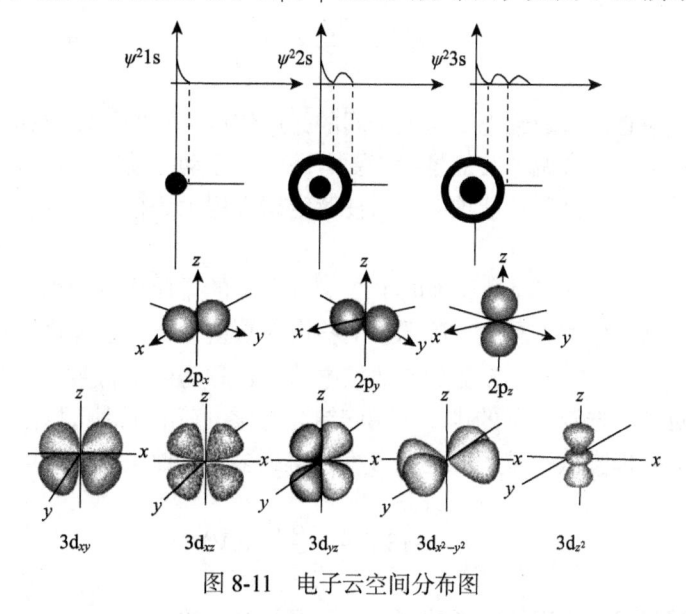

图 8-11 电子云空间分布图

由图可见，1s 和 2s 电子云的形状都是球形对称的，但 1s 有一个密度集中区，2s 则有两个密集区，同样，ns 电子云应有 n 个概率密度较大的区域。$2p_z$ 有一个密度集中区，$3p_z$ 有两个密集区。总之,密集区域的个数与电子云的径向密度分布图一致。

5)电子云界面图

电子在核外空间的分布并没有明确的边界。在离核较远处,电子出现的概率并不等于零。但在离核几百皮米以外,电子出现的概率实际已经很小。如果将概率密度相同的各点连成一个曲面,这样的面就称为等密度面。为了表示电子出现的主要区域,可取包含90%(或95%)电子云的一个等密度面来表示电子云的形状,这样的图形称为界面图(图8-12)。

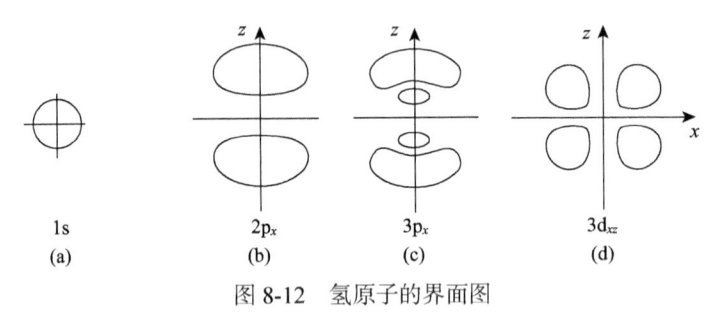

图 8-12 氢原子的界面图

8.3 多电子原子结构和元素周期律

8.3.1 多电子原子轨道能级

1. 屏蔽效应

氢原子核外只有1个电子,这个电子只受到原子核的作用而没有其他电子的排斥作用,氢原子的波动方程可精确求解,其核外电子运动的能量公式为

$$E = -\frac{13.6}{n^2} \text{ (eV)}$$

在多电子原子中必须考虑到电子与电子间的排斥作用。例如,He原子核外有两个电子,对于其中的任何一个电子来说,其能量状态要考虑电子运动的动能、核电荷对电子的吸引能及两电子间的排斥势能,排斥势能项的引入使薛定谔方程无法精确求解。对此只能考虑近似处理法。

考虑He原子中的电子1时,认为电子2对电子1的排斥作用相当于屏蔽或削弱了部分核电荷对电子1的吸引作用,屏蔽或削弱了的核电荷数值为σ,这样作用在电子1上的核电荷数就减小为Z^*,$Z^* = Z - \sigma$,Z^*称为有效核电荷,σ称为屏蔽常数。因此,在多电子原子中,把其他电子对某一选定电子的排斥作用归结为对核电荷的抵消或屏蔽,这种作用称为屏蔽效应。采用近似处理方法,求解薛定谔方程,得到多电子原子中每个电子的轨道能量:

$$E = -13.6\frac{(Z-\sigma)^2}{n^2} \text{ (eV)}$$

式中,σ的数值与起屏蔽作用的电子的多少以及这些电子的主量子数(n)、角量子数(l)有关,也与该电子本身的n、l有关。因此,多电子原子轨道能量不仅与n有关,还与l有关。

斯莱特(Slater)根据光谱数据，归纳出一套估算屏蔽常数的规则。斯莱特规则如下：

(1) 将原子中的电子按下列顺序分组：

(1s)；(2s,2p)；(3s,3p)；(3d)；(4s,4p)；(4d)；(4f)；(5s,5p)；(5d)；(5f)；等。

(2) 位于某组右边的各组，对该组电子没有屏蔽作用，即 $\sigma = 0$。

(3) 同组电子间屏蔽的 $\sigma = 0.35$ (1s 例外，$\sigma = 0.30$)。

(4) 对于 (nsnp) 组电子，(n–1) 电子层中的电子对该组电子屏蔽的 $\sigma = 0.85$，小于 (n–1) 的各层电子对该组电子屏蔽的 $\sigma = 1.00$。

(5) 对于 (nd) 组或 (nf) 组电子，位于它左边的各组电子对该组电子的屏蔽常数 $\sigma = 1.00$。

【例 8-1】 计算镓原子中其他电子分别对 2p、3p、4p 上 1 个电子的 σ 值。

解 镓原子的电子结构式为 $1s^2 2s^2 2p^6 3s^2 3p^6 3d^{10} 4s^2 4p^1$，分组为 $(1s)^2 (2s2p)^8 (3s3p)^8 (3d)^{10} (4s4p)^3$。

$$\sigma_{2p} = 2 \times 0.85 + 7 \times 0.35 = 4.15$$

$$\sigma_{3p} = 2 \times 1.00 + 8 \times 0.85 + 7 \times 0.35 = 11.25$$

$$\sigma_{4p} = 10 \times 1.00 + 18 \times 0.85 + 2 \times 0.35 = 26.0$$

【例 8-2】 计算基态钪原子中 3d 和 3s 上 1 个电子的能量。

解 钪原子的电子结构式为 $1s^2 2s^2 2p^6 3s^2 3p^6 3d^1 4s^2$，分组为 $(1s)^2 (2s2p)^8 (3s3p)^8 (3d)^1 (4s)^2$。

$$\sigma_{3d} = 18 \times 1.00 = 18.0$$

$$\sigma_{3s} = 2 \times 1.00 + 8 \times 0.85 + 7 \times 0.35 = 11.25$$

$$E_{3d} = -13.6 \times \frac{(21-18.0)^2}{3^2} = -13.6 \text{ (eV)}$$

$$E_{3s} = -13.6 \times \frac{(21-11.25)^2}{3^2} = -143.65 \text{ (eV)}$$

由此可见，多电子原子中当 l 相同，n 不同时，n 越大，能量越高。这是由于 n 越大，电子离核的平均距离越远，原子中其他电子对它的屏蔽作用越大，σ 值越大，所以能量就越高。例如，$E_{2p} < E_{3p} < E_{4p}$。

当多电子原子中 n 和 l 均不相同时会出现能级分裂和能级交错的现象，可结合钻穿效应来说明。

2. 钻穿效应

多电子原子中不同电子在离核 r 处球面上出现的概率大小不同，在原子核附近出现概率较大的电子，可更多地避免其他电子的屏蔽，受到核较强的吸引。外层电子钻到离核较近的位置而引起能量不同的现象称为电子的钻穿效应。钻穿效应与原子轨道的径向分布函数有关。3s 与 3p 相比，从图 8-10 可看出，l 越小的轨道第一个峰钻得越深，离核越近，3s 有两个小峰而 3p 只有一个小峰，3s 的其中一个小峰比 3p 的峰靠核更近，所以 3s 的钻穿效应大于 3p，3p 的钻穿效应又大于 3d。3s 电子的钻穿效应大，它受到内层电子的屏蔽作用小，受核的引力较强，因而能量降低，而 3p 和 3d 电子钻入内层的程度依次减小，内层电子对它的屏蔽作用逐渐增强，它们的能量相继增大。n 相同时，钻穿效应的一般次序为 ns > np > nd > nf，而能量次序则依次为 $E_{nf} > E_{nd} > E_{np} > E_{ns}$，由此就可解释多电子原子中 n 相同 l 不同原子轨道的能级分裂。

当 n 和 l 都不同时，参照氢原子 3d、4s 的径向分布图 8-10 可以看出，4s 最大峰虽然比

3d 离核远得多，但它有两个小峰比 3d 的高峰离核更近，可以更好地回避其他电子的屏蔽。4s 电子的钻穿效应大，对能量的降低起着更大的作用，超过了主量子数大对轨道能量的升高作用，即 $E_{4s} < E_{3d}$。一般来说，当 $n \geq 3$ 后，外层电子中 $E_{(n+1)s} < E_{nd}$；$n \geq 4$ 后，$E_{(n+2)s} < E_{nf}$。因此，我们可以用屏蔽效应和钻穿效应的共同作用说明在近似的能级图中出现的"能级交错"现象。

屏蔽效应和钻穿效应是相互联系的，它可以帮助我们理解多电子原子中核外电子的排布次序。

3. 鲍林近似能级图

鲍林（Pauling）根据光谱实验数据及某些近似的理论计算，总结出多电子原子轨道近似能级图，如图 8-13 所示。

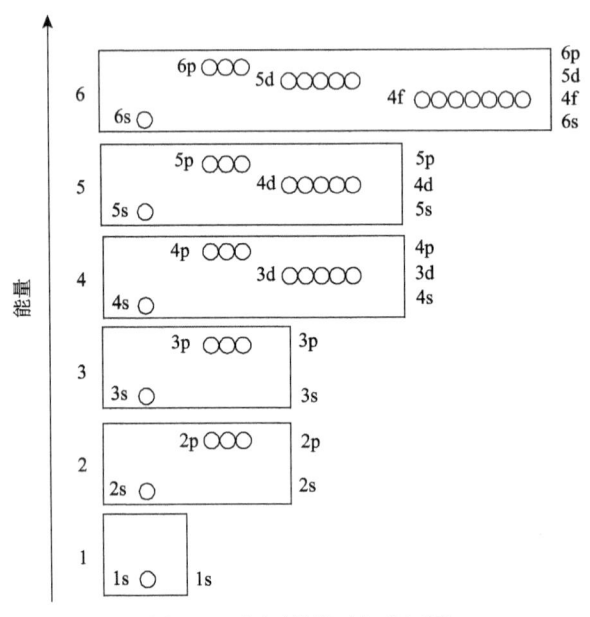

图 8-13 原子轨道近似能级图

以下规律可以帮助我们理解原子轨道近似能级图：

(1) 近似能级图中，能级次序是多电子原子中电子按能级高低在核外排布的顺序。能级相近的能级划为一组放在一个方框中称为能级组，第一能级组 1s，第二能级组 2s2p，第三能级组 3s3p，第四能级组 4s3d4p，第五能级组 5s4d5p，第六能级组 6s4f5d6p 等。

(2) 近似能级图表明：角量子数相同的能级的能量高低由主量子数决定，如 $E_{1s} < E_{2s} < E_{3s} < E_{4s}$；主量子数相同角量子数不同的能级，能量随角量子数的增大而升高，如 $E_{4s} < E_{4p} < E_{4d} < E_{4f}$；主量子数和角量子数均不相同时，出现能级交错现象，如 $E_{4s} < E_{3d} < E_{4p}$；主量子数和角量子数都相等的原子轨道能量相等称为简并轨道，如 p 轨道三重简并，d 轨道五重简并等。

(3) 我国化学家徐光宪教授总结归纳出核外电子能级次序的近似公式，利用 $(n+0.7l)$ 值的大小来计算各原子轨道的相对次序，计算值的整数部分相同的作为一个能级组，结果与鲍林的原子轨道近似能级图中能级高低顺序一致，如 $(n+0.7l)_{4s} = 4$，$(n+0.7l)_{3d} = 4.14$，$(n+0.7l)_{4p} = 4.7$。

4. 科顿原子轨道能级图

美国无机化学家科顿(Cotton)概括了光谱实验和理论的结果，提出了原子轨道能量随原子序数而变化的图(图 8-14)。

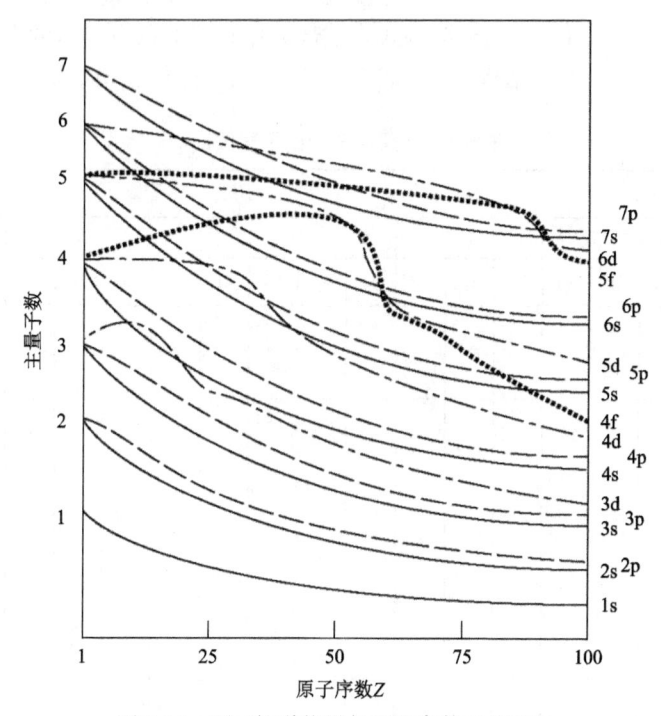

图 8-14 原子轨道能量与原子序数的关系图

由科顿的原子轨道能级图可看出：

(1) 原子序数为 1 的氢元素主量子数相同的各轨道能量相等，原子序数>1 的元素主量子数相同的各轨道发生能级分裂。

(2) 原子轨道的能量随着原子序数的增加逐渐降低，由于下降程度不同而发生能级交错。例如，原子序数小于 18 或大于 21 时，$E_{3d}<E_{4s}$，原子序数为 19 和 20 时，$E_{3d}>E_{4s}$，能级图中还有多处出现能级交错。

8.3.2 多电子原子核外电子排布

人们根据光谱实验的结果和对元素性质周期律的分析，总结出多电子原子处于基态时，核外电子排布应遵循以下三个原理：

(1) 能量最低原理：电子在原子轨道上的分布，要尽可能使整个原子系统的能量最低。

(2) 泡利不相容原理：每个原子轨道至多容纳两个自旋相反的电子。也就是说，同一原子不能有两个电子具有完全相同的量子数。

(3) 洪德规则：在 n 和 l 相同的等价轨道上分布的电子将尽可能分占 m 值不同的轨道，且自旋平行。

两个电子同占一个轨道时，电子间的排斥作用会使系统能量升高，而分占等价轨道时，才有利于降低系统的能量。因此，又演绎出一条规则：当等价轨道中的电子处于全充满或半充满的构型时，相对于其他构型有更大的稳定性，即 p^3、d^5、f^7 半充满和 p^6、d^{10}、f^{14} 全充满时最稳定。

表 8-1 列出了原子序数 1~109 种元素基态原子中电子的排列情况。为了简单地表示多电子原子的电子排布情况，通常把电子结构式内层部分用相应的稀有气体的电子结构来代替，称为原子实。例如，Cr 的电子结构式为 [Ar] $3d^5 4s^1$；Cu 的电子结构式为 [Ar] $3d^{10} 4s^1$。

表 8-1　元素原子的电子层结构

周期	原子序数	元素名称	元素符号	K 1s	L 2s	L 2p	M 3s	M 3p	M 3d	N 4s	N 4p	N 4d	N 4f	O 5s	O 5p	O 5d	O 5f	P 6s	P 6p	P 6d	Q 7s
1	1	氢	H	1																	
	2	氦	He	2																	
2	3	锂	Li	2	1																
	4	铍	Be	2	2																
	5	硼	B	2	2	1															
	6	碳	C	2	2	2															
	7	氮	N	2	2	3															
	8	氧	O	2	2	4															
	9	氟	F	2	2	5															
	10	氖	Ne	2	2	6															
3	11	钠	Na	2	2	6	1														
	12	镁	Mg	2	2	6	2														
	13	铝	Al	2	2	6	2	1													
	14	硅	Si	2	2	6	2	2													
	15	磷	P	2	2	6	2	3													
	16	硫	S	2	2	6	2	4													
	17	氯	Cl	2	2	6	2	5													
	18	氩	Ar	2	2	6	2	6													
4	19	钾	K	2	2	6	2	6		1											
	20	钙	Ca	2	2	6	2	6		2											
	21	钪	Sc	2	2	6	2	6	1	2											
	22	钛	Ti	2	2	6	2	6	2	2											
	23	钒	V	2	2	6	2	6	3	2											
	24	铬	Cr	2	2	6	2	6	5	1											
	25	锰	Mn	2	2	6	2	6	5	2											

续表

周期	原子序数	元素名称	元素符号	电子层															
				K	L		M			N				O				P		Q
				1s	2s	2p	3s	3p	3d	4s	4p	4d	4f	5s	5p	5d	5f	6s	6p	6d	7s
4	26	铁	Fe	2	2	6	2	6	6	2											
	27	钴	Co	2	2	6	2	6	7	2											
	28	镍	Ni	2	2	6	2	6	8	2											
	29	铜	Cu	2	2	6	2	6	10	1											
	30	锌	Zn	2	2	6	2	6	10	2											
	31	镓	Ga	2	2	6	2	6	10	2	1										
	32	锗	Ge	2	2	6	2	6	10	2	2										
	33	砷	As	2	2	6	2	6	10	2	3										
	34	硒	Se	2	2	6	2	6	10	2	4										
	35	溴	Br	2	2	6	2	6	10	2	5										
	36	氪	Kr	2	2	6	2	6	10	2	6										
5	37	铷	Rb	2	2	6	2	6	10	2	6			1							
	38	锶	Sr	2	2	6	2	6	10	2	6			2							
	39	钇	Y	2	2	6	2	6	10	2	6	1		2							
	40	锆	Zr	2	2	6	2	6	10	2	6	2		2							
	41	铌	Nb	2	2	6	2	6	10	2	6	4		1							
	42	钼	Mo	2	2	6	2	6	10	2	6	5		1							
	43	锝	Tc	2	2	6	2	6	10	2	6	5		2							
	44	钌	Ru	2	2	6	2	6	10	2	6	7		1							
	45	铑	Rh	2	2	6	2	6	10	2	6	8		1							
	46	钯	Pd	2	2	6	2	6	10	2	6	10									
	47	银	Ag	2	2	6	2	6	10	2	6	10		1							
	48	镉	Cd	2	2	6	2	6	10	2	6	10		2							
	49	铟	In	2	2	6	2	6	10	2	6	10		2	1						
	50	锡	Sn	2	2	6	2	6	10	2	6	10		2	2						
	51	锑	Sb	2	2	6	2	6	10	2	6	10		2	3						
	52	碲	Te	2	2	6	2	6	10	2	6	10		2	4						
	53	碘	I	2	2	6	2	6	10	2	6	10		2	5						
	54	氙	Xe	2	2	6	2	6	10	2	6	10		2	6						
6	55	铯	Cs	2	2	6	2	6	10	2	6	10		2	6			1			
	56	钡	Ba	2	2	6	2	6	10	2	6	10		2	6			2			
	57	镧	La	2	2	6	2	6	10	2	6	10		2	6	1		2			

续表

周期	原子序数	元素名称	元素符号	电子层															
				K	L		M			N				O				P			Q
				1s	2s	2p	3s	3p	3d	4s	4p	4d	4f	5s	5p	5d	5f	6s	6p	6d	7s
6	58	铈	Ce	2	2	6	2	6	10	2	6	10	1	2	6	1		2			
	59	镨	Pr	2	2	6	2	6	10	2	6	10	3	2	6			2			
	60	钕	Nd	2	2	6	2	6	10	2	6	10	4	2	6			2			
	61	钷	Pm	2	2	6	2	6	10	2	6	10	5	2	6			2			
	62	钐	Sm	2	2	6	2	6	10	2	6	10	6	2	6			2			
	63	铕	Eu	2	2	6	2	6	10	2	6	10	7	2	6			2			
	64	钆	Gd	2	2	6	2	6	10	2	6	10	7	2	6	1		2			
	65	铽	Tb	2	2	6	2	6	10	2	6	10	9	2	6			2			
	66	镝	Dy	2	2	6	2	6	10	2	6	10	10	2	6			2			
	67	钬	Ho	2	2	6	2	6	10	2	6	10	11	2	6			2			
	68	铒	Lu	2	2	6	2	6	10	2	6	10	12	2	6			2			
	69	铥	Tm	2	2	6	2	6	10	2	6	10	13	2	6			2			
	70	镱	Yb	2	2	6	2	6	10	2	6	10	14	2	6			2			
	71	镥	Lu	2	2	6	2	6	10	2	6	10	14	2	6	1		2			
	72	铪	Hf	2	2	6	2	6	10	2	6	10	14	2	6	2		2			
	73	钽	Ta	2	2	6	2	6	10	2	6	10	14	2	6	3		2			
	74	钨	W	2	2	6	2	6	10	2	6	10	14	2	6	4		2			
	75	铼	Re	2	2	6	2	6	10	2	6	10	14	2	6	5		2			
	76	锇	Os	2	2	6	2	6	10	2	6	10	14	2	6	6		2			
	77	铱	Ir	2	2	6	2	6	10	2	6	10	14	2	6	7		2			
	78	铂	Pt	2	2	6	2	6	10	2	6	10	14	2	6	9		1			
	79	金	Au	2	2	6	2	6	10	2	6	10	14	2	6	10		1			
	80	汞	Hg	2	2	6	2	6	10	2	6	10	14	2	6	10		2			
	81	铊	Tl	2	2	6	2	6	10	2	6	10	14	2	6	10		2	1		
	82	铅	Pb	2	2	6	2	6	10	2	6	10	14	2	6	10		2	2		
	83	铋	Bi	2	2	6	2	6	10	2	6	10	14	2	6	10		2	3		
	84	钋	Po	2	2	6	2	6	10	2	6	10	14	2	6	10		2	4		
	85	砹	At	2	2	6	2	6	10	2	6	10	14	2	6	10		2	5		
	86	氡	Rn	2	2	6	2	6	10	2	6	10	14	2	6	10		2	6		
7	87	钫	Fr	2	2	6	2	6	10	2	6	10	14	2	6	10		2	6		1
	88	镭	Ra	2	2	6	2	6	10	2	6	10	14	2	6	10		2	6		2
	89	锕	Ac	2	2	6	2	6	10	2	6	10	14	2	6	10		2	6	1	2

续表

周期	原子序数	元素名称	元素符号	电子层															
				K	L		M			N				O				P			Q
				1s	2s	2p	3s	3p	3d	4s	4p	4d	4f	5s	5p	5d	5f	6s	6p	6d	7s
7	90	钍	Th	2	2	6	2	6	10	2	6	10	14	2	6	10		2	6	2	2
	91	镤	Pa	2	2	6	2	6	10	2	6	10	14	2	6	10	2	2	6	1	2
	92	铀	U	2	2	6	2	6	10	2	6	10	14	2	6	10	3	2	6	1	2
	93	镎	Np	2	2	6	2	6	10	2	6	10	14	2	6	10	4	2	6	1	2
	94	钚	Pu	2	2	6	2	6	10	2	6	10	14	2	6	10	6	2	6		2
	95	镅	Am	2	2	6	2	6	10	2	6	10	14	2	6	10	7	2	6		2
	96	锔	Cm	2	2	6	2	6	10	2	6	10	14	2	6	10	7	2	6	1	2
	97	锫	Bk	2	2	6	2	6	10	2	6	10	14	2	6	10	9	2	6		2
	98	锎	Cf	2	2	6	2	6	10	2	6	10	14	2	6	10	10	2	6		2
	99	锿	Es	2	2	6	2	6	10	2	6	10	14	2	6	10	11	2	6		2
	100	镄	Fm	2	2	6	2	6	10	2	6	10	14	2	6	10	12	2	6		2
	101	钔	Md	2	2	6	2	6	10	2	6	10	14	2	6	10	13	2	6		2
	102	锘	No	2	2	6	2	6	10	2	6	10	14	2	6	10	14	2	6		2
	103	铹	Lr	2	2	6	2	6	10	2	6	10	14	2	6	10	14	2	6	1	2
	104	钅卢	Rf	2	2	6	2	6	10	2	6	10	14	2	6	10	14	2	6	2	2
	105	钅杜	Db	2	2	6	2	6	10	2	6	10	14	2	6	10	14	2	6	3	2
	106	镇	Sg	2	2	6	2	6	10	2	6	10	14	2	6	10	14	2	6	4	2
	107	铍	Bh	2	2	6	2	6	10	2	6	10	14	2	6	10	14	2	6	5	2
	108	𨭆	Hs	2	2	6	2	6	10	2	6	10	14	2	6	10	14	2	6	6	2
	109	鿏	Mt	2	2	6	2	6	10	2	6	10	14	2	6	10	14	2	6	7	2

表 8-1 中电子排布的特殊情况说明如下：

(1) 19 号钾原子和 20 号钙原子 $E_{4s} < E_{3d}$，因此电子先填充 4s，然后填充到 3d 轨道上，从 21 号钪到 30 号锌，随着 d 电子逐渐增加，出现两个例外：铬的外层电子不是 $3d^4 4s^2$ 而是 $3d^5 4s^1$；铜的外层电子不是 $3d^9 4s^2$ 而是 $3d^{10} 4s^1$，这是因为半充满的 d^5 和全充满的 d^{10} 结构特别稳定。

(2) 37 号铷原子和 38 号锶原子 $E_{5s} < E_{4d}$，电子先填充 5s。从 39 号钇开始，电子逐渐填入 4d，但由于 5s 和 4d 能级差别不大，光谱实验结果与上述三条原理的一般推论有不一致的情况，如 41 号铌 $[Kr]4d^4 5s^1$，44 号钌 $[Kr]4d^7 5s^1$，45 号铑 $[Kr]4d^8 5s^1$ 等。

(3) 55 号铯原子和 56 号钡原子 $E_{6s} < E_{4f} < E_{5d}$，电子先填充 6s，再依次进入 4f、5d 轨道，57 号镧原子的外层电子为 $4f^0 5d^1 6s^2$，64 号原子的外层电子为 $4f^7 5d^1 6s^2$，这是由于 f^0、f^7 的结构相对稳定。

(4)绝大多数原子的核外电子的实际排布与总结的三条原理是一致的,然而有些副族元素,特别是第六周期、第七周期的某些元素,光谱实验结果并不能用排布原理完满地解释,我们要尊重实验事实,进一步完善理论。

8.3.3 元素周期律概述

1. 原子的电子层结构和元素周期律

1)元素周期律

俄国化学家门捷列夫早在 1869 年就发现了化学元素周期律,并编制了包括当时已知的全部 63 种元素的周期表,但当时还不可能揭示周期表的本质原因。人们在对原子结构深入了解的基础上认识到:元素的性质随着原子序数(核电荷数)的递增呈现周期性的变化,这个规律就是元素周期律。

元素周期系中,元素按原子序数递增的顺序排列时,原子的最外层的电子结构也随着原子序数的递增呈现周期性的变化,每一周期(除第一周期外)原子最外层的电子重复 ns^1 到 ns^2np^6 的变化,而元素的化学性质主要取决于它的最外电子层结构。正是原子电子层结构周期性变化,导致了元素性质的周期性。因此,元素周期律揭示了元素间相互联系的本质原因。

2)原子的电子层结构和周期的划分

(1)元素所在的周期数等于该元素原子的电子层数,即第一周期元素原子有一个电子层,第二周期元素原子有两个电子层,其余类推。由于原子的电子层数等于最外电子层的主量子数 n,所以也可表示为:周期数=最外电子层的主量子数 n。

(2)各周期元素的数目等于相应能级组中原子轨道所能容纳的电子总数,如表 8-2 所示。由于各个能级组内包含的轨道数目不完全相同,因此周期有长短之分,第七周期是一个不完全周期。

表 8-2 各周期元素与相应能级组的关系

周期	元素数目	相应能级组中的原子轨道	电子最大容量
1	2	1s	2
2	8	2s 2p	8
3	8	3s 3p	8
4	18	4s 3d 4p	18
5	18	5s 4d 5p	18
6	32	6s 4f 5d 6p	32
7	23(未完)	7s 5f 6d(未完)	未满

3)原子的电子层结构与族的划分

主族:周期表中共有 7 个主族,用符号ⅠA～ⅦA 表示,族数等于原子最外层的电子数。同一主族内,虽然不同元素的原子电子层数是不相同的,然而最外层电子数相等。

零族:稀有气体最外层除氦是 2 个电子($1s^2$),其余均是 8 个电子(ns^2np^6),这样的电子构型是稳定的,人们曾经认为它们不会形成化合物,化合价为零,故习惯称为零族。其实,8

电子稳定构型是相对的。

副族：周期表中共有 7 个副族，用符号ⅠB～ⅦB 表示，也称过渡元素。镧系和锕系称为内过渡元素。ⅠB～ⅡB 的族数等于原子最外层的电子数，它们与ⅠA、ⅡA 不同的是原子次外层 d 电子全充满；ⅢB～ⅦB 的族数等于这些原子的最外层电子数与次外层 d 电子数之和。同一副族内，不同元素的原子电子层数不同，但它们的最外层电子数与次外层 d 电子数之和相同。

Ⅷ族：周期表中间共有三个纵行。它们的外围电子构型是 $(n-1)d^{6\sim10}ns^{0\sim2}$，最后一个电子填在 $(n-1)d$ 亚层上，也称过渡元素。

4) 原子的电子层结构与区的划分

根据元素原子的电子层结构特征或最后一个电子填充的亚层类别，可将周期表中的元素划分为五个区（图 8-15），实际上是把价电子构型相似的元素集中分在一个区。

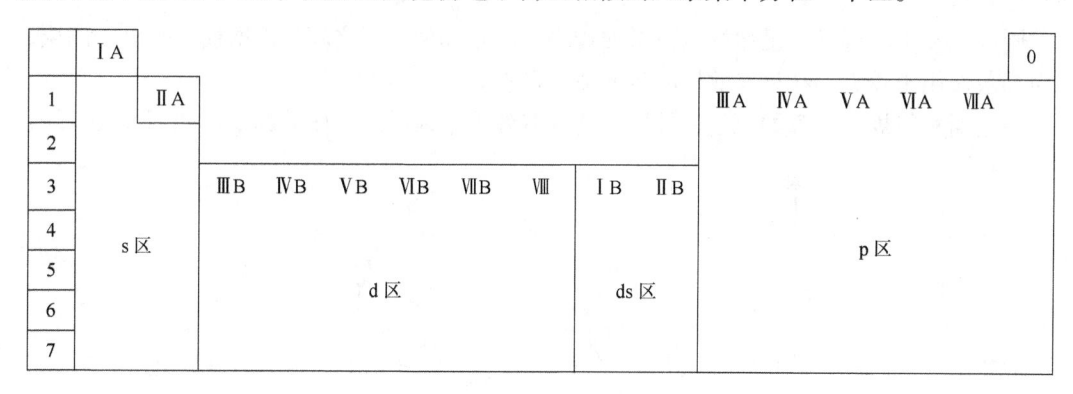

图 8-15 周期表中元素的分区

(1) s 区元素：最后 1 个电子填充在 s 亚层上的元素，价电子构型是 ns^1 和 ns^2，包括ⅠA 和ⅡA 族。

(2) p 区元素：最后 1 个电子填充在 p 亚层上的元素，价电子构型是 $ns^2np^{1\sim6}$（He 为 $1s^2$），包括ⅢA～ⅦA 族和零族元素。

(3) d 区元素：最后 1 个电子基本都是填充在次外层的 d 亚层上的元素（个别例外），价电子构型是 $(n-1)d^{1\sim9}ns^{1\sim2}$，包括ⅢB～ⅦB 族和Ⅷ族元素。

(4) ds 区元素：次外层 d 轨道是充满的，最外层轨道有 1～2 个电子，价电子构型是 $(n-1)d^{10}ns^{1\sim2}$，包括ⅠB 和ⅡB 族。

(5) f 区元素：最后 1 个电子填充在 f 亚层上，价电子构型是 $(n-2)f^{0\sim14}ns^2$，或者 $(n-2)f^{0\sim14}(n-1)d^{0\sim2}ns^2$，包括镧系和锕系元素。

元素的化学性质主要取决于价电子，周期表中区的划分主要是基于价电子构型的不同，所以按不同的区可以讨论元素及化合物性质的不同。

2. 元素性质的周期性

随着原子序数的递增，原子电子层结构呈现周期性变化，这是元素性质周期性的内在原因。元素的基本性质如原子的有效核电荷、原子半径、电离能、电子亲和能、电负性等也呈现出周期性的变化。

1) 有效核电荷 Z^*

元素原子序数增加时，原子的核电荷呈线性关系依次增加，但有效核电荷 Z^* 却呈周期性的变化。这是由于屏蔽常数 σ 的大小与 n、l 有关，电子层结构呈周期性变化，屏蔽常数 σ 也呈周期性变化。

同一周期的主族元素从左到右，电子依次填充到最外层，即加到同一电子层中，由于同层电子间屏蔽作用弱，因此有效核电荷增加显著。同一周期的过渡元素从左到右，电子加到次外层，所产生的屏蔽作用比这个电子进入最外层要增大一些，因此有效核电荷增加不多，当次外层电子半充满或全充满时，由于屏蔽作用较大，有效核电荷略有下降，如第一过渡系的 Cr、Cu。

同族元素由上到下，虽然核电荷增加较多，但相邻两元素之间依次增加一个电子内层，因而屏蔽作用也较大，结果有效核电荷增加不显著。

根据斯莱特规则计算的原子最外层受到的有效核电荷随原子序数的变化如图 8-16 所示。

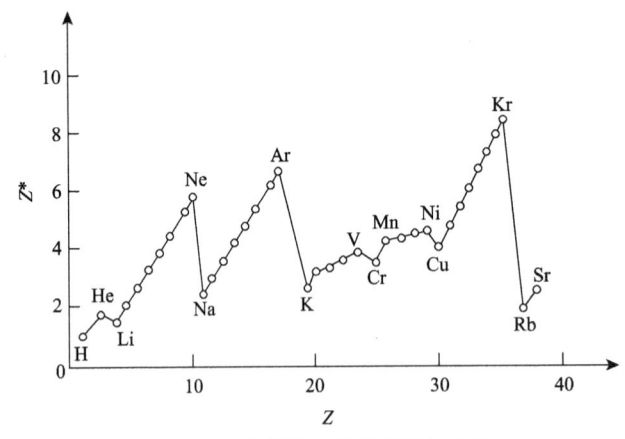

图 8-16 有效核电荷的周期性变化

2) 原子半径

按照物质结构的理论，电子在核外运动没有固定轨道，只是概率分布不同，电子云没有明显的边界，因此原子中并不存在固定的半径。通常所说的原子半径是指相邻原子的平均核间距。根据原子与原子间作用力的不同，原子半径一般可分为三种：共价半径、金属半径和范德华半径。

同种元素的两个原子以共价键连接时，它们核间距离的一半称为该原子的共价半径。同一元素的两个原子以共价单键、双键或叁键连接时，共价半径也不同。金属晶体中相邻两个金属原子的核间距的一半称为金属半径。当两个原子只靠范德华力(分子间作用力)互相吸引时，它们核间距的一半称为范德华半径。

表 8-3 列出了各元素原子半径的数据，其中金属为金属半径(配位数为 12)，稀有气体为范德华半径，其余均为共价半径。

表 8-3　元素的原子半径(pm)

H																	He
37																	122
Li	Be											B	C	N	O	F	Ne
152	111											88	77	70	66	64	160
Na	Mg											Al	Si	P	S	Cl	Ar
186	160											143	117	110	104	99	191
K	Ca	Sc	Ti	V	Cr	Mn	Fe	Co	Ni	Cu	Zn	Ga	Ge	As	Se	Br	Kr
227	197	161	145	132	125	124	124	125	125	128	133	122	122	121	117	114	198
Rb	Sr	Y	Zr	Nb	Mo	Tc	Ru	Rh	Pd	Ag	Cd	In	Sn	Sb	Te	I	Xe
248	215	181	160	143	136	136	133	135	138	144	149	163	141	141	137	133	217
Cs	Ba	Lu	Hf	Ta	W	Re	Os	Ir	Pt	Au	Hg	Tl	Pb	Bi	Po		
265	217	173	159	143	137	137	134	136	136	144	160	170	175	155	153		

La	Ce	Pr	Nd	Pm	Sm	Eu	Gd	Tb	Dy	Ho	Er	Tm	Yb
188	183	183	182	181	180	204	180	178	177	177	176	175	194

　　由表 8-3 中数据可以看出原子半径周期性变化规律。同一周期，主族元素随原子序数的增加原子半径逐渐减小，长周期中部(d 区)各元素随原子序数递增原子半径减小缓慢，ⅠB、ⅡB 族元素(ds 区)原子半径略有增大。这是因为，同一周期主族元素，随着原子序数的递增，增加的电子填入最外层 ns 或 np 轨道，它们屏蔽效应较小，因而从左到右有效核电荷逐渐增加，原子半径逐渐减小，长周期 d 区元素，处于次外层的 d 电子对外层电子的屏蔽作用较大。有效核电荷增加缓慢，从而引起原子半径递减的幅度减小，到ⅠB、ⅡB 族元素，次外层 $(n–1)$d 轨道已填满了 3d 电子，d^{10} 电子构型有较大的屏蔽作用，所以原子半径略有增大。各周期末尾稀有气体的半径较大，是由于稀有气体的原子半径不是共价半径而是范德华半径。

　　镧系元素和锕系元素从左到右原子半径总趋势也是减小的，只是幅度更小。这是由于新增加的电子填充到外数第三层，对外层电子的屏蔽效应更大，作用在外层电子上的核电荷增加更小，因此半径减小更不明显。由于 f^7、f^{14} 构型的屏蔽效应大，铕(Eu)的半径大于钐(Sm)，镱(Yb)的半径大于铥(Tm)。镧系元素从镧到镱整个系列的原子半径缩小不明显的现象称为镧系收缩。

　　同一主族元素从上到下，电子层数增加对原子半径的影响超过核电荷增加的影响，所以原子半径依次增大。同一副族中，原子半径从上到下变化不很明显。第四周期、第五周期元素有效核电荷相似，而电子层数增加，所以第五周期元素的原子半径比第四周期大；第六周期元素由于镧系收缩的影响，与第五周期原子半径相近，如铪(Hf)、钽(Ta)、钨(W)、铼(Re)分别与同族元素钇(Y)、锆(Zr)、铌(Nb)、钼(Mo)非常接近，也使得这些元素性质非常相似，常共生在一起难以分离。

　　3) 电离能

　　电离能(ionization energy)也称电离势。处于基态的气态原子失去 1 个电子成为+1 价气态正离子所需要的能量称为该元素的第一电离能，用 I_1 表示。由+1 价气态正离子再失去 1 个电子成为+2价气态正离子所需的能量称为第二电离能，用 I_2 表示。依此类推，还有第三电离能 I_3、第四电离能 I_4 等。例如：

$$Mg\ (g) \longrightarrow Mg^+(g) + e^- \qquad I_1 = 736 kJ \cdot mol^{-1}$$
$$Mg^+(g) \longrightarrow Mg^{2+}(g) + e^- \qquad I_2 = 1450 kJ \cdot mol^{-1}$$
$$Mg^{2+}(g) \longrightarrow Mg^{3+}(g) + e^- \qquad I_3 = 7740 kJ \cdot mol^{-1}$$

各级电离能的大小顺序是 $I_1 < I_2 < I_3 \cdots$，这是由于离子的电荷正值越来越大，离子半径越来越小，失去电子需要的能量越来越大，通常讲的电离能指的是第一电离能 I_1。

第一电离能的大小用来衡量原子失去电子的难易程度，进而判断金属活泼性强弱。元素第一电离能越小，原子失去电子越容易，相应金属越活泼。例如，Cs 元素的第一电离能很小，是非常活泼的金属，在光的照射下，即可以失去最外层电子。

电离能都是正值，因为使原子失去外层电子总是需要吸收能量来克服核对电子的吸引力，元素电离能数值见表 8-4。

表 8-4 电离能($\times 10^{-19}$J 或 eV)

元素	电子层结构	I	II	III	IV	V	VI
H	$1s^1$	21.784					
		13.598					
He	$1s^2$	39.388	87.174				
		24.587	54.416				
Li	$2s^1$	8.638	121.172	196.167			
		5.392	75.638	122.451			
Be	$2s^2$	14.934	29.174	246.537	348.776		
		9.322	18.211	153.893	217.713		
B	$2s^2\ 2p^1$	13.293	40.297	60.764	415.508	545.028	
		8.298	25.154	37.930	259.368	340.217	
C	$2s^2\ 2p^2$	18.039	39.062	76.715	103.316	628.107	748.950
		11.260	24.383	47.887	64.492	392.077	489.981
N	$2s^2\ 2p^3$	23.284	47.421	76.012	124.110	156.817	884.395
		14.534	29.601	47.448	77.472	97.888	552.057
O	$2s^2\ 2p^4$	21.816	56.256	88.004	124.014	182.461	221.262
		13.618	35.116	54.934	77.412	113.896	138.116
F	$2s^2\ 2p^5$	27.910	56.022	100.457	139.595	183.013	251.772
		17.422	34.970	62.707	87.138	114.240	157.161
Ne	$2s^2\ 2p^6$	34.546	65.621	101.647	155.570	202.188	253.004
		21.564	40.962	63.45	97.11	126.21	157.93
Na	$3s^1$	8.233	75.752	114.767	158.454	221.701	275.784
		5.139	47.286	71.64	98.91	138.39	172.15
Mg	$3s^2$	12.249	24.086	128.389	175.003	226.999	298.773
		7.646	15.035	80.143	109.24	141.26	186.50

续表

元素	电子层结构	I	II	III	IV	V	VI
Al	$3s^2$ $3p^1$	9.590	30.163	45.572	192.224	246.243	305.133
		5.986	18.828	28.447	119.99	153.71	190.47
Si	$3s^2$ $3p^2$	13.058	26.185	53.654	72.316	267.166	328.490
		8.151	16.345	33.492	45.141	166.77	205.05
P	$3s^2$ $3p^3$	16.799	31.600	48.348	82.295	104.167	353.129
		10.486	19.725	30.18	51.37	65.023	220.43
S	$3s^2$ $3p^4$	16.597	37.375	55.798	75.775	116.433	141.055
		10.360	23.33	34.83	47.30	72.68	88.049
Cl	$3s^2$ $3p^5$	20.773	38.144	63.455	85.643	108.62	155.442
		12.967	23.81	39.61	53.46	67.8	97.03
Ar	$3s^2$ $3p^6$	25.246	44.262	65.266	59.816	120.18	145.793
		15.759	27.629	40.74	59.81	75.02	91.007
K	$4s^1$	6.954	50.663	73.243	97.578	132.42	160.2
		4.341	31.625	45.72	60.91	82.66	100.0
Ca	$4s^2$	9.793	19.017	81.555	107.494	135.225	174.266
		6.113	11.871	50.908	67.10	84.41	108.78
Sc	$3d^1$ $4s^2$	10.477	20.506	39.666	117.699	146.839	177.98
		6.54	12.80	24.76	73.47	91.66	111.1
Ti	$3d^2$ $4s^2$	10.926	21.755	44.041	69.312	158.950	191.215
		6.82	13.58	27.491	43.266	99.22	119.36
V	$3d^3$ $4s^2$	10.798	23.469	46.955	74.825	104.499	205.248
		6.74	14.65	29.310	46.707	65.23	128.12
Cr	$3d^5$ $4s^1$	10.839	26.433	49.598	78.658	111.019	145.077
		6.766	16.50	30.96	49.1	69.3	90.56
Mn	$3d^5$ $4s^2$	11.911	25.055	53.935	82.02	115.985	152
		7.435	15.640	33.667	51.2	72.4	95
Fe	$3d^6$ $4s^2$	12.608	25.920	49.103	87.79	120.15	158
		7.870	16.18	30.651	54.8	75.0	99
Co	$3d^7$ $4s^2$	12.592	27.330	53.667	82.18	127.4	163
		7.86	17.06	33.50	51.3	79.5	102
Ni	$3d^8$ $4s^2$	12.231	29.105	56.342	87.95	120.95	173
		7.635	18.168	35.17	54.9	75.5	108
Cu	$3d^{10}$ $4s^1$	12.377	32.508	59.002	88.43	128.0	165
		7.726	20.292	36.83	55.2	79.9	103
Zn	$3d^{10}$ $4s^2$	15.049	28.778	63.635	95.16	132.3	173
		9.394	17.964	39.722	59.4	82.6	108
Ga	$4s^2$ $4p^1$	9.610	32.857	49.197	103		
		5.999	20.51	30.71	64		
Ge	$4s^2$ $4p^2$	12.654	25.926	54.820	73.227	149.79	
		7.899	15.934	34.22	45.71	93.5	

续表

元素	电子层结构	I	II	III	IV	V	VI
As	$4s^2$ $4p^3$	15.716	29.850	45.418	80.308	100.33	204.4
		9.81	18.633	28.351	50.13	62.63	127.6
Se	$4s^2$ $4p^4$	15.623	33.946	49.374	68.796	109.42	130.88
		9.752	21.19	30.820	42.944	68.3	81.70
Br	$4s^2$ $4p^5$	18.926	34.924	57.7	75.775	95.64	141.94
		11.814	21.8	36	47.3	59.7	68.6
Kr	$4s^2$ $4p^6$	22.426	39.023	59.194	84.11	103.65	125.6
		13.999	24.359	36.95	52.5	64.7	78.5

电离能的大小主要取决于原子的有效核电荷、原子半径和原子的电子层结构,周期系中各元素的第一电离能随原子序数的增加呈现出周期性变化。

同一周期从左到右,电子层数相同,元素的有效核电荷逐渐增加,原子半径逐渐减小,原子核对外层电子的吸引力也逐渐增加,电离能变化的总趋势是逐渐增大。但在某些地方出现曲折变化。以第二周期为例,B 的电离能反而比 Be 小,O 的电离能反而比 N 小。这是因为 B 的电子构型为 $2s^22p^1$,失去 1 个电子后具有 $2s^22p^0$ 的构型;O 的电子构型为 $2s^22p^4$,失去 1 个电子后具有 $2s^22p^3$ 的构型,根据洪德规则,等价轨道全满、半满或全空是比较稳定的结构,硼和氧失去 1 个电子后,分别成为全空(p^0)和半满(p^3)构型,所需的能量较小,也可以认为:由于 Be 和 N 的最外电子层构型分别为 $2s^2$ 和 $2s^22p^3$,价轨道属全满和半满状态,比较稳定,失电子相对较难,因此电离能分别比 B 和 O 大。从表 8-4 还可看出:同一周期中的过渡元素,因为它们新增加的电子是填入 $(n–1)$d 轨道或 $(n–2)$f 轨道,最外层基本相同,有效核电荷增加不多,原子半径减小又缓慢,所以电离能变化缓慢。

同一族从上到下,最外层电子数相同,有效核电荷增加不多,由于电子层数不同原子半径增大起主要作用,核对外层电子的引力依次减弱,电子逐渐容易失去,电离能依次减小。同族的过渡元素,第一电离能由上而下变化不规则,一般来说,第六周期过渡元素的第一电离能比同族元素的要大。

元素电离能的大小反映了原子气态时失去电子的难易。元素的第一电离能越小,表示它越容易失去电子,该元素的金属性也越强;反之,第一电离能越大,原子失去电子越难,金属性越弱。因此,元素第一电离能可用来衡量元素的金属性活泼。此外,电离能还可用来判断元素通常呈现的氧化态,从表 8-4 可看出,同一元素的各级电离势变化出现突跃,如铝的 I_1、I_2、I_3 依次增大,但 I_4 比 I_3 增加很多,出现突跃,说明铝通常呈现的氧化态为+3。电离能的突跃也说明原子核外的电子确实是分层的,层与层间电离能相差很大,同层内电离能相差较小。

4)电子亲和能

电子亲和能(electron affinity)又称电子亲和势。处于基态的气态原子获得一个电子成为–1价气态负离子时所放出的能量称为元素的第一电子亲和能,用 E_{A1} 表示。例如:

$$O\ (g) + e^- \longrightarrow O^-\ (g) \qquad E_{A1} = +141.0\ \text{kJ} \cdot \text{mol}^{-1}$$

当-1 价离子获得电子时，要克服电子间的排斥力，需要吸收能量，因此元素的第二电子亲和能都是负值。例如：

$$O^-(g) + e^- \longrightarrow O^{2-}(g) \qquad E_{A2} = -780 \text{kJ} \cdot \text{mol}^{-1}$$

表 8-5 列出一些元素的电子亲和能。目前已知的元素电子亲和能数据较少，测定的准确性较差，其数据远不如电离能的数据完整。电子亲和能数值习惯上用电子亲和反应焓变的负值表示，E_A 为正值表示放热，负值表示吸热。但有些书上定义电子亲和能正值表示吸收能量，负值表示放出能量，查用数据时需注意。

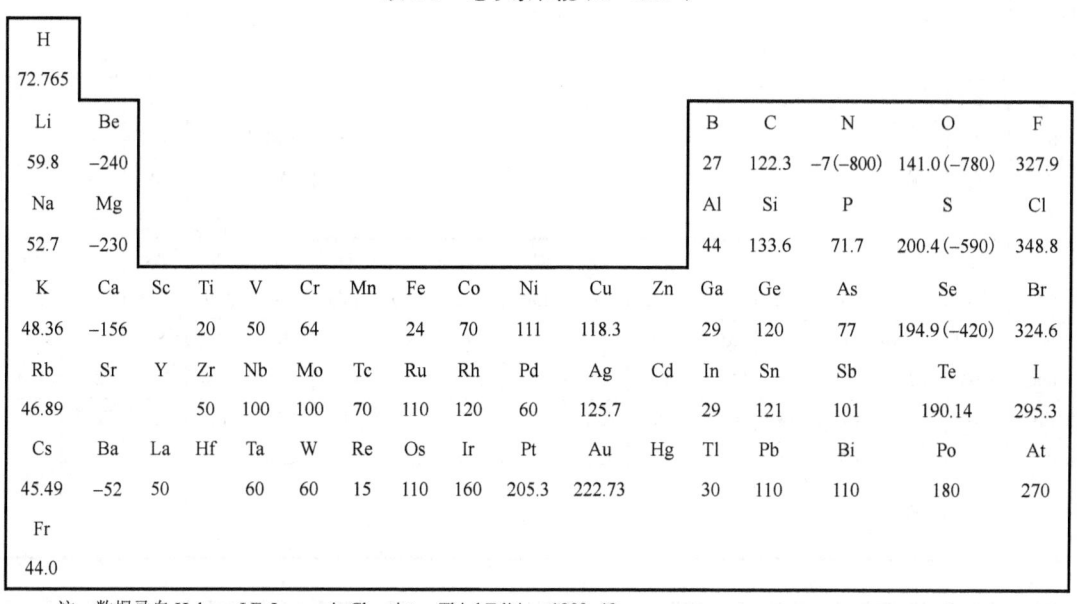

表 8-5 电子亲和能 (kJ·mol^{-1})

H 72.765																	
Li 59.8	Be −240											B 27	C 122.3	N −7(−800)	O 141.0(−780)	F 327.9
Na 52.7	Mg −230											Al 44	Si 133.6	P 71.7	S 200.4(−590)	Cl 348.8
K 48.36	Ca −156	Sc 20	Ti 50	V 64	Cr	Mn 24	Fe 70	Co 111	Ni 118.3	Cu	Zn	Ga 29	Ge 120	As 77	Se 194.9(−420)	Br 324.6
Rb 46.89	Sr	Y	Zr 50	Nb 100	Mo 100	Tc 70	Ru 110	Rh 120	Pd 60	Ag 125.7	Cd	In 29	Sn 121	Sb 101	Te 190.14	I 295.3
Cs 45.49	Ba −52	La 50	Hf	Ta 60	W 60	Re 15	Os 110	Ir 160	Pt 205.3	Au 222.73	Hg	Tl 30	Pb 110	Bi 110	Po 180	At 270
Fr 44.0																

注：数据录自 Huheey J E. Inorganic Chemistry. Third Edition, 1983: 48。
括号内数值为第二电子亲和能。

电子亲和能的大小反映了原子得到电子的难易。非金属原子的第一电子亲和能总是负值，而金属原子的电子亲和能一般为较小负值或正值。稀有气体的电子亲和能均为正值。

由表 8-5 可知电子亲和能的周期性变化规律。同一周期，从左到右，原子的有效核电荷增大，原子半径逐渐减小，核对外加电子的吸引力增强，结合电子放出的能量逐渐增大，所以第一电子亲和能逐渐增大，与第一电离能相似，当价电子层中的原子轨道为全满（如 Be 2s^2）和半满（如 N 2s^{2}p^3）时，它们对结合电子的斥力大，第一电子亲和能分别比邻近元素的小。稀有气体具有 8 电子稳定结构，更难结合电子，因此电子亲和能为负值。

同一主族，从上到下，虽然核电荷和原子半径都增大，但原子半径增大起主要作用，结合电子放出能量的趋势逐渐减小，所以第一电子亲和能总的趋势是逐渐减小。p 区元素第二周期的电子亲和能比第三周期元素的小。例如，F 的第一电子亲和能比 Cl 小，O 的第一电子亲和能比 S 小等。这是因为 F、O 等原子半径小，电子密度大，进入的电子会受到原有电子较强的排斥，因而结合一个电子时放出的能量减小。第三周期的 Cl、S 等半径较大，且同一层中有空的 d 轨道可容纳电子，电子的排斥力小，因而形成负离子时放出的能量在相应族中最大。

5)电负性

电离能和电子亲和能都是从一个侧面反映原子得失电子的能力,实际上原子在相互化合形成分子时,必须把该原子得失电子的能力统一考虑。为此,人们提出了电负性的概念。常用符号 χ 表示。电负性标度有多种,数据各有不同,但在周期系中电负性变化规律是一致的。目前,较常使用的是鲍林的元素电负性。

1932 年,鲍林定义元素的电负性是原子在分子中吸引电子的能力,指定 F 的电负性为 3.98,借助热化学数据和分子的键能,求出了其他元素的电负性 χ(表 8-6)。

表 8-6 鲍林的元素电负性

H 2.20																
Li 0.98	Be 1.57										B 2.04	C 2.55	N 3.04	O 3.44	F 3.98
Na 0.93	Mg 1.31										Al 1.61	Si 1.90	P 2.19	S 2.58	Cl 3.16
K 0.82	Ca 1.00	Sc 1.36	Ti 1.54	V 1.63	Cr 1.66	Mn 1.55	Fe 1.83	Co 1.88	Ni 1.91	Cu 1.90	Zn 1.65	Ga 1.81	Ge 2.01	As 2.18	Se 2.55	Br 2.96
Rb 0.82	Sr 0.95	Y 1.22	Zr 1.33	Nb 1.6	Mo 2.16	Tc 1.9	Ru 2.2	Rh 2.28	Pd 2.20	Ag 1.93	Cd 1.69	In 1.78	Sn 1.96	Sb 2.05	Te 2.1	I 2.66
Cs 0.79	Ba 0.89	La 1.10	Hf 1.3	Ta 1.5	W 2.36	Re 1.9	Os 2.2	Ir 2.20	Pt 2.28	Au 2.54	Hg 2.00	Tl 2.04	Pb 2.33	Bi 2.02	Po 2.0	
					U 1.38	Np 1.36	Pu 1.28									

Ce	Pr	Nd	Pm	Sm	Eu	Gd	Tb	Dy	Ho	Er	Tm	Yb	Lu
1.12	1.13	1.14	—	1.17	—	1.20	—	1.22	1.23	1.24	1.25	—	1.27

鲍林标度录自 Allred A L J. Inorg Nucl Chem, 1961, 17: 215; Lagowski J J. Modern Inorganic Chemistry. New York : Marcel Dekker, 1973。

由表 8-6 可见,同一周期从左到右电负性依次增大,表明原子在分子中吸引电子的能力依次增加,因而元素的电负性逐渐变大,元素的非金属性也逐渐增强,金属性逐渐减弱。主族元素从上到下电负性减小,元素的非金属性逐渐减弱,金属性逐渐增强。过渡元素的电负性递变不明显。

应用电负性可判断元素的金属性和非金属性,如周期表中氟的电负性最大(3.98),非金属性最强,铯的电负性最小(0.97),金属性最强。一般来说,金属元素的电负性在 2.0 以下,非金属元素的电负性在 2.0 以下。应用电负性还可以判断化学键的键型。两种电负性相差很大的元素通常形成离子键,如氟化钠中,两元素电负性差为 3.05;两种电负性相差不大的元素化合通常形成极性共价键,如三氯化磷中,两元素电负性差为 0.97;两种电负性相等的同种元素相互间形成非极性键,如卤素单质。

习 题

1. 氢原子的可见光谱中有一条谱线，是电子从 $n=3$ 跃迁到 $n=2$ 的轨道时放出辐射能所产生的。试计算该谱线的波长及两个能级的能量差。
2. 计算动能为 $4.8×10^{-16}$J 的电子的德布罗意波长。
3. 下列各组量子数中哪一组是正确的？将正确的各组量子数用原子轨道符号表示。
   (1) $n=3$, $l=2$, $m=0$；　　　　　(2) $n=4$, $l=-1$, $m=0$；
   (3) $n=4$, $l=1$, $m=-2$；　　　　(4) $n=3$, $l=3$, $m=-3$。
4. 碳原子的价电子构型是 $2s^2 2p^2$，试用四个量子数分别表示每个电子的运动状态。
5. 在氢原子中 2s 和 2p 的能级相同，在氟原子中 2s 的能级却比 2p 能级低得多，为什么？
6. 什么是屏蔽效应？什么是钻穿效应？如何解释下列轨道能量的差别？
   (1) $E_{1s} < E_{2s} < E_{3s} < E_{4s}$
   (2) $E_{3s} < E_{3p} < E_{3d}$
   (3) $E_{4s} < E_{3d}$
7. 一个原子中，量子数 $n=3$，$l=2$，$m=2$ 时可允许的电子数最多是多少？写出原子序数为 12，24，35，79 的元素原子的价电子层构型。
8. 已知某元素基态原子的电子分布是 $1s^2 2s^2 2p^6 3s^2 3p^6 3d^{10} 4s^2 4p^1$，请回答：
   (1) 该元素的原子序数是多少？
   (2) 该元素属第几周期？第几族？哪个区？是主族元素还是过渡元素？
9. 试计算 Fe 原子中作用在 4s 和 3d 电子上的有效核电荷和电子的能量。
10. 已知 M^{2+} 的 3d 轨道中有 5 个 d 电子，请推出：
    (1) M 原子的核外电子分布。
    (2) M 原子的最外层和最高能级组中电子数。
    (3) M 元素在周期表中的位置。
11. 在下面的电子构型中，通常第一电离能最小的原子具有哪种构型？
    (1) $ns^2 np^3$　　(2) $ns^2 np^4$　　(3) $ns^2 np^5$　　(4) $ns^2 np^6$
12. 比较下列各组元素的原子性质，并说明理由。
    (1) K 和 Ca 的原子半径；　　(2) As 和 P 的第一电离能；
    (3) Si 和 Al 的电负性；　　　(4) Mo 和 W 的原子半径。
13. 比较 F 与 Cl、O 与 S、P 与 S 的第一电子亲和能的大小，并说明其原因。
14. 设第四周期 A、B、C、D 四种元素，其原子序数依次增大，价电子数依次为 1、2、2、7，次外层电子数 A 和 B 为 8，C 和 D 为 18，根据以上条件回答：
    (1) A、B、C、D 的原子序数各为多少？
    (2) 哪个是金属？哪个是非金属？
    (3) A 和 D 的简单离子是什么？
    (4) B 和 D 两种元素形成何种化合物？写出化学式。

第9章 分子结构

从结构的观点看，通常条件下，除稀有气体外，其他元素都不可能以孤立的原子稳定存在，大多数物质是通过原子之间的相互结合，以分子或晶体的形式独立存在的。研究证明，分子是保持物质基本化学性质并能独立存在的最小单元，也是参加化学反应的最基本单元。物质的性质主要取决于分子的性质，分子的性质又是由其结构决定的。因此，探讨原子之间的相互作用，了解分子的内部结构和晶体结构，对于认识物质的性质及其反应的规律性有十分重要的意义。

9.1 化学键的键参数和分子的性质

各种元素在自然界中出现的形态不外乎两类，即单质和化合物。无论是单质还是化合物中，原子或离子之间存在着一种直接的、主要的和强烈的相互作用，我们把这种相互作用称为化学键。化学键的类型有共价键、离子键和金属键。

9.1.1 键参数

化学键的性质可以通过一些物理量来表征。例如，用键能表征键的强弱，用键长、键角描述分子的空间构型等，这些表征化学键性质的物理量统称键参数。键参数可以由实验直接或间接测定，也可以由分子运动状态通过理论计算求得。

1. 键能

在化学研究中，常用键能这一术语描述原子之间相互作用的强弱。键能的定义是：在298K和标准状态下，使1mol理想气体AB断裂成理想气体A、B原子时过程的焓变称为AB键的键能。通常用符号$\Delta H_{298}^{\ominus}(AB)$表示。

$$AB(g) \longrightarrow A(g) + B(g) \qquad \Delta H_{298}^{\ominus}(AB)$$

对于双原子分子，键能就等于键的解离能(dissociation energy) D，其大小等于标准状态下，气态原子生成气态分子的能量，但符号相反。

例如，H_2的键能为

$$H_2(g) \longrightarrow 2H(g) \qquad D_{H-H} = \Delta H_{298}^{\ominus}(H_2) = 435 \text{kJ} \cdot \text{mol}^{-1}$$

一般来说，键能越大，键越牢固，组成的分子越稳定。表9-1列出了部分双原子分子键能的数据。

表 9-1　部分双原子分子的键能(解离能)

分子名称	解离能/(kJ·mol^{-1})	分子名称	解离能/(kJ·mol^{-1})
Li$_2$	105	LiH	243
Na$_2$	71.1	NaH	197
K$_2$	50.2	KH	180
Rb$_2$	40.0	RbH	163
Cs$_2$	43.5	CsH	176
F$_2$	155	HF	565
Cl$_2$	247	HCl	431
Br$_2$	193	HBr	366
I$_2$	151	HI	299
N$_2$	946	NO	628
O$_2$	493	CO	1071
H$_2$	435		

由表中数据可看出，双原子分子的键能与周期表中它所在的族有关。例如，碱金属的同核双原子分子的键能都比较小，并且从上到下随原子序数的增加而减小。卤化氢的键能比较大，但也随卤素原子序数的增加而减小。而第二周期相邻元素的单质分子 N$_2$、O$_2$、F$_2$ 的键能差异却很大，这主要与这些双原子分子中形成不同数目的键有关。共价键理论认为，N$_2$ 分子中键数为 3，O$_2$ 分子中键数为 2，F$_2$ 分子为单键，因此 $D_{N\equiv N} > D_{O=O} > D_{F-F}$。

在多原子分子中，两原子之间的键能主要取决于成键原子本身的性质，同时也和分子中存在的其他原子相关。例如，在不同分子中氢原子和氧原子之间的键能数值如下：

$$H_2O(g) \Longrightarrow H(g) + OH(g) \qquad D_{H-OH} = 500.8 \text{kJ} \cdot \text{mol}^{-1}$$

$$OH(g) \Longrightarrow O(g) + H(g) \qquad D_{O-H} = 424.7 \text{kJ} \cdot \text{mol}^{-1}$$

$$HCOOH \Longrightarrow HCOO(g) + H(g) \qquad D_{HCOO-H} = 431.0 \text{kJ} \cdot \text{mol}^{-1}$$

显然，O—H 键的键能在不同多原子分子中的数值是有差别的，但差别不大。在不同多原子分子中一种键的键能接近常数很有意义，它表明可以以不同分子中的键解离能的平均值作为平均键能。例如，O—H 键的平均键能为 463kJ·mol^{-1}。表 9-2 列出常见的某些键的平均键能，可见平均键能只是一种近似值。

表 9-2　平均键能

键型	键能/(kJ·mol^{-1})	键型	键能/(kJ·mol^{-1})	键型	键能/(kJ·mol^{-1})
C—H	413	C—I	230	C—O	356
C—F	460	C—C	346	C=O	745
C—Cl	335	C=C	610	O—H	463
C—Br	289	C≡C	835	C—N	335

数据录自 Mahan H. University Chemistry, 1975: 474。

2. 键长

分子中两个原子核间的平衡距离称为键长，键长又称核间距。不同分子中同一类型的键长基本上是一个定值，如 H_2O 和 H_2O_2 中的 O—H 键长都是 97pm。相同原子形成不同的键，则键长可能不同。一般来说，单键键长 > 双键键长 > 叁键键长。表 9-3 列出了一些化学键的键长数据。

表 9-3　部分共价单键、双键和叁键的键长

共价键	键长/pm	共价键	键长/pm
H—F	91.8	C—C	154
H—Cl	127.4	C=C	134
H—Br	140.8	C≡C	122
H—I	160.8	N—N	146
F—F	141.8	N=N	125
Cl—Cl	198.8	N≡N	109.8
Br—Br	228.4	C=N	147
I—I	266.6	C≡N	116

两个原子之间的键长越短，键越牢固。键长可以用量子力学近似方法计算，但对于复杂分子常采用光谱或衍射等实验方法来测定。

3. 键角

在分子中键和键的夹角称为键角。键角是反映分子空间结构的重要参数，通常为 60°～180°。例如，水分子中 2 个 O—H 键之间的夹角是 104.5°，这说明水分子是角形结构。又如，CO_2 中 O—C—O 键角等于 180°，由此我们知道 CO_2 分子是直线形。根据分子中的键角和键的极性，可以推测出分子的空间构型及其他的物理性质。

4. 键的极性

在单质分子中两个相同原子之间形成的化学键，由于原子核正电荷重心和负电荷重心重合，称为非极性键。例如，H_2、O_2、N_2 和 Cl_2 等双原子分子以及金刚石、晶态硅和晶态硼中的共价键都是非极性键。

不同原子之间形成的共价键，由于原子的电负性不同，成键原子的电荷分布不对称。电负性较大的原子带负电荷，电负性较小的原子带正电荷，正、负电荷重心不重合，形成的键是极性键。因此，可以根据两个成键原子的电负性差异，估测化学键的极性大小。

5. 键级

在价键理论中，常以键的数目来表示键级。例如，H_2 键级为 1，O_2 键级为 2，N_2 键级为 3。键级由以下公式计算：

$$键级 = \frac{成键电子数 - 反键电子数}{2}$$

键级的大小反映了两个相邻原子间成键的强度。一般来说，在同一周期和同一区内（如 s 区和 p 区）的元素组成的双原子分子，键级越大，键越牢固，分子也越稳定。

9.1.2 分子的性质

1. 分子的极性

在任何一个分子中都可以找到一个正电荷重心和一个负电荷重心,根据分子中正、负电荷重心是否重合的情况,可以把分子分为极性分子和非极性分子。正、负电荷重心互不重合的分子称为极性分子,两个电荷重心互相重合的分子称为非极性分子。

在双原子分子中,如果是两个相同的原子,由于电负性相同,两个原子之间的化学键是非极性键,分子中的正电荷重心和负电荷重心互相重合,这些分子都是非极性分子。单质分子如 H_2、O_2、Cl_2 等都属于非极性分子。如果两个原子不相同,由于电负性不同,两个原子间的化学键都是极性键,即分子中的正、负电荷重心不会重合,这些分子都是极性分子,如 HCl、HF、CO 等。由此可见,对于双原子分子,键有极性,分子就有极性;键没有极性,分子也没有极性。

对于多原子分子,如果组成原子相同(如 S_8、P_4 等分子),原子间的化学键一定是非极性键,这样的多原子分子一般都是非极性分子。如果组成原子不相同,分子的极性不仅取决于原子的电负性,还与分子的空间构型有关。例如,在 SO_2 和 CO_2 分子中,S=O 键和 C=O 键都是极性键,但是因为 CO_2 分子呈直线形结构,正、负电荷重心互相重合,键的极性互相抵消,所以 CO_2 是非极性分子。相反,SO_2 分子具有角形结构,正、负电荷重心不能重合,键的极性不能抵消,因此 SO_2 是极性分子。

2. 分子的磁性

有的物质有磁性,有的物质没有磁性,这是为什么?物质有无磁性取决于组成物质的分子有无磁性。当分子中的电子完全配对时,自旋相反的每个电子所产生的小磁场方向相反,磁场相互抵消,分子不显磁性。当分子中有成单的电子运动时,分子就显示出磁性。因此,分子的磁性主要是由分子中未成对电子的运动所产生的磁场引起的。

按照分子的磁性,可以把物质分为抗磁性物质、铁磁性物质和顺磁性物质。抗磁性物质的分子中没有未成对电子,它的净磁场为零,不显磁性。但若将这种物质放在外磁场中,在外磁场的引导下,会产生一个与外磁场方向相反的磁矩。它有微弱的抵抗力,会把一部分外磁场的磁力线推开,撤去外磁场,这种现象消失。这类物质称为抗磁性物质,如碱金属盐类和卤素都属于这类。

当一种物质中有未成对电子时,它的净磁场不等于零。如果这种物质磁场很强,会像磁铁一样,未成对电子的自旋自发地排列得很整齐,呈现出很强的磁性。即使外磁场取消,这种磁性也不立即消失,这类物质称为铁磁性物质,如四氧化三铁、金属钴和金属镍。

当分子中有未成对电子时,净磁场不等于零,但由于磁性太小,未成对电子的自旋不会自发排列。然而,在强有力的外磁场作用下,却可使电子自旋的磁矩排列整齐,这种物质被微弱地磁化,在磁场中能顺着磁场方向产生一个磁矩 μ_m,这类物质称为顺磁性物质,如氧、一氧化氮和某些碱金属及稀土金属的盐类都是顺磁性物质。

顺磁性物质的磁矩与其分子内未成对电子数 n 有如下关系:

$$\mu_m = \sqrt{n(n+2)}$$

μ_m 可以由实验间接测定（单位：玻尔磁子 B.M.）。根据测定结果，由上式可以算出分子中未成对电子数 n。反之，若知道某顺磁性物质中的未成对电子数，也可以算出物质的磁矩 μ_m。该式又称纯自旋式（不考虑轨道磁矩的贡献），对第一过渡系列的元素比较适用。

应该指出，物质的抗磁性是普遍存在的现象。顺磁性物质在外磁场中也会产生诱导磁矩，反抗外加磁场，只是顺磁性超过抗磁性。

9.2 离子键理论

1916 年，德国化学家柯塞尔（Kossel）在玻尔原子结构理论的启示下，根据稀有气体原子具有稳定结构的事实，提出了离子键理论，较好地说明了离子键的形成及其特征。

9.2.1 离子键的形成与本质

在一定条件下，当电负性相差较大的活泼非金属原子与活泼金属原子相互接近时，活泼金属原子倾向于失去最外层的价电子，而活泼非金属原子则倾向于接受电子，分别形成具有稀有气体稳定电子构型的正离子和负离子。例如：

$$\cdot Na + :\ddot{Cl}: \longrightarrow Na^+ + :\ddot{Cl}:^-$$

正离子和负离子由于静电引力相互吸引形成离子晶体。在离子晶体中，Na^+ 和 Cl^- 形成离子键。

$$Na^+ + Cl^- \longrightarrow NaCl（离子晶体）$$

在离子键模型中，可以近似地将正、负离子的电荷分布看作球形对称的。根据库仑定律，两种带相反电荷（q^+ 和 q^-）的离子间的静电引力 f 与离子电荷的乘积成正比，而与离子间的距离成反比。

$$f = \frac{q^+ \cdot q^-}{R^2}$$

可见，离子的电荷越大，离子电荷中心间的距离越小，离子间的引力则越强。正、负离子正是靠这种静电吸引相互接近形成离子晶体的。但是，它们之间除了存在电荷间的静电引力外，还有离子的外层电子间及原子核之间的排斥力。当离子间距离较大时，离子间以静电引力为主，它们相互吸引使体系的能量不断下降。当离子相距达到平衡距离时，体系的能量降到最低点。正、负离子在各自的平衡位置（R_0）振动，形成稳定的化学键——离子键。当离子彼此接近到小于离子间平衡距离时，排斥力会上升为主要作用，体系的能量急剧上升，斥力又把离子推回到平衡位置。因此，只有当正、负离子间距达到平衡距离时，才能靠静电作用形成稳定的离子键（图 9-1）。

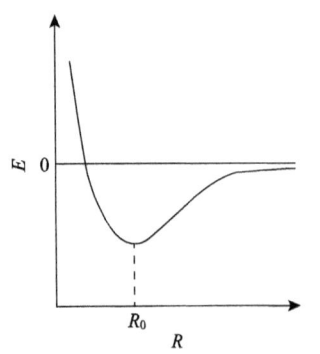

图 9-1 形成离子键的能量曲线示意图

9.2.2 离子键的特点

离子的电荷分布是球形对称的,这就决定了离子键没有方向性和饱和性。没有方向性是指离子可以从各个方向吸引带有相反电荷的离子,且从不同方向吸引异号离子的静电引力相等,不存在哪一个方向更为有利的问题。没有饱和性是指只要空间排列允许,每一个离子可从各个方向尽可能多地吸引带相反电荷的离子,并沿三维空间伸展,形成巨大的离子晶体。当然,离子键没有饱和性,并不是指一种离子周围所排列的异号离子数目是任意的。而是指受空间条件限制,晶体中的每个离子周围排列一定数目的异号离子后,它的电性并没有达到饱和。例如,在食盐晶体中,在每个 Na^+ 周围排列着 6 个 Cl^-,每个 Cl^- 周围排列着 6 个 Na^+。但这并不意味着 $Na^+(Cl^-)$ 的电性已达到饱和,而是因为正、负离子半径的相对大小决定了在距离 R_0 处,一个 $Na^+(Cl^-)$ 能吸引 6 个 $Cl^-(Na^+)$。除此之外,在稍远的距离,还排列着一定数目的 Cl^-,只是随着距离增大,这个 Na^+ 与其他 Cl^- 的静电引力已经减小。这就是离子键没有饱和性的含义。

9.2.3 离子键的离子性

离子键的形成必须满足成键原子的电负性差值尽可能大。两元素的电负性相差越大,原子间的电子转移越容易发生,形成键的离子性越强。但实验证明,即使是电负性最小的铯与电负性最大的氟形成的离子键,其离子性只有 92%。也就是说,离子间形成的离子键不可能是百分之百的离子性,仍有部分共价性。而且随着电负性差的减小,键的离子性成分也逐渐减小。通常用离子性百分数来表示键的离子性和共价性的相对大小。对于 AB 型化合物,单键离子性百分数和两原子电负性差值 ($\chi_A-\chi_B$) 之间的关系列于表 9-4。

表 9-4 单键的离子性与电负性差值之间的关系

$\chi_A-\chi_B$	离子性百分数%	$\chi_A-\chi_B$	离子性百分数%
0.2	1	1.8	55
0.4	4	2.0	63
0.6	9	2.2	70
0.8	15	2.4	76
1.0	22	2.6	82
1.2	30	2.8	86
1.4	39	3.0	89
1.6	47	3.2	92

以电负性差值为横坐标,以离子性百分数为纵坐标可得到图 9-2,图中化合物的圆点是实验测定值。由图可知,当元素电负性差值等于 1.7 时,形成键的离子性约有 50%。这表明,当 $\Delta\chi > 1.7$ 时,形成化学键的离子性 > 50%,可认为此物质是离子型结构。当某物质的 $\Delta\chi < 1.7$ 时,键的离子性 < 50%,可将该物质看成是共价型结构。

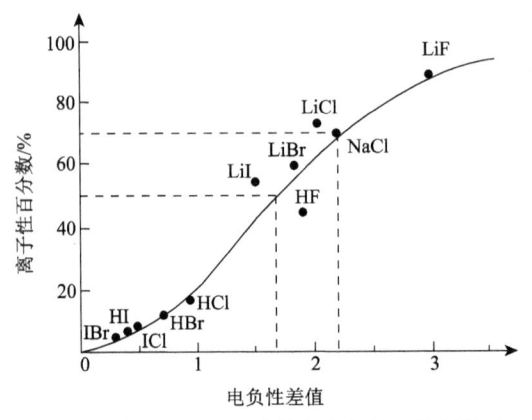

图 9-2 单键离子性百分数与电负性差值的关系

9.2.4 晶格能

在常温下，离子化合物大多数以晶体的形式存在。离子晶体的稳定性与离子键的强度有关，通常用晶格能(lattice energy)的大小来度量离子键的强弱。晶格能是指在标准状态下，相互远离的气态正、负离子彼此靠近，形成 1mol 离子晶体时所释放的能量，用 U 表示，单位为 $kJ \cdot mol^{-1}$。

晶格能的数值可由实验方法或理论计算得到。如可通过设计玻恩-哈伯(Born-Haber)循环用热化学数据求得。现以金属钠和氯气反应形成氯化钠晶体为例说明离子型化合物形成过程的能量变化。

$$Na(s) + 1/2Cl_2(g) \longrightarrow NaCl(s) \quad \Delta_f H^{\ominus}_{NaCl} = -411 kJ \cdot mol^{-1}$$

上式表明，在 298K、101.3kPa 下由稳定单质生成 1mol 氯化钠是一个放热过程，氯化钠的生成热是 $-411 kJ \cdot mol^{-1}$。这一过程可设计成以下热化学循环分步进行：

$$\begin{array}{ccccc}
Na(s) & + & \frac{1}{2}Cl_2(g) & \xrightarrow{\Delta_f H^{\ominus}_{NaCl}} & NaCl(s) \\
\downarrow S & & \downarrow 1/2\ D & & \uparrow \\
Na(g) & & Cl(g) & & U \\
\downarrow I & & \downarrow E_A & & \\
Na^+(g) & + & Cl^-(g) & \longrightarrow &
\end{array}$$

S 为升华能(sublimation energy)，表示 1mol 金属钠固体直接气化成 1mol 金属气态原子的升华过程需吸收的能量。I 为电离能，表示 1mol 气态钠原子失去一个电子，形成 1mol 气态钠离子的电离过程需吸收的能量。D 为解离能，表示解离 1mol 气态氯分子为气态氯原子时吸收的能量。E_A 为电子亲和能，表示 1mol 气态氯原子获取一个电子形成 1mol 气态氯离子时放出的能量。U 为晶格能，表示 1mol 气态钠离子和 1mol 气态氯离子相互结合形成氯化钠离子晶体时释放的能量。

根据赫斯定律，1mol 氯化钠晶体的生成热等于四个分步能量变化的总和，即

$$\Delta_f H^{\ominus}_{NaCl} = S + \frac{1}{2}D + I + E_A + U$$

$$U = \Delta_f H_{NaCl}^{\ominus} - S - \frac{1}{2}D - I - E_A$$
$$= -411 - 109 - 124 - 496 + 349$$
$$= -791 (kJ \cdot mol^{-1})$$

这种按分过程能量变化来分析总过程能量变化的方法是由玻恩和哈伯首先提出来的，由于分过程的能量变化和总过程的能量变化构成了一个循环，所以这种方法称为玻恩-哈伯循环法。

从上述计算可知，由于离子晶体形成时放出的能量大于原子转变成离子吸收的能量，因此晶格能一般为负值。根据晶格能的大小可以解释和预言离子型化合物的某些物理化学性质。对于相同类型的离子晶体来说，离子电荷越高，正、负离子间的核间距越短，晶格能的绝对值越大，表示正、负离子间结合力越强，离子键强度越大。反映在物理性质上，则该类物质有高的熔点、硬度和沸点，在水中的溶解度较小。

9.2.5 离子的特征

离子型化合物的性质与离子键的强度有关，而离子键的强度又与正、负离子的特征有关。因此，离子的特征在很大程度上决定着离子化合物的性质。一般离子具有三个重要的特征：离子的电荷、离子的电子构型和离子半径。

1. 离子的电荷

离子所带电荷是决定离子化合物性质的主要因素之一。它是由相应原子可能得失电子的数目来决定的，而原子得失电子数又取决于各种原子的电离能和电子亲和能。一般电离能越大的原子越不容易失去电子形成高价正离子，而电子亲和能越大的原子却越容易获得电子形成负离子。

在离子型化合物中，正离子的电荷通常为+1、+2，最高为+3 或+4，更高电荷的正离子一般不存在；负离子的电荷一般为-1、-2、-3 或-4，多数为含氧酸根或配离子。同一元素形成带不同电荷的离子时，离子的性质和它所形成的化合物的性质都有明显不同。例如，Fe^{3+} 和 Fe^{2+} 及其化合物的性质都有明显的差别。

2. 离子的电子构型

离子的电子构型是指原子得到或失去电子形成离子时的电子层结构。对于简单的负离子（如 Cl^-、F^-、O^{2-} 等），其最外层都具有稳定的 8 电子结构。然而对于正离子来说，除了 8 电子结构外，还有其他多种构型，如表 9-5 所示。

表 9-5 离子的电子构型

类型	最外层电子构型	实例	元素所在区域
稀有气体电子构型的稳定结构（2 电子构型或 8 电子构型）	ns^2，ns^2np^6	Be^{2+}(He 型)，F^-(Ne 型)，K^+(Ar 型)，Sr^{2+}(Kr 型)，I^-(Xe 型)，Fr^+(Rn 型)	s 区，p 区

续表

类型		最外层电子构型	实例	元素所在区域
非稀有气体的电子构型	9~17 电子构型	$ns^2np^6nd^{1\sim9}$	Cr^{3+}, Mn^{2+}, Cu^{2+}, Fe^{2+}, Fe^{3+}, Ti^{3+}, V^{3+}, Hg^{2+}	d 区，ds 区
	18 电子构型	$ns^2np^6nd^{10}$	Zn^{2+}, Ag^+, Hg^{2+}, Cu^+, Cd^{2+}	ds 区
	18+2 电子构型	$(n-1)s^2(n-1)p^6(n-1)d^{10}ns^2$	Ga^+, Sn^{2+}, Sb^{3+}, Bi^{3+}	p 区

离子的电子构型同离子间作用力，即离子键强度有密切关系。一般来讲，当离子电荷和离子半径大致相同时，不同构型的正离子对同种负离子的结合力大小有如下经验规律：

8 电子构型的离子 < 9~17 电子构型的离子 < 18 或 18+2 电子构型的离子

离子的电子构型直接影响形成键的离子性，从而影响化合物的性质。例如，ⅠA 族和ⅠB 族金属均可形成+1 价的阳离子，前者是 8 电子构型，而后者是 18 电子构型。由于它们的电子构型不同，它们的化合物(如氯化物)性质就有明显的差别，如 NaCl 易溶于水，CuCl 和 AgCl 则难溶于水。

3. 离子半径

就原子的电子云分布来说，任何一个具有稀有气体构型的离子，或 18 电子构型的离子，都具有球面对称性，所以我们可以把晶体中的离子看作圆球。从离子键的特点我们了解到，离子间有一定的平均距离，当两个带电的圆球相互接近到某一作用范围时就达到平衡，这种作用范围的半径称为某个离子的离子半径。实际上这种作用范围没有一个断然的界面，因此一个离子的半径是不确定的。通常所说的离子半径，是指离子晶体中正、负离子的核间平衡距离 d，即为正、负离子的接触半径之和：

$$d = r_+ + r_- \quad (r_+、r_- 分别表示正、负离子的半径)$$

因此，若测得正、负离子的核间距 d，并已知一个离子的半径，便可求出另一个离子的半径。1926 年，戈尔德施密特(Goldschmidt)从晶体结构的数据中测出了氟离子的半径为 133pm，氧离子的半径为 132pm。以此为基础，结合 X 射线分析实验测得的 d，即可求出其他离子的离子半径。例如，实验测得 CaO 的核间距是 231pm，Ca^{2+} 的半径=231pm −132pm=99pm。表 9-6 给出了戈尔德施密特半径有关数据。

表 9-6 离子半径

离子	半径/pm	离子	半径/pm	离子	半径/pm	离子	半径/pm	离子	半径/pm
Ag^+	126	Br^{7+}	39	C^{4+}	16	Co^{2+}	72	F^-	133
Al^{3+}	51	B^{3+}	23	Ca^{2+}	99	Cr^{3+}	63	Ge^{4+}	53
As^{3+}	58	Bi^{5+}	74	Cd^{2+}	97	Cu^+	96	Ga^{3+}	62
As^{3-}	222	Ba^{2+}	134	Cl^{7+}	27	Cs^+	167	H^-	154
Au^+	137	Be^{2+}	35	Cl^-	181	Fe^{2+}	74	Hg^{2+}	110
Br^-	196	C^{4-}	260	Cr^{6+}	52	Fe^{3+}	60	In^{3+}	81

续表

离子	半径/pm	离子	半径/pm	离子	半径/pm	离子	半径/pm	离子	半径/pm
I^{7+}	50	Mg^{2+}	66	P^{3-}	212	S^{6+}	30	Tl^{+}	147
I^{-}	220	N^{3-}	171	P^{5+}	35	Sb^{3-}	245	Ti^{4+}	68
K^{+}	133	Na^{+}	97	Rb^{+}	147	Sb^{5+}	62	V^{5+}	59
Li^{+}	63	Ni^{2+}	69	Se^{2-}	191	Sc^{3+}	73	V^{2+}	88
La^{3+}	102	Nb^{5+}	69	Se^{6+}	42	Sr^{2+}	112	W^{6+}	62
Mn^{2+}	80	O^{2-}	132	Si^{4+}	42	Te^{2-}	211	Y^{3+}	89
Mn^{7+}	46	Pb^{2+}	121	Si^{4-}	271	Te^{3+}	56	Zr^{4+}	79
Mo^{6+}	62	Pb^{4+}	84	S^{2-}	184	Tl^{3+}	95	Zn^{2+}	74

离子半径在很大程度上取决于核电荷即核外电子数，因此离子半径大致有如下变化规律：

(1)同一周期中自左至右，主族元素随着族数递增，正离子的电荷数增大，离子半径依次减小，非金属元素的负离子半径随负电荷增加稍有增加，但变化不大。例如，r_{Cl^-}=181pm，$r_{S^{2-}}$=184pm，$r_{P^{3-}}$=212pm。

(2)同一主族元素的离子，带有相同电荷时，随核外电子数增加自上而下离子半径增大。例如，$r_{Be^{2+}}$=35pm，$r_{Mg^{2+}}$=66pm，$r_{Ca^{2+}}$=99pm，$r_{Sr^{2+}}$=112pm，$r_{Ba^{2+}}$=134pm。

(3)若同一元素能形成几种不同电荷的正离子，则高价离子的半径小于低价离子的半径。例如，$r_{Fe^{3+}}$=60pm，$r_{Fe^{2+}}$=74pm。

(4)周期表中处于相邻族的左上方和右下方斜对角线上元素的正离子半径接近。例如：

$$r_{Li^+}=63pm \approx r_{Mg^{2+}}=66pm$$

$$r_{Na^+}=97pm \approx r_{Ca^{2+}}=99pm$$

$$r_{Sc^{3+}}=73pm \approx r_{Zr^{4+}}=79pm$$

由于离子半径是决定离子间引力大小的重要因素，离子半径不同，离子键的强度也会不同，因此离子半径对化合物的性质有显著的影响。例如，电荷相同时，离子半径越小，离子间引力越大，离子化合物的熔、沸点就越高。

9.3 价键理论

离子键理论很好地说明了离子化合物的形成和特性，但它不能阐释由相同元素原子组成的单质(如 H_2、N_2、Cl_2)的形成，以及化学性质相近的元素所组成的化合物分子(H_2O、HCl)的形成。1916 年，美国化学家路易斯为了说明分子的形成，提出了经典的共价键理论。他认为原子间是以共用电子对吸引两个相同的原子核；原子共用电子对后达到稳定的稀有气体电子构型。这种分子中原子之间通过共用电子对结合而成的化学键称为共价键，可用路易斯结构式表示，即以一对电子点或短横线连接两个成键的原子。例如：

$$H\cdot + H\cdot \Longrightarrow H:H$$

路易斯结构式遵循八隅体规则,即在化学反应中,除 H、He 以外的非金属原子都形成 8 电子的价层结构。路易斯结构式中共用一对电子形成共价单键,共用两对电子形成共价双键,共用三对电子形成共价叁键。为一个原子所有的未成键电子对称为孤电子对。分子中共用电子对的数目称为该键的键级。键级越大,键长越短,键能越高。

路易斯的经典价键理论和路易斯结构式成功地解释了由相同原子或性质相近的不同原子如何形成分子,初步揭示了共价键不同于离子键的本质,使人们对分子结构的认识前进了一步。但是路易斯的价键理论是根据经典静电理论,把电子看成静止不动的负电荷,必然存在着局限性。例如,它不能解释为什么两个带相同电荷的电子不相斥,反而互相配对;也不能解释共价键为什么具有方向性和饱和性;对某些分子(如 BCl_3、PCl_5)的中心原子最外层电子数多于 8 或少于 8 但仍能稳定存在也不能作出说明。同时,它无法阐明为什么"共用电子"就能使原子结合成分子。直至 1927 年海特勒和伦敦把量子力学理论应用到 H_2 分子结构中,才初步解答了共价键的本质。后来鲍林等发展了这一成果,建立了现代价键理论(valence bond theory),简称 VB 法。

9.3.1 共价键的本质

从量子力学的观点来看,联系两原子核间的共用电子对之所以能形成,是因为两个电子的自旋相反,这是泡利不相容原理应用在分子结构中的自然结果。按照这一原理,两个电子要占据在同样的空间轨道,必须自旋相反。下面以 H_2 分子的形成进一步说明。

海特勒等运用量子力学理论,研究了两个氢原子究竟是如何形成氢分子的。他们认为:当远离的两个 H 原子彼此接近时,它们之间的相互作用逐渐增大,图 9-3 表明了 H_2 形成过程能量随核间距的变化。在距离较近时,原子间的相互作用和电子的自旋方向有密切的关系。如果自旋方向相反,在达到平衡距离 R_0 以前,随着 R 的减小,电子运动的空间轨道发生重叠,电子在两核间出现的概率较多,即核间的电子密度较大,体系的能量随着 R 的减小不断降低。直到 $R=R_0$,出现能量最低值 D,原子间的相互作用主要表现为吸引。这种吸引作用使 H_2 分子形成时放出能量,达到稳定状态。在达到平衡距离以后,随着 R 进一步缩小,原子核之间存在的斥力使体系的能量迅速升高,原子间的相互作用以排斥力为主。这种排斥作用又将 H 原子推回平衡位置。因此,稳定状态的 H_2 分子中的两个原子总是在平衡距离 R_0 附近振动。因此,R_0 为 H_2 的核间距,等于 H_2 共价键的键长:$d = R_0 = 74pm$。如果电子的自旋是平行的,原子间的相互作用总是排斥的。因此,氢的排斥态不可能形成稳定的分子(图 9-3)。

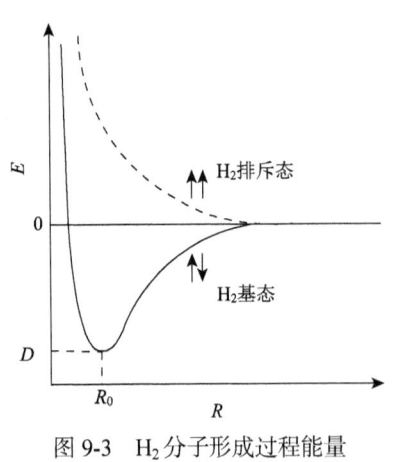

图 9-3 H_2 分子形成过程能量随核间距的变化

共价键结合力的本质是电性的,但不能看作纯粹的静电作用力。由于共价键的结合力是两个原子核对共用电子对形成的负电区域的吸引力,因此共价键结合力的本质还是电性的,但不是正、负离子间的库仑引力。共价键结合力的大小取决于原子轨道重叠的程度，而重叠多少又与共用电子对数目和重叠方式有关。一般来说，共用电子对数越多，结合力越强，即共价结合力是叁键大于双键，双键大于单键，如 C≡C > C=C > C—C。

综上所述，量子力学处理 H_2 分子的两种结果是：两原子电子自旋相反(↑↓)，电子云分布在核间比较密集，体系能量降低，形成 H_2 分子；两原子电子自旋相同(↑↑)，电子云分布在核间比较稀疏，体系能量升高，不能形成 H_2 分子。

9.3.2 价键理论的基本要点

量子力学对 H_2 分子形成的研究推广到双原子分子和多原子分子，形成了现代价键理论，其基本要点如下。

1. 电子配对原理

如果 A、B 两个原子各有一个自旋相反的未成对电子，它们可以互相配对形成稳定的共价键，这对电子为两个原子所共有。如果 A、B 两个原子各有两个或三个自旋相反的未成对电子，则自旋相反的单电子可两两配对形成共价双键或叁键。例如，氮原子有 3 个成单的 2p 电子，因此两个氮原子上自旋相反的成单电子可以两两配对，以共价叁键结合成氮分子：

$$\cdot \ddot{N} \cdot + \cdot \ddot{N} \cdot \Longrightarrow :N \vdots\vdots N:$$

如果 A 原子有两个成单电子，B 原子有一个成单电子，那么一个 A 原子就能与两个 B 原子结合形成 AB_2 型分子。例如，氧原子有两个成单的 2p 电子，氢原子有一个成单的 1s 电子，因此一个氧原子能与两个氢原子结合成 H_2O 分子：

$$H\cdot + \cdot\ddot{O}\cdot + H\cdot \Longrightarrow H\colon\ddot{O}\colon H$$

如果两个原子中没有成单电子，或两原子中有成单电子但自旋方向相同，则它们都不能形成共价键。例如，氦原子有 2 个 1s 电子，但它不能形成 He_2 分子。

2. 能量最低原理

在成键的过程中，自旋相反的成单电子配对以后会放出能量，使体系的能量降低。电子配对时放出的能量越多，形成的化学键就越稳定。

3. 原子轨道最大重叠原理

原子之间形成化学键时，成键电子的原子轨道一定要发生重叠，从而使两原子中间形成电子云密集的区域。原子轨道重叠部分越大，两核间电子概率密度也越大，所形成的共价键越牢固，分子就越稳定。

9.3.3 共价键的特点

原子在形成共价键时既没有得到电子，也没有失去电子，而是靠共用电子对结合在一起。

因此，分子中的共价键与离子键有显著的差别。共价键的特征是：

(1) **共价键具有饱和性**。共价键形成的条件之一是原子中必须有成单电子。由于每个原子的一个成单电子只能与另一个原子中自旋相反的成单电子配对，形成一个共价键，因此一个原子有几个成单电子(包括激发后形成的成单电子)，便可与其他原子的几个自旋相反的成单电子配对成键。例如，氢原子有一个 1s 电子，它与另一个氢原子 1s 电子配对形成 H_2 分子后，就不再与第三个氢原子的成单电子结合，故不能形成 H_3 分子。又如，氮原子最外层有三个成单的 2p 电子，它只能同三个氢原子的 1s 电子配对形成三个共价单键，结合为 NH_3 分子，所以说共价键具有饱和性。由此可见，每个原子中的成单电子数是一定的，因而它能形成共价键的数目也是一定的，这即为共价键的饱和性。

(2) **共价键具有方向性**。根据原子轨道最大重叠原理，原子间总是尽可能沿着原子轨道最大重叠方向成键，轨道重叠越多，形成的共价键越稳定。这是由于除 s 轨道呈球形对称外，p、d、f 原子轨道在空间都有一定的伸展方向。在形成共价键时，s 轨道和 s 轨道在任何方向上都能达到最大程度的重叠，而 p、d、f 原子轨道只有沿着轨道伸展方向才能达到最大重叠，因此共价键具有方向性。

例如，在形成 HCl 分子时，氢原子的一个 1s 电子与氯原子的一个 $2p_x$ 电子形成一个共价键。成键时 1s 轨道只有沿着 p_x 对称轴方向才能发生最大重叠，H—Cl 间的键角是 180°，如图 9-4(a)所示。

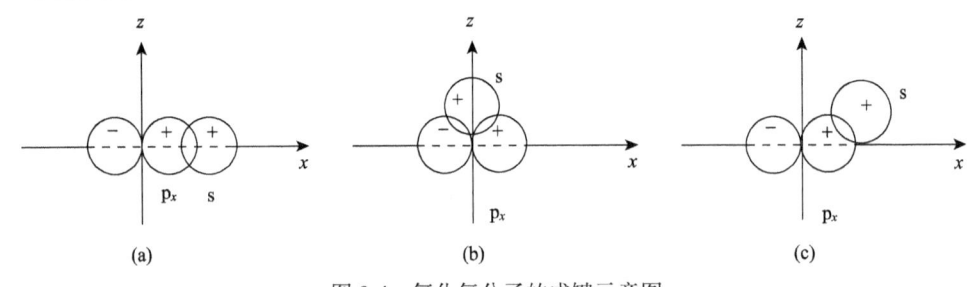

图 9-4 氯化氢分子的成键示意图

因此，共价键的方向性是指，一个原子与周围的成键原子形成共价键时有一定的角度，它决定着分子的空间构型，从而影响分子的性质(如分子的极性)。

9.3.4 共价键的类型

由于成单电子占据在形状不同的原子轨道中，原子成键时，重叠方式不同，使原子轨道重叠部分的对称性也不相同，结果形成两种不同的键型。

1. σ 键

当原子轨道沿原子核间连线方向(键轴)以"头碰头"的方式重叠时[图 9-5(a)]，成键轨道重叠部分围绕键轴呈圆柱形分布，形成的共价键称为 σ 键。其特征是轨道重叠程度大，键牢固，如两个 s 原子轨道的重叠(s-s)，一个 s 原子轨道和一个 p_x 原子轨道的有效重叠(s-p_x)以及两个 p_x 原子轨道的有效重叠(p_x-p_x)。σ 键电子云的界面图见图 9-5(c)。

(a) σ 成键方式示意图

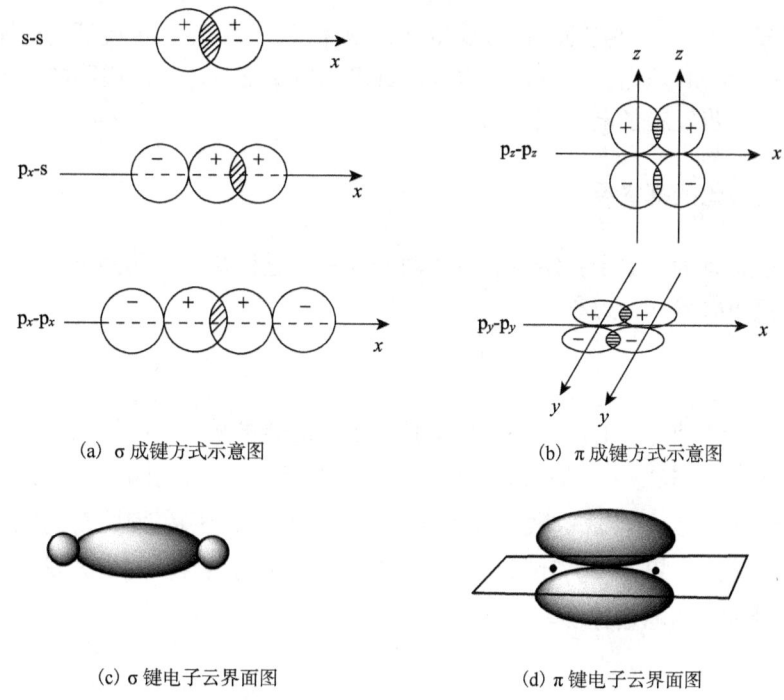

(b) π 成键方式示意图

(c) σ 键电子云界面图

(d) π 键电子云界面图

图 9-5 σ、π 成键方式及其电子云界面图

2. π 键

两个原子轨道以"肩并肩"方式(或平行)发生重叠[图 9-5(b)]，轨道重叠部分通过键轴所在平面具有镜面反对称性，在这个平面上，概率密度几乎为零。这种键称为 π 键。π 键电子云界面图见图 9-5(d)。π 键的重叠程度要比 σ 键重叠程度小得多，所以 π 键的键能小于 σ 键。π 键电子的能量较高，易活动，是化学反应的积极参与者。

必须注意在形成共价键时，两个原子间只能形成一个 σ 键，其余为 π 键。而且，π 键不能单独存在，总是和 σ 键共存。原子结合形成分子时，形成何种类型的共价键以及形成键的数目与成键原子的电子构型有关。

9.4 杂化轨道理论

价键理论运用电子配对的概念比较简明地解释了共价键的本质和特征，为化学键的深入研究提供了理论基础。但是，在解释某些多原子分子的空间构型以及分子的某些性质时，却显得无能为力。例如，近代实验测定结果表明，CH_4 分子是一个正四面体的空间构型，C 原子处于正四面体的中心，四个 H 原子占据在四面体的四个顶角，四个 C—H 键的键角、键长、键能相等。但按价键理论分析，C 原子的价电子构型为 $2s^2 2p_x^1 2p_y^1$，在 2p 轨道上有 2 个成单电子，只可以与 2 个 H 原子形成 2 个共价键，键角为 90°，C 原子应当是二价，实际上 C 原子是四价。如果要形成 4 个 C—H 键，则必定要假设 C 原子的 2s 轨道上有 1 个电子受外界能量激发，进入空的 $2p_z$ 轨道，形成 $2s^1 2p_x^1 2p_y^1 2p_z^1$ 的激发态。但 2s 轨道和 3 个 p 轨道在伸展方向和能量上都不相同，所形成的 4 个 C—H 键也不可能相同。这些都与实验事实不一致。

为了解释多原子分子的空间结构和稳定性,鲍林于 1931 年在价键理论的基础上提出了杂化轨道(hybrid orbit)理论。它较好地解释了许多用电子配对法不能说明的分子空间结构和稳定性事实,进一步发展了电子配对法。

9.4.1 杂化轨道理论的基本要点

杂化轨道理论认为:原子在结合成分子时必须首先进行杂化,其共价键的形成经历了激发、杂化、轨道重叠等几个过程。

1. 激发

在形成共价分子前,中心原子中的成对价电子可能会被激发到能量相近的某空轨道中,从而形成成单电子分占在多个轨道的状况。例如,C 原子的基态价电子构型是 $2s^2 2p_x^1 2p_y^1$,在与 H 原子结合时,为了使成键数目等于 4,2s 的一个电子被激发到 $2p_z$ 的轨道上,四个电子分占在四个轨道上,以 $2s^1 2p_x^1 2p_y^1 2p_z^1$ 电子态参与化学键的结合。电子激发需要吸收能量,它由形成化学键放出的能量补偿。

2. 杂化

处于激发态的几个不同类型、能量相近的原子轨道混合起来,重新组合成一组新轨道。这种原子轨道重新组合的过程称为杂化,所形成的新轨道称为杂化轨道。杂化轨道的数目等于参与组合的原子轨道的数目。杂化轨道有一定的伸展方向,杂化轨道的空间伸展方向构成了杂化轨道的形状。值得注意的是,原子轨道的杂化总是伴随着分子形成的过程发生,孤立的原子不能发生杂化,而且只有能量相近的原子轨道才能发生杂化。例如,2s 和 2p 轨道能量相近,可以发生杂化;而 1s 和 2p 轨道能量相差较大,不能发生杂化。

3. 轨道重叠

杂化轨道与其他原子的原子轨道重叠形成化学键时,同样满足轨道最大重叠原理。杂化后的轨道电子云分布更为集中,有利于轨道重叠。因此,一般杂化轨道的成键能力比各原子轨道的成键能力更强,形成的分子更稳定。此外,由于配位原子总是沿中心原子杂化轨道的伸展方向重叠成键,故分子中原子的空间排布与杂化轨道的形状密切相关。

9.4.2 杂化类型

根据原子轨道的种类不同,可以组成不同类型的杂化轨道。由 s 和 p 原子轨道组成的杂化轨道属 s-p 型,由 s、p、d 原子轨道组成的杂化轨道属 s-p-d 型。根据参与杂化的 s 轨道数和 p 轨道数不同,将 s-p 型杂化轨道分为 sp、sp^2、sp^3 三种类型。

1. s-p 型杂化轨道

1) sp 杂化

能量相近的一个 ns 和一个 np 原子轨道相互杂化,组成 2 个新的等性 sp 杂化轨道。每个 sp 杂化轨道中,含有原 ns 和 np 原子轨道的成分各 1/2。每个轨道形状为一头大一头小,两轨道间的夹角为 180°，呈直线形排布，见图 9-6(a)。

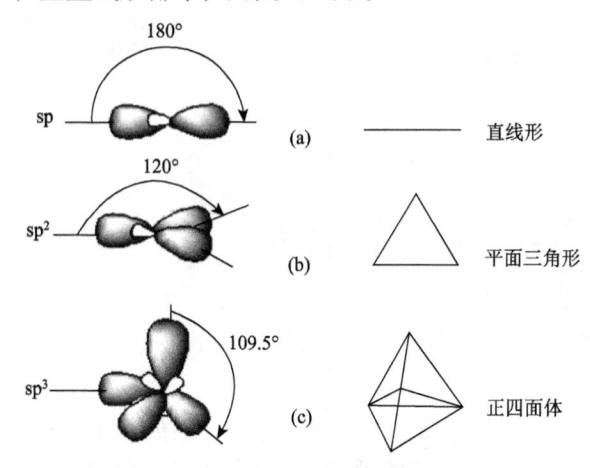

图 9-6 sp、sp²、sp³ 杂化轨道及空间形状示意图

实验测得 BeCl₂ 分子呈直线形，分子中两个键间的夹角为 180°，而且两个共价键的性能完全相同。用杂化轨道理论可做出合理解释。在 BeCl₂ 分子中，中心原子铍的最外层电子构型为 $2s^2$。形成分子时吸收外界的能量，2s 原子轨道上的一个电子被激发到能量近似的 2p 空轨道上，成为两个电子分占两个轨道的激发态。这两个成单电子占据的轨道组合成直线形的 sp 杂化原子轨道，然后分别与两个 Cl 原子的 $3p_x$ 轨道以"头碰头"的方式重叠形成两个σ_{sp-p}键，使得 BeCl₂ 分子的键角为 180°。其分子的成键过程示意如下：

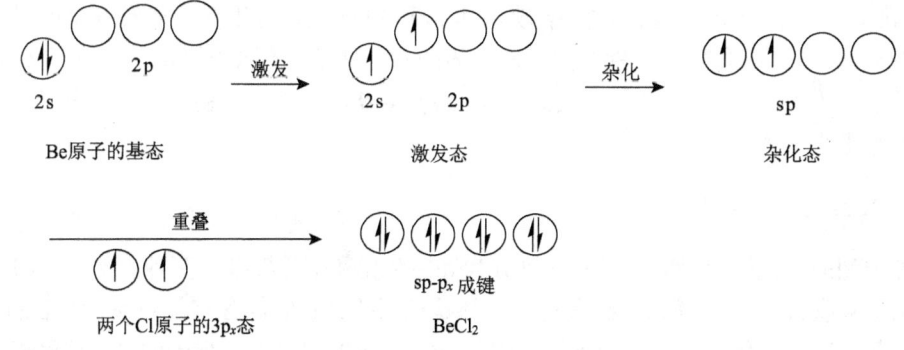

2) sp² 杂化

能量相近的一个 ns 和两个 np 原子轨道相互杂化，组成 3 个新的等性 sp² 杂化轨道。每个 sp² 杂化轨道中，分别含有 1/3 原 s 轨道和 2/3 原 p 轨道的成分。两轨道间的夹角为 120°，三个杂化轨道呈平面三角形排布，见图 9-6(b)。

BCl₃ 分子呈平面三角形，分子中任意两个键间的夹角均为 120°，而且三个共价键的键长、键角相同。同样可用杂化轨道理论做出合理解释。在 BCl₃ 分子中，中心原子 B 的价电子构型为 $2s^2 2p_x^1$，有三个价电子。形成分子时，硼原子中的一个 2s 电子吸收外界能量，被激发到能量相近的一个空的 2p 原子轨道上。三个占据成单电子的 2s 和 2p 原子轨道相互组合，形成三个互为 120°夹角的 sp² 杂化轨道。三个氯原子的 $3p_x$ 轨道沿三个 sp² 杂化轨道的伸展方向分别以"头碰头"的方式重叠，形成三个σ_{sp-p}键，其键角为 120°，因此四个原子在空间的排布呈平面三角形。BCl₃ 分子的成键过程示意如下：

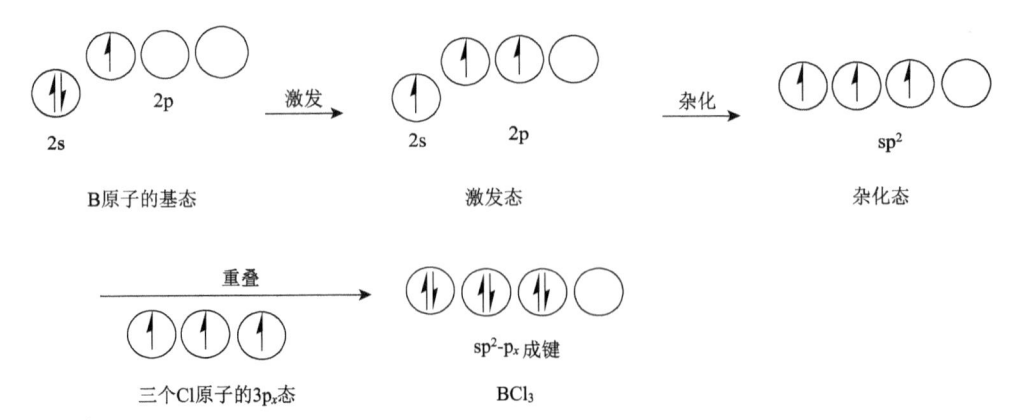

3) sp³ 杂化

能量相近的一个 ns 和三个 np 原子轨道相互杂化，组成 4 个新的等性 sp³ 杂化轨道。每个 sp³ 杂化轨道中，分别含有 1/4 原 s 轨道和 3/4 原 p 轨道的成分。4 个 sp³ 杂化轨道互成 109.5° 的夹角，形成正四面体的空间构型，见图 9-6(c)。

2. d-s-p 型杂化轨道

有些化合物的中心原子周围最外层电子超过了 8 个，不具有稀有气体的稳定结构，但仍具有相当的稳定性，如 PCl_5 和 SF_6。杂化轨道理论认为，这是因为在形成这些分子时，中心原子的 d 轨道参与了杂化，以重新组成的 d-s-p 型杂化轨道成键，从而使分子的成键能力增强，稳定性增加。例如，SF_6 分子形成时，硫原子的 1 个 3s 电子和 1 个 3p 电子分别被激发到空的 3d 轨道，由 1 个 3s 轨道、3 个 3p 轨道和 2 个 3d 轨道进行组合，形成 6 个能量相同的 sp^3d^2 杂化轨道。6 个杂化轨道分别指向正八面体的 6 个顶角。硫原子的 6 个 sp^3d^2 杂化轨道各与氟原子中的 1 个 2p 轨道重叠，形成 6 个 sp^3d^2-p 型 σ 键，结合成稳定的 SF_6 分子，分子的空间构型为正八面体。

3. 等性杂化与不等性杂化

同种类型的杂化轨道（如 sp³ 等）又可分为等性杂化和不等性杂化两种。例如，CH_4 分子中，C 原子采取 sp³ 杂化，每个 sp³ 杂化轨道都是相同的，它们都含有 1/4 s 和 3/4 p 的成分，且能量相等。这种杂化称为等性杂化。$BeCl_2$、BCl_3、PCl_5 以及上面提到的 SF_6 都属于等性杂化成键形成的分子。

另外一些化合物，杂化的原子轨道中不仅包含成单电子的原子轨道，还包含成对电子的原子轨道，这种杂化称为不等性杂化。例如，在 NH_3 分子中，中心原子是 N 原子。它的价电子构型是 $2s^2 2p_x^1 2p_y^1 2p_z^1$。为了使成键能力最大，占有成对电子的 2s 轨道仍能与 3 个 2p 原子轨道杂化得到 4 个 sp³ 杂化轨道。在 4 个 sp³ 杂化轨道中，有 3 个杂化轨道中占据着 3 个成单电子，分别和 3 个氢原子的 1s 电子配对形成 3 个 N—H 共价键。另一个 sp³ 杂化轨道中占据着孤电子对，它不参与成键，见图 9-7(a)。孤电子对所占据的杂化轨道含有较多的 2s 轨道成分，其他的杂化轨道则含有较多的 2p 成分，这种杂化称为不等性杂化。

不等性杂化是考虑孤电子对参加了杂化。孤电子对的杂化轨道排斥成键电子的杂化轨道，以致杂化轨道的夹角不相等。例如，NH_3 分子和 H_2O 分子的中心原子采取的都是 sp³ 杂化，但它们的成键电子对间的夹角（键角）都小于 109.5°，见图 9-7(a) 和 (b)。正是孤电子对对成键电子对的这种排斥作用，使得分子的键角减小。例如，水分子中氧原子上有两对孤电子对，它的 O—H 键的夹角比氨分子中 N—H 键之间的夹角受到的排斥作用更大，键角更小。

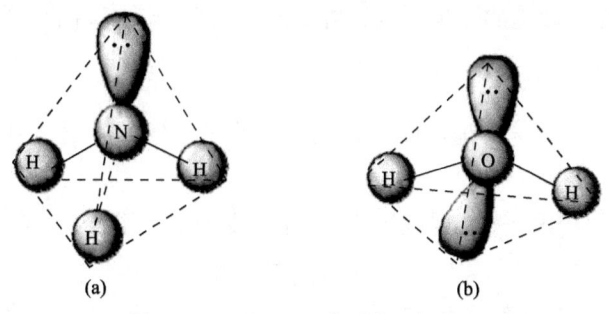

图 9-7 NH$_3$、H$_2$O 分子的空间构型

9.5 价层电子对互斥理论

价层电子对互斥理论(valence shell electron pair repulsion，VSEPR)用于判断共价分子的空间构型，简便、实用且与实验事实吻合。该理论是西奇威克和鲍威尔于 1940 年提出来的，1957 年吉莱斯皮和尼霍姆将其加以发展。

9.5.1 价层电子对互斥理论的基本要点

价层电子对互斥理论认为，分子和离子的空间构型主要取决于分子中中心原子的价层电子对的数目，以及电子对之间的相互排斥作用；价层电子对是指 σ 键电子对与孤电子对。按静电排斥原理，中心原子周围电子对的排布方式应满足使电子对彼此尽可能远离，以保证电子对间的排斥力达到最小，体系能量最低。

价电子层电子对相互间排斥作用的大小取决于电子对的数目、电子对的类型以及电子对夹角大小。

(1) 中心原子周围的价电子数目越多，电子对间的斥力越大。不同数目的电子对按斥力最小原则，在空间有不同的排布方式。例如，价电子对数为 2，空间排布呈直线形；价电子对数为 3，空间排布呈平面三角形；价电子对数为 4，空间排布呈正四面体形；价电子对数为 5，空间排布呈三角双锥形；价电子对数为 6，空间排布呈正八面体形；等等。

(2) 由于孤电子对只受一个原子核的吸引，电子对在空间分布较为疏松，对邻近电子对的斥力大；而成键电子对同时受两个原子核的吸引，电子云分布紧缩，对相邻电子对的斥力小，因而随电子对类型不同，电子对间斥力不同。不同电子对间斥力大小的顺序如下：

孤电子对间斥力 > 孤电子对-成键电子对间斥力 > 成键电子对间斥力

若同样是成键电子对，由于重键的电子云密度大，斥力也不相同，即

单键的斥力 < 双键的斥力 < 叁键的斥力

(3) 电子对排斥力还与电子对夹角大小有关，夹角越小，斥力越大。一般当电子对间夹角大于 90°时，可不考虑电子对间斥力对分子构型的影响。

9.5.2 价层电子对互斥理论的应用

根据价层电子对互斥理论的基本观点，可以得出判断分子或离子空间构型的基本步骤。

1. 确定中心原子周围价电子对数目

如果中心原子为 A，有 m 个配位原子 B 与 A 结合成 AB_m 型分子。中心原子 A 周围的价电子对总数 N 为

N=(中心原子 A 的价电子数+ m×配位原子 B 提供的价电子数±离子所带电荷数)/ 2

应用上式确定中心原子价电子对数需注意以下几点：

(1) 当氧族元素的原子为配位原子时，规定每个氧族元素的原子提供的价电子数为零。例如，在 CO_2 分子中，一个 C 原子的价电子数等于 4，两个 O 原子提供的价电子数为 0，则价电子对总数 N=(4+0)/2=2 对。

(2) 当卤素原子为配位原子时，每个卤素原子以提供一个价电子计算。例如，BF_3 分子，B 原子的价电子数为 3，3 个 F 原子提供 3×1 个价电子，因此价电子对总数 N=(3+3×1)/2 = 3 对。

(3) 若为正离子，即减去正电荷数，若为负离子应加上负电荷数。例如，NH_4^+ 中，中心原子 N 周围的价电子数为 5，配位原子数为 4，则价电子对总数 N=(5+4-1)/ 2 = 4 对。

(4) 计算所得的 N 若等于小数，则处理成整数。例如，NO_2 分子，N 原子的价电子数为 5，O 原子提供的价电子数为 0，则价电子对总数 N=(5+0)/2 = 2.5 对，算作 3 对。

2. 确定电子对的空间排布和分子的几何构型

由于分子中心原子周围的价电子对包括成键电子对和孤电子对，而分子的空间构型主要取决于成键电子对的数目，因此在利用计算所得的价电子对总数预测分子的空间构型时，便有不同的情况。

(1) 若中心原子的价电子对均为成键电子对，根据计算得到的价电子对总数即可得到电子对的空间排布方式，而电子对的空间排布形状(如前所述)即为分子的空间构型(表 9-7)。

表 9-7 价层电子对数目、排列方式与分子空间构型的关系

中心原子电子对数	成键电子对数	孤对电子对数	电子对分布	分子形状	实例	中心原子杂化方式
2	2	0	直线形	B—A—B 直线形	$BeCl_2$	sp
3	3	0	平面三角形	平面三角形	BF_3，BCl_3	sp^2
3	2	1	三角形	角形	$SnCl_2$，$PbCl_2$	sp^2
4	4	0	正四面体	正四面体	CCl_4，CH_4	sp^3

续表

中心原子电子对数	成键电子对数	孤对电子对数	电子对分布	分子形状	实例	中心原子杂化方式
4	3	1	正四面体	三角锥形	NH$_3$, AsCl$_3$, NCl$_3$	sp^3
4	2	2	正四面体	角形	H$_2$O, H$_2$S	sp^3
5	5	0	三角双锥	三角双锥	PCl$_5$	sp^{3}d
5	4	1	三角双锥	不规则四面体	SF$_4$, SeF$_4$	sp^{3}d
5	3	2	三角双锥	T形	ClF$_3$, BrF$_3$	sp^{3}d
5	2	3	三角双锥	直线形	I$_3^-$, XeF$_2$	sp^{3}d
6	6	0	正八面体	正八面体	SF$_6$	sp^{3}d^2

续表

中心原子电子对数	成键电子对数	孤对电子对数	电子对分布	分子形状	实例	中心原子杂化方式
6	5	1	正八面体	四方锥形	BrF$_5$, IF$_5$	sp^{3}d^2
6	4	2	八面体	平面正方形	XeF$_4$, BrF$_4$, ICl$_4$, IF$_4$	sp^{3}d^2

例如，在 CCl$_4$ 分子中，碳原子周围的价电子对总数 $N=4$ 对，电子对在空间排布必定呈正四面体形，而配位原子数等于 4，说明成键电子对数等于价电子对总数，因此 CCl$_4$ 分子的空间构型也是正四面体形。在 PCl$_5$ 分子中，磷原子周围的价电子对总数为 5 对，电子对的空间排布必定呈三角双锥形。配位原子数等于 5，成键电子对数等于价电子对总数，因此 PCl$_5$ 分子的空间构型一定是三角双锥形。

(2) 若中心原子含有孤电子对，电子对的空间排布将与分子空间构型不同。在用价层电子对互斥理论判断分子的空间构型时，可能会出现多种情况，需通过对分子中孤电子对和成键电子对之间排斥力大小的分析，才能得出电子对排布方式与分子的确切构型。

例如，在 NO$_2$ 分子中，N 原子周围相当于有 3 对电子，其空间排布方式为平面三角形。配位原子数为 2，其中有两对成键电子，一个成单电子(可看作一对孤电子对)，所以 NO$_2$ 分子的空间构型为角形。

在 ClF$_3$ 分子中，氯原子有 7 个价电子，3 个 F 原子提供 3 个价电子，使氯原子的价层电子对总数为 5 对。这 5 对电子分别占据三角双锥的 5 个顶角。其中两个顶角为孤电子对占据，三个顶角为成键电子对占据。ClF$_3$ 分子中两种类型的 5 对电子在空间排列有以下三种情况(图 9-8)：

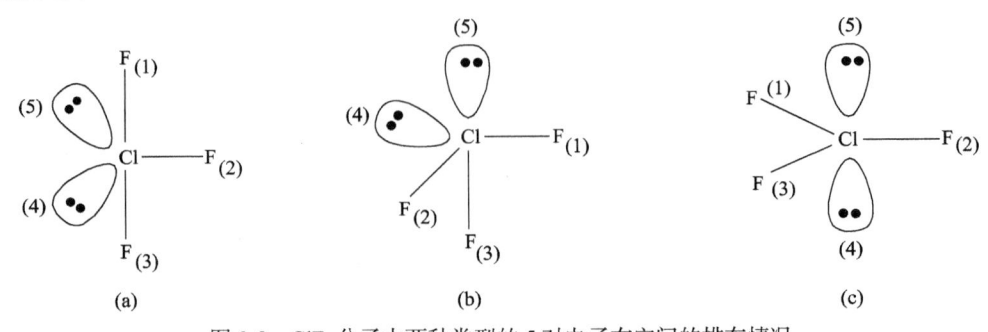

图 9-8 ClF$_3$ 分子中两种类型的 5 对电子在空间的排布情况

(a)两对孤电子对(4)、(5)在三角形平面上，成键电子对间90°排斥数为2个[(1)～(2)、(2)～(3)]，孤电子对间90°排斥数为0个，成键电子对与孤电子对间90°排斥数为4个[(5)～(1)、(5)～(3)、(4)～(1)、(4)～(3)]。

(b)成键电子对间90°排斥数为2个，孤电子对间90°排斥数为1个，成键电子对与孤电子对间90°排斥数为3个。

(c)成键电子对间90°排斥数为0个，孤电子对间90°排斥数为0个，成键电子对与孤电子对间90°排斥数为6个。

由于(a)、(c)两种情况孤电子对间排斥数为0，这两种情况的排斥力小于(b)，因此(b)不可能存在。而(a)中孤电子对与成键电子对间排斥数又比(c)少，(a)型排布方式可使电子对间斥力达到最小，使体系能量最低，所以ClF_3分子的空间构型如(a)所示是T形，由于受孤电子对的排斥作用，这种T形有稍微的弯曲。

综上所述，运用价层电子对互斥理论，能简单直观地作出分子空间构型的定性判断，这为研究分子的性质带来极大方便。但它对复杂分子的空间构型却无能为力，同时它没有阐明成键的原理，仅考虑电子间斥力对分子空间构型的影响，必然存在一定的局限性。实际上影响分子空间构型的因素是多方面的。

9.6 分子轨道理论

价键理论较好地说明了共价键的形成，为引入量子力学处理分子结构奠定了基础。但是，该理论把形成共价键的电子只定域在两个相邻原子之间，没有考虑整个分子的情况，因此不能解释某些分子的性质。例如，氧分子具有顺磁性，表明氧分子含有未成对电子，O_2路易斯结构式电子均已成对，显然与实验事实不符。又如，H_2^+和He_2^+的形成，B_2H_6等缺电子化合物的结构，也是价键理论无法解释的。20世纪20年代末，洪德和马利肯提出了分子轨道理论，建立了分子的离域电子模型。分子轨道理论与价键理论成为量子化学理论描述分子结构的两大不同的分支。本课程只介绍分子轨道理论的一些最基本的观点和结论，以便用来讨论一些简单的双原子分子结构，详细内容将在结构化学课程中深入讨论。

9.6.1 分子轨道理论的基本要点

分子轨道理论的基本出发点是把分子看作一个整体，分子中的电子不再从属于某个特定的原子。因此，电子的运动不再以一个原子核为中心，而是在整个分子范围内运动。正如原子中每个电子的运动状态可用波函数(ψ)来描述一样，分子中每个电子的运动状态也可用相应的波函数来描述。原子轨道常用s，p，d，f，…表示，而分子轨道则常用σ，π，δ，…表示。

分子轨道均由原子轨道线性组合而成，简称LCAO(linear combination of atomic orbitals)。组合形成的分子轨道数与组合前的原子轨道数相等，即n个原子轨道经线性组合得到n个分子轨道。例如，由两个原子组成一个双原子分子时，两个原子的2s轨道可组合成两个分子轨道，两个原子的6个2p轨道组合成6个分子轨道等。这种组合与杂化轨道的组合不同，杂化仅是一个原子内部的价层原子轨道进行重新组合，而分子轨道是两个成键原子间原子轨道的线性组合。此外，原子轨道只是一个中心，而分子轨道是多中心的。

原子轨道组合成分子轨道时，要遵循以下三条原则：

(1) 能量近似原则，即只有能量相近的原子轨道才能有效组合成分子轨道，而且原子轨道的能量相差越小，越有利于组合。当两个原子轨道的能量相差较大时，不能有效组合成分子轨道，只可能发生电子迁移，形成离子键。

例如，H、Cl、O、Na 各有关原子轨道的能量分别为

$$E_{1s(H)} = -1318 \text{kJ} \cdot \text{mol}^{-1} \qquad E_{2p(O)} = -1322 \text{kJ} \cdot \text{mol}^{-1}$$

$$E_{3p(Cl)} = -1259 \text{kJ} \cdot \text{mol}^{-1} \qquad E_{3s(Na)} = -502 \text{kJ} \cdot \text{mol}^{-1}$$

由于 H 的 1s 轨道同 Cl 的 3p 和 O 的 2p 轨道能量相近，所以它们可以线性组合成分子轨道。而 Na 的 3s 轨道同 Cl 的 3p 轨道和 O 的 2p 轨道能量相差较大，所以不能组合成分子轨道，只能发生电子的转移，形成离子键。

(2) 轨道最大重叠原则。由于每个原子轨道都有一定的伸展方向，因而原子轨道的线性组合不仅须考虑能量近似，还必须考虑原子轨道重叠程度达到最大。因为原子轨道重叠程度越大，体系能量下降越多，形成的分子越稳定。

(3) 对称性原则。对称性原则是指只有对称性相同的原子轨道才能有效组合成分子轨道。因为原子轨道的角度部分图形不仅随原子轨道的种类不同而不同，而且图形本身有正、负号之分，所以当原子轨道相互组合时，就有两种情况：一种是同号部分的波函数相互组合[图 9-9 (a)～(c)]，相当于相位相同的波相互叠加，形成振幅更大的波。这种情况属于对称性相匹配，能使轨道发生最大重叠，核间电子云密度增大，形成的分子轨道能量比组合前各原子轨道能量更低。另一种是异号部分的波函数相互组合[图 9-9 (d) 和 (e)]，可看成是不同相位的波叠加，由于波的相互干涉，叠加后波的振幅彼此抵消。它不满足对称性原则。因此，这种组合使原子核间的电子云密度降低，核间斥力增大，所形成的分子轨道能量远远高于组合前各原子轨道的能量。

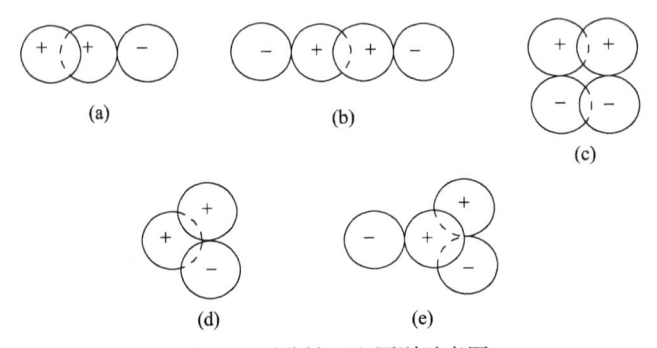

图 9-9 对称性匹配原则示意图

在上述原则中，对称性原则是首要的，它决定原子轨道能否组合成分子轨道，而能量近似原则和最大重叠原则决定的是原子轨道组合效率问题。

9.6.2 分子轨道的类型

在对称性匹配的条件下，两个原子轨道(ψ_a 和 ψ_b)组合成两个分子轨道(ψ 和 ψ^*)，ψ 是同号波函数的叠加，满足对称性原则，重叠增大了核间电子的概率密度，轨道能量低于两个原子轨道的能量，称为成键分子轨道(bonding molecular orbital)，如 σ、π 成键分子轨道。ψ^* 是

异号波函数的叠加(原子轨道相减),重叠减小了核间电子的概率密度,其轨道能量比原子轨道能量高,称为反键分子轨道(antibonding molecular orbital),如 σ^*、π^* 反键分子轨道。不同类型的原子轨道线性组合可得到不同种类的分子轨道。

1. σ 分子轨道

两个原子的原子轨道以"头碰头"的方式重叠时,形成以键轴呈对称分布的 σ 型分子轨道。两个原子轨道组合得到两个分子轨道,其中一个是 σ 成键分子轨道,另一个是 σ^* 反键分子轨道。例如,s-s 原子轨道线性组合,分别得到成键分子轨道 σ_{1s} 和反键分子轨道 σ_{1s}^*。p_x-p_x 原子轨道线性组合,形成成键分子轨道 σ_{p_x} 和反键分子轨道 $\sigma_{p_x}^*$,如图 9-10(a)和(b)所示。

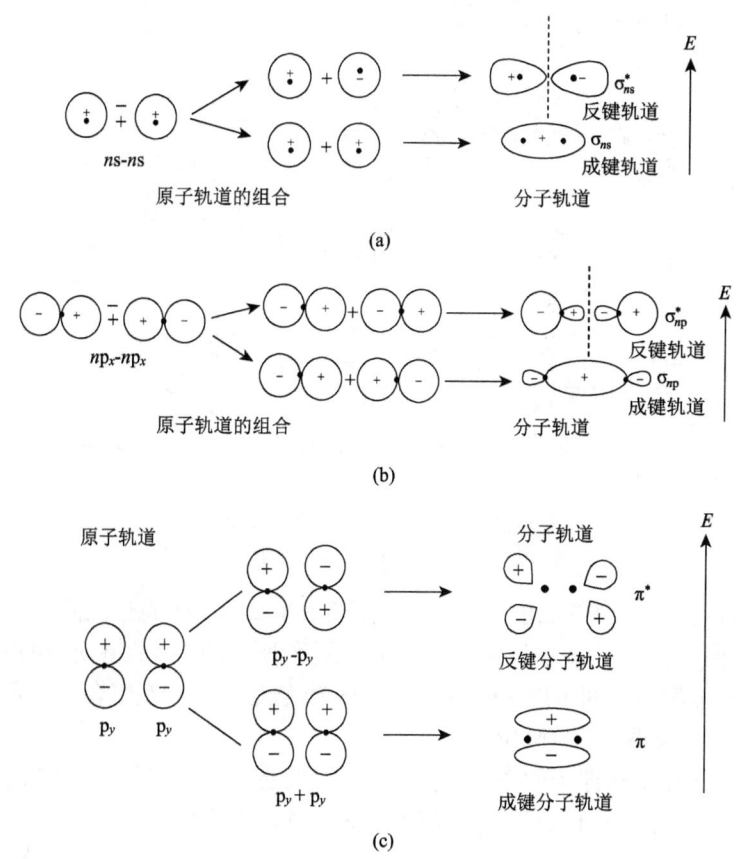

图 9-10　s-s、p_x-p_x、p_y-p_y (p_z-p_z)原子轨道重叠形成的分子轨道

2. π 分子轨道

原子轨道以"肩并肩"的方式组合,形成含键轴平面、具有反对称性的 π 分子轨道。其中一个为 π 成键分子轨道,另一个为 π^* 反键分子轨道。例如,p_y-p_y、p_z-p_z 原子轨道的线性组合以及 d-p、d-d 轨道的线性组合,得到的都是 π 型分子轨道。p_y-p_y 原子轨道线性组合得到的分子轨道图形如图 9-10(c)所示。

除上述两种组合方式外,还存在一种非键结合方式。若重叠部分的正、负号区域面积正好相等,则同号部分重叠所产生的能量降低与异号部分重叠产生的能量升高相互抵消,体系中能量不变,形成的是非键分子轨道。这种情况类似于没有组合的原子轨道。

9.6.3 分子轨道的能级

由前面讨论可知，两个原子轨道组合得到两个分子轨道，一个成键分子轨道，一个反键分子轨道。每个分子轨道都有相应的能量，其能级顺序为

成键分子轨道能量 < 原子轨道能量(非键轨道能量) < 反键分子轨道能量

由于原子种类不同，组成的分子轨道能量也不相同。根据近代光谱测定的实验数据，可得到分子中各分子轨道的能量，依由低到高的次序排列，形成分子轨道能级图。对第二周期的同核双原子分子的分子轨道能级顺序，可根据 2s 和 2p 原子轨道的能量差异，得出两种分子轨道能级图(图 9-11)。

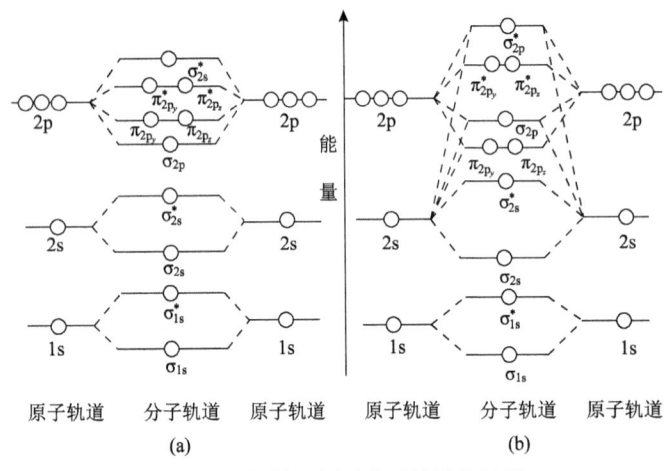

图 9-11 同核双原子分子轨道能级图
(a) 2s 和 2p 能级相差较大；(b) 2s 和 2p 能级相差较小

若原子的 2s 与 2p 轨道的能量相差较大，不会发生 2s 和 2p 轨道之间的相互组合，形成分子轨道时，分子轨道能级的顺序如图 9-11(a)所示。若原子的 2s 与 2p 轨道的能量相差较小，不仅 2s-2s 和 2p-2p 轨道之间可以发生组合，2s 和 2p 轨道也会相互组合，从而使分子轨道的能量次序发生改变，如图 9-11(b)所示。

O_2 分子和 F_2 分子成键原子的 2s 和 2p 轨道的能级差较大，故不必考虑 2s 和 2p 原子轨道之间的相互作用，依据图 9-10(a)，分子轨道能级的顺序变化为

$$\sigma_{1s} < \sigma_{1s}^* < \sigma_{2s} < \sigma_{2s}^* < \sigma_{2p_x} < \pi_{2p_y} = \pi_{2p_z} < \pi_{2p_y}^* = \pi_{2p_z}^* < \sigma_{2p_x}^*$$

第二周期 N 和 N 以前的元素形成的同核双原子分子从 Li_2 到 N_2 由于成键原子的 2s 和 2p 轨道能量相差较小，依据图 9-11(b)，不同原子轨道的相互作用使分子轨道能级次序顺序为

$$\sigma_{1s} < \sigma_{1s}^* < \sigma_{2s} < \sigma_{2s}^* < \pi_{2p_y} = \pi_{2p_z} < \sigma_{2p_x} < \pi_{2p_y}^* = \pi_{2p_z}^* < \sigma_{2p_x}^*$$

9.6.4 分子轨道理论的应用

原子形成分子后，从属于原来原子轨道的电子也要重新分配依次填入分子轨道。电子在

分子轨道中的填充同样遵循能量最低原理、泡利不相容原理和洪德规则，依能量由低到高的顺序进入相应的分子轨道。填充到分子轨道中的电子数等于各原子轨道中电子数的总和。一般当电子进入成键轨道时，会使体系能量下降，有利于形成稳定的共价键。因此，分子最终能否形成以及稳定性大小取决于成键轨道中的电子数和反键轨道中的电子数的多少。若成键轨道中的电子数正好等于反键轨道中的电子数，形成分子轨道时，降低的能量与升高的能量正好抵消，说明填充在这些轨道上的电子对形成共价键没有贡献。如果填充在成键轨道上的电子数大于反键轨道上的电子数，降低的能量大于升高的能量，即能形成共价键。因此，分子轨道能级图的重要应用是表示分子中电子的填充情况，为分析分子的成键提供依据。为简便起见，通常使用分子轨道式来表示电子在分子轨道能级上的填充情况。

1. H_2 分子

H_2 分子的分子轨道由两个氢原子的 1s 轨道组合形成，一个是成键的 σ_{1s} 分子轨道，另一个是反键的 σ_{1s}^* 分子轨道。两个氢原子各有一个 1s 电子，最先填入 σ_{1s} 轨道。H_2 分子的分子轨道式可表示为 $H_2[(\sigma_{1s})^2]$（图 9-12）。

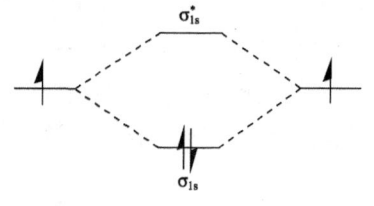

图 9-12　H_2 的分子轨道能级图

2. O_2 分子

O_2 分子的形成过程可用分子轨道式表示：

$$2O(1s^2 2s^2 2p^4) \longrightarrow O_2[(\sigma_{1s})^2(\sigma_{1s}^*)^2(\sigma_{2s})^2(\sigma_{2s}^*)^2(\sigma_{2p_x})^2(\pi_{2p_y}^2 = \pi_{2p_z}^2)(\pi_{2p_y}^{*1} = \pi_{2p_z}^{*1})]$$

O_2 分子的分子轨道能级图见图 9-13。

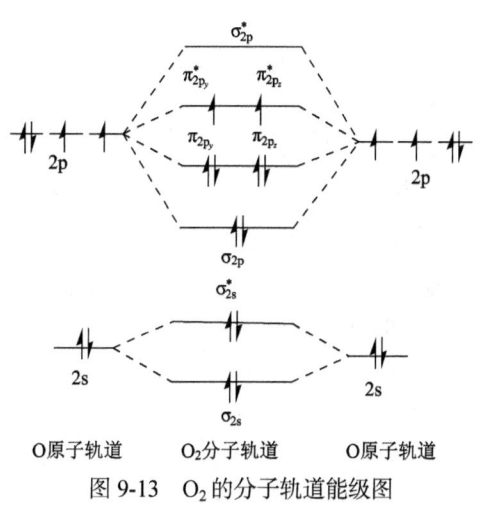

图 9-13　O_2 的分子轨道能级图

为简化起见，可认为在正常键长的情况下，内层电子的原子轨道实际上重叠很少，它们对形成共价键基本无贡献。因此，在分子轨道式中常用对应原子电子层的符号来表示内层充满电子的分子轨道。例如，O_2 分子的 $(\sigma_{1s})^2(\sigma_{1s}^*)^2$ 可用 KK 来表示。因此，O_2 分子的分子轨道式为

$$O_2[KK(\sigma_{2s})^2(\sigma_{2s}^*)^2(\sigma_{2p_x})^2(\pi_{2p_y}^2 = \pi_{2p_z}^2)(\pi_{2p_y}^{*1} = \pi_{2p_z}^{*1})]$$

因为 π 轨道是二重简并的，根据洪德规则，为了使体系能量最低，电子应尽可能多地成单占据轨道且自旋平行。为此 O_2 分子的最后两个电子以成单自旋平行的方式占据在 $\pi_{2p_y}^*$ 和 $\pi_{2p_z}^*$ 轨道（图 9-13）。所以 O_2 分子应该为顺磁性，这与实验事实相符。O_2 分子的键级=(8-4)/2=2。

经分析可知，实际上对形成氧分子起作用的是 σ_{2p_x} 轨道上的两个电子形成的 σ 键，以及由 $(\pi_{2p_y}^2, \pi_{2p_y}^{*1})(\pi_{2p_z}^2, \pi_{2p_z}^{*1})$ 组成的两个三电子 π 键。氧分子的结构式可表示为

$$\boxed{:\overset{\cdots}{\underset{\cdots}{O}}\!\!-\!\!\overset{\cdots}{\underset{\cdots}{O}}:} \quad\text{或}\quad :O\!\!\vdots\!\!\vdots\!\!\vdots\!\!O:$$

由于这两个三电子 π 键中有两个电子是占据在成键轨道，另外一个电子占据在反键轨道，每个三电子键的键能只相当于单键的一半，两个三电子 π 键只相当于一个正常的 π 键，因此氧分子的共价键不及一般的双键稳定。分子轨道理论十分成功地解释了氧分子的结构所决定的顺磁性和化学反应活性，这是价键理论无法做到的。

3. N_2 分子

N 原子的 2s 和 2p 轨道能差较小，形成氮分子时出现了轨道能级的交错，使 π_{2p} 分子轨道的能量低于 σ_{2p_x} 分子轨道（图 9-14）。

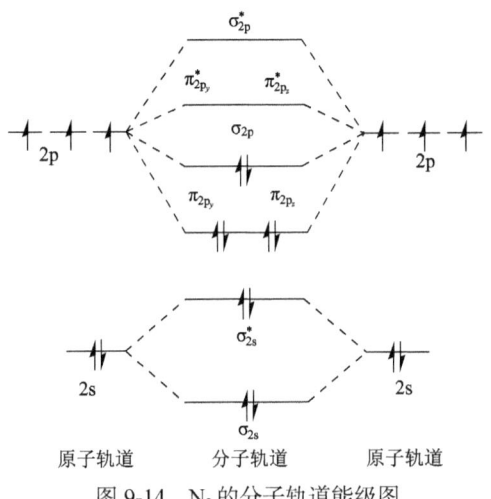

图 9-14 N_2 的分子轨道能级图

氮分子的分子轨道式为

$$N_2[KK(\sigma_{2s})^2(\sigma_{2s}^*)^2(\pi_{2p_y}^2 = \pi_{2p_z}^2)(\sigma_{2p_x})^2]$$

由氮分子的分子轨道式可知，(σ_{2s}) 和 (σ_{2s}^*) 分子轨道中的电子数相等，成键轨道降低的能量和反键轨道升高的能量正好抵消，它们对成键无贡献。对成键有贡献的是 $\pi_{2p_y}^2$、$\pi_{2p_z}^2$ 和 $\sigma_{2p_x}^2$，因此氮分子中的三重键是一个 σ 键和两个 π 键，氮分子的键级为 (8-2)/2=3。由此可推知氮分子有相当高的稳定性。N_2 分子的结构式可表示为:N≡N:。

分子轨道理论比较全面地反映了分子中电子的各种运动状态。运用该理论可以说明共价

键的形成，也可以解释分子或离子中单键和三电子键的形成，但在解释分子的几何构型时不够直观。分子轨道理论和价键理论都以量子力学原理为基础，在处理化学问题时各有优势。它们互为补充，相辅相成，为我们解释化学结构和某些化学现象提供了可靠的理论依据。

9.7 金 属 键

在 100 多种元素中，金属元素有 80 余种，占已知元素的 4/5。在常温下，除汞为液体外，其他金属都是晶状固体。金属都具有金属光泽，有良好的导电性和导热性，以及良好的机械加工性能。金属的通性表明它们有着类似的内部结构。金属元素的电子层结构特征是：它们的价电子数少于 4，大多数仅为 1 或 2。在金属晶体的晶格中，每个金属原子周围有 8~12 个相邻原子。按照共价键理论，很难想象金属晶体中原子间靠什么作用力结合在一起。为了说明金属键的本质，目前主要发展起来两种理论：自由电子理论和金属能带理论，下面介绍自由电子理论。

金属键的自由电子理论又称"电子气"理论。该理论认为：金属原子的特征是外层价电子和原子核的联系较为疏松，容易丢失电子，形成正离子。在金属晶体中的晶格节点上，排列着一些相对显正电性的金属离子。这些正离子和金属原子之间存在着从原子上脱落下来的电子。这些电子不是固定在某一金属离子的附近，而是能够在晶格中相对自由地运动，因此这些电子称为自由电子。自由电子不停地运动，把金属的原子或离子连接在一起，就形成金属键(metallic bond)。由于金属正离子之间和电子云之间存在着斥力，所以金属原子不能相互靠得太近。当金属原子核间距达到某个值时，引力和斥力达到暂时平衡，组成稳定的晶体。这时，金属离子在其某平衡位置附近振动。金属键没有方向性和饱和性，因而金属晶格的结构是力求金属原子采用密堆积，最紧密的堆积也是最稳定的结构。如果把金属原子看成是"半径相等的圆球"，则密堆积的方式很多，从而形成不同的金属晶格结构。

金属的自由电子理论能很好地说明金属的通性。金属中的自由电子可以吸收可见光，然后把各种波长的光大部分再反射出来，因而金属一般呈现银白色光泽。在外加电场的作用下，自由电子沿着外加电场定向流动而形成电流，使得金属具有导电性，当金属的某一部分受热，原子和离子在平衡位置的振动加剧，通过自由电子的运动把热能传递给邻近的原子和离子，使热运动快速扩展，使金属晶体的温度均一化，故金属具有良好的导热性。

自由电子理论虽能很好地解释金属的许多通性，但是这种理论没有考虑电子的波动性，无法得到好的定量结果，对于金属的光电效应，导体、半导体、绝缘体的区别也难以解释。

9.8 分子间作用力和氢键

9.8.1 分子间力

分子之间的作用力又称范德华力。它存在于分子之间，既无方向性又无饱和性，分子间力是一类弱作用力。化学键的键能数量级达 $10^2 \text{kJ} \cdot \text{mol}^{-1}$，甚至 $10^3 \text{kJ} \cdot \text{mol}^{-1}$，而分子间力的能量只达 $10^{-2} \sim 10^{-1} \text{kJ} \cdot \text{mol}^{-1}$ 数量级，比化学键弱得多。相对于化学键，大多数分子间力又是短程作用力，只有当分子或基团距离很近时才显现出来。气体分子能够凝聚成液体和固体，主要就靠这种分子间作用力。分子具有极性和变形性是分子间产生作用力的根本原因。

按分子种类不同，分子间力分为三个部分：取向力、诱导力和色散力。

(1) 取向力。取向力发生在极性分子与极性分子之间。当两个极性分子相互靠近时，由于同极相斥，异极相吸，分子偶极发生相对转动，形成异极相吸的定向有序排列。已经定向的极性分子间产生的静电作用力称为取向力，如图 9-15(a) 所示。

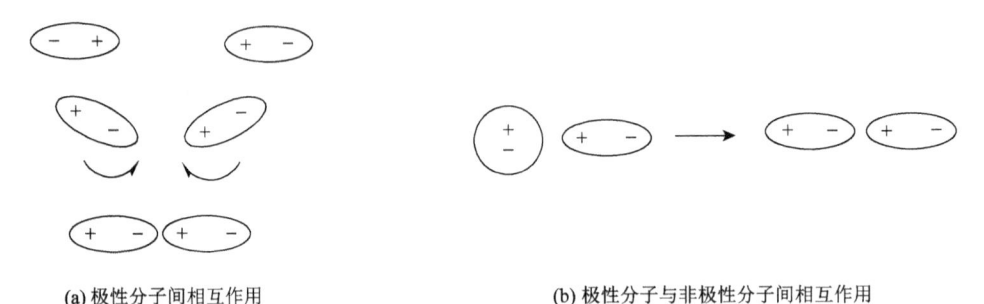

(a) 极性分子间相互作用　　　　　　(b) 极性分子与非极性分子间相互作用

图 9-15　各种不同分子相互作用示意图

(2) 诱导力。在极性分子和非极性分子间以及极性分子间都存在诱导力。当极性分子和非极性分子充分接近时，在极性分子固有偶极的影响下，非极性分子的电子云和原子核发生相对位移，原本重合的正、负电荷重心分离，产生了诱导偶极。在诱导偶极和固有偶极之间产生的作用称为诱导力，如图 9-15(b) 所示。极性分子在靠近时，彼此存在的偶极相互影响，也会使分子变形产生诱导偶极，因此极性分子间也存在诱导力。

(3) 色散力。分子内的电子和原子核不断发生热运动，常造成电子云和原子核之间的瞬时相对位移，从而产生瞬间偶极，分子靠瞬间偶极相互吸引产生的作用力称为色散力。

虽然瞬间偶极存在的时间很短，但它在不断地产生，异极相邻的状态也不断地重复，使得分子间始终存在色散力。通常情况下，分子间力以色散力为主（除 HF、H_2O 等极性非常大的物质外）。分子的相对分子质量越大，分子的变形性越大，色散力就越大。表 9-8 列出了部分分子的分子间力分配情况。

表 9-8　分子间力的分配情况

分子	色散力/(kJ·mol^{-1})	诱导力/(kJ·mol^{-1})	取向力/(kJ·mol^{-1})	分子间力的总和/(kJ·mol^{-1})
H_2	0.17	0.00	0.00	0.17
Ar	8.49	0.00	0.00	8.49
CO	8.74	0.0084	0.029	8.78
H_2O	8.996	1.92	36.36	47.28
CH_4	14.73	1.55	13.31	29.59
HCl	16.82	1.004	3.305	21.13
HBr	21.92	0.502	0.686	23.11
HI	27.86	0.113	0.03	28.00

分子间力对物质性质的影响：

(1) 对物质熔、沸点的影响。共价化合物的熔化与气化需要克服分子间力。分子间力越强，物质的熔、沸点越高。在元素周期表中，由同族元素生成的单质或同类化合物，其熔、沸点往往随着相对分子质量增大而升高。

例如，按 He、Ne、Ar、Kr、Xe 的顺序，相对分子质量增加，分子体积增大，变形性增大，色散力增大，因此熔、沸点升高。卤素单质都是非极性分子，常温下 F_2 和 Cl_2 是气体，Br_2 是液体，而 I_2 是固体，也反映了从 F_2 到 I_2 色散力依次增大的事实。卤化氢分子是极性分子，按 HCl—HBr—HI 顺序，分子的偶极矩递减，变形性递增，分子间的取向力和诱导力依次减小，色散力明显增大，致使这几种物质的熔、沸点依次升高，这也说明分子间色散力起主要作用（表 9-9）。

表 9-9 卤化氢分子的熔、沸点

卤化氢	HF	HCl	HBr	HI
沸点/℃	−83	−115	−87	−51
熔点/℃	20	−85	−67	−35

(2) 对溶解性的影响。结构相似的物质易于相互溶解。极性分子易溶于极性溶剂中，非极性分子易溶于非极性溶剂中，这个规律称为"相似相溶"规律。原因是溶解前后分子间力的变化较小。

例如，结构相似的乙醇（CH_3CH_3OH）和水（H_2O）可以任意比例互溶，极性相似的 NH_3 和 H_2O 有较强的互溶能力；非极性的碘单质（I_2）易溶于非极性的苯或四氯化碳（CCl_4）溶剂中，而难溶于水。

依据"相似相溶"规律，在工业生产和实验室中可以选择合适的溶剂进行物质的溶解或混合物的萃取分离。

9.8.2 氢键

同族元素氢化物的熔、沸点都随相对分子质量的增大而升高，但第二周期部分元素的氢化物（如 NH_3、H_2O、HF）与同族元素的其他氢化物相比，有着特别高的熔、沸点（图 9-16）。这表明在这些物质的分子之间存在着另一种相当强的作用力。这种作用力就是存在于分子之间的氢键。

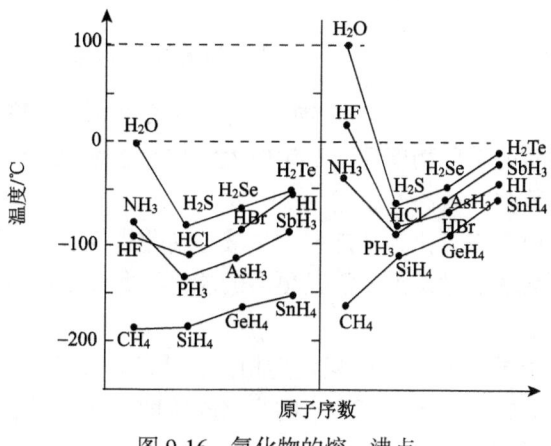

图 9-16 氢化物的熔、沸点

1. 氢键的形成

当 H 原子与电负性很大的 A 原子(如 F、O、N)相连时，A 原子有强的吸电子能力，使 HA 中的共用电子对明显地偏向 A 原子，结果使 H 原子形成了一个几乎没有电子云而只带正电荷的原子核，它的半径又很小，因此这个几乎裸露的质子有很高的正电荷密度。当它遇到另一个分子中电负性很大且含有孤电子对的 B 原子时，便与 B 原子上的孤电子对相互吸引形成了氢键。

$$A—H\cdots B$$

氢键的作用，可使简单分子相互缔合，形成复杂分子。例如，HF 可因分子间形成氢键而缔合成 $(HF)_n$，如图 9-17 所示。

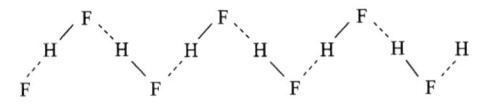

图 9-17　氟化氢中的分子间氢键(虚线所示)

由上所述可知，形成氢键必须满足：分子中有一个与电负性很强的 A 原子形成共价键的 H 原子，还有另一个含有孤电子对且电负性也强的 B 原子，A 和 B 可以是同种原子也可以是不同种原子。

2. 氢键的特征

氢键属于分子间力，但又不同于范德华力，它具有自身的特征。氢键有方向性和饱和性。因为在 A—H⋯B 体系中，B 原子总是沿 A—H 的键轴方向形成氢键，以保证 A 与 B 间的夹角为 180°，AB 间的排斥力最小，这就是氢键的方向性。当 A—H 与一个极性分子中的 B 原子形成氢键以后，如果再有另一个极性分子靠近 A—H，由于 H 的半径很小，A、B 之间电子云的排斥力要大于 H 上的正电荷对 B 原子的吸引力，使得 B 原子难于靠近，因此每一个 A—H⋯B 中的 H 原子不可能再与第二个 B 原子形成另一个氢键，这是氢键的饱和性。

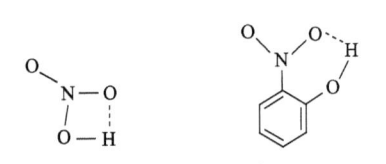

分子间可以形成氢键，分子内部也能形成氢键，如 HNO_3、邻硝基苯酚分子中就存在分子内氢键(图 9-18)。

图 9-18　分子内氢键

3. 氢键对物质性质的影响

氢键不是化学键，简单分子形成缔合分子后并不改变其化学性质，但会对物质的某些物理性质产生较大影响。氢键的结合能远比化学键小得多，但通常又比分子间力大得多，最高不超过 $40kJ \cdot mol^{-1}$。

HF、H_2O 及 NH_3 由固态转化为液态，或由液态转化为气态时，除需克服分子间力外，还需破坏比分子间力更大的氢键，需要消耗更多的能量，此即 HF、H_2O 及 NH_3 熔、沸点反常的原因。

水的物理性质十分特异。与同周期氢化物相比，冰的密度小，4℃时水的密度最大，水的熔、沸点高，比热容大，蒸气压小等。水的密度随温度变化的现象是所有氢化物中的唯一特例。这都是由于水分子间形成了氢键。

当分子间没有氢键时，共价型物质的物理性质主要取决于分子间力。分子间形成氢键时，分子间产生较强的结合力,对物质性质有较大的影响。例如,分子间氢键的形成,使得化合物的沸点和熔点升高;而分子内氢键的形成,一般会使化合物的沸点和熔点降低。氢键的形成还会影响物质的溶解度。在极性溶剂中,溶质和溶剂分子间形成氢键时,溶质的溶解度增大。溶质形成分子内氢键时,在极性溶剂中溶解度减小,在非极性溶剂中溶解度增大。此外,氢键的形成对于物质的酸性、密度、介电常数甚至反应性等都有影响。

氢键在生物大分子(如蛋白质、核酸及糖类等)中都有重要作用。蛋白质分子的 α-螺旋结构就是靠羰基上的氧和氨基上的氢以氢键(C═O⋯H—N)彼此连接而成的。DNA(脱氧核糖核酸)的双螺旋结构各圈之间也是靠氢键联合,增强了稳定性。氢键在人类和动植物的生理、生化过程中起着十分重要的作用。

习　题

1. 根据元素在周期表中的位置,试推测哪些元素原子之间易形成离子键,哪些元素原子之间易形成共价键。
2. 试用杂化轨道理论解释:
   (1) H_2S 的键角是 92°, 而 $BeCl_2$ 的键角是 180°。
   (2) NCl_3 是三角锥形, 而 BCl_3 是平面三角形。
3. 已知 NO_2、CO_2、SO_2 的键角分别是 132°、180°、119.5°, 试用杂化轨道理论判断它们的中心原子是以何种杂化类型成键的, 并说明各分子的形状及极性大小。
4. 用 VSEPR 法预测下列各离子、分子的空间构型。
   PH_3, $AlCl_3$, PCl_4^+, ClF_2^+, BrF_3, SbF_5, ClI_2^-, PF_5, XeO_3
5. 根据价层电子对互斥理论判断下列分子或离子的空间类型, 并写出与其空间构型一致的杂化方式。
   BF_4^-, ClF_3, SeS_4^{2-}, AsF_5, SF_6, CO_3^{2-}
6. 某化合物的分子组成是 XY_4, 已知 X、Y 的原子序数分别为 32、17。
   (1) 根据 X、Y 元素的电负性, 判断 X 与 Y 之间的化学键的极性。
   (2) 判断该化合物的空间结构、杂化类型和分子的极性。
   (3) 该化合物在常温下是液体, 该化合物分子间的作用力是什么?
   (4) 若该化合物与 $SiCl_4$ 相比较, 哪一个的熔、沸点高? 为什么?
7. 指出下列各组中键角最小的分子或离子, 并说明原因。
   (1) NH_3, PH_3, AsH_3;　　(2) O_3^+, O_3, O_3^-;　　(3) NO_2^-, O_3。
8. 试写出 H_2^-、Li_2、Be_2、B_2、N_2 的分子轨道表达式; 计算它们的键级, 判断稳定性大小的顺序; 指出哪些分子或离子是顺磁性的, 哪些是反磁性的。
9. 实验证明 N_2 的解离能大于 N_2^+ 的解离能, O_2 的解离能小于 O_2^+ 的解离能, 试用分子轨道理论解释。
10. 指出下列各组分子间存在何种类型的分子间力:
    (1) 氯和四氯化碳;　　(2) 氖和氨;　　(3) 氟化氢和水;
    (4) 甲醇和水;　　(5) 干冰。
11. 下列化合物中哪些存在氢键? 并指出它们是分子间氢键还是分子内氢键。如果与水混合, 判断它们之间的作用力是什么。
    C_6H_6, NH_3, C_2H_6, $H_3BO_3(s)$, HNO_3,

,

12. 举例说明下列概念有何区别。
    (1) 离子键和共价键;　　(2) 极性键和极性分子;
    (3) σ键和π键;　　(4) 分子间力和氢键。

第10章 晶体结构

10.1 晶体的特征与基本结构类型

10.1.1 晶体

固体物质可以按照其中原子排列的有序程度分为晶体和无定形物质，晶体又分为单晶体和多晶体。晶体具有规则的几何外形，如氯化钠、石英、磁铁矿等。无定形物质也称玻璃体，如生活中常见的石蜡、玻璃等。

晶体是由原子、离子或分子在空间按一定规律周期性地重复排列构成的固体物质，具有以下几个宏观基本特征：

(1) 晶体具有规则的几何外形。物质冷却凝固或从溶液中结晶可自然形成晶体，晶体在生长过程中，自发地形成晶面，晶面相交形成晶棱，晶棱会聚成顶点，从而出现多面体的外形。例如，明矾从其溶液中结晶形成具有八面体外形的晶体。同一种晶体由于生成条件不同，所得到的晶体在外形上会有些差别。

(2) 晶体具有固定的熔点。加热晶体，达到熔点时开始熔化，继续加热，在晶体没有完全熔化前，温度保持恒定，晶体完全熔化后，温度才开始上升，如 NaCl 晶体的熔点为 801℃。

(3) 晶体呈现各向异性。晶体中各个方向排列的质点间的距离和取向不同，则不同方向上的光学性质、导电性、热膨胀系数等不同。例如，石墨容易沿层状结构的方向断裂，石墨在与层平行方向上的电导率比与层垂直方向上的电导率高 1 万倍以上。

(4) 晶体具有特定的对称性。晶体内部粒子的周期性排列及理想的外形都具有对称性特征，如具有对称中心、对称面、对称轴等。晶体就是按其对称性不同而分类的。

10.1.2 晶体的内部结构

晶体和非晶体性质上的差异主要是由内部结构决定的。晶体是由在空间排列的有规律的粒子(原子、分子、离子)组成的，晶体中粒子的排列按一定的方式不断重复出现，这种性质称为晶体结构的周期性。晶体的一些特性都与粒子排列的规律有关。

为便于研究晶体的几何结构及周期性，将晶体中的粒子抽象为几何学中的点，无数这样的点在空间按照一定的规律重复排列而组成的几何图形称为晶格(或点阵)，每个粒子的位置就是晶格结点。一维的点阵是直线点阵[图 10-1(a)]，二维的点阵是平面点阵[图 10-1(b)]，三维的点阵是空间点阵，又称空间格子[图 10-1(c)]。图 10-1(d)就是 NaCl 的空间点阵或晶格，其中 Na$^+$ 是一类等同点，Cl$^-$ 是另一类等同点，这些等同点的连线形成 NaCl 晶体的晶格。

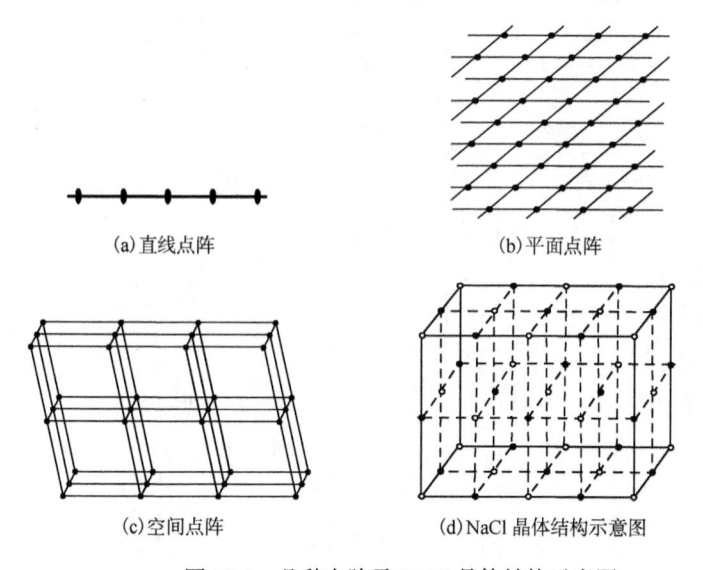

(a) 直线点阵
(b) 平面点阵
(c) 空间点阵
(d) NaCl 晶体结构示意图

图 10-1　几种点阵及 NaCl 晶体结构示意图

晶格中最小的重复单位，即能体现晶格一切特征的最小单元称为晶胞，通常是一个六面体，无数个晶胞在空间紧密排列就组成了晶体。晶胞的大小和形状由晶胞参数 a、b、c、α、β、γ 表示。a、b、c 是六面体的边长，α、β、γ 分别是 bc、ca、ab 面所形成的三个夹角。根据晶胞的特征，可划分为 7 个晶系：立方晶系(也称等轴晶系)、四方晶系、正交晶系、三方晶系、六方晶系、单斜晶系和三斜晶系(表 10-1)，它们的晶胞参数和部分实例也列于表中。

表 10-1　七个晶系

晶系	晶轴	轴间夹角	实例
立方	$a=b=c$	$\alpha=\beta=\gamma=90°$	NaCl, CaF_2, ZnS, Cu
四方	$a=b\neq c$	$\alpha=\beta=\gamma=90°$	SiO_2, MgF_2, $NiSO_4$, Sn
正交	$a\neq b\neq c$	$\alpha=\beta=\gamma=90°$	K_2SO_4, $BaCO_3$, $HgCl_2$, I_2
三方	$a=b=c$	$\alpha=\beta=\gamma\neq 90°$	Al_2O_3, $CaCO_3$, As, Bi
六方	$a=b\neq c$	$\alpha=\beta=90°$, $\gamma=120°$	SiO_2(石英), AgI, CuS, Mg
单斜	$a\neq b\neq c$	$\alpha=\gamma=90°$, $\beta\neq 90°$	$KClO_3$, $K_3[Fe(CN)_6]$, $Na_2B_4O_7$
三斜	$a\neq b\neq c$	$\alpha\neq\beta\neq\gamma\neq 90°$	$CuSO_4\cdot 5H_2O$, $K_2Cr_2O_7$

晶体的晶胞都是六面体，只是由于晶胞参数不同而有不同的形状，归并于七大晶系，根据六面体的面上、体中、底面有无面心、体心、底心进行分类，可将 7 个晶系分为 14 种空间点阵形式(图 10-2)。这 14 种空间格子是由法国布拉维首先论证的，故也称布拉维空间格子。14 种晶格中最常见的为简单立方、面心立方、体心立方和简单六方四种晶格。

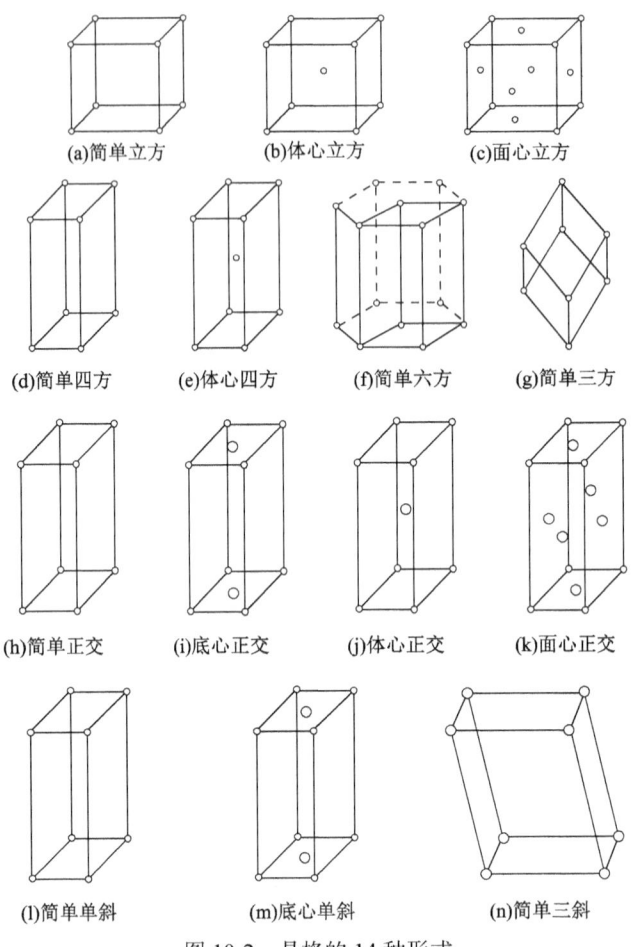

(a)简单立方 (b)体心立方 (c)面心立方
(d)简单四方 (e)体心四方 (f)简单六方 (g)简单三方
(h)简单正交 (i)底心正交 (j)体心正交 (k)面心正交
(l)简单单斜 (m)底心单斜 (n)简单三斜

图 10-2　晶格的 14 种形式

10.2　晶 体 类 型

根据组成晶体的粒子的种类及粒子之间作用力的不同，可将晶体分成离子晶体、原子晶体、分子晶体和金属晶体四种类型，另外还有混合型的晶体，它兼有两种以上类型的晶体特征。

10.2.1　离子晶体

离子晶体是指晶格结点上交替排列着阴、阳离子，且两者之间以离子键相结合的晶体。这类晶体中不存在独立的小分子，整个晶体就是一个巨型分子，常以其化学式表示其组成。

晶体的特性主要取决于晶格结点上粒子的种类及其相互作用力。离子晶体主要有如下特征：离子晶体晶格结点上粒子间的作用力为阴、阳离子以离子键相结合，结合力强。因此，离子晶体的硬度大，熔、沸点高，常温下均为固体。离子晶体因其极性强，故多数易溶于极性较强的溶剂。离子晶体中，阴、阳离子被束缚在相对固定的位置上，不能自由移动，故离子晶体不导电。但在熔融状态或水溶液中，离子能自由移动，在外电场作用下可导电。离子晶体在水中的溶解性差别较大，如 NaOH、NaCl、KNO$_3$ 等易溶于水，而 CaCO$_3$、BaSO$_4$、

AgCl 等则难溶于水。

1. 离子晶体的空间结构类型

在离子晶体中，由于各种正、负离子的大小不同，离子半径比不同，其配位数不同，离子晶体内正、负离子的空间排布也不同，从而可以得到不同类型的离子晶体。下面主要讨论常见的几种离子晶体类型。

1) CsCl 型晶体

如图 10-3(a)所示，它的晶胞形状是立方晶系，属简单立方晶格。Cs^+ 与 Cl^- 分别形成的两个简单立方点阵平行交错，正、负离子配位数均为 8，配位比是 8∶8。顶角上离子属于 8 个晶胞所共有 $\left(8\times\dfrac{1}{8}=1\right)$，因此每个晶胞含有 1 个 Cs^+ 和 1 个 Cl^-。

(a) CsCl 型晶体结构

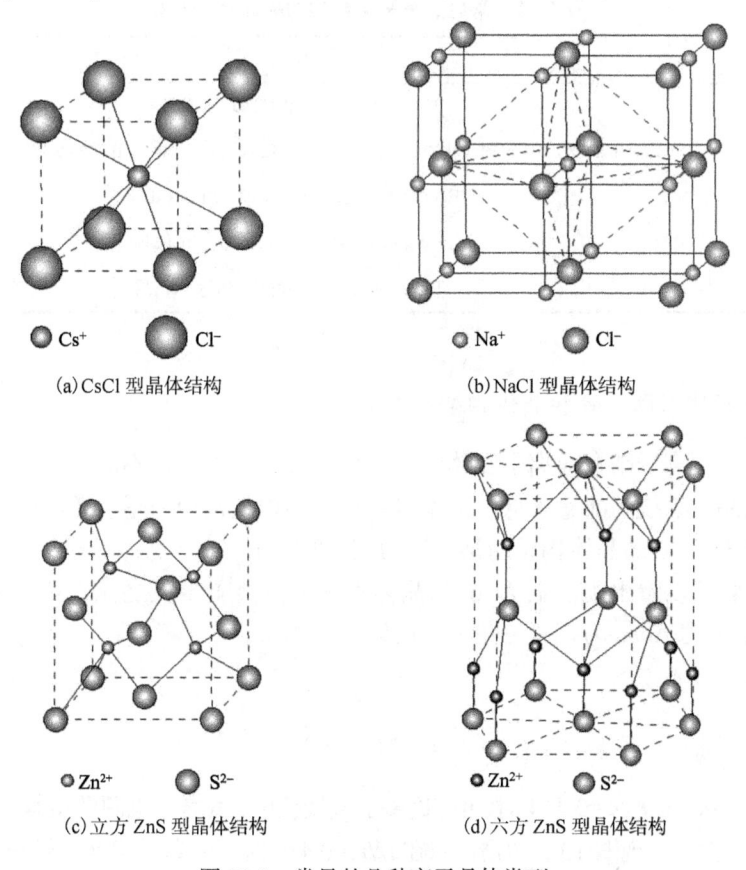

(b) NaCl 型晶体结构

(c) 立方 ZnS 型晶体结构

(d) 六方 ZnS 型晶体结构

图 10-3　常见的几种离子晶体类型

2) NaCl 型晶体

如图 10-3(b)所示，它的晶胞形状也是立方晶系，属面心立方晶格。Na^+ 与 Cl^- 分别形成的两个面心立方点阵平行交错，正、负离子配位数均为 6，配位比是 6∶6。1 个晶胞中 Na^+ 个数为 $12\times\dfrac{1}{4}+1=4$，Cl^- 个数为 $8\times\dfrac{1}{8}+6\times\dfrac{1}{2}=4$，因此每个晶胞含有 4 个 Na^+ 和 4 个 Cl^-。

3) ZnS 型晶体

ZnS 有两种结构类型，一种是立方 ZnS 型(闪锌矿型)，如图 10-3(c)所示，晶胞形状属立方晶系，S^{2-} 形成面心立方点阵，Zn^{2+} 也形成面心立方点阵，平行交错的方式是一个面心立方格子的结点位于另一个面心立方格子的体对角线的 1/4 处。正、负离子的配位数均为 4，配位比是 4∶4，每个晶胞含有 4 个 S^{2-} 和 4 个 Zn^{2+}。另一种是六方 ZnS 型(纤锌矿型)，如图 10-3(d)所示，晶胞形状属六方晶系，S^{2-} 采用六方密堆积，Zn^{2+} 填充在一部分四面体空隙之中，正、负离子的配位数也都为 4，配位比也是 4∶4，每个晶胞中含有 6 个 S^{2-} 和 6 个 Zn^{2+}。

常见的离子化合物的晶体结构类型列于表 10-2。

表 10-2 常见的离子化合物的晶体结构类型

构型	实例
CsCl 型	CsCl, CsBr, CsI, TlCl, TlBr, NH_4Cl 等
NaCl 型	Li^+、Na^+、K^+、Rb^+ 的卤化物，AgF，AgCl，Mg^{2+}、Ca^{2+}、Sr^{2+}、Ba^{2+} 的氧化物、硫化物等
ZnS 型	BeO, BeS, BeSe, BeTe, MgTe, ZnO, CdS 等
CaF_2 型	CaF_2, PbF_2, HgF_2, ThO_2, UO_2, CeO_2, $SrCl_2$, $BaCl_2$ 等
金红石型	TiO_2, SnO_2, MnO_2, MgF_2, ZnF_2, FeF_2 等

2. 离子半径比与配位数和晶体构型的关系

不同的正、负离子结合成离子晶体时，为什么会形成配位数不同的结构类型呢？这是因为这种构型的晶体系统的能量最低、最稳定。离子晶体的构型与正、负离子的半径比 r_+/r_- 有关。取配位比为 6∶6 的晶体构型的某一层为例(图 10-4)。

从图 10-4 可以看出配位数为 6 的晶体中正、负离子半径之比，令 $r_-=1$，则 $ac=4$，$ab=bc=2+2r_+$，因为 Δabc 为直角三角形，所以

$$ac^2=ab^2+bc^2$$
$$4^2=2(2+2r_+)^2$$

可以解出 $r_+=0.414$，即 $r_+/r_-=0.414$ 时，正、负离子直接接触，负离子也两两接触。如果 $r_+/r_-<0.414$ 或 $r_+/r_->0.414$，就会出现图 10-5 的情况：在 $r_+/r_-<0.414$ 时，负离子相互接触(排斥)而正、负离子接触不良，这样的构型不稳定。若晶体转入较少的配位数，如转入 4∶4 配位，这样正、负离子才能接触得比较好，在 $r_+/r_->0.414$ 时，负离子接触不良，正、负离子却能紧靠在一起，这样的构型可以稳定。但当 $r_+/r_->0.732$ 时，正离子相对较大，正离子表面就有可能紧靠上更多的负离子，使配位数成为 8。对 AB 型离子型晶体，正、负离子半径比与配位数和晶体构型的关系称为离子半径比规则，如表 10-3 所示。

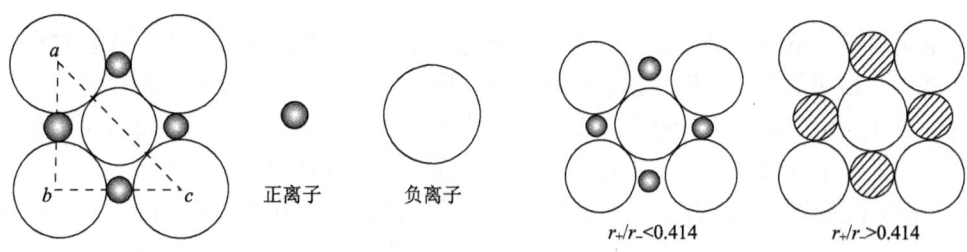

图 10-4 配位数为 6 的晶体　　图 10-5 半径比与配位数的关系

表 10-3　AB 型化合物的离子半径比与配位数和晶体构型的关系

半径比 r_+/r_-	配位数	晶体构型	实例
0.225～0.414	4	ZnS 型	ZnS, ZnO, BeS, CuCl, CuBr 等
0.414～0.732	6	NaCl 型	NaCl, KCl, NaBr, LiF, CaO, MgO, CaS, BaS 等
0.732～1	8	CsCl 型	CsCl, CsBr, CsI, TlCl, NH$_4$Cl, TlCN 等

利用离子半径比规则，如果已知正、负离子半径就可推测这个离子晶体的构型。例如，$r(Na^+)$=98pm, $r(Cl^-)$=196pm，r_+/r_-=0.500，所以 NaBr 晶体为 NaCl 型晶体，正、负离子配位数为 6。但是注意离子半径比规则是一条经验规则，离子型化合物的构型并非都严格地遵循这个规则。例如，RbCl 中，r_+/r_-=0.82，理论上它的配位数应为 8，为 CsCl 型，但实际上配位数为 6，属 NaCl 型晶体。又如，GeO$_2$ 中，r_+/r_-=0.40，r_+/r_- 接近两种构型的转变值 0.414，可能同时具有 NaCl 和 ZnS 两种构型，事实上 GeO$_2$ 确有这两种构型的晶体。另外，外界条件也影响离子晶体的构型，如 CsCl 在常温下是 CsCl 型晶体，在高温下可转变为 NaCl 型，这种现象称为同质异构现象。因此，离子晶体化合物实际取何种构型，应由实验来确定。

此外，离子半径比规则只能应用于离子型晶体，而不适用于共价化合物。如果正、负离子间有强烈的相互极化作用，离子键会向共价键过渡，晶体的构型就会偏离这个经验规则，离子极化对化合物的构型和性质有很大的影响。

3. 离子的极化

1) 离子的极化概念

离子型化合物中，离子在正、负离子自身电场的作用下，离子外层的电子云发生变形，离子的正、负电荷重心不重合，产生诱导偶极，这种过程称为离子的极化，某一种离子既可使其他离子极化又可被其他离子极化（图 10-6）。一种离子使异号离子极化并产生电子云变形的作用称为离子的极化作用。被异号离子极化而发生电子云变形的性能称为离子的变形性或可极化性。

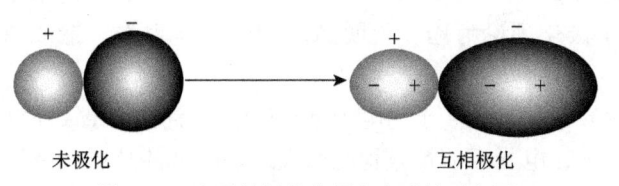

图 10-6　离子的极化作用和变形性示意图

不论正离子或负离子都有极化作用和变形性两个方面，但是正离子半径一般较小，正电荷密度高，对相邻负离子产生较强的诱导作用，使之极化；负离子半径一般较大，外层电子云易被诱导而产生变形。也就是说，正离子极化作用大，负离子则变形性大。通常在讨论离子极化时，一般主要考虑正离子的极化作用和负离子的变形性。

(1) 正离子极化作用的强弱。正离子极化作用的强弱主要取决于离子的半径、电荷和电子层结构。

(i) 正离子的电荷越高，半径越小，极化作用越强，如 $Al^{3+}>Mg^{2+}>Na^+$；$Be^{2+}>Mg^{2+}>Ca^{2+}>Sr^{2+}>Ba^{2+}$。

(ii) 正离子的电子结构不同时，它们的极化作用大小顺序为

18 或 18+2 电子结构的离子>9~17 电子结构的离子>8 电子结构的离子

这是因为 18 电子结构的离子，其最外电子层的 d 电子对原子核的屏蔽作用较小，离子的有效核电荷增加，使离子的极化作用增强，如 Hg^{2+}、$Sn^{2+}>Mn^{2+}$、$Fe^{2+}>Ca^{2+}$、Mg^{2+}。

(2) 负离子变形性的大小。

(i) 具有相同电子层结构的离子，随负电荷的增加而变形性增大，如 $F^-<O^{2-}$；$Cl^-<S^{2-}$。

(ii) 最外层电子数相同的离子，电子层数越多(或半径越大)，变形性越大，如 $F^-<Cl^-<Br^-<I^-$；$O^{2-}<S^{2-}$。

(iii) 复杂负离子变形性通常不大，且复杂负离子中心离子氧化数越高，变形性越小，如 $ClO_4^-<F^-<NO_3^-<OH^-<CN^-<Cl^-<Br^-<I^-$。

(3) 附加极化作用。当正离子的变形性也较大或负离子的极化作用也较强时，除了考虑正离子的极化作用和负离子的变形性外，还应考虑正离子的变形性和负离子的极化作用，变了形的负离子也对正离子产生极化作用引起正离子变形。正离子被极化后，又增加了它对负离子的极化作用，使正、负离子总的极化都增大。这种增大的极化作用称为附加极化。附加极化加大了离子之间的作用，从而影响化合物的性质。附加极化有如下一些规律：一般是所含 d 电子数越多，电子层数越多，这种附加极化作用也越大。

(i) 18 与 18+2 电子结构的正离子容易变形，容易引起附加极化作用，如 Cd^{2+}、Hg^{2+}、Sn^{2+}、Cu^+、Ag^+ 等。

(ii) 同族中，自上而下，18 电子结构的附加极化作用递增，加强了这种离子同负离子的总极化作用，如 $CuI<AgI$。

(iii) 18 或 18+2 电子结构正离子的化合物中，负离子的变形性越大，附加极化作用也越强，如 $AgCl<AgBr<AgI$。

2) 离子极化对化合物性质的影响

(1) 离子极化对化学键的影响。离子极化使化学键由离子键向共价键过渡，极化程度越大，共价成分越高，如 ZnO、ZnS 的离子键含有部分共价键成分。从离子键强度考虑，Al_2O_3(+3 对-2)应比 MgO(+2 对-2)的熔、沸点高，但事实并非如此。这说明 Al_2O_3 的共价成分更大，从离子极化理论考虑，说明 Al^{3+} 的极化能力强，造成 Al_2O_3 比 MgO 更倾向于分子晶体。

离子相互极化会导致正、负离子的电子云产生强烈变形，导致外层电子云发生重叠。随着正、负离子极化增强，电子云的重叠程度增大，键的极性减弱，键长缩短，从而由离子键向共价键过渡(图 10-7)。在卤化银中，Ag^+ 是 18 电子结构，极化作用和变形性都大，随着负离子(由 F^- 到 I^-)半径增大，变形性也依次增大，相互极化依次增强，正、负离子电子云重叠

增大，离子间距离进一步缩短。例如，AgI 晶体中，Ag^+ 和 I^- 半径之和按理论计算为 126pm+216pm=342pm，实测核间距 d=281pm，缩短了 61pm，由此说明由 AgF 典型的离子键逐步过渡到 AgI 的共价键。

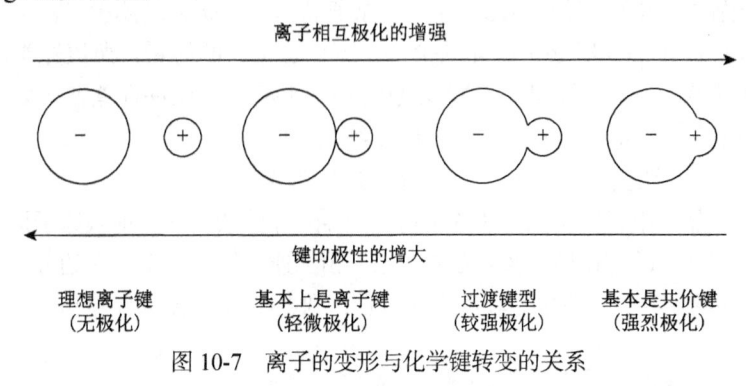

图 10-7 离子的变形与化学键转变的关系

(2) 离子极化对溶解度的影响。根据"相似相溶"规律，离子化合物在极性水分子的吸引作用下是可溶的，而共价型的无机晶体则难溶于水。水的介电常数(约为 80)大，离子化合物中正、负离子间的吸引力在水中可以减弱至 1/80，当受热运动及溶剂分子撞击时，很容易解离并溶解；而当离子极化作用强烈，离子间吸引力很大时，则会引起键型变化，由离子键向共价键过渡，因此会增大溶解难度，即随着化合物中离子间相互极化作用的增强，共价程度增强，其溶解度下降。

例如，卤化银按 AgF→AgCl→AgBr→AgI 的顺序相互极化依次增强，共价程度增加，在水中的溶解度依次降低。又如，ⅡB 族元素 Zn^{2+}、Cd^{2+}、Hg^{2+}，它们是 18 电子结构，极化作用和变形性都较大，随着半径增加，它们与易变形的 I^- 间形成的总极化逐渐增强，共价键成分依次增加，所以它们在水中的溶解度依次降低，如 ZnI_2(13.6mol·L^{-1})、CdI_2(2.4mol·L^{-1})、HgI_2($1.2×10^{-4}$mol·L^{-1})。

(3) 离子极化对物质颜色的影响。正、负离子的相互极化使电子能级发生改变，导致激发态和基态间的能量差变小，以至于只吸收可见光部分的能量即可引起激发，从而呈现颜色。极化作用越强，激发态和基态之间的能量差越小，化合物的颜色就越深。例如，AgCl、AgBr、AgI 的颜色逐渐加深，同样 ZnS(白)、CdS(黄)、HgS(红，黑)颜色也是逐渐加深。

(4) 离子极化对晶体类型的影响。极化使正离子部分进入负离子电子云(共价)，降低正、负离子半径之比，从而降低配位数，致使离子晶格发生转变。例如，AgI 的 $r_+/r_- > 0.414$，晶体构型应为 NaCl 型，但由于离子间相互极化作用非常强烈，晶体构型实际是 ZnS 型，配位数为 4，其化学键由离子键转化为共价键。AgF 的 $r_+/r_- > 0.732$，晶体构型应是 CsCl 型，但 AgF 中仍有一定的离子极化作用，导致 AgF 晶体构型为 NaCl 型，配位数为 6。铜的卤化物 r_+/r_- 都大于 0.414，似属 NaCl 型，因离子间相互极化作用，它们都是 ZnS 型结构，配位数为 4。

离子极化理论在阐明无机化合物的性质方面起了一定的作用，它是离子键理论的重要补充，但在无机化合物中，离子型化合物毕竟只是一部分，在应用这一理论时应注意到它的局限性。

10.2.2 原子晶体

在晶格结点上排列的微粒为原子，原子之间以共价键结合构成的晶体称为原子晶体。例如，金刚石、金刚砂（SiC）、石英（SiO_2）等都是原子晶体。在原子晶体中，整个晶体构成一个巨大的分子，破坏原子晶体时必须破坏共价键，需耗费很大的能量，所以这类晶体的特点是熔点很高，硬度很大，一般不导电，在大多数溶剂中不溶解，延展性差。例如：

  金刚石 硬度 10   熔点约 3570℃
  金刚砂 硬度 9~10 熔点约 2700℃

在金刚石原子晶体中，每个碳原子在成键时以 sp^3 等性杂化和其他碳原子形成四个共价键构成正四面体，碳原子的配位数为 4，无数碳原子相互连接构成一个巨大的分子，其晶胞形状见图 10-8(a)。如果沿着立方晶胞的对角线方向看，则金刚石的结构如图 10-8(b) 所示。

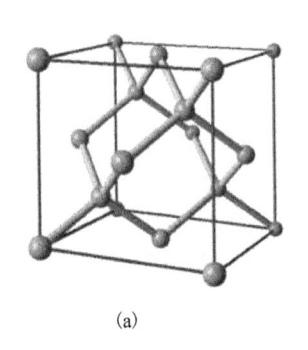

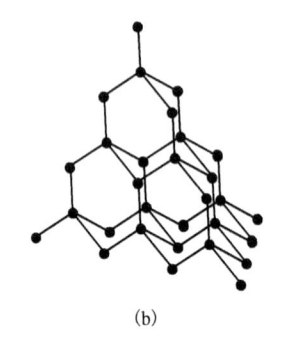

图 10-8 金刚石晶胞(a)及其晶体结构(b)

10.2.3 分子晶体

晶格结点上排列着分子，通过分子间力而形成的晶体称为分子晶体。分子晶体中，虽然分子内部存在较强的共价键，但分子之间是较弱的分子间力或氢键。因此，分子晶体的硬度小，熔点低，导电性差。一些由极性分子组成的分子晶体，其水溶液可导电。根据"相似相溶"规律，由非极性分子形成的分子晶体易溶于非极性溶剂，由极性分子形成的分子晶体易溶于极性溶剂。若干极性很强的分子晶体在水中解离生成离子，其水溶液能导电。例如，CO_2 在-78.5℃时即升华，HCl 的水溶液能导电。

固态 CO_2（干冰）就是一种典型的分子晶体，图 10-9 为 CO_2 分子晶体的晶胞。此外，非金属单质（如 H_2、O_2、N_2、P_4、S_8、卤素）和非金属化合物（如 NH_3、H_2O、SO_2）及大部分有机化合物在固态时也都是分子晶体。

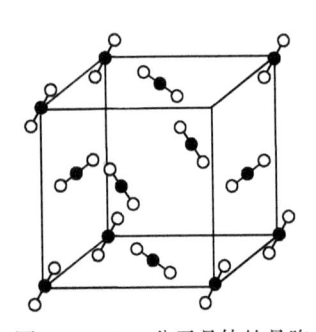

图 10-9 CO_2 分子晶体的晶胞

10.2.4 金属晶体

晶格结点上，排列着金属原子或离子，并通过金属键结合而形成的晶体称为金属晶体。金属晶体是同种原子以金属键结合成的巨型分子，所以金属晶体导电性、导热性好，机械加工性好，熔点一般较高，硬度多数较大而少数较小。金属晶体中粒子的排列方式常见的有六方紧密堆积、面心立方紧密堆积和体心立方紧密堆积三种。

1. 六方紧密堆积

金属原子可以看成是半径相等的圆球，金属晶体中金属原子都是按紧密堆积的方式排列。最紧密堆积方式的第一层只有如图 10-10 所示的一种方式，每三个球围成一个空隙，每个球周围有 6 个空隙，图中将空隙分成两组，a、c、e 为一组，b、d、f 为另一组。最紧密堆积方式的第二层只能是堆在第一层的一组空隙上，即或者堆在 a、c、e 上，或者堆在 b、d、f 上，另一组空着，如果将第一层记为 A，第二层记为 B，第三层的第一种堆积方式是重复第一层，按"ABAB…"方式重复，称为六方紧密堆积(图 10-11)，晶胞形状如图 10-12 所示，配位数是 12，空间利用率是 74.05%。

图 10-10　一层圆球的紧密堆积　　图 10-11　六方紧密堆积

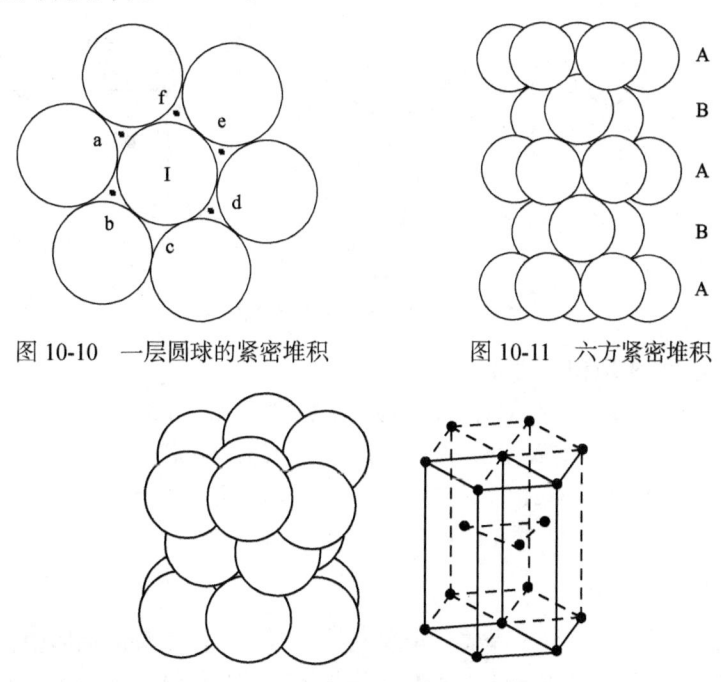

图 10-12　六方紧密堆积中的一个晶胞

2. 面心立方紧密堆积

第三层的第二种堆积方式是堆在第一层和第二层都露出的空隙上，也就是说，若第二层堆在 a、c、e 上，那么第三层堆在与 b、d、f 对齐的位置上，把这样堆积的第三层记为 C，按"ABCABC…"方式重复称为立方紧密堆积(图 10-13)，晶胞形状如图 10-14 所示，配位数也是 12，空间利用率也是 74.05%，与面心立方晶胞的体对角线相垂直的层就是 ABC 密堆积层。

3. 体心立方紧密堆积

金属晶体还有另一种比较紧密的堆积方式：第一层(A 层)是等径球相互紧靠，但不接触，第二层(B 层)堆在第一层 4 个球形成的空隙中，并与 4 个球彼此接触，第三层(C 层)和第一层位置相同(图 10-15)，晶胞形状属体心立方，配位数是 8，空间利用率是 68.02%，因此不属最紧密堆积。

图 10-13 立方紧密堆积　　图 10-14 立方紧密堆积的一个晶胞

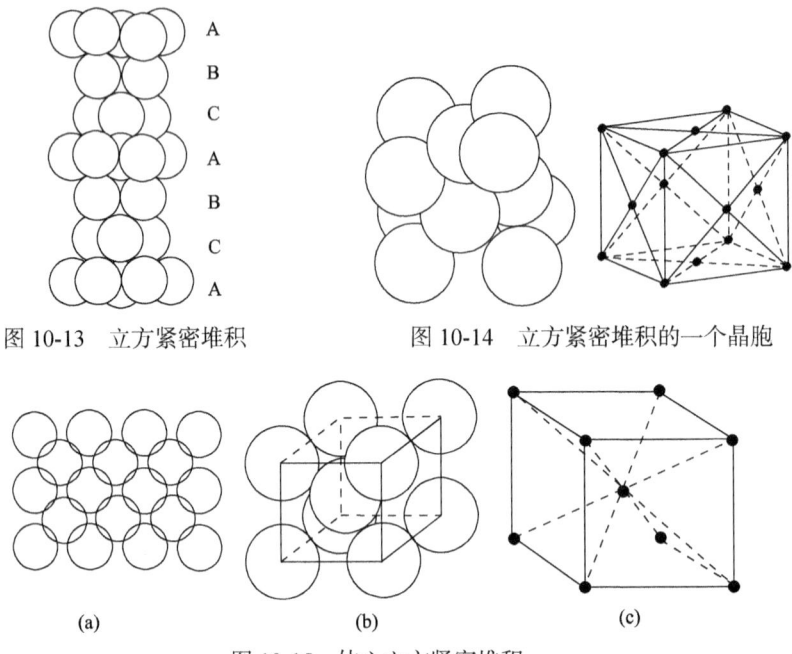

(a)　　(b)　　(c)

图 10-15 体心立方紧密堆积

常见金属晶体的紧密堆积方式如下：
体心立方紧密晶格：K，Rb，Cs，Li，Na，Cr，Mo，W，Fe 等。
面心立方紧密晶格：Sr，Ca，Pb，Ag，Au，Al，Cu，Ni 等。
六方紧密晶格：La，Y，Mg，Zr，Hf，Cd，Ti，Co 等。

10.2.5 混合型晶体

在离子晶体、原子晶体、分子晶体、金属晶体这四种基本类型的晶体中，同一类晶体晶格结点上粒子间的作用力都是相同的。另有一些晶体，其晶格结点上粒子间的作用力并不完全相同，这种晶体称为混合型晶体，主要有层状结构晶体和链状结构晶体。

1. 层状结构晶体

石墨是典型的层状晶体。在石墨中每个碳原子以 sp^2 杂化，形成三个 sp^2 杂化轨道与相邻的三个碳原子形成三个 sp^2-sp^2 重叠的 σ 键，键角为 120°，构成一个正六边形的平面层，如图 10-16 所示。在层中每个碳原子还有一个垂直于 sp^2 杂化轨道的 2p 轨道，其中各有剩余的一个 2p 电子。这种相互平行的 p 轨道可以互相重叠，形成遍及整个平面层的离域的大 π 键。由于大 π 键的离域性，电子能沿每一平面层方向移动，使石墨具有良好的导电性和导热性，并具有光泽，在工业上用作石墨电极和石墨冷却器。又由于石墨晶体层与层之间距离较远，π 键较弱，与分子间力相近，故易滑动，工业上常用作润滑剂。在石墨晶体中，既有共价键，又有非定域的大 π 键，还有分子间力，所以石墨晶体中是一种混合型晶体。

还有一些化合物晶体也具有石墨层状结构，如碘化镉、碘化镁、云母、滑石、六方氮化硼等。六方氮化硼结构与石墨相似，但层内和层间、粒子之间的相对距离均与石墨稍有不同，是一种润滑性的白色固体，又称白色石墨，具有耐高温、耐腐蚀、质轻、润滑、电绝缘等优异性能，为新型的高温材料。

2. 链状结构晶体

在天然硅酸盐中，如石棉是属于具有链状结构的一类晶体。天然硅酸盐中的基本单位是由一个硅原子和四个氧原子通过共价键所组成的硅氧四面体。根据这种正四面体的连接方式不同，可得到各种不同的硅酸盐。若将各个四面体通过两个顶角的氧原子分别与另外两个四面体中的硅原子相连，便构成链状结构的硅酸盐负离子$(SiO_3)_n^{2n-}$，如图 10-17 所示。图中虚线表示四面体，粗线表示共价键。这些硅酸盐负离子是由无数硅和氧原子通过共价键组成的长链，在链与链间夹着金属正离子(如 Na^+、Ca^{2+}等)。由于带负电荷的长链与金属正离子之间的静电引力比链内的共价键弱，若沿平行于链的方向用力，晶体往往易裂开呈柱状或纤维状，所以石棉是具有共价键、离子键的混合型晶体。

图 10-16 石墨的层状结构示意图

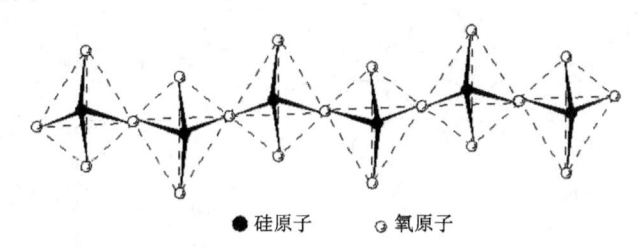

图 10-17 硅酸盐负离子$(SiO_3)_n^{2n-}$的链状结构示意图

综上可见，晶体内部质点间不同类型的作用力构成了不同类型的晶体，不同类型的晶体具有不同的性质。

10.3 晶 体 缺 陷

在理想完整晶体中，原子按一定的次序严格地位于空间有规则的、周期性的格点上。但在实际的晶体中，由于晶体形成条件、原子的热运动及其他条件的影响，原子的排列不可能那样完整和规则，往往存在偏离了理想晶体结构的区域。这些与完整周期性点阵结构的偏离就是晶体中的缺陷，它破坏了晶体的对称性，当然也会影响晶体的性质。例如，金属晶体中若存在位错，原子间结合力减弱，因而使其机械强度降低，这是晶体缺陷不利的一面。另外，改变晶体缺陷的形式和数量，可以改变晶体的性质，使之成为人们所需要的具有特定性能的材料。

从几何的角度来看，结构缺陷有点缺陷、线缺陷和面缺陷三大类，其中以点缺陷最普遍也最重要。

10.3.1 点缺陷

点缺陷是由于晶体中有些离子(或原子)从晶格结点上位移,产生空位,或有外来的杂质离子(或原子)取代原有的粒子或晶格间隙上存在间隙离子(或原子),所以有本征缺陷和杂质缺陷之分。

1. 本征缺陷

本征缺陷是由于晶体本身结构不完善所产生的缺陷,有两种基本类型:肖特基(Schottky)缺陷和弗伦克尔(Frenkel)缺陷。

肖特基缺陷:对于金属晶体是由金属原子空缺而形成的缺陷;对于离子晶体,晶格中同时有正离子和负离子按化学计量比空位,形成离子双离位缺陷。如图 10-18 所示,在 NaCl 晶体中,Na^+ 和 Cl^- 的空位数相等。具有高配位数的正、负离子半径相近的离子型化合物倾向于生成这种缺陷,如 CsCl、KCl、KBr 等。

弗伦克尔缺陷:晶格中一种离子或原子离开原来的位置,进入晶格间隙,留下空位而形成缺陷。这种缺陷常发生在正离子远小于负离子或晶体结构空隙较大的离子晶体中。例如,在 AgBr 晶体中,Ag^+ 半径比 Br^- 半径小得多,Ag^+ 移到晶格间隙处而产生空位(图 10-19)。具有低配位数的化合物易生成这种正离子离位的缺陷,如 ZnS、AgCl 等。

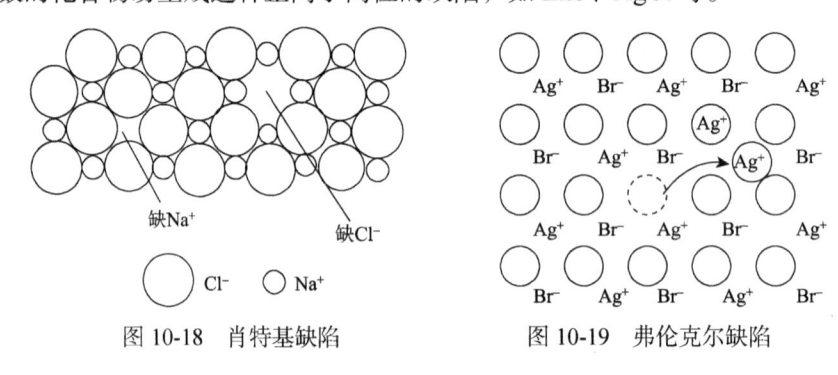

图 10-18 肖特基缺陷　　图 10-19 弗伦克尔缺陷

这两种缺陷能产生于所有晶体中,因为当温度高于 0K 时,晶格中的粒子就会在其平衡位置附近振动,温度越高,振幅越大,如果有些粒子克服了粒子间的引力而脱离平衡位置,就可错位或进入晶格间隙中。

2. 杂质缺陷

杂质缺陷是指杂质原子进入晶体后所引起的缺陷,也有两种方式:间隙式和取代式。

间隙式杂质原子进入晶体:一般发生在外加杂质离子(或原子)半径较小的情况。例如,H 原子加入 ZnO 中形成间隙式杂质缺陷。又如,C 或 N 原子进入金属晶体的间隙中,形成填充型合金等杂质缺陷。

取代式杂质离子(或原子)进入晶体:例如,在 AgCl 晶体中引入 Cd^{2+},由于 Cd^{2+} 价态高于 Ag^+,为保持整体电中性,必须产生 Ag^+ 空位,即每引入一个 Cd^{2+},就会产生一个 Ag^+ 空位[图 10-20(a)]。若在 NiO 晶体中引入 Li^+[图 10-20(b)],由于 Li^+ 价态比 Ni^{2+} 低,则 Ni^{2+} 就可能氧化为 Ni^{3+},以保持整体电中性。控制加入杂质 Li^+ 的量,可以控制 $Ni^{2+} \longrightarrow Ni^{3+}$ 的变化量,从而改变晶体的性质。化学计量的 NiO 是亮绿色的电绝缘体,而加入少量 Li_2O 后,晶体就成为灰黑色的半导体材料。

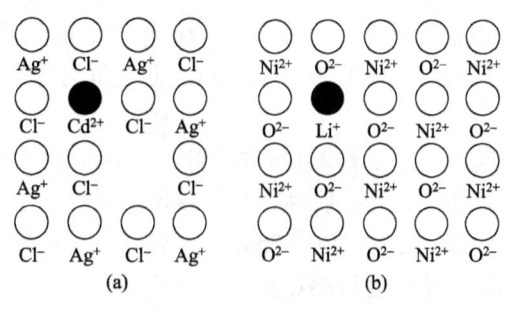

图 10-20　化学杂质缺陷

10.3.2　线缺陷

线缺陷是以一条线为中心发生的结构错乱，由于空缺一系列原子而形成一种位错，如图 10-21 所示，故线缺陷又称位错。位错的概念于 1934 年由泰勒提出，到 1950 年才被实验证实具有位错的晶体结构，可看成是局部晶格沿一定的原子面发生晶格的滑移的产物。滑移不贯穿整个晶格，晶体缺陷到晶格内部即终止，在已滑移部分和未滑移部分晶格的分界处造成质点的错乱排列，即位错。这个分界处，即已滑移区和未滑移区的交线，称为位错线。位错有两种基本类型：位错线与滑移方向垂直，称为刃位错，也称棱位错；位错线与滑移方向平行，则称为螺旋位错。刃位错恰似在滑移面一侧的晶格中额外多了半个插入的原子面，后者在位错线处终止。螺旋位错在相对滑移的两部分晶格间产生一个台阶，但此台阶到位错线处即告终止，整个面网并未完全错断，致使原来相互平行的一组面网连成了恰似由单个面网构成的螺旋面。

10.3.3　面缺陷

面缺陷是原子或离子在一个交界面的两侧出现不同排列的缺陷。同一界面内是一个单晶，一个晶粒，不同取向晶粒间的界面称为晶粒间界，互相由界面相隔的许多小晶粒集合就是多晶体，所以多晶体中各晶粒间界面附近的原子(或离子)排列混乱，构成了面缺陷，如图 10-22 所示。实际形成的晶体许多情况下都不是单晶体，而是多晶体，在其内部存在着众多的面缺陷。

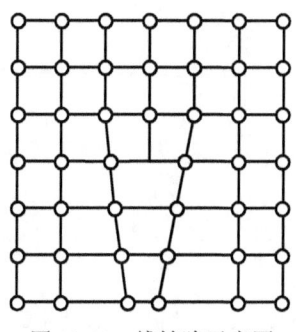

图 10-21　线缺陷示意图　　图 10-22　面缺陷示意图

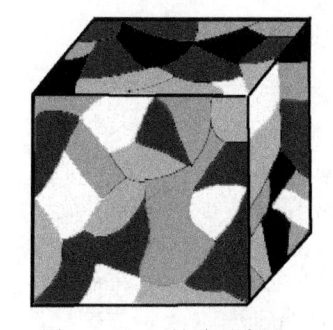

晶体结构中存在的各种缺陷对晶体的光学、电学、磁学以及化学活性等有明显的影响。例如，在 α-Al$_2$O$_3$(刚玉)中掺入少量 Cr$_2$O$_3$ 形成杂质缺陷的单晶体(红宝石)具有良好的光

学性能。又如，ZrO_2 高温陶瓷材料是多成分集合体，其内部具有众多面缺陷的晶体，熔点为 2983K(2710℃)，可以制成火箭、宇宙飞船的前锥体，能耐高速飞行时空气冲击波造成高达 2000℃的器体高温。若在 ZrO_2 中加入 Cr_2O_3 形成复合陶瓷，其耐热性比 ZrO_2 本身高出 4 倍。

20 世纪 80 年代发展起来的超细粉末(通常泛指 1~100nm 的微小颗粒)往往是有缺陷和裂纹的多晶体，它们的化学活性、光吸收性、热传导性、磁性、熔点等都表现出与块状固体不同的特性。例如，TiO_2 粒径减小至 10~60nm 时，就具有透明性、强紫外线吸收能力，用于高档化妆品、透明涂料等；超细金粉熔点自 1064℃降至 830℃；等等。因此，晶体结构及其缺陷理论的研究具有重要的意义。

习 题

1. 根据晶体物质的晶体结点上占据的质点种类(分子、原子或离子)不同与质点的排列方式不同，把晶体和空间构型各分为哪几种类型？
2. 下列物质分别属于何种晶体类型？
   SO_2，MgO，Ag，CaF_2，SiO_2，KCl，SiC，石墨
3. 指出下列物质在晶体中质点间的作用力、晶体类型、熔点高低。
   (1) KCl；(2) SiC；(3) CH_3Cl；(4) NH_3；(5) Cu；(6) Xe。
4. 试根据晶体构型与半径比的关系，判断下列 AB 型离子化合物的晶体构型：
   BeO，$NaBr$，CaS，RbI，BeS，$CsBr$，$AgCl$
5. 下列各对离子中哪一个极化作用更强？
   (1) Ca^{2+} 与 Cu^{2+}；(2) Li^+ 与 Na^+；(3) Be^{2+} 与 Mg^{2+}；(4) Fe^{2+} 与 Fe^{3+}；
   (5) Ag^+ 与 Hg^{2+}；(6) Sn^{2+} 与 Sr^{2+}；(7) Mn^{2+} 与 Ca^{2+}；(8) Sn^{4+} 与 Sn^{2+}。
6. 试根据离子极化理论比较下列各组氯化物熔、沸点高低。
   (1) $CaCl_2$ 和 $GeCl_4$；(2) $ZnCl_2$ 和 $CaCl_2$；(3) $FeCl_3$ 和 $FeCl_2$。
7. 用离子极化观点解释：
   (1) 为什么 K_2S 易溶于水而 ZnS 难溶于水？
   (2) 为什么 $CuCl_2$ 是浅绿色，$CuBr_2$ 是深棕色，而 CuI_2 不能存在？
8. 解释下列问题：
   (1) CCl_4 是液体，CH_4 和 CF_4 是气体，CI_4 是固体(室温下)。
   (2) BeO 的熔点高于 LiF。
   (3) HF 的熔点高于 HCl。
   (4) SiO_2 的熔点高于 SO_2。
   (5) NaF 的熔点高于 $NaCl$。
9. 试讨论下列各说法是否正确。
   (1) 所有高熔点物质都是离子型的。
   (2) 化合物的沸点随着相对分子质量的增加而升高。
   (3) 将离子型固体与水摇动制成的溶液都是电的良导体。
   (4) 离子晶体的熔沸点主要取决于正、负离子的极化。
10. 试列举在固态晶体中出现的缺陷的类型，并各举一例。试说明以上各类型是否有导电的可能以及是通过何种机理导电的。

第 11 章　配位化合物

配位化合物(简称配合物)是一类数量很多的重要化合物。早在 1798 年法国化学家塔斯尔特(Tassaert)就合成了第一个配合物[Co(NH$_3$)$_6$]Cl$_3$,此后,人们陆续合成了成千上万种配合物。特别是近些年,人们对配位化合物的合成、性质、结构和应用做了大量的研究工作,配位化学得到了迅速发展,配合物的研究和应用已经渗透到化学的各个分支中：新的金属材料的制取、分析、分离、电镀、人工合成固氮、合成血红蛋白、染料、医药等都离不开配合物；生命科学的研究发现,叶绿素是镁的配合物；高等动物血液中的血红蛋白是铁的配合物；生物固氮是依靠铁和钼的配合物进行的。配合物的发现和作用已使它发展成为一门综合性的前沿学科。因此,学习和研究配位化学有重要的意义。

11.1　配合物的基本概念

11.1.1　配合物的定义

什么是配合物呢？人们通常熟悉的化合物多以化合价关系简单地结合,如 H$_2$O、HCl、NH$_3$、NaCl、CuSO$_4$、KNO$_3$ 都是符合经典的化合价理论的简单化合物。然而,许多化合物并不如此简单。例如,将氨水逐渐加入 CuSO$_4$ 溶液中,开始时有蓝色的沉淀生成。当继续加入过量的氨水时,则沉淀消失,生成深蓝色溶液。在这个过程中到底产生了什么物质呢？下列实验可推测验证化合物的组成。

将此溶液分为两份,一份中滴加 BaCl$_2$ 溶液,有白色沉淀生成,说明溶液中含有游离的 SO$_4^{2-}$。另一份中滴加 NaOH 溶液,既看不到 Cu(OH)$_2$ 沉淀生成,也没有自由氨的臭味,说明溶液并无明显的游离 Cu^{2+} 和 NH$_3$ 分子存在。上述实验说明,该溶液中 SO$_4^{2-}$ 是独立存在的,而该化合物中 Cu^{2+} 和 NH$_3$ 分子进行了某种结合,致使溶液中 Cu^{2+} 的浓度小到不足以产生 Cu(OH)$_2$ 沉淀。经 X 射线单晶衍射技术分析,发现 Cu^{2+} 和 NH$_3$ 形成了一种复杂的正离子[Cu(NH$_3$)$_4$]$^{2+}$,这种复杂离子无论在晶体或溶液中都很稳定,基本上不呈现 Cu^{2+} 和 NH$_3$ 的性质,也就是发生了这样的化学反应：

$$CuSO_4 + 4NH_3 =\!=\!= [Cu(NH_3)_4]SO_4$$

那么,它们是怎样结合的呢？根据现代结构理论可知,这一类化合物组成复杂,不符合经典化合价理论,是靠配位键结合起来的,称为配合物。

1979 年,中国化学会将配位化合物定义如下：配位化合物(简称配合物)是由可以给出孤电子对或多个不定域电子的一定数目的离子或分子(称为配体)和具有接受孤电子对或多个不定域电子的空位的原子或离子(统称中心原子)按一定的组成和空间构型所形成的化合物。例如,[Cu(NH$_3$)$_4$]SO$_4$、[Ag(NH$_3$)$_2$]Cl、K$_2$[HgI$_4$]等都是配合物。

简单地说,凡由中心原子(离子)与一定数目的配体(离子或分子)以配位键相结合,形成具有一定空间构型和特性的化合物,统称配合物。通常中心原子有能接受孤电子对或 π 键电子的空轨道，而配体能给出孤电子对或 π 键电子。

需要注意的是复盐（由两种或两种以上的简单盐所组成的同晶形化合物）与配合物的区别。一般来说，体现配合物特征的化合物无论在晶体或溶液中都不是以简单离子存在，而是以配离子出现的，如[Cu(NH$_3$)$_4$]SO$_4$ 溶液中，只能发现[Cu(NH$_3$)$_4$]$^{2+}$，而几乎不存在 Cu^{2+}。而复盐在晶体或溶液中基本上都不存在配离子，它们在水溶液中基本上完全电离成简单的组分离子。例如，明矾在溶液中电离：

$$K_2SO_4 \cdot Al_2(SO_4)_3 \cdot 24H_2O = 2K^+ + 2Al^{3+} + 4SO_4^{2-} + 24H_2O$$

也有的复盐如 LiCl·CuCl$_2$·3H$_2$O 在晶体中有配离子[CuCl$_3$]$^-$，但溶于水就立即完全电离为简单的 Li$^+$、Cu^{2+}、Cl$^-$ 等离子，这种复盐可看作不稳定的配合物。

11.1.2 配合物的组成

配合物最重要的组成是中心原子和配体。

中心原子和配体通过配位键结合，成为配合物的特征部分，称为配合物的内界。通常内界是配离子，可以是配阳离子，如[Cu(NH$_3$)$_4$]$^{2+}$，也可以是配阴离子，如[HgI$_4$]$^{2-}$。与配离子带有相反电荷的部分称为配合物的外界，如[Cu(NH$_3$)$_4$]SO$_4$ 中的 SO$_4^{2-}$ 就是该配合物的外界，内、外界之间是离子键。没有外界的中性配合物称为配分子，如 Fe(CO)$_5$。以[Cu(NH$_3$)$_4$]SO$_4$ 为例，这些关系如下：

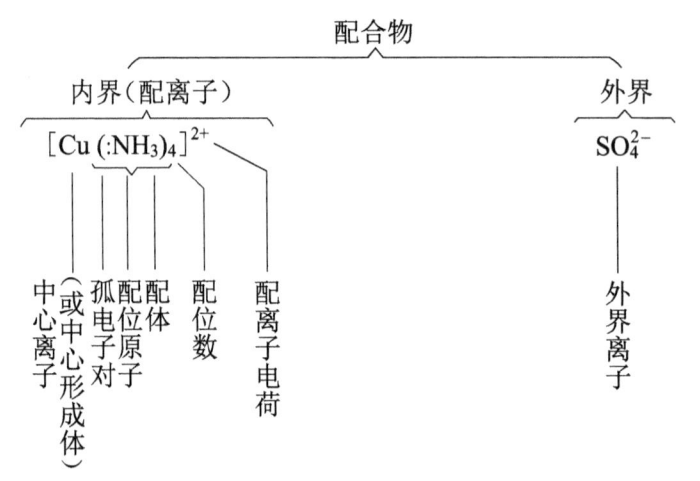

```
                      配合物
              ┌─────────┴─────────┐
          内界（配离子）           外界
         [Cu(:NH$_3$)$_4$]$^{2+}$        SO$_4^{2-}$
          │  │  │  │  │            │
          中  孤  配  配  配         外
          心  电  位  位  离         界
          离  子  原  数  子         离
          子  对  子       电         子
         （或              荷
          中
          心
          形
          成
          体）
```

从配合物的组成可知，中心原子与配体通过配位键牢固地结合在一起，它只能微弱电离，因此内界的离子是不自由的。而内界和外界离子以离子键结合，在溶液中完全电离，故外界离子是自由的。

因此，在[Cu(NH$_3$)$_4$]SO$_4$ 溶液中加入碱并不能生成 Cu(OH)$_2$ 沉淀，但加入 Ba^{2+} 就能生成 BaSO$_4$ 沉淀。关于配合物的组成还需说明几点。

1. 中心原子

中心原子（也称形成体）是配合物的核心部分，它必须具备的最基本的特征是：具有空的价电子原子轨道，以接受配体提供的孤电子对；中心原子要有电荷高、半径小的特点，更易与配体形成配位键。

满足上述条件的一般是过渡金属离子或原子(表 11-1)，如$[Cu(NH_3)_4]^{2+}$中的Cu^{2+}，$Ni(CO)_4$中的 Ni 原子，少数非金属元素也可作中心原子，如$[SiF_6]^{2-}$中的Si^{4+}，$[BF_4]^-$中的B^{3+}。

表 11-1　作为中心离子(或原子)的元素在周期表中分布

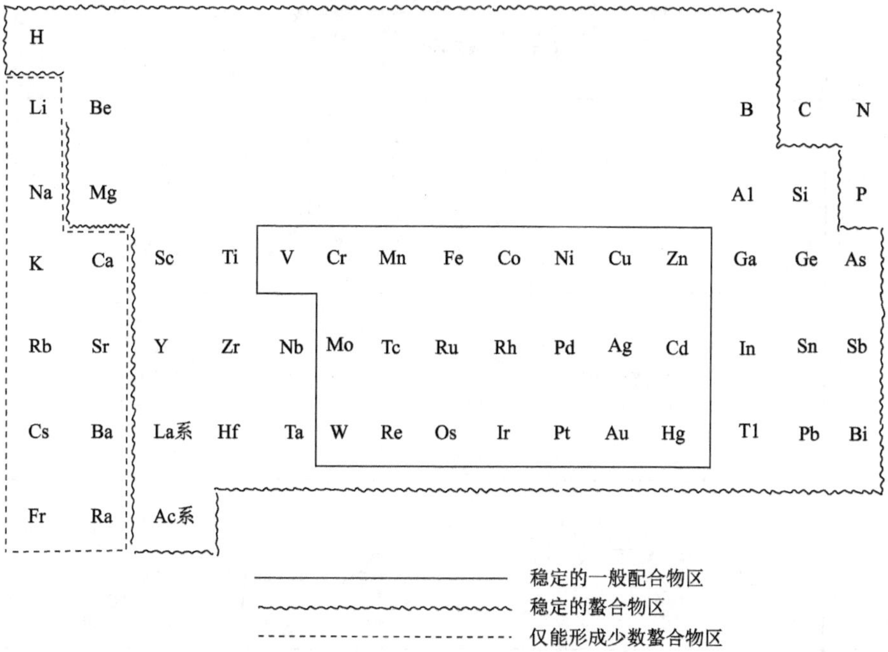
H
He
Li Be
B C N O F Ne
Na Mg
Al Si P S Cl Ar
K Ca Sc Ti V Cr Mn Fe Co Ni Cu Zn Ga Ge As Se Br Kr
Rb Sr Y Zr Nb Mo Tc Ru Rh Pd Ag Cd In Sn Sb Te I Xe
Cs Ba La系 Hf Ta W Re Os Ir Pt Au Hg Tl Pb Bi Po At Rn
Fr Ra Ac系
稳定的一般配合物区
稳定的螯合物区
仅能形成少数螯合物区

2. 配体

配体的特征是能提供孤电子对，因此具有孤电子对的分子或阴离了都可作为配合物的配体，如NH_3、H_2O、Cl^-、CN^-等。配体中具有孤电子对，与中心原子直接键合的原子称为配位原子，如NH_3中的 N，H_2O中的 O 等。常见的配位原子有 N、C、O、S、F、Cl、Br、I。

只含有一个配位原子的配体，如 X^-、NH_3、H_2O、CN^-等，称为单齿(或单基)配体；含有两个或两个以上配位原子，与中心原子可同时生成两个或两个以上配位键的配体称为多齿(基)配体。例如，乙二胺(en)为双齿配体，乙二胺四乙酸二钠(EDTA)为六齿配体。常见的配体见表 11-2。

表 11-2　常见的配体

类型	配位原子	实例
单齿配体	C	CO,C_2H_4,CNR(R代表烃基)，CN^-
	N	$NH_3,NO,NR_3,RNH_2,C_5H_5N,NCS^-,NC_2^-,NC_3^-$,
	O	$ROH,R_3PO,R_2O,H_2O,R_2SO,OH^-,RCOO^-,C_2O_4^{2-*},ONO^-,SO_4^{2-*},CO_3^{2-*}$
	P	$PH_3,PR_3,PX_3^{**},PR_2^-$
	S	R_2S,RSH,SCN^-
	X	F^-,Cl^-,Br^-,I^-

续表

类型	配位原子	实例
双齿	N	乙二胺 (en) H₂N—CH₂—CH₂—NH₂，联吡啶 (bipy)
双齿	O	乙酰丙酮离子 (acac⁻)
三齿	N	二乙基三胺 (dien) H₂N—CH₂—CH₂—NH—CH₂—CH₂—NH₂
五齿	N,O	乙二胺三乙酸根离子
六齿	N,O	乙二胺四乙酸根离子
六齿	O	18-冠-6 (18C6)，二苯并-18-冠-6 (DB18C6)
八齿	N,O	穴醚[2,2,2]，穴醚[3,2,2]

* 有时也可作为双齿配体。
** X 代表卤素。

3. 配位数

直接与中心原子结合的配位原子的总数称为配位数。对于单齿配体的配合物，配位数等于配位体的总数；而对于多齿配位体，配位数与配位体数不相等。例如，$[Fe(en)_3]^{3+}$中，en 为双齿配位体，Fe^{3+}的配位数为 3×2=6；$[Co(en)_2Cl_2]^+$中Co^{3+}的配位数为(2×2)+(2×1)=6。中心原子最常见的配位数为 6、4 和 2，也有少数配位数为 3、5、7、8 等。

4. 配离子的电荷

配离子的电荷等于中心离子电荷和配位体总电荷的代数和。例如，Co^{3+}形成的配离子$[Co(NH_3)Cl_5]^{2-}$的电荷为(+3)+1×0+(-1)×5=-2。反之，由配离子电荷可推算出中心原子的氧化数。例如，已知$[Fe(CN)_6]^{4-}$中 CN^-，则中心原子 Fe 的氧化数为(-4)-(-1)×6=+2。

11.1.3 配合物的命名

配合物组成复杂，而且新的配合物不断发现，因此要对配合物规定统一的系统命名。

配合物的命名原则与一般无机化合物相同，所不同的只是对配离子的命名。如果配合物中的酸根是一个简单的阴离子，则称为某化某，如$[Co(NH_3)_6]Br_3$称为三溴化六氨合钴(Ⅲ)；如果是一个复杂的酸根，则称某酸某，如$[Cu(NH_3)_4]SO_4$称为硫酸四氨合铜(Ⅱ)；如果外界为氢离子，则称某酸，如 $H_2[HgCl_4]$称为四氯合汞(Ⅱ)酸，它的盐如 $K_2[HgCl_4]$称为四氯合汞(Ⅱ)酸钾。

配合物的命名重点在配合物的内界即配离子的命名，其命名方法按照由右至左的顺序，具体命名顺序为：配体数—配体名称[不同配体名称之间以圆点(·)分开]—合—中心原子名称—中心原子氧化数(加括号，用罗马数字注明)。例如，$[Co(NH_3)_4Cl_2]^+$：二氯·四氨合钴(Ⅲ)配离子；$[Pt(NH_3)_2(OH)_2Cl_2]$：二氯·二羟基·二氨合铂(Ⅳ)。

若配离子中的配体不止一种，在命名时配体列出的顺序应按如下规定：
(1)先无机配体，后有机配体。
(2)先阴离子，后中性分子。
(3)同类配体(指有机或无机类)按配位原子元素符号的英文字母顺序排列。
(4)某些配体具有相同的化学式，但由于配位原子不同而有不同的命名。例如：

NO_2^-　　硝基(N 原子配位)　　　ONO^-　　亚硝酸根(O 原子配位)
SCN^-　　硫氰酸根(S 原子配位)　　NCS^-　　异硫氰酸根(N 原子配位)

11.1.4 配合物的类型

根据中心原子与配体结合的情况，配合物大致分为以下三类。

1. 简单配合物

几个单齿配体与一个中心原子所形成的配合物称为简单配合物，如$[Cu(NH_3)_4]SO_4$，$[Co(NH_3)_4Cl_2]$等。

2. 螯合物

由多齿配体通过两个或两个以上配位原子与一个中心原子形成的环状配合物，犹如螃蟹的两只大螯钳把中心原子夹住，因此称为螯合物。例如，乙二胺(en)与 Cu^{2+}形成的配合物$[Cu(en)_2]^{2+}$：

$$\left[\begin{array}{c}CH_2-NH_2\\ |\\ CH_2-NH_2\end{array}\!\!\diagdown Cu\diagup\!\!\begin{array}{c}NH_2-CH_2\\ |\\ NH_2-CH_2\end{array}\right]^{2+}$$

螯合物由于有稳定的螯环存在,稳定性一般都很高,尤以五元环、六元环最稳定。

3. 多核配合物

内界中有两个或两个以上中心原子通过桥基连接形成的配合物称为多核配合物。例如:

$$[(H_2O)_4Fe\underset{OH}{\overset{OH}{\diagdown\!\!\!\diagup}}Fe(H_2O)_4]SO_4$$

OH^-、NH_2^-、O^{2-}、Cl^-、NO_2^-这一类多电子原子都可以作桥连基团(简称桥基)。

11.1.5 配合物的异构现象

在配合物和配离子中,异构现象相当普遍。两个具有相同化学式(原子种类和数目相同)但结构和性质不相同的化合物之间互称为异构体。

一般将异构现象分为结构异构和空间异构两大类,下面简单介绍配合物的这两种异构现象。

1. 结构异构

这类异构体的差别在于原子连接的方式不同(具有不同的键)。表11-3 给出了四种在配位化学中经常遇到的这类异构体。

表 11-3 配合物的结构异构类型

异构名称	配合物化学式和某些性质举例	
解离异构	$[Co(SO_4)(NH_3)_5]Br$(红色) $[CoBr(NH_3)_5]SO_4$(紫色)	向溶液中加 $AgNO_3$,生成 AgBr 沉淀 向溶液中加 $BaCl_2$,生成 $BaSO_4$ 沉淀
水合异构	$[Cr(H_2O)_6]Cl_3$(紫色) $[CrCl(H_2O)_5]Cl_2\cdot H_2O$(亮绿色) $[CrCl_2(H_2O)_4]Cl\cdot 2H_2O$(暗绿色)	内界所含 H_2O 分子数随制备时温度和介质不同而异,溶液摩尔电导率随配合物外界 Cl^- 数减少而降低
配位异构	$[Co(en)_3][Cr(ox)_3]$ $[Cr(en)_3][Cr(ox)_3]$	
键合异构	$[Co(NO_2)(NH_3)_5]Cl_2$ $[Co(ONO)(NH_3)_5]Cl_2$	黄褐色,在酸中稳定 红褐色,在酸中不稳定

表11-3 中前三类结构异构体是由于配体在内、外界分配不同或者在配位阳、阴离子间分配不同而形成的。第四类键合异构体是由于同一配体中不同原子与中心离子配位所形成的结构异构体。NO_2^- 配体中的 N 原子与中心离子(如例子中的 Co^{3+})配位时,写作(NO_2),称为硝基,NO_2^- 的 O 原子与中心离子配位时写作(ONO),称为亚硝酸根。SCN^- 配位体与 NO_2^- 类似,

既可以通过 S 原子又可以通过 N 原子与金属原子相连形成键合异构体。一般情况下，第一过渡系列(第四周期副族)金属元素(除 Cu 外)与 SCN⁻形成配离子时，N 原子为配位原子(NCS)，称为异硫氰酸根；第二、三过渡系列(第五、六周期副族)金属元素倾向于与 S 原子相连，SCN⁻称为硫氰酸根。

2. 空间异构

空间异构体是指中心离子(或原子)相同，配体相同，内、外界相同，只是配体在中心离子(或原子)周围空间分布不同的配合物。它们又分为几何异构和旋光异构。

1) 几何异构

几何异构又称构型异构，配位数为 2 和 3 的配合物以及配位数为 4 的正四面体形配合物不可能存在几何异构体，几何异构体主要出现在配位数为 4 的平面正方形和配位数为 6 的正八面体的配合物中。

如果同一中心离子(或原子)周围有不同的配体，当同种配体处于相邻位置时称为顺式(cis-)结构，处于对角线位置时称为反式(trans-)结构。例如，平面正方形配合物$[PtCl_2(NH_3)_2]$的两种异构体为

顺式异构体　　　反式异构体

这两种异构体的制备方法、颜色、溶解性和化学性质都不相同，而且它们具有不同的药理性质。$[PtCl_2(NH_3)_2]$的顺式异构体称为顺铂，是很好的抗癌药物，当它进入人体后，能迅速而又牢固地与 DNA(脱氧核糖核酸)结合成一种隐蔽的 cis-DNA 加合物，干扰 DNA 的复制，阻止癌细胞的再生。$[PtCl_2(NH_3)_2]$的反式异构体没有抗癌功能。

配位数为 6 的$[MA_2B_4]$型八面体形配合物也存在类似的顺反异构体，如$[CoCl_2(NH_3)_4]^+$，其顺式为紫色，反式为绿色。$[MA_3B_3]$型八面体配合物，如$[PtCl_3(NH_3)_3]^+$，具有面式和经式两种异构体。

顺式　　　反式

面式　　　经式

2) 旋光异构

旋光异构体是指两种异构体的对称关系类似于一个人的左手和右手，互成镜像关系。图 11-1 为[CoCl$_2$(en)$_2$]的两个旋光异构体。互为旋光异构的配合物可以使平面偏振光发生方向相反的偏转，分别称为右旋旋光异构体和左旋旋光异构体。动植物体内含有多种具有旋光活性的化合物，这类配合物的旋光异构体(称为对映体)在生物体内的生理功能有极大的差异，如烟草中的天然左旋尼古丁对人体的毒性比右旋尼古丁(实验室制得)大得多。

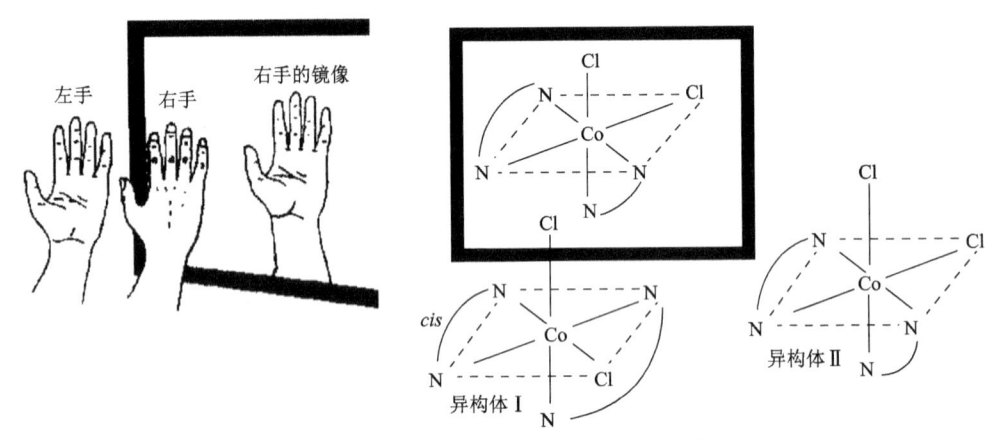

图 11-1 手的镜像和配合物的旋光异构体

11.2 配合物的结构理论

配合物的化学键是指中心原子与配体间的化学键，阐释配位键的理论有价键理论、晶体场理论、配位场理论和分子轨道理论等，本书仅对前两种理论作简单介绍，使读者对配合物中化学键的形成、配合物的空间构型以及配合物的磁性等问题有所了解。

11.2.1 配合物的价键理论

价键理论是杂化轨道理论和电子对成键概念在配合物中的应用和发展。

1. 价键理论要点

(1) 形成配合物的必要条件是：配体(L)必须具有孤电子对，中心原子(M)必须有适当的空轨道。配体与中心原子以配位键 M←L 相结合，其本质仍属共价键。

(2) 形成配合物时，中心原子用来接受配体孤电子对的空轨道必须发生某种杂化，杂化轨道的类型决定配合物的几何构型。杂化轨道的类型不同，其配离子的空间构型也不同。

2. 杂化轨道和空间构型的关系

中心原子中的成键轨道是杂化轨道，那么就既有方向性又有饱和性，所以配合物就具有一定的空间构型。

例如，[Ag(NH$_3$)$_2$]$^+$，Ag$^+$有空的价电子轨道(5s5p)，:NH$_3$可以提供孤电子对，因而可以形成配离子[Ag(NH$_3$)$_2$]$^+$，即

$$[H_3N:\rightarrow Ag\leftarrow :NH_3]^+$$

在此分子中,Ag^+的一个 5s 轨道和一个 5p 轨道杂化形成两个能量相同的 sp 杂化轨道,就能接受两个NH_3分子的孤电子对形成两个配位键(饱和性),同时配合物的空间构型为直线形(方向性)。$[Ag(NH_3)_2]^+$的形成过程如下:

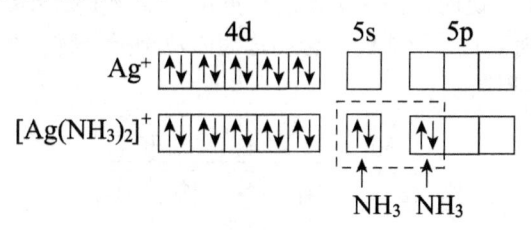

配离子的几种重要的杂化轨道及其空间构型列于表 11-4。

表 11-4 常见配离子的空间构型

配位数	轨道杂化类型	空间结构	结构示意图	实例
2	sp	直线形		$[Ag(NH_3)_2]^+$, $[Cu(NH_3)_2]^+$
3	sp^2	平面三角形		$[CuCl_3]^{2-}$, $[HgI_3]^-$
4	sp^3	四面体		$[ZnCl_4]^{2-}$, $[FeCl_4]^-$, $[Ni(CO)_4]$, $[Zn(CN)_4]^{2-}$
4	dsp^2 (sp^2d)	平面正方形		$[Pt(NH_3)_2Cl_2]$, $[Cu(NH_3)_4]^{2+}$, $[Ni(CN)_4]^{2-}$, $[PtCl_4]^{2-}$
5	dsp^3 (d^3sp)	三角双锥体		$Fe(CO)_5$, $[Ni(CN)_5]^{3-}$
6	d^2sp^3 (sp^3d^2)	正八面体		$[Fe(CN)_6]^{4-}$, $W(CO)_6$, $[PtCl_6]^{2-}$, $[Co(NH_3)_6]^{3+}$

3. 外轨型配合物和内轨型配合物

在形成配合物时,中心原子使用空轨道接受配体的孤电子对可有两种不同的方式。如果中心原子不改变原有的电子排布,提供的都是最外层轨道(ns、np、nd),形成的配合物称为外轨型配合物。例如,配离子$[FeF_6]^{3-}$中的Fe^{3+}是采用sp^3d^2杂化成键的:

[FeF₆]³⁻ 轨道排布图

sp³d² 杂化轨道(外轨型配合物)

若中心原子在形成配位键时，内层电子进行重排，改变了原来的电子排布，空出一部分次外层轨道[$(n-1)d$]参与杂化，形成的配合物称为内轨型配合物。例如，配离子[Fe(CN)₆]⁴⁻中 Fe^{2+} 是采用 d²sp³ 杂化成键的：

[Fe(CN)₆]⁴⁻ 轨道排布图

d²sp³ 杂化(内轨型配合物)

一般来说，相同中心离子形成的内轨型配合物比其外轨型配合物所含单电子数目少，单电子数越少，磁矩越小。因此，内轨型的配合物也称低自旋配合物，而外轨型配合物称为高自旋配合物；内轨型配合物的键能和稳定性都高于外轨型配合物。区别高自旋和低自旋配合物可以用磁矩测定实验检测。磁矩与单电子数的公式如下：

$$\mu = \sqrt{n(n+2)}$$

其中，μ 为磁矩，单位玻尔磁子(记作 B.M.)；n 为单电子数目。

例如，[FeF₆]³⁻中有五个未成对电子，它的磁矩理论值为

$$\mu = \sqrt{5(5+2)} = 5.92 (B.M.)$$

根据磁矩值，也可以推出配合物中的单电子数，它们的关系如下：

单电子数	0	1	2	3	4	5	6
磁矩/(B.M.)	0	1.73	2.83	3.87	4.90	5.92	6.93

据测定[Fe(H₂O)₆]²⁺的磁矩为 4.90B.M.，由此可知配合物中有四个单电子，因此配离子[Fe(H₂O)₆]²⁺中 Fe^{2+} 所含未成对电子数没有变化，故为高自旋配合物。

[Fe(H₂O)₆]²⁺ 轨道排布图

sp³d² 杂化

4. 价键理论的应用和局限性

价键理论能够较好地说明配合物的空间构型、稳定性、磁性以及中心离子的配位数等问题，在配位化学的发展中起了很大的作用。而且该理论概念简单、明确、易于接受，成功地说明了不少配离子的性质，解释了许多现象。但它仍有一定的局限性，在目前阶段还只是一个定性的理论，不能说明配合物的许多性质。例如，不能解释过渡金属配离子为什么有不同的颜色；对于配合物的磁性和结构的解释也有一定的局限性等。

11.2.2 晶体场理论

晶体场理论是一种静电作用理论。它是 1929 年贝特(Bethe)等研究离子晶体时首先提出的，20 世纪 50 年代以后较广泛地用来处理配合物的化学键问题。该理论主要讨论配合物的中心原子在配位体场的影响下其 d 轨道发生变化的情况，以及这种变化与配合物性质之间的关系。

1. 晶体场理论的基本要点

(1) 配合物中的中心原子与配体之间的结合完全是一种静电作用，即不形成任何共价键。

(2) 中心原子在周围配体的电场作用下，原来能量相同的五个简并 d 轨道发生了分裂，分裂成能级不同的几组轨道，有的轨道能量升高，有的轨道能量降低。

(3) 由于 d 轨道的分裂，d 轨道上的电子将重新排布，优先占据能量较低的轨道，使体系的总能量有所降低，即给配合物带来了额外的稳定化能，形成稳定的配合物。

下面以八面体构型的配合物为例加以介绍。

在讨论原子结构时已经指出，d 轨道在空间有 d_{xy}、d_{xz}、d_{zy}、d_{z^2}、$d_{x^2-y^2}$ 五种不同的取向，如图 11-2 所示。

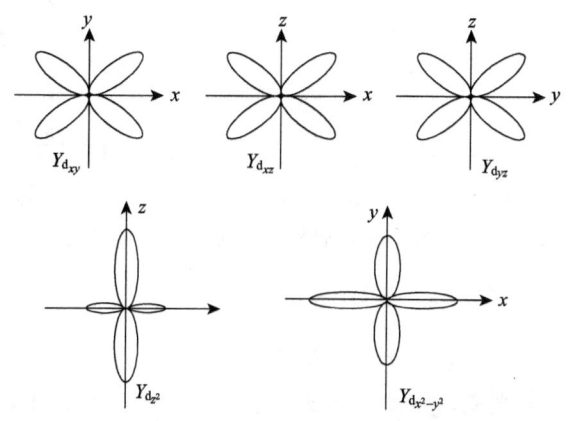

图 11-2　d 轨道的空间分布图

这五个 d 轨道虽然空间分布不同，但能量相同。如果将中心原子放置在球形对称的负静电场中，d 轨道的能量虽会有所升高，但由于受到的静电排斥程度是相等的，并不会发生分裂。在配离子中，中心原子周围被一定数量的配体包围，这些配体所产生的负静电场不是球形对称的，所以这些 d 轨道受到的影响是不相同的(图 11-3)。$d_{x^2-y^2}$ 和 d_{z^2} 轨道沿坐标轴方向分布有极大值，与配体正好迎头相撞，受配体的静电排斥作用较大，因而能量升高。d_{xy}、d_{yz}、d_{xz} 轨道沿与坐标轴成 45°角方向有极大值，恰好插在配体的空隙之间，受到的作用力较小，则能量降低。这样，能量相等的五个简并 d 轨道分裂成两组(图 11-4)。一组是能量较高的 d_{z^2} 和 $d_{x^2-y^2}$，称为 $d_\gamma(e_g)$ 轨道；另一组是能量较低的 d_{xy}、d_{xz}、d_{zy} 轨道，称为 $d_\varepsilon(t_{2g})$ 轨道(d_γ 和 d_ε 是晶体场理论用的符号，e_g 和 t_{2g} 是分子轨道理论用的符号)。

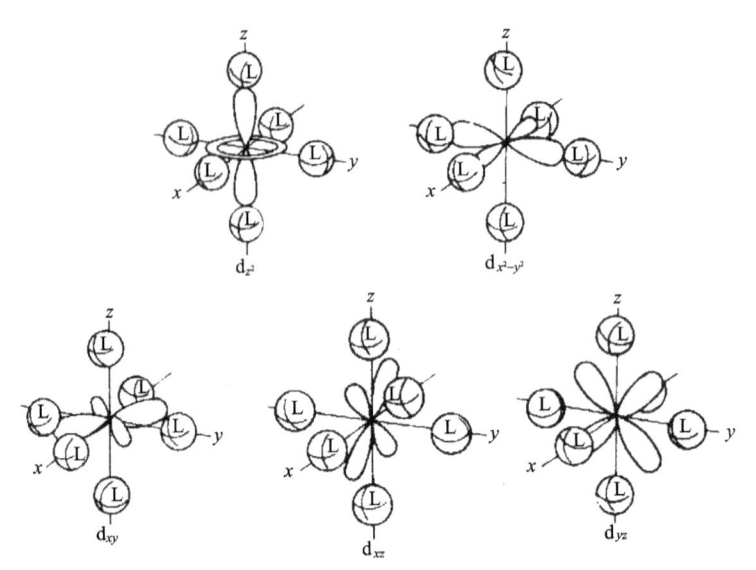

图 11-3 正八面体场中对各个 d 轨道的作用情况（L 代表配体）

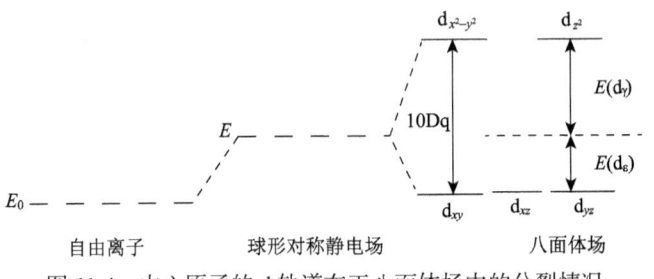

图 11-4 中心原子的 d 轨道在正八面体场中的分裂情况

2. 分裂能

d 轨道在不同构型的配合物中，分裂的方式和大小都不相同。分裂后最高能量 d 轨道和最低能量 d 轨道之差称为分裂能，可用 Δ 表示。它相当于 1 个电子在 $d_\gamma \sim d_\varepsilon$ 间跃迁所需的能量。正八面体场分裂能通常用 Δ_o（o 为 octahedral）表示，即

$$\Delta_o = E_{d_\gamma} - E_{d_\varepsilon} \tag{11-1}$$

令

$$\Delta_o = 10Dq \tag{11-2}$$

量子力学原理指出，在配体场作用下，d 轨道分裂前后轨道的总能量保持不变，若取球形对称场能量 $E=0$，则

$$4E(d_\gamma) + 6E(d_\varepsilon) = 0 \tag{11-3}$$

由式(11-1)～式(11-3)联立求解得

$$E(d_\gamma) = +6Dq$$

$$E(d_\varepsilon) = -4Dq$$

例如，实验测得 $[Fe(CN)_6]^{4-}$ 的磁矩为零，则 Fe^{2+} 的 6 个 d 电子全部配对，填入能量较低

的三个 d_ε 轨道中，它们的总能量降低值为

$$6\times(-4Dq)=-24Dq$$

即 d 电子进入分裂后的轨道总能量比未分裂前降低，这个降低的能量称为晶体场稳定化能。

3. 晶体场稳定化能

中心原子在配体的静电场作用下，d 轨道发生分裂，有的轨道能量升高，有的能量降低，但是分裂后 d 轨道的总能量往往比分裂前低，因此 d 电子进入分裂轨道后的总能量往往低于未分裂轨道的总能量，这个总能量的降低值称为晶体场稳定化能(crystal field stabilization energy，CFSE)。此能量越大，配合物越稳定。例如，配离子$[FeF_6]^{4-}$是在八面体弱场中，故 6 个 d 电子尽可能分别排列在 5 个 d 轨道上，即排布为 $d_\varepsilon^4 d_\gamma^2$，其 CFSE 值为

$$E=4E_{d_\varepsilon}+2E_{d_\gamma}=4\times(-4)+2\times6=-4(Dq)$$

这说明分裂后比未分裂($E=0Dq$)时的能量降低了 4Dq。

同样是 Fe^{2+}，形成强场配合物时，如$[Fe(CN)_6]^{4-}$，则 6 个 d 电子的排布为 $d_\varepsilon^6 d_\gamma^0$，它们尽可能排在能量较低的 d_ε 轨道上，故其 CFSE 值为

$$E=6\times(-4)=-24Dq$$

这就表明$[Fe(CN)_6]^{4-}$比$[FeF_6]^{4-}$分裂后能量降低得更多，故更稳定。

中心原子 d 轨道的分裂方式与配体空间构型有关，其分裂能的大小既与中心原子有关，也与配体有关。总结大量光谱实验数据和理论研究的结果，可得下列经验规律：

(1)对同一金属离子，Δ 值随配体不同而变化，大致按下列顺序增加。

$I^-<Br^-<S^{2-}<SCN^-<Cl^-<NO_3^-<F^-<OH^-<C_2O_4^{2-}<H_2O<NCS^-<NH_3<$乙二胺$<$联吡啶$<NO_2^-<CN^-$

由于 Δ 值通常由光谱确定，上述顺序称为光谱化学序，即配位场的顺序。CN^-、NO_2^- 等离子通常称为强场配体；而 I^-、Br^- 等离子称为弱场配体。

(2)对于相同配体，同一金属元素高价离子比低价离子的 Δ 值大。例如，$[Fe(H_2O)_6]^{2+}$的 Δ 值为 $2.07\times10^{-19}J$，$[Fe(H_2O)_6]^{3+}$ 的 Δ 值为 $2.72\times10^{-19}J$。

(3)当配位体相同时，同族同价态的第二过渡系金属离子比第一过渡系金属离子的 Δ 值增大 40%~50%。第三过渡系比第二过渡系又增大 20%~25%。例如，Co^{3+}、Rh^{3+}、Ir^{3+}的乙二胺配合物$[M(NH_2CH_2CH_2NH_2)_2]^{3+}$的 Δ 值分别为 $4.63\times10^{-19}J$、$6.83\times10^{-19}J$、$8.18\times10^{-19}J$。

4. 晶体场理论的应用

晶体场理论对过渡金属配合物的许多性质都能给予较好的说明。下面对配合物的磁性及颜色加以讨论。

1)配合物的磁性

根据晶体场理论，同一中心原子和不同配体结合时，配体场的强度不同，可使中心原子的 d 电子有高自旋和低自旋两种排列方式，因而显示出不同磁性。例如，$[Fe(CN)_6]^{3-}$的磁性很弱，而$[FeF_6]^{3-}$则有很强的磁性，这是两种配离子中 Fe^{3+} 的 3d 电子的排列不同所致，而这

种不同是由于配体有强弱之分产生的,从而圆满地解释了配合物的磁性。

例如,$Fe^{2+}(3d^64s^0)$ 在八面体场中,d 轨道分裂为两组,则 Fe^{2+} 的 6 个 d 电子有三个首先分别占据能量较低的 d_ε 轨道,并且自旋平行;另外三个电子的填充可能有两种方式:$d_\varepsilon^4 d_\gamma^2$(方式 1),$d_\varepsilon^6 d_\gamma^0$(方式 2),即

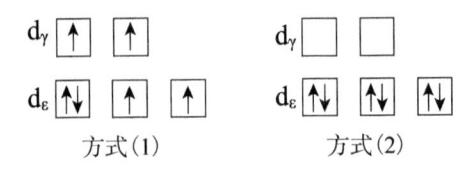

d_γ [↑] [↑]　　　　d_γ [ ] [ ]

d_ε [↑↓] [↑] [↑]　　d_ε [↑↓] [↑↓] [↑↓]

方式(1)　　　　　方式(2)

究竟采取哪种方式,取决于分裂能 Δ_0 和成对能(P)的相对大小。当一个轨道中已有一个电子时,如果再加入一个电子与之配对,就要产生排斥作用,需要外加一定的能量来克服这种排斥作用,才能使第二个电子也进入这个轨道和第一个电子配对,这个能量称为成对能,用 P 表示。成对能越大,电子就越不易成对。另外,当一个电子离开低能级的 d_ε 轨道进入高能级的 d_γ 轨道时,也需供给能量,这种能量的大小就是 d_γ 和 d_ε 轨道的能量差,即分裂能 Δ。分裂能越大,电子越不易跃迁到高能级的 d_γ 轨道中。

在弱的配体(如 F^-)场中,Δ 较小而 P 较大,即 $P>\Delta$ 时,d 电子尽可能占据较多的自旋平行轨道,形成高自旋配合物(单电子数较多)。例如,$[FeF_6]^{3-}$ 就属于这种类型,具有很强的磁性。

在强的配体(如 CN^-)场中,Δ 值相当大,则 $\Delta>P$,d 电子尽可能占据能量较低的轨道,形成低自旋配合物。例如,$[Fe(CN)_6]^{3-}$ 就显很弱的磁性。

一般来说,$\Delta>P$ 为低自旋,$\Delta<P$ 为高自旋。

2)配合物的颜色

过渡金属配合物大多数是有颜色的,这也可用晶体场理论来解释。这些离子的 d 轨道通常未填满,有一定数目的成单 d 电子。在配体的影响下,d 轨道能级分裂,配离子吸收可见光波的光能,使 d 电子从较低能级的 d 轨道跃迁到较高能级的轨道(如八面体场中的 d_ε-d_γ),这种跃迁称为 d-d 跃迁(图 11-5)。d-d 跃迁所需的能量取决于分裂能,其能量差一般为 1.99×10^{-19}~5.96×10^{-19}J,相当于可见光的波长范围,因此配离子大多有颜色。例如,$[Ti(H_2O)_6]^{3+}$ 中,Ti^{3+} 的 d 电子 d-d 跃迁时吸收波长为 490nm 的蓝绿色光,所以它呈现与之相应的互补色光紫红色。对于不同的中心原子,分裂能不同,d-d 跃迁时吸收不同波长的可见光,故显不同颜色。如果中心原子 d 轨道全空(d^0)或全满(d^{10}),则不可能发生 d-d 跃迁,其配合物为无色。

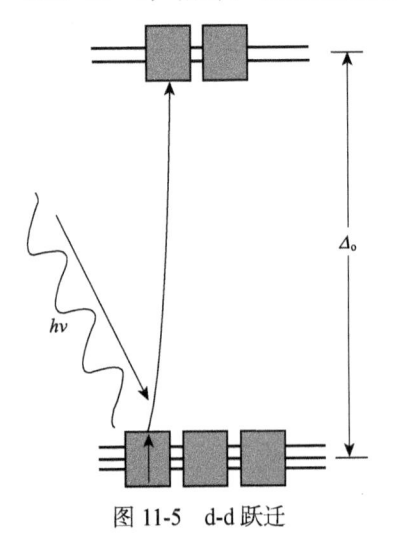

晶体场理论应用中心原子 d 轨道的能级分裂和稳定化能的观点,较好地解决了价键理论不能说明的一些问题,可以解释配合物的磁性、颜色等性质,比价键理论有所改进。但其主要不足是,只考虑了中心原子与配体间的静电作用,没有考虑两者之间有一定程度的共价结合,因此它不能满意地解释如 $[Ni(CO)_4]$、$[Fe(CO)_5]$ 等以共价键为主的配合物。故在晶体场理论的基础上,运用分子轨道理论对配合物中的化学键全面考虑并发展成为配位场理论,本书不再赘述。

图 11-5 d-d 跃迁

11.3 配合物的稳定性

配合物的稳定性主要指其热力学稳定性,尤其是指它在水溶液中是否易解离出它的中心原子和配体,即配合物在水溶液中越难解离越稳定。

11.3.1 配离子的稳定常数

从配合物的组成可以看出配合物的内界与外界之间是以离子键结合的,与强电解质类似,在水溶液中几乎完全解离,而配合物的内界却很难解离。例如,在[Cu(NH$_3$)$_4$]SO$_4$溶液中,加入BaCl$_2$溶液会产生白色BaSO$_4$沉淀,而加入少量NaOH溶液时却不会产生Cu(OH)$_2$沉淀。是不是溶液中一点游离的Cu^{2+}都没有呢?如果加入Na$_2$S溶液,会得到黑色的CuS沉淀,并嗅到氨的特殊气味。这说明[Cu(NH$_3$)$_4$]$^{2+}$在水溶液中类似于弱电解质,可以发生部分解离:

$$[Cu(NH_3)_4]^{2+} \rightleftharpoons Cu^{2+} + 4NH_3$$

这样溶液中就有了少量的Cu^{2+}。由于Cu(OH)$_2$的K_{sp}值较大(2.2×10^{-20}),加入少量NaOH溶液无Cu(OH)$_2$沉淀生成,而CuS的K_{sp}值极小(1.27×10^{-36}),因而加入Na$_2$S溶液会有CuS沉淀生成。

既然存在平衡,根据化学平衡原理,就可写出此配离子的平衡常数:

$$K = \frac{[Cu^{2+}][NH_3]^4}{[Cu(NH_3)_4^{2+}]}$$

这就是[Cu(NH$_3$)$_4$]$^{2+}$的解离平衡常数。K值越大,表示该配离子越容易解离。所以这个常数称为配离子的不稳定常数,用$K_{不稳}$表示。而我们更常用配合物生成反应的平衡常数$K_{稳}$来表示配合物的稳定性,即

$$Cu^{2+} + 4NH_3 \rightleftharpoons [Cu(NH_3)_4]^{2+}$$

$$K_{稳} = \frac{[Cu(NH_3)_4^{2+}]}{[Cu^{2+}][NH_3]^4}$$

不同的配离子具有不同的稳定常数,它直接反映了配离子稳定性的大小。$K_{稳}$值越大,表示该配离子在水中越稳定,反之亦然。常见配离子的稳定常数列入表11-5中。

表 11-5 常见配离子的稳定常数

配离子	$K_{稳}$	lg $K_{稳}$	配离子	$K_{稳}$	lg $K_{稳}$
[Cu(NH$_3$)$_2$]$^+$	7.4×10^{10}	10.87	[Cu(en)$_2$]$^{2+}$	4.0×10^{19}	19.6
[Au(CN)$_2$]$^-$	2.0×10^{38}	38.3	[Ag(S$_2$O$_3$)$_2$]$^{3-}$	1.6×10^{13}	13.2
[Ag(NH$_3$)$_2$]$^+$	1.7×10^7	7.24	[Cu(NH$_3$)$_4$]$^{2+}$	4.8×10^{12}	12.68
[Ag(en)$_2$]$^+$	7.0×10^7	7.84	[Zn(NH$_3$)$_4$]$^{2+}$	5.0×10^8	8.69
[Ag(CN)$_2$]$^-$	1.0×10^{21}	21.0	[Cd(NH$_3$)$_4$]$^{2+}$	3.6×10^6	6.55

续表

配离子	$K_{稳}$	$\lg K_{稳}$	配离子	$K_{稳}$	$\lg K_{稳}$
$[HgI_4]^{2-}$	7.2×10^{29}	29.86	$[Fe(CN)_6]^{3-}$	1.0×10^{42}	42.0
$[Ni(CN)_4]^{2-}$	1.0×10^{22}	22.0	$[Ni(NH_3)_6]^{2+}$	1.1×10^8	8.04
$[FeF_6]^{3-}$	1.0×10^{16}	16.0	$[Co(NH_3)_6]^{3+}$	1.4×10^{35}	35.15
$[Fe(CN)_6]^{4-}$	1.0×10^{35}	35.0	$[Co(NH_3)_6]^{2+}$	2.4×10^4	4.38

$K_{稳}$ 和 $K_{不稳}$ 是表示同一事物的两个方面，两者的关系互为倒数，即 $K_{稳}=\dfrac{1}{K_{不稳}}$。二者概念不同，使用时应注意不可混淆。

特别需要指出的是，应用 $K_{稳}$ 或 $K_{不稳}$ 比较配离子的稳定性时，只有配体数目相同的同类型的配离子间才可直接进行比较得出结论。不同类型的配离子要通过计算离子浓度才可得出结论。

例如，$[Ag(CN)_2]^-$ 的 $K_{稳}=1.0\times10^{21}$，$[Ag(NH_3)_2]^+$ 的 $K_{稳}=1.7\times10^7$，所以 $[Ag(CN)_2]^-$ 比 $[Ag(NH_3)_2]^+$ 稳定；而 $[CuY]^{2-}$ 和 $[Cu(en)_2]^{2+}$ 不可直接比较。

11.3.2 稳定常数的应用

利用配合物稳定常数 $K_{稳}$，不仅可以计算配合物溶液中某一离子的浓度和比较不同配合物的稳定性，还可以结合配位平衡的移动来判断配位反应进行的程度和方向，判断难溶盐生成和溶解的可能性，酸度对配离子生成的影响，以及计算金属与其配离子组成电对的电极电势。

1. 判断配位反应进行的方向

这是配离子之间转化的问题。反应总是向形成更稳定配离子的方向进行，两种配离子的稳定常数相差越大，反应就越彻底，转化也越完全。

【例 11-1】 在 $FeCl_3$ 溶液中加入 KSCN，溶液立即变成血红色，如果在此溶液中再加入几粒 NH_4F 或 NaF，则红色立即褪去，这是为什么？

解 这就是配离子之间的转化，即

$$[Fe(SCN)_6]^{3-}+6F^-\Longleftrightarrow[FeF_6]^{3-}+6SCN^-$$

此反应向右进行的趋势如何，可通过求其平衡常数 K，从 K 值的大小来判断：

$$K=\dfrac{[FeF_6^{3-}][SCN^-]^6}{[Fe(SCN)_6^{3-}][F^-]^6}$$

分子、分母同乘 $[Fe^{3+}]$ 得

$$K=\dfrac{[FeF_6^{3-}][SCN^-]^6[Fe^{3+}]}{[Fe(SCN)_6^{3-}][F^-]^6[Fe^{3+}]}=\dfrac{K_{稳[FeF_6]^{3-}}}{K_{稳[Fe(SCN)_6]^{3-}}}$$

查表知：$K_{稳[Fe(SNC)_6]^{3-}}=1.48\times10^3$，$K_{稳[FeF_6]^{3-}}=1.0\times10^{16}$，代入公式，得

$$K=\frac{1.0\times10^{16}}{1.48\times10^3}=6.8\times10^{12}$$

由 K 值可知，该反应向右进行的趋势很大，F^- 对 Fe^{3+} 的配位能力更强，故只要加入足够量的 F^- 时，$[Fe(SCN)_6]^{3-}$ 会转化为 $[FeF_6]^{3-}$。

2. 计算配离子中有关离子的浓度

【例 11-2】 $0.1mol\cdot L^{-1}[Ag(NH_3)_2]^+$ 溶液中加入 $0.1mol\cdot L^{-1}$ 的氨水后，计算溶液中 Ag^+ 的浓度（$K_{稳[Ag(NH_3)_2]^+}=1.7\times10^7$）。

解 这里所求的是平衡时 Ag^+ 的浓度，即 $[Ag^+]$。

设 $[Ag^+]=x(mol\cdot L^{-1})$，则

$$Ag^+ + 2NH_3 \rightleftharpoons [Ag(NH_3)_2]^+$$

平衡时： x $0.1+2x$ $0.1-x$

由于 $K_{稳[Ag(NH_3)_2]^+}$ 很大，故可以认为 Ag^+ 几乎都与 NH_3 分子结合为配离子，则 $0.1+2x\approx0.1$，$0.1-x\approx0.1$，故

$$K_{稳}=\frac{[Ag(NH_3)_2^+]}{[Ag^+][NH_3]^2}=\frac{0.1}{x(0.1)^2}=\frac{1}{0.1x}=1.7\times10^7$$

$$x=5.9\times10^{-7}mol\cdot L^{-1}$$

3. 沉淀的生成和溶解

若往一定的配合物溶液中加入某沉淀剂，是否会有沉淀生成？或在一定量的沉淀中加入一种配合剂，看此沉淀是否会因生成配合物而溶解。这是可溶性配离子与沉淀之间的转化，是沉淀溶解平衡与配位平衡的竞争。两种平衡互相影响和制约，这就要利用配离子的稳定常数（$K_{稳}$）和沉淀的溶度积常数（K_{sp}）值的大小来判断。

【例 11-3】 在 $0.1mol\cdot L^{-1}$ 的 $[Ag(NH_3)_2]^+$ 溶液中加入 NaCl 固体，使 NaCl 浓度达 $0.001mol\cdot L^{-1}$ 时有无 AgCl 沉淀生成（假定 NaCl 的加入不改变溶液体积）？

解 有无沉淀生成主要是看溶液中相关离子浓度的乘积是否大于沉淀的 K_{sp}，如果 $Q_i>K_{sp}$ 就有沉淀，如果 $Q_i<K_{sp}$ 就无沉淀。本题中相关离子是 Ag^+ 和 Cl^-，而 Cl^- 的量已知，关键在于求 $[Ag^+]$ 的浓度。

设平衡时 $[Ag^+]$ 的浓度为 $x mol\cdot L^{-1}$，则

$$Ag^+ + 2NH_3 \rightleftharpoons [Ag(NH_3)_2]^+$$

　　　　　x $2x$ $0.1-x\approx0.1$

即

$$\frac{0.1}{x(2x)^2}=K_{稳[Ag(NH_3)_2]^+}=1.7\times10^7$$

$$x=1.14\times10^{-3}\text{mol}\cdot\text{L}^{-1}$$

$$Q_i=[Ag^+][Cl^-]=1.14\times10^{-3}\times0.001=1.14\times10^{-6}$$

因为 $Q_i>K_{sp}=1.56\times10^{-10}$，所以有 AgCl 沉淀生成。

【例 11-4】 298K 时，在 1L 6mol·L^{-1} 氨水中加入 0.5mol 固体 AgCl，能否将其全部溶解？已知：$K_{稳[Ag(NH_3)_2]^+}=1.7\times10^7$，$K_{sp(AgCl)}=1.56\times10^{-10}$。

解 此沉淀溶解平衡是下列平衡的加和：

$$AgCl(s)\Longrightarrow Ag^++Cl^-$$

$$Ag^++2NH_3\Longrightarrow [Ag(NH_3)_2]^+$$

将这两个平衡加和，可得配位溶解平衡：

$$AgCl(s)+2NH_3\Longrightarrow [Ag(NH_3)_2]^++Cl^-$$

其平衡常数为

$$K=\frac{[Ag(NH_3)_2^+][Cl^-]}{[NH_3]^2}=\frac{[Ag(NH_3)_2^+][Cl^-][Ag^+]}{[NH_3]^2[Ag^+]}\quad(\text{分子、分母同乘}[Ag^+])$$

$$=K_{稳[Ag(NH_3)_2]^+}\cdot K_{sp(AgCl)}$$

$$=1.7\times10^7\times1.56\times10^{-10}$$

$$=2.65\times10^{-3}$$

设在 1L 6mol·L^{-1} 氨水中能溶解的 AgCl 为 $x$mol，且溶解的 Ag$^+$ 都能转化为 [Ag(NH$_3$)$_2$]$^+$，则平衡时，$[Ag(NH_3)_2]^+=[Cl^-]=x$，$[NH_3]=6-2x$，可得

$$K=\frac{[Ag(NH_3)_2^+][Cl^-]}{[NH_3]^2}=\frac{x^2}{(6-2x)^2}=2.65\times10^{-3}$$

$$x=0.3\text{mol}$$

也就是说最多能溶解 0.3mol AgCl，故加入的 0.5mol AgCl 不能全部溶解。

4. 生成配离子时电极电势的变化

电极电势是元素从某一氧化态转变为另一氧化态难易程度的量度。不同氧化态之间的电极电势随配合物的形成而发生改变，则对应物质的氧化还原性也有所不同。例如，Hg^{2+} 和 Hg 之间的标准电极电势 $\varphi^{\ominus}_{Hg^{2+}/Hg}=+0.851$V，加入 KCN 溶液使 Hg^{2+} 形成 [Hg(CN)$_4$]$^{2-}$，Hg^{2+} 和 Hg 之间的电极反应转变为 [Hg(CN)$_4$]$^{2-}$ 和 Hg 之间的电极反应，它们之间的标准电极电势为 -0.37V，下降了 1.221V，即

$$Hg^{2+}+2e^-\Longrightarrow Hg \qquad \varphi^{\ominus}=+0.851\text{V}$$

$$[Hg(CN)_4]^{2-}+2e^-\Longrightarrow Hg+4CN^- \qquad \varphi^{\ominus}=-0.37\text{V}$$

【例 11-5】 计算 $[Ag(NH_3)_2]^+ + e^- = Ag + 2NH_3$ 体系的标准电极电势。

已知：$K_{稳[Ag(NH_3)_2]^+} = 1.7 \times 10^7$；$\varphi^{\ominus}_{Ag^+/Ag} = 0.7996V$。

解
$$Ag^+ + 2NH_3 = [Ag(NH_3)_2]^+$$

$$K_{稳} = \frac{[Ag(NH_3)_2^+]}{[Ag^+][NH_3]^2}$$

依题意求标准电极电势，则 $[Ag(NH_3)_2^+]$ 和 $[NH_3]$ 的浓度都为 $1 mol \cdot L^{-1}$，所以

$$K_{稳} = \frac{1}{[Ag^+] \times 1^2} = 1.7 \times 10^7$$

$$[Ag^+] = 5.8 \times 10^{-8} mol \cdot L^{-1}$$

按能斯特方程求 $\varphi^{\ominus}_{[Ag(NH_3)_2]^+/Ag}$，即求当 $[Ag^+] = 5.8 \times 10^{-8} mol \cdot L^{-1}$ 时的 $\varphi_{Ag^+/Ag}$。

$$\varphi = \varphi^{\ominus} + \frac{0.059}{1} \lg[Ag^+] = 0.7996 + \frac{0.059}{1} \lg(5.8 \times 10^{-8})$$

$$\varphi^{\ominus}_{[Ag(NH_3)_2]^+/Ag} = 0.37V$$

从这个计算结果可以看到简单离子配位以后，溶液中自由金属离子的浓度大大减小，使电极电势减小。也就是得电子能力减弱，不易被还原为金属，增强了金属离子的稳定性。而且稳定性不同的配离子，它们的标准电极电势值降低的大小不同。配离子越稳定（$K_{稳}$ 值越大），其标准电极电势越负（越小），从而金属离子越难得到电子，越难被还原。例如：

$$[Hg(CN)_4]^{2-} + 2e^- = Hg + 4CN^- \qquad \lg K_{稳} = 41.4 \qquad \varphi^{\ominus} = -0.37V$$

$$[HgCl_4]^{2-} + 2e^- = Hg + 4Cl^- \qquad \lg K_{稳} = 15.1 \qquad \varphi^{\ominus} = +0.38V$$

习　题

1. 指出下列配离子的中心原子、配体、配位原子、配位数。
   (1) $[Cu(NH_3)_4]^{2+}$　　(2) $[Ag(S_2O_3)_2]^{3-}$　　(3) $[Fe(CN)_6]^{4-}$
   (4) $[Fe(NCS)_6]^{3-}$　　(5) $[Ni(en)_2]^{2+}$（en 表示乙二胺）

2. 指出下列配合物的中心原子和配离子的电荷，并命名。
   (1) $K_2[HgI_4]$　　(2) $[Cu(NH_3)_4]Cl_2$　　(3) $[Pt(NH_3)_2Cl_2]$
   (4) $[Co(NH_3)_5Cl]Cl_2$　　(5) $Na_3[AlF_6]$　　(6) $Ni(CO)_4$
   (7) $[Pt(NH_3)_4(NO_2)Cl]CO_3$

3. 写出下列配合物和配离子的化学式。
   (1) 硫酸四氨合铜（Ⅱ）　　(2) 一氯化二氯·三氨·一水合钴（Ⅲ）
   (3) 四硫氰二氨合铬（Ⅲ）酸铵　　(4) 六氯合铂（Ⅲ）酸钾
   (5) 二氰合银（Ⅰ）配离子　　(6) 二羟基四水合铝（Ⅲ）配离子

4. 有三个组成相同的配合物，化学式均为 $CrCl_3 \cdot 6H_2O$，但颜色各不相同。亮绿色者加入 $AgNO_3$ 后有 2/3 的氯沉淀析出，暗绿色者能析出 1/3 的氯，紫色者能沉淀出全部的氯。试分别写出它们的结构式。

5. 已知下列配合物的磁矩：

   $[Zn(NH_3)_4]^{2+}$ ($\mu=0$) 　　　　　$[Co(en)_2Cl_2]^+$ ($\mu=0$)

   $[Fe(C_2O_4)_3]^{3-}$ ($\mu=5.92$B.M.)　　$[Cu(CN)_4]^{2-}$ ($\mu=1.73$B.M.)

   试推断其中心原子的电子分布式、配离子的空间构型，是低自旋还是高自旋。

6. 用来除掉空气中水蒸气的干燥剂中常含有 $CoCl_2$，无水时它呈蓝色，而水合后则会变成粉红色，试用晶体场理论解释这种颜色的变化。

7. 试用配位化学知识解释下列事实：

   (1) 大多数过渡元素的配离子是有色的，而大多数 $Zn(Ⅱ)$ 的配离子是无色的。

   (2) 大多数 $Cu(Ⅱ)$ 配离子的空间构型为平面正方形。

   (3) HgS 能溶于 Na_2S 和 $NaOH$ 的混合溶液，而不溶于 $(NH_4)_2S$ 和 $NH_3 \cdot H_2O$ 中。

   (4) AgI 不能溶于过量氨水中，却能溶于 KCN 溶液中。

   (5) 将 Cu_2O 溶于浓氨水中，得到的溶液为无色。

   (6) $AgBr$ 沉淀可溶于 KCN 溶液中，但 Ag_2S 不溶。

   (7) CdS 能溶于 KI 溶液中。

   (8) 用简单的锌盐和铜盐的混合溶液进行电镀，锌和铜不会同时析出。如果在此混合溶液中加入 $NaCN$ 溶液，就可以镀出黄铜(铜锌合金)。

8. 写出配平方程式，以解释下列过程：

   (1) 将 HCl 加入 $[Cu(NH_3)_4]^{2+}$ 溶液中时，颜色改变。

   (2) 用过量 OH^- 将 Zn^{2+} 从 Fe^{3+} 中分离出来。

   (3) 将 $NaSCN$ 加入 $FeCl_3$ 溶液中，呈现血红色。

   (4) 在 $Fe(SCN)_3$ 溶液(血红色)中加入 NH_4F 或 $EDTA$ 后，颜色显著变浅。

9. 0.1g 固体 $AgBr$ 能否完全溶解于 100mL 1mol·L^{-1} $NH_3·H_2O$ 水中 (已知 $AgBr$ 的 $K_{sp}=7.7\times10^{-13}$)？

10. 将 0.10mol 的 $AgNO_3$ 溶于 1L 1.0mol·L^{-1} 氨水中：

    (1) 若再溶入 0.010mol $NaCl$ 时，有无 $AgCl$ 沉淀生成？

    (2) 如果用 $NaBr$ 代替 $NaCl$，有无 $AgBr$ 沉淀生成？

    (3) 如果用 KI 代替 $NaCl$，则最少应加入多少克 KI 才有 AgI 沉淀析出？

    已知：$K_{稳[Ag(NH_3)_2]^+}=1.7\times10^7$，$K_{sp(AgCl)}=1.56\times10^{-10}$，$K_{sp(AgBr)}=7.7\times10^{-13}$，$K_{sp(AgI)}=1.5\times10^{-16}$。

11. 0.1g 固体 $AgBr$ 能否完全溶解于 100mL 1mol·L^{-1} 的氨水中？

12. 在含有 2.5mol·L^{-1} $AgNO_3$ 和 0.41mol·L^{-1} $NaCl$ 溶液中，如果不使 $AgCl$ 沉淀生成，溶液中最低的自由 CN^- 浓度应是多少？

13. 要使 1×10^{-4} mol $AgCl$、1×10^{-5} mol $AgBr$ 和 1×10^{-5} mol AgI 分别溶在 1mL $NH_3·H_2O$ 中，氨水的浓度最低应各为多少？根据计算结果，能得出什么结论？

14. 若在 1L 某浓度的氨水中刚好溶解了 0.020mol 的 $AgCl$，氨水的浓度为多少？

15. 一个铜电极浸在一个含有 1.00mol·L^{-1} 氨水和 $[Cu(NH_3)_4]^{2+}$ 的溶液中，若用标准氢电极作正极，经实验测得它和铜电极之间的电势差为 0.0300V。试计算铜氨配离子的稳定常数 (已知 $\varphi^{\ominus}_{Cu^{2+}/Cu}=0.3419$ V)。

16. 在原始浓度为 0.10mol·L^{-1} 的 $[Ag(NO_2)_2]^-$ 溶液中，加入 0.20mol 的晶体 KCN，求溶液中 $Ag(NO_2)_2^-$、$Ag(CN)_2^-$、NO_2^- 和 CN^- 等各种离子的平衡浓度(忽略体积变化)。已知：$K_{稳[Ag(CN)_2]^-}=1.0\times10^{21}$，$K_{稳[Ag(NO_2)_2]^-}=6.7\times10^2$。

17. 试判断下列反应进行的方向，并作简要说明。

    (1) $[Ag(NH_3)_2]^+ + 2CN^- \Longrightarrow [Ag(CN)_2]^- + 2NH_3$

    (2) $[Cu(NH_3)_4]^{2+} + Zn \Longrightarrow [Zn(NH_3)_4]^{2+} + Cu$

18. 试解释下列现象：

    (1) $AgCl$ 能溶于氨水，而 $AgBr$ 仅微溶于氨水，$AgCl$ 和 $AgBr$ 均溶于 $Na_2S_2O_3$ 溶液中。

    (2) KI 能使 $[Ag(NH_3)_2]NO_3$ 溶液中的 Ag^+ 生成 AgI 沉淀，但不能使 Ag^+ 从 $K[Ag(CN)_2]$ 溶液中沉淀出来。

    (3) HgI_2 能溶解在过量的 KI 溶液中。

19. 向一含有 0.20mol·L^{-1} 氨水和 0.20mol·L^{-1} NH_4Cl 的缓冲溶液中加入等体积的 0.030mol·L^{-1} $[Cu(NH_3)_4]Cl_2$ 溶液，混合后溶液中是否有 $Cu(OH)_2$ 沉淀生成 ($K_{sp[Cu(OH)_2]}=1.6\times10^{-19}$)？

第 12 章　化学与环境

在社会高速发展的今天，人类在享受科技进步带来的巨大物质和精神财富的同时，也不得不面对其给人类在环境留下的一系列巨大的难题：气候变暖，臭氧层被破坏，酸雨污染，土地沙漠化，生物物种锐减，海洋和淡水资源污染，等等。过去人类过于相信自己的力量一定能够无限地战胜自然，但正如恩格斯所说"对于每一次这样的胜利，自然界都报复了我们"。因此，人类面临着既要保护自身进步与生活质量的提高，又要保证生存安全、保护环境的严峻课题。

环境是指人类赖以生存的自然环境，由大气圈、水圈、岩石圈和生物圈四个自然圈组成。大气圈、水圈及岩石圈属于无生物界；生物圈是指与人类共同生存的生物群落，由植物、动物及微生物所组成。简言之，自然环境是指环绕在人类周围的各种自然条件的总和。

自然环境(如大气、水、土壤等)中由于人类生产生活过程产生有害物质，引起环境质量下降，危害人类健康，影响生物正常生存发展的现象称为环境污染。进入环境的物质中，能直接或间接危害人类的物质称为污染物。当污染物质超过了环境的自净化能力，损害了众多人体的正常机能时便形成了公害。

环境保护一般是指对与人的健康有关的人类生活和生产的环境的保护。《中华人民共和国环境保护法》明确规定，环境保护包括保护自然环境与防治污染和其他公害，也就是保护自然生态和自然资源。

12.1　大气污染及防治

大气是包围在地球周围的一层气体。大气也称大气圈或大气层。大气圈是地球四大自然圈(岩石圈、水圈、生物圈和大气圈)之一，是地球上一切生命赖以生存的气体环境，也是人类的保护伞。

12.1.1　大气污染及概况

1. 大气的组成

在地球引力作用下，大量气体聚集在地球周围，形成数千公里的大气层。大气层的空气密度随高度增加而减小，越高空气越稀薄。大气层的厚度在 2000km 以上，但没有明显的界线。整个大气层随高度不同表现出不同的特点，分为对流层、平流层、中间层、暖层和散逸层。

对流层在大气层的最低层，紧靠地球表面，其厚度为 10~20km。对流层的大气受地球影响较大，云、雾、雨等现象都发生在这一层内，水蒸气也几乎都在这一层内存在。这一层的气温随高度的增加而降低，每升高 1000m，温度下降 5~6℃。动植物的生存、人类的绝大部分活动在这一层内。因为这一层的空气对流很明显，故称为对流层。对流层以上是平流层，距地球表面 20~50km。平流层的空气比较稳定，大气是平稳流动的，故称为平流层。在平流层内水蒸气和尘埃很少，并且在30km以下是同温层，其温度在-55℃左右，温度基本不变，在 30~50km 温度随高度增加而略微升高。平流层以上是中间层，距地球表面 50~85km，这里的空气已经很稀薄，突出的特征是气温随高度增加而迅速降低，空气的垂直对流强烈。中间层以上是暖层，距地球表面 100~800km。暖层最突出的特征是当太阳光照射时，太阳光中的紫外线被该层中的氧原子大量吸收，因此温度升高，故称为暖层。散逸层在暖层之上，由带电粒子组成。

自然状态下，大气是由混合气体、水汽和杂质组成。除去水汽和杂质的空气称为干洁空气。干洁空气的主要成分为 78.09%的氮，20.94%的氧，0.93%的氩。这三种气体占总量的99.96%，其他各项气体含量不到0.1%，这些微量气体包括氖、氦、氪、氙等稀有气体。大气中组分是不稳定的，无论是自然灾害还是人为影响，都会使大气中出现新的物质，或某种成分的含量过多地超出了自然状态下的平均值，或某种成分含量减少，都会影响生物的正常发育和生长，给人类造成危害。

2. 大气污染概况

按照国际标准化组织(ISO)的定义，"大气污染通常是指由于人类活动或自然过程引起某些物质进入大气中，呈现出足够的浓度，达到足够的时间，并因此危害了人体的舒适、健康和福利或环境污染的现象"。

大气污染后，污染物质的来源、性质、浓度和持续时间的不同，污染地区的气象条件、地理环境等因素的差别，甚至人的年龄、健康状况的不同，对人均会产生不同的危害。大气污染对人体的影响，首先是感觉上不舒服，随后生理上出现可逆性反应，再进一步就出现急性危害症状。大气污染对人的危害大致可分为急性中毒、慢性中毒、致癌三种。

大气污染对工农业生产的危害十分严重，这些危害可影响经济发展，造成大量人力物力和财力的损失。大气污染物对工业的危害主要有两种：一是大气中的酸性污染物如二氧化硫、二氧化氮等，对工业材料、设备和建筑设施的腐蚀；二是飘尘增多给精密仪器、设备的生产、安装调试和使用带来的不利影响。大气污染对工业生产的危害，从经济角度来看就是增加了生产的费用，增加了成本，缩短了产品的使用寿命。

大气污染对农业生产也造成很大危害。酸雨可以直接影响植物的正常生长，又可以渗入土壤及进入水体，引起土壤和水体酸化、有毒成分溶出，从而对动植物和水生生物产生毒害。严重的酸雨会使森林衰亡和鱼类绝迹。

大气污染物质还会影响天气和气候。颗粒物使大气能见度降低，减少到达地面的太阳光辐射量。尤其是在大工业城市中，在烟雾不散的情况下，日光比正常情况减少 40%。高层大气中的氮氧化物、碳氢化合物和氟氯烃类等污染物使臭氧大量分解，引发的"臭氧洞"问题成为了全球关注的焦点。

从工厂、发电站、汽车、家庭小煤炉中排放到大气中的颗粒物，大多具有水汽凝结核或冻结核的作用。这些微粒能吸附大气中的水汽使之凝成水滴或冰晶，从而改变了该地区原有降水(雨、雪)的情况。人们发现在离大工业城市不远的下风向地区，降水量比四周其他地区要多，这就是"拉波特效应"。大气污染除对天气产生不良影响外，对全球气候的影响也逐渐引起人们关注。由大气中二氧化碳浓度升高引发的温室效应是对全球气候的最主要影响。

地球气候变暖会给人类的生态环境带来许多不利影响，人类必须充分认识到这一点。

12.1.2 大气污染物

凡是能使空气质量变差的物质都是大气污染物。大气污染物目前已知的有100多种，分为自然因素(如森林火灾、火山爆发等)和人为因素(如工业废气、生活燃煤、汽车尾气等)两种，并且以后者为主要因素，尤其是工业生产和交通运输。大气污染物又分为一次污染物和二次污染物。一次污染物是指直接从污染源排放的污染物质，如二氧化硫、一氧化氮、一氧化碳、颗粒物等，它们又可分为反应物和非反应物，前者不稳定，在大气环境中常与其他物质发生化学反应，或者作催化剂促进其他污染物之间的反应，后者则不发生反应或反应速率缓慢。二次污染物是指由一次污染物在大气中互相作用经化学反应或光化学反应形成的与一次污染物的物理化学性质完全不同的新的大气污染物，其毒性比一次污染物还强。最常见的二次污染物有硫酸及硫酸盐气溶胶、硝酸及硝酸盐气溶胶、臭氧、光化学氧化剂 OX·，以及许多不同寿命的活性中间物(又称自由基)，如 $HO_2·$、$HO·$ 等。

大气污染源可分为自然的和人为的两大类。自然污染源是由于自然原因(如火山爆发、森林火灾等)而形成，人为污染源是由于人们从事生产和生活活动而形成的。在人为污染源中，又可分为固定的(如烟囱、工业排气筒)和移动的(如汽车、火车、飞机、轮船)两种。由于人为污染源普遍且经常存在，所以更被人们密切关注。大气主要污染源有以下几种：

(1)工业企业。工业企业是大气污染的主要来源，也是大气卫生防护工作的重点之一。随着工业的迅速发展，大气污染物的种类和数量日益增多。由于工业企业的性质、规模、工艺过程、原料和产品种类等不同，其对大气污染的程度也不同。

(2)生活炉灶与采暖锅炉。在居住区，随着人口的集中，大量的民用生活炉灶和采暖锅炉需要耗用大量的煤炭，特别在冬季采暖时间，往往使受污染地区烟雾弥漫，这也是一种不容忽视的大气污染源。

(3)交通运输。近几十年来，由于交通运输事业的发展，城市行驶的汽车日益增多，火车、轮船、飞机等客货运输频繁，这些又给城市增加了新的大气污染源。其中具有重要意义的是汽车排出的废气。汽车污染大气的特点是排出的污染物距人们的呼吸带很近，能直接被人吸入。汽车内燃机排出的废气中主要含有一氧化碳、氮氧化物、烃类(碳氢化合物)、铅化合物等。

污染物可以通过大气的自净能力，将浓度降低到无害的程度。大气的自净作用主要是物理作用(扩散、沉降)，其次是化学作用(氧化、中和等)和生物学作用(植物吸收等)。

(i)扩散作用：当气象因素处在有利于污染物扩散的状态下，而且污染物的排出量并不非常大时，扩散作用的效果是很好的。一方面能将污染物稀释，另一方面可将一部分污染物转移出去。

(ii)沉降作用：依靠污染物本身的重力，由空气中逐渐降落到其他环境介质中(水、土壤)。直径大的颗粒可以自行降落。直径小的颗粒或大气污染物可以吸附在大颗粒上共同降落，也可由若干小颗粒聚集成大颗粒而降落，使大气中的浓度降低。例如，尘土也可被雨(雪)水冲洗降到地面，使大气清洁。

(iii)氧化作用：大气中的氧化合物或某些自由基可以将某些还原性污染物氧化成有毒的或无毒的化合物。例如，CO 能氧化成 CO_2。

温室效应源自温室气体，二氧化碳这类吸收热能气体的功用和温室玻璃有着异曲同工之妙，都是只允许太阳光进，而阻止其反射，进而实现保温、升温作用，因此被称为温室气体。大气中的每种气体并不都能强烈吸收地面长波辐射，在法律意义上被确认为影响气候变化的温室气体，除了二氧化碳外，还包括甲烷（CH_4）、一氧化二氮（N_2O）、氟氯碳化物（HFC，氟利昂是其中一种）、全氟化碳（PFC）、六氟化硫（SF_6）以及水汽等。二氧化碳是数量最多的温室气体，约占大气总容量的 0.03%，许多其他限量气体也会产生温室效应，其中有的温室效应比二氧化碳还强，如每分子甲烷的吸热量是二氧化碳的 21 倍，一氧化二氮更高，是二氧化碳的 270 倍。不过，它们和人造的某些温室气体相比就不算什么了。目前为止，吸热能力最强的是氟氯甲烷（CFM）和全氟化碳。过量的温室气体排放，造成气温上升、极地融冰等连串全球暖化效应，导致气候变迁升级。

全球气候变暖可能带来一些意想不到的灾难：

(1) 海平面上升。全球气候变暖一方面使海洋上层水温升高造成体积膨胀，同时气温升高加速高山和南北两极的冰川融化，从而导致海平面上升。据估计，到 2030 年全球海平面上升约 20cm，21 世纪末将上升 65cm，严重威胁低洼的岛屿和沿海地带。联合国专家小组计算机模拟试验得出结论，2050 年后全球海平面升高 30~50cm，世界海岸线的 70% 将被海水淹没，东京、大阪、曼谷、威尼斯、彼德堡和上海等许多沿海城市将完全或局部被淹没，海水倒灌还将造成耕地被淹，地下水受海水的侵入而盐化，河流河口处淡水、海水混合区将向上游延伸，影响水生生态系统。

(2) 气候带发生变化。全球气温升高将使温带界线向高纬度地区扩展，生物将因难以适应如此快速的温度变化而加速物种灭绝，破坏生态平衡。气候变暖使水分蒸发加快，雨量分布也随之发生变化，其结果是低纬度地区雨量增加导致洪涝成灾，某些干旱地区可能因季风影响而增加降水，但大部分中纬度干旱地区将更加干旱，从而导致农业减产。

(3) 传染病流行。近年来全球范围内的流行性疾病增加，也与气温升高有关。在温暖条件下，不但细菌、真菌生长迅速，而且蚊、蝇等昆虫媒介存活时间长，繁殖力增强，扩大了生存空间，从而使传染性疾病随全球气温升高而加剧。

迄今，人们无法提出有效的解决对策，但是退而求其次，至少应该想办法努力抑制排放量的增长，不可任凭发展。如果按照目前这种情势发展下去，综合各种温室效应气体的影响，预计地球的平均气温届时将要提升 2℃ 以上。一旦气温发生如此大幅提升，地球的气候将会引起重大变化。因此，为今之计，莫过于竭尽所能采取对策，尽量抑制上升的趋势。目前国际舆论也在朝此方向不断进行呼吁，而各国的研究机构也已提出各种具体的对策方案。例如，全面禁用氟氯碳化物、保护森林、改善使用汽车燃料状况、提出低碳生活等。

4. 臭氧层耗减

臭氧空洞指的是因空气污染物质，特别是氧化氮和卤代烃等气溶胶污染物的扩散、侵蚀而造成大气臭氧层被破坏和减少的现象。

1984 年，英国科学家首次发现南极上空出现臭氧空洞。大气臭氧层的损耗是当前世界上又一个普遍关注的全球性大气环境问题，它同样直接关系到生物圈的安危和人类的生存。

经过跟踪、监测，科学家找到了臭氧空洞的成因：臭氧层损耗。一种大量用作制冷剂、喷雾剂、发泡剂等化工制剂的氟氯烃是导致臭氧减少的"罪魁祸首"。另外，寒冷也是臭氧层变薄的关键，这就是为什么首先在地球南北极最冷地区出现臭氧空洞。加之人类活动排入大气中的一些物质，如广泛用于冰箱和空调制冷、泡沫塑料发泡、电子器件清洗的氯氟烷烃（CF_xCl_{4-x}，又称氟利昂），以及用于特殊场合灭火的溴氟烷烃[CF_xBr_{4-x}，又称哈龙（halon）等化学物质]进入平流层与那里的臭氧发生化学反应，就会导致臭氧耗损，使臭氧浓度减少。

到 2000 年 10 月，南极上空臭氧空洞的面积大约为 2900 万平方英里，这是迄今观测到臭氧空洞的最大面积。从美国国家航空航天局(NASA)发布的图片上可以看到，臭氧空洞像一个大的蓝水滴，完全罩在南极的上空，并延伸到南美的南端。臭氧空洞增大的速度是惊人的，特别是近年来南极上空的臭氧空洞有恶化的趋势。根据全球总臭氧观测的结果表明，在过去 10~15 年间，每到春天南极上空平流层的臭氧都会发生急剧的大规模耗损。臭氧空洞可以用一个三维的结构来描述，即臭氧空洞的面积、深度及延续时间。1987 年 10 月，南极上空的臭氧浓度下降到了 1957~1978 年年间的一半，臭氧空洞面积则扩大到足以覆盖整个欧洲大陆。

目前，不仅在南极，在北极上空也出现了臭氧减少的现象，美国、日本、英国、俄罗斯等国联合观测发现，北极上空臭氧层也减少了 20%，已形成了面积约为南极臭氧空洞 1/3 的北极臭氧空洞。在被称为是世界"第三极"的青藏高原，中国大气物理及气象学者的观测也发现，青藏高原上空的臭氧正在以每 10 年 2.7%的速度减少，已经成为大气层中的第三个臭氧空洞。

由于臭氧层中臭氧的减少，照射到地面的太阳光紫外线增强，其中波长为 240~329nm 的紫外线对生物细胞具有很强的杀伤作用，对生物圈中的生态系统和各种生物，包括人类，都会产生不利的影响。10 多年来，经科学家研究发现：大气中的臭氧每减少 1%，照射到地面的紫外线就增加 2%，人患皮肤癌的概率就增加 3%，还易患白内障、免疫系统缺陷和发育停滞等疾病。臭氧层破坏对植物产生难以确定的影响。近十几年来，人们对 200 多个品种的植物进行了增加紫外照射的实验，其中 2/3 的植物显示出敏感性。一般来说，紫外辐射增加使植物的叶片变小，因而减少捕获阳光的有效面积，对光合作用产生影响。对大豆的研究初步结果表明，紫外辐射会使其更易受杂草和病虫害的损害。臭氧层厚度减少 25%，可使大豆减产 20%~25%。紫外辐射的增加对水生生态系统也有潜在的危险。紫外线的增强还会使城市内的烟雾加剧，使橡胶、塑料等有机材料加速老化，使油漆褪色等。

1987 年，世界主要工业国签署了《关于消耗臭氧层物质的蒙特利尔议定书》，要求逐步停止使用危害臭氧层的化学物质。而且，现在已有更健康的第三代制冷剂出现了，这就是氨。氨是自然存在的物质，由氢和氮元素组成，对环境影响微乎其微。

5. $PM_{2.5}$

$PM_{2.5}$ 是指大气中直径小于或等于 2.5μm 的颗粒物，也称可入肺颗粒物。$PM_{2.5}$ 粒径小，富含大量的有毒、有害物质且在大气中的停留时间长、输送距离远，因而对人体健康和大气环境质量的影响更大。2012 年 2 月，国务院同意发布新修订的《环境空气质量标准》增加了 $PM_{2.5}$ 监测指标。

$PM_{2.5}$ 的主要来源是日常发电、工业生产、汽车尾气排放等过程中经过燃烧而排放的残留物，大多含有重金属等有毒物质。一般而言，粒径 2.5~10μm 的粗颗粒物主要来自道路扬尘、风沙、工农业活动等机械过程，$PM_{2.5}$ 中一次颗粒物(直接排放到大气中的颗粒物)主要来自化石燃料燃烧和生物质燃烧产生的飞灰以及多种无机和有机化合物，如机动车尾气、燃煤、挥发性有机物、森林野火等；PM$_{2.5}$中二次颗粒物(间接生成的颗粒物)的主要来源是大气中的气态物质(二氧化硫、氮氧化物、气态氨以及挥发性有机物等)通过发生化学反应而形成的颗粒物(如硫酸铵颗粒、硝酸铵颗粒、有机化合物颗粒等)。在世界上大多数地区，PM$_{2.5}$的二次来源比例往往高于一次来源。

PM$_{2.5}$除了直接危害人类及动植物健康，还能通过对阳光的吸收和散射效应降低能见度，造成灰霾现象。PM$_{2.5}$降低能见度会影响农作物及其他植物的生长。大气颗粒物主要通过对光的吸收和散射对能见度产生影响。

颗粒物中对光吸收最强的是炭黑。而颗粒物对光的散射作用成为影响能见度、形成灰霾的主要因素。发生光散射(当颗粒物的粒径与光的波长相当时发生的散射)的粒径范围属于PM$_{2.5}$，而光散射对光波长不太敏感，所以在雾霾天气里，天空的颜色呈灰白色。另外，空气湿度大时，颗粒物的含水量高，对光的散射作用就强，此时天空最容易变成雾蒙蒙的。

世界卫生组织发布的报告显示，无论是发达国家还是发展中国家目前大多数城市和农村人口均遭受到颗粒物对健康的影响。高污染城市中的死亡率超出相对清洁城市的15%～20%。据统计在欧洲PM$_{2.5}$每年导致386 000人死亡并使欧盟国家人均期望寿命减少8.6个月。

2005年，世界卫生组织发布的《空气质量准则》对PM$_{2.5}$的年平均浓度和日平均浓度设定了准则值和三个有梯度的过渡时期目标值。准则值的要求最为严格，是根据科学研究所得出的比较理想的、对人体健康危险较小的颗粒物限制标准，一些国家和地区已逐步将PM$_{2.5}$纳入当地的空气质量标准进行强制性限制。

12.1.4 大气污染的防治与治理技术

目前采取大气污染的防护措施主要包括以下几点：

(1) 合理安排工业布局和城镇功能分区。应结合城镇规划，全面考虑工业的合理布局。工业区一般应配置在城市的边缘或郊区，位置应当在当地最大频率风向的下风侧，使得废气吹向居住区的次数最少。居住区不得修建有害工业企业。

(2) 加强绿化。植物除美化环境外，还具有调节气候，阻挡、滤除和吸附灰尘，吸收大气中的有害气体等功能。

(3) 加强对居住区内局部污染源的管理。例如，饭馆、公共浴室等的烟囱、废品堆放处、垃圾箱等均可散发有害气体污染大气，并影响室内空气，卫生部门应与有关部门配合、加强管理。

(4) 控制燃煤污染。①采用原煤脱硫技术，可以除去燃煤中40%～60%的无机硫。优先使用低硫燃料，如含硫较低的低硫煤和天然气等。②改进燃煤技术，减少燃煤过程中二氧化硫和氮氧化物的排放量。例如，液态化燃煤技术是受到各国欢迎的新技术之一。它主要是利用加进石灰石和白云石，与二氧化硫发生反应，生成硫酸钙随灰渣排出。对煤燃烧后形成的烟气在排放到大气之前进行烟气脱硫。③开发新能源，如太阳能、风能、核能、可燃冰等，但是目前技术不够成熟，如果使用会造成新污染，且消耗费用十分高。

(5) 加强工艺措施。①加强工艺过程。采取以无毒或低毒原料代替毒性大的原料。采取闭路循环以减少污染物的排出等。②加强生产管理。防止一切可能排放废气污染大气的情况发生。③综合利用变废为宝。例如，电厂排出的大量煤灰可制成水泥、砖等建筑材料；也可回收氮，制造氮肥等。

(6)区域集中供暖供热设立大的电热厂和供热站,实行区域集中供暖供热。尤其是将热电厂、供热站设在郊外,对于矮烟囱密集、冬天供暖的北方城市来说,这是消除烟尘的十分有效的措施。

(7)交通运输工具废气的治理。减少汽车废气排放,主要是改善发动机的燃烧设计和提高油的燃烧质量,加强交通管理。解决汽车尾气问题一般常采用安装汽车催化转化器,使燃料充分燃烧,减少有害物质的排放。转化器中催化剂用高温多孔陶瓷载体,上涂微细分散的钯和铂,可将 NO_x、碳氢化合物、CO 等转化为氮气、水和二氧化碳等无害物质。另外,也可以开发新型燃料,如甲醇、乙醇等含氧有机物、植物油和气体燃料,降低汽车尾气污染排放量。有效控制私人汽车的发展、扩大地铁的运输范围和能力、使用绿色公共汽车(采用液化石油气和压缩燃气)等环保车辆,也是解决环境污染的有效途径。

(8)烟囱除尘。烟气中二氧化硫控制技术分为干法(以固体粉末或颗粒为吸收剂)和湿法(以液体为吸收剂)两大类。排烟烟囱越高越有利于烟气的扩散和稀释,一般烟囱高度超过100m 效果就已十分明显,但烟囱过高造价急剧上升是不经济的。应当指出这是一种以扩大污染范围为代价减少局部地面污染的办法。

12.2 水污染及防治

水是生命的源泉,是工农业生产的血液,是城市的命脉。水是重要的环境因素之一,是地球上极为宝贵的自然资源。环境污染一般包括对大气、水体和土壤的污染,但水体最重要。大气、土壤的污染物都会通过水循环进入水体,"三废"治理中也以废水治理最重要。

地球上水的总量约有 13.4 亿 km^3,咸水量约占 97.3%,淡水量约占 2.7%。淡水中大部分以两极的冰盖、冰川和深度 750m 以上的地下水的形式存在。实际上可供人类利用的水资源不足 1%,仅是河流、湖泊等地表水和地下水的一部分。河流、湖泊、水库和地下水是可利用的主要淡水资源。世界河流在任何时刻都有大约 2000km^3 的淡水在流动,其中近一半在南美洲,亚洲只有 1/4 左右。

12.2.1 水体污染物

水体污染是指大量的污染物质进入水体,含量超过水体自净化能力,降低水体的使用价值,危害人体健康或破坏生态环境的水质恶化现象。

水的污染有两类,一类是自然污染,另一类是人为污染,两类污染中以后者为主。近几十年来,由于人口、工农业生产和消费的迅速增长,人类社会的用水量也与日俱增。一个工业城市每天从天然水体中取水数百万吨,在使用后溶入和夹带着许多有毒、有害物质以废水的形式排放出来,绝大部分未经处理最后又流入天然水体。此外,工矿废渣和生活垃圾倾倒在水中或岸边,农田施用的农药和化肥等经降雨淋洗也使大量有毒、有害物质流入天然水体中。

污染水质的物质种类繁多,包括有机和无机的有毒物质、需氧污染物、难降解有机物、放射性物质、石油类物质、热污染及病原微生物等。这些物质进入水体后,有些污染物还会互相作用产生新的有害物质。

1. 无机污染物

污染水体的无机污染物包括酸、碱、盐、氰化物，以及悬浮物等。

污染水体的酸类物质的来源有硫化矿物因自然氧化作用产生的酸性矿山排水和各种工业废水。不仅许多化工生产要排出酸性废水，冶金厂、机械厂的酸洗工序也是水体酸污染的污染源。全国冶金、机械等工业企业每年排放的废水中有 100 万 t 以上的硫酸注入天然水体中。造纸、制碱、制革、炼油等工业废水是水体碱污染的重要来源。

水体被酸、碱污染后，pH 会发生变化。当 pH 小于 6.5 或大于 8.5 时，水中微生物的生长受到抑制，降低了水体的自净能力。在酸性水中，水工构筑物、水下设备及船舶被腐蚀。碱性水长期灌田将会使土质盐碱化，农作物减产。

工业废水中常含有大量无机盐类，酸性废水和碱性废水中和后也产生无机盐类。水体中含盐量高，会增大水的渗透压，危害淡水水生动植物的生长，加速土壤盐碱化。

无机污染物中以氰化物的毒性最强。含氰废水来自电镀、焦化、冶金、金属加工、农药、化工等行业。氰化物在水中以简单盐类及金属配合物的形式存在。除铁氰配合物较稳定、毒性较小外，其他氰化物均易产生毒性极大的 CN^-。人体吸收氰化物后，将引起缺氧窒息而亡。

2. 重金属污染物

水体重金属含量是判断水质污染的一个重要指标。

重金属元素很多，污染水体的重金属有汞、镉、铅、铬、钒、钴、铜等，其中以汞的毒性最大，镉次之，铅、铬也有相当大的毒性。非金属砷的毒性与重金属相似，通常把它和重金属一起考虑。

重金属在人类生活及工业生产中应用广泛，水体中的重金属污染物主要来自采矿、冶炼、电镀、化工等工业排放的废水。重金属污染的共同特点是：水中含有微量浓度便有毒性，通常为 $1\sim 10\text{mg}\cdot\text{L}^{-1}$，某些重金属（如汞和镉）甚至在 $0.001\sim 0.01\text{mg}\cdot\text{L}^{-1}$ 也有毒性。重金属不能被微生物降解（分解），且被生物吸收后能长期留在体内而不能排泄出来。当重金属流入水体后，常通过食物链而在生物体内逐渐积累富集，对人类和生物有积累性中毒作用。另外，重金属也能被水中悬浮物吸附后沉入水底，积存在底泥中。所以水体底泥中有时重金属含量较高，污染了水体底泥。对于某些重金属，如汞及无机汞(Ⅱ)或烷基汞等均可在一定条件下转化为剧毒性甲基汞。因此，各种工矿企业，尽管是极微量的含重金属废水的排放，都应引起重视，予以监控。

3. 有机污染物

1) 需氧污染物

造纸废水、城市生活污水和食品等工业废水中含有大量的碳氢化合物、蛋白质、脂肪和木质素等有机物质。这些物质直接排入水体，将被水中微生物分解而消耗水中的 O_2，故常称这些有机物质为耗氧有机物。水体被污染的程度可用溶解氧(DO)、生化需氧量(BOD)、化学需氧量(COD)、总需氧量(TOD)和总有机碳(TOC)等指标来表示。

溶解氧反映水体中存在的氧分子的数量，可以用来反映水体中有机污染物的多少和水受污染的程度。水体中含有大量需氧污染物时，水中溶解氧将急剧下降，因而会危害鱼虾贝蟹等水生物的正常生活；若水体中溶解氧耗尽，这些有机物又会被厌氧微生物分解，产生甲烷、硫化氢、氨等恶臭物质，即发生腐败现象，使水变质。

生化需氧量表示水中有机物被微生物分解所需氧量$(mg·L^{-1})$。化学需氧量表示化学氧化剂氧化废水中有机物时所需要的氧量$(mg·L^{-1})$。生化需氧量或化学需氧量越高，表示水中耗氧的有机物越多，污染就越严重。总需氧量表示有机物全部完全氧化生成 CO_2、H_2O、NO、SO_2 等物质时的需氧量。总有机碳表示水体中所有有机污染物的总含碳量。同样，总需氧量和总有机碳越多，水体中耗氧有机物就越多，水体污染也越严重。

2) 难降解有机污染物

在水中难被微生物分解的有机物称为难降解有机物。没有毒性的难降解有机物对水体的危害并不大，但那些有毒的，特别是有剧毒的难降解有机物则往往能造成严重危害。

有机氯农药、有机磷农药、二对氯苯基三氯乙烷(DDT)、多氯联苯等化合物在水体中很难被微生物分解，而且通过食物链逐步被浓缩并长期留在生物体内形成积累性中毒。

难降解有机物的危害很广，据调查，南极地区虽远离人群，却在企鹅体内检出了DDT，可见DDT的污染通过大气气流和食物链的形式传到了人迹罕至的地方。

3) 石油污染物

近年来，采油和石油化工的飞速发展也带来了石油污染的环境问题，在河口及近海水域最为突出。石油污染主要是由海上采油和运输油船引起的。炼油厂工业废水也会造成石油污染。

石油污染的主要污染物是各种烃类化合物——烷烃、环烷烃和芳烃等。石油污染物数量巨大。据不完全统计，近年来因人类活动排入海洋的石油及制品达 1000 万 t 左右。其中通过河流排入海洋的废油约 500 万 t，船舶的排放和事故溢油约 150 万 t，海底油田泄漏和井喷事故排放约 100 万 t。

石油比水轻又不溶于水，覆盖在水面上形成薄膜层，阻止大气中的氧在水中的溶解，造成水中溶解氧减少，形成恶臭，恶化水质。同时，油膜堵塞鱼的鳃部，使鱼类呼吸困难甚至引起鱼类死亡；或能使海鸟羽毛黏结成块，失去飞翔能力甚至死亡。若以含油污水灌溉农田，也可因油膜黏附在农作物上而使其枯死。

4. 水体"富营养化"

排入水体的生活污水、食品工业废水、农业废弃物、肥料淋洗排水等常含有氮、磷等植物营养元素。若向静止或缓慢流动水域排入过多的植物营养物，将使水生生物大量繁殖、藻类生长加快，耗去水中溶解氧，影响鱼类的生存。严重时湖泊淤塞，湖容减小，甚至老化演变成沼泽、干地。局部海区出现几种高度繁殖密集在一起的藻类，使海水呈现红褐色，发生"赤潮"现象。1998年3月，香港珠江口海域就出现了"赤潮"事件。高原明珠昆明滇池已处于严重的富营养化状态，近年来采用挖弃湖底淤泥等方法进行治理，尚无明显效果。

5. 放射性污染物

大多数水体在自然状态下都有极微量的放射性。随着原子能工业的发展，特别是核电站的发展，以及同位素在医学、工业、冶金等领域中的应用，放射性废水显著增加。污染水体的最危险放射性物质有锶-90、铯-137等。它们的半衰期长，化学性质与组成人体的某些主要元素如钙、钾相似，经水和食物进入人体后，增加人体内的辐射剂量，可引起遗传变异或癌症等。尽管有时放射性物质在水中的含量并不大，但能经水生食物链而富集，所以必须引起人们的重视。

6. 水体的热污染

向水体排放大量温度较高的污水，使水体因温度升高而造成一系列危害，称为水体的热污染。

火力发电厂、核电站及许多工厂的冷却水是水体热污染的主要来源。一般热电厂燃料中约 1/2 的热量流失到冷却水中。一座 10 万 kW 的火力发电厂，每天排出升高了 6~8℃ 的冷却水 60 万 t，这些热水若不采取措施直接排入水体，将使水体的水温上升，溶解氧减少，鱼类的生存受到威胁。热污染还会加速细菌繁殖，助长水草丛生，加速嗜氧微生物对有机物的分解，水中溶解氧越来越少，甚至会发生腐败现象。

12.2.2 水污染的防治

为了防止江、河、湖、海的污染，维护生态平衡，必须对各种工业废水和生活污水进行处理，使其达到国家规定的排放标准，即对返回环境中的工业废水和生活污水进行处理，使污染物总水平与水体的自净能力达到平衡。

治理工业废水的基本原则是：①革新工艺、设备，发展闭路循环，力争消除或减少废水的排放；②大力开展资源综合利用，无论废水中的溶剂（水）或溶质（有害物质），从广义的概念上看都是宝贵的资源，回收溶质可变废为宝，开展水的复用即回收溶剂；③末端无害化处理后达标排放。

污水处理的方法很多，一般可归纳为物理法、物理化学法、化学法和生物法等，各种方法都有其特点和适用条件。一般来说，只用一种方法往往达不到净化要求，必须几种方法联合使用。下面简要介绍几种处理方法的基本原理。

1. 物理法

物理法多用作污水的预处理，如过滤、重力沉降、浮选、离心分离等方法可除去水中的悬浮物质，因为悬浮物往往会影响其他污水处理方法的顺利进行。此外，由于悬浮物大多具有吸附作用，可以将某些溶于水的污染物随悬浮物一起分离出去，因而减轻了后续其他处理过程的负担。

2. 物理化学法

物理化学法包括反渗透法、吸附法及萃取法等。

近年来，反渗透法发展很快，它是利用水分子能通过半透膜，污染物分子不能通过半透膜的原理而将污水净化。目前该法已成功地用来处理某些含重金属离子的污水，所用的半透膜有醋酸纤维、聚砜纤维等。该法净化效果很好，但不适合处理大量污水。

吸附法是利用活性炭、硅藻土等多孔性吸附剂来吸附污水中的有害物质，而使水净化。这个方法对于处理低浓度污水有较高的净化效果，但用来处理浓度较高的污水则成本较高。

萃取法是利用有害物质在水中和在有机溶剂中的溶解度不同，使污水与有机溶剂充分混合，有害物质便从污水中转移到有机溶剂中，然后从溶剂中把它们分离出来。例如，酚可溶于苯、酯、醇、醚等溶剂。利用乙酸丁酯来萃取污水中的酚，可使含酚污水得到净化。

此法适合处理高浓度污水，对于浓度较低的污水则处理费用较高，该法不便用来处理大量污水。

3. 化学法

化学法是利用化学反应去除污染物或改变污染物的性质，以净化污水。常用的方法有中和法、氧化还原法、离子交换法等。

(1) 中和法。中和法的首要目的是调节废水的 pH。酸性废水中常有硫酸、盐酸、乙酸，碱性废水中多数含有氢氧化钠、氢氧化钙。

酸性废水可直接放到碱性废水中进行中和，也可在沉降池中加入石灰、石灰石、大理石、白云石、碳酸钠、氢氧化钠、氧化镁等中和剂。碱性废水的中和通常是向废水中通入烟道气(利用其中的 CO_2)或者加入硫酸、盐酸等。

中和法也是除去水中某些金属离子的有效办法，调节水的 pH 可使某些金属离子生成难溶的氢氧化物沉淀而被除去。此法也称沉淀法。例如，欲除去污水中的铅离子，可投加石灰、电石渣或废碱，使污水中的铅离子生成氢氧化铅沉淀而除去。其反应为

$$Pb^{2+}+CaO+H_2O =\!=\!= Ca^{2+}+Pb(OH)_2\downarrow$$

(2) 氧化还原法。向废水中加入适当的氧化剂或还原剂，使有毒、有害物质被氧化或还原后转变成无毒、低毒或易于分解的新物质，从而达到净化的目的。

常用的氧化剂有空气、液氯、漂白粉。新近发展起来的臭氧氧化法在国际上已引起重视，很有发展前途，因为臭氧的氧化能力特别强，能氧化大部分无机物和很多有机物(如合成洗涤剂等)，而且处理后的废水能进一步进行生物处理。常用的还原剂有铁屑、$FeSO_4$、Na_2SO_3、SO_2 等。

(3) 离子交换法。利用离子交换树脂与污水中有害离子进行交换，从而使污水净化，此法可用来回收有价值的金属离子。处理后的水水质纯净，可以重复使用。

4. 生物法

生物法是利用微生物的作用来处理废水的方法。依照微生物对氧气的要求不同，生物法处理废水也相应区分为好气生物处理与嫌气生物处理。好气法处理有机物比嫌气法处理所需时间要短得多。对污水进行生物处理时，首先要培养和引入适当的微生物品种，同时还需要有氧的供应和较复杂的处理设备。一般处理废水多用好气法，处理污泥则用嫌气法。目前，好气生物处理法主要有生物滤池、氧化塘、活性污泥法等。此法可用来处理多种废水，也适于处理大量污水。但微生物生命活动与其生存环境密切相关，而污水的水量与水质常变化，并有较大的温差变化，都会导致处理效果不稳定。此外，污水中某些有毒物质至今尚无法采用生物法处理。

12.3 土壤污染及防治

土壤是陆地表面能够生长植物的疏松表层，是地球上生物赖以生存、生长及活动的不可缺少的重要物质。土壤由矿物质、有机物(主要是有机物质和土壤微生物)、水分和空气组成，

是固、液、气三相共存的特殊物质系统。土壤与外界物质不断进行着交换循环，也在内部不停地进行着生物、化学和物理变化。从外界进入土壤的物质，在一定限度内能通过这些变化而转化，以维持其正常物质的循环和肥沃的特性，这个限度就是土壤的容量。当进入土壤的污染物质数量和强度超过了这个容量，土壤的特性就会遭到破坏。

12.3.1 土壤的主要污染物

土壤污染指土壤中积累了化学有毒、有害物质，引起对植物生长的危害，或者残留在农作物中进入食物链而危害人体健康的环境现象。因此，凡是能使土壤发生污染现象的物质统称土壤污染物，它来自多种因素。首先，土壤历来被当作工矿废渣、生活垃圾等废物堆积、填塞、散布的场所，许多重金属污染物由此进入土壤。其次，用城市生活污水、工业废水直接灌溉田地。再次，工矿排放的气体污染物（烟尘、重金属气溶胶、SO_2、NO_x）随降尘沉降、雨雪沉降渗入土壤内。最后，过量施用化肥与农药。下面介绍土壤中的主要污染物。

1. 农药

近三四十年来，随着有机合成技术的发展，合成了许多有机杀虫剂、除草剂及各种植物生长助剂。这些物质在带来农业增产的同时，对自然生态系统也造成一定的影响。这类合成的新物质施用于农田、果园之后，总会有一部分残留在植物表面直接或间接地进入土壤之中。

进入土壤的农药首先被土壤吸附，后又被植物吸收，或在土壤中进行迁移和降解。土壤中农药大体可发生4种变化：①经紫外光照射而分解；②与土壤有机物质结合；③受生物酶而降解；④通过食物链进行生物迁移和浓缩。

2. 重金属

污染土壤的重金属主要来自大气、污水、废渣。重金属进入土壤后可以呈可溶态或以不溶性颗粒存在，这与土壤溶液的pH和氧化还原性有关。土壤中其他物质进入也会改变重金属在土壤中的存在形式。通常重金属的硫化物、氢氧化物、碳酸盐、磷酸盐的溶度积较小，重金属离子在土壤中常以上述化合物的沉淀形式存在。

土壤中重金属污染较为复杂，因为土壤本身含有一定量的重金属元素，其中很多是作物生长所需要的微量营养元素，如锰、铜、锌等。因此，只有当进入土壤中的重金属元素积累的浓度超过了作物需要和可忍受的程度而表现出受害的症状，或者作物生长虽未受害，但从土壤吸收并积累在产品中的某种金属含量超过卫生标准造成对人畜危害时，才认为土壤已被重金属污染。

3. 有机物

污染土壤的有机物主要有洗涤剂、多氯联苯、酚和油等。它们在土壤中的积累、分解情况与农药相似（极难降解）。随着生产、生活的发展，这类污染物品种也日益增多。农田用污水灌溉时，给土壤带来极大的污染，如炼焦厂废水中含酚量较高，以其浇灌时，植物生长会受到严重影响。近年来，由于石油开采及其制品在使用过程中的泄漏，土壤的石油污染也日益加剧。

4. 垃圾和其他废弃物

生活垃圾及生产废弃物是造成土壤污染的重要原因。利用自然资源时，要对矿物进行开采、冶炼和加工，这会破坏土地，并产生废渣和废料。无论是何种来源的固体废弃物，必然堆积在土地上，随着自然的扩散及雨淋漏失，其中的可溶性物质、可悬浮的物质及可逸散于周围大气的各种物质均将进入土壤，造成土壤的污染。以这种来源进入土壤的污染物质，从无机的酸、碱、盐、重金属化合物，有机的天然和合成化合物，到细菌、病毒，因地而异，形形色色，难以尽数，其危害情况也无法估计。

5. 化肥

化肥已成为现代农业的必需品，它的好处很多，但如果使用不当也可带来一系列问题。在化肥中除了植物必需的氮、磷、钾外，其分子中必然还含有植物不需要的其他元素，可以看成痕量污染物。这些元素有许多是相对不易移动的，实际上土壤起了浓缩器的作用。肥料年复一年地施于土壤中，则使这些无用元素在植物根部附近的浓度达到可能损害植物生长的程度，若动物吃了这种植物，也要发生病害。因此，选用化肥时必须考虑其综合效果。大量使用农家肥料对改良土壤保护生态环境是有一定好处的。

12.3.2 土壤污染的防治

遭受污染后的土壤治理是十分困难的，对土壤的保护应以防止污染为主。对已遭受污染土壤的治理，依具体情况而采用不同的方法。

1. 从土壤中除去污染物

对受重金属、农药严重污染的土壤，可采用灌溉稀释及洗毒法，使有毒物质转移于较深土层中，以减少表土中毒物的浓度，或者将含毒的水排到田地之外。这时应注意将毒水排入一定的储水池中，进行净化处理，尽量防止直接排入河、湖或地下水中，以免污染物进一步扩散。

2. 降低污染物对植物的污染

当土壤被重金属污染时，如不易将其从土壤中去除，为了减少植物对它们的吸收，可通过一定的办法来降低它们对植物的有效毒性。例如，向土壤中多施有机肥料（如绿肥），以增加土壤中的有机质，有机质与重金属元素结合，形成不易溶解的配合物，就可减少植物的吸收。又如，控制并调节土壤的 pH，也可降低重金属元素的有效性。对于酸性土壤，当使用石灰提高土壤的 pH 至 6.5 以上时，可以显著减少铬、铜、锰、铅、锌和镍等被植物吸收。

土壤的污染主要来自各种工业的废水、废渣。因此，各种工业必须积极改进工艺，尽量减少废水、废渣等污染物的排放量，采用无公害工艺，保证废水达标排放，废渣进行无害化处理，以免土壤及整个环境受到污染。另外，在农林业生产中要对土地合理使用，积极发展高效、低毒、低残留的农药及化肥，积极推广使用生物肥料及生物农药等。

习 题

1. 什么是环境？人类与环境之间是什么关系？
2. 什么是环境污染？
3. 计算干洁空气中 N_2、O_2、Ar 和 CO_2 气体的质量分数。
4. 大气层的结构、主要污染物是什么？
5. 简述大气污染防治的意义。
6. 水体的主要污染物有哪些？
7. (1) 有人提出将 FeS(s) 加入废水中，使废水中的 Cd^{2+}、Cu^{2+} 分别生成 CdS、CuS 沉淀除去，可否？道理何在？
   (2) 废水中的 Mn^{2+} 可否用上法除去？
8. 水中有机物污染主要包括哪些内容？
9. 请思考如何保护水资源，并简要介绍一些保护措施。
10. 简述土壤的主要污染物及典型污染物对环境的危害作用。

第 13 章　化学与能源

能源是指可以为人类提供能量的自然资源，它是国民经济发展和人类生活所必需的重要物质基础。目前，能源、材料、信息被称为现代社会繁荣和发展的三大支柱，是人类文明进步的先决条件，能源消费水平的高低是衡量一个国家经济技术发展水平的重要标志。

13.1　能　源　概　述

13.1.1　能源的分类

能源的分类比较复杂，通常根据其形成条件、生产周期、使用性能和利用技术状况进行分类。一般把存在于自然界中可直接利用其能量的能源称为一次能源，把需要由一次能源经过加工(不限一次转化过程)而取得的能源称为二次能源。在一次能源中，不随人类的利用而显著减少的能源称为再生能源，随着人类的利用而减少的能源称为非再生能源。已经大规模生产和广泛利用的能源称为常规能源，也称传统能源。新能源是指在新技术基础上加以开发利用的能源，如太阳能、生物质能、风能、地热能、海洋能及氢能等(表13-1)。

表 13-1　能源的分类

类别		常规能源	新能源
一次能源	非再生能源	原煤、石油、天然气、油页岩	
	再生能源	水能、核能	太阳能、生物质能、风能、地热能、海洋能
二次能源		电力、汽油、焦炭、煤气、水蒸气	氢能

13.1.2　能源利用概况

人们最初使用从自然界直接获取的物质(如木柴)作为主要能源，直到18世纪60年代，从英国工业革命开始，世界能源结构才发生了第一次大转变，煤炭成为能源主力。继英国之后，美国、德国、法国、苏联和日本都在工业革命的同时，迅速兴起了近代煤炭工业。从1860年到1920年，世界煤产量由1.36亿t标准煤增到12.5亿t标准煤，增加了8.2倍。1920年，煤炭占世界能源构成的87%，煤炭作为资本主义工业化的动力基础，使上述国家实现工业化。

20世纪初，石油在能源消费结构中才刚开始起步，也迎来了世界能源结构的第二次大转变，到70年代，石油和天然气已成为主要能源，几乎占50%。目前，世界上绝大多数国家的能源都是以油、气为主。但是，以石油为主的化石能源是有限的，是不可再生的。更重要的是，随着社会的发展、科学技术的进步，人类社会从农业经济、工业经济开始进入知识经济时代。高新技术形成了新的生产体系，使得世界能源结构开始经历第三次大转变，即从油、气为主的能源系统,转向以可再生能源为主的持久能源系统。

我国的能源资源总量居世界第三位,已探明的煤炭储量为10 229亿t,可开采储量856亿t,石油的资源量为888亿t,天然气的资源量为$39\times10^{12} m^3$,水力的可开发装机容量为3.78亿kW,居世界首位。可再生能源资源丰富,可开发风能资源2.5亿kW,地热资源相当于标准煤3.2亿t。新中国成立以后,特别是改革开始以来,我国的能源工业获得飞速发展。但由于我国人口众多,人均能源资源占有量不到世界平均水平的一半,石油仅为1/10,致使人均能源资源相对不足,人均能源消费量低下,同时能源结构极不合理。我国一直是以煤炭为主要能源,能源消费结构中煤炭占77.5%,石油占9.4%,天然气占3.8%,其他(水电、核电、风电)占9.3%。而同期发达国家燃煤约为22%,其余78%是石油、天然气、核电和水电等高效、清洁、方便的能源。大量煤炭的开发和低效率使用,严重损害可持续发展的资源和环境基础,因此我国的能源形势是严峻的。

当代能源开发利用的趋势是:

(1) 限制并有计划地开采石油和天然气,使它们得到更加合理的利用。扩大煤的开采、使用,特别是煤炭的气化和液化,将煤炭转变为优质的气体或液体燃料,提高煤炭利用率。积极发展洁净煤技术,使能源与环境协调发展。

(2) 发展原子能。原子能的发现和利用,使人类在能源利用的历史上跨入了一个新时期。到1995年年底,全世界已经投入使用和在建的核电站共476座。有些国家核电已成为主要能源,核电量占世界总发电量的20%。我国已建成浙江秦山核电站、广东大亚湾核电站等6座核电站,新的核机组也正在建设之中。随着核能的和平利用,原子能发电将得到迅速发展。

(3) 加速开发利用新能源。新能源包括太阳能、地热能、风能、氢能、新型化学电源和生物质能等。新能源一般可以再生,取之不尽,用之不竭,它们是人类未来能源的希望。

(4) 节流。尽管各个国家情况不同,但解决能源问题的出路只有两条:开源和节流。这也是我国能源建设的总方针。节约能源具有重大的经济价值和巨大的潜力。"节流"被誉为与石油和天然气、煤炭、水电、核能并列的第五大能源。

13.2 常规能源——煤、石油和天然气

煤、石油和天然气是远古时代的海洋或湖泊中,动植物遗体在地下经过漫长复杂的变化而形成的可燃性液体、气体和固体物质,它们通常蕴藏在地下,要通过挖掘或钻井进行开采。它们可以以原始状态,也可以精制产品经燃烧而产生能量。因此,人们称其为化石燃料,也称生物化石燃料或矿物燃料。

13.2.1 煤

煤是世界上储存量最丰富的燃料之一,现已查明世界煤的总储量约为136 093亿t,探明储量10 391亿t。我国是世界上最早利用煤的国家,截至2011年,中国是世界上煤炭产量最大的国家,煤炭产量32.4亿t,相当于18.004亿t油当量,占世界产量比例高达48.3%;其次是美国,占世界产量比例为14.8%;排名第三的是澳大利亚,占世界产量比例为6.3%;印度和印度尼西亚则分别排名第四和第五,占世界产量比例分别是5.8%和5.0%。

1. 煤的分类和组成

煤的分类方法很多，通常根据煤的干燥无灰基挥发分(V_{daf})，并参考发热量、水分、灰分的含量来进行分类，一般分成如下四类。

(1) 无烟煤：挥发分含量低，一般 $V \leqslant 10\%$，含碳质量分数很高，最高可达 0.95，发热量高。

(2) 烟煤：挥发分含量高且变化范围大，一般 V 为 $10\% \sim 45\%$，炭化程度低于无烟煤，发热量也较高。其表面呈乌黑色，质松软，易结焦，可供炼焦工业用，故又称炼焦煤。

(3) 褐煤：挥发分含量较高，V 为 $40\% \sim 50\%$，呈褐色，质脆，易风化，故不易长途运输。

(4) 泥煤：泥煤为棕褐色，炭化程度最低，在结构上还保留有植物遗体的痕迹。它质地疏松、吸水性很强，一般含水分 40% 以上，碳的质量分数低于 70%，工业价值不大，可用作锅炉燃料和气化原料。

煤的化学组成相当复杂，除 C、H、O、N、S 等元素外，还含有 Ca、Al、Mg、Fe、Cu、Na、K 等多种元素，这些金属元素常以硫酸盐、碳酸盐、硅酸盐、硫化物、氧化物等形式存在于煤矿石中。燃烧时这些成分变成灰分进入环境中，不仅十分浪费，而且污染环境。碳是煤中主要的可燃成分。煤的炭化程度越高，其含碳量也越多，燃烧时发热值也越高。发热值是评价煤质优劣的主要指标。通常把 1kg 煤完全燃烧后放出的总热量称为煤的发热值，也称热值或发热量。发热值越高的煤，作为能源其质量、品位就越高。

在三类化石能源中，只有煤属于固体能源，它有其固有的局限和缺点。其发热值比石油、天然气低得多，利用效率低。通常的采煤方法，开采率也很低，仅 60% 左右，而且煤的运输远比石油、天然气困难，给交通运输造成巨大的压力和负担。尽管石油和天然气的发热值比煤高得多，开采和输送也比较方便，但目前世界上石油和天然气的储量有限，按目前的开采速度，几十年后即将枯竭，而煤的储量还可供几百年使用，因而在今后一段时间里，煤仍将是一种重要的能源。因此，如何使煤加工转化为优质气体或液体燃料，以克服煤的固有缺点，提高煤的有效利用率，是十分有意义的研究课题。

2. 洁净煤技术

洁净煤技术(clean coal technology，CCT)是指在煤炭开发和利用过程中，旨在减少污染和提高效率的煤炭加工、燃烧、转化和减轻污染等一系列新技术的总称。美国于 1986 年率先提出洁净煤技术，此后洁净煤技术引起了国际社会普遍重视，目前已成为世界各国解决能源与环境问题的主导技术之一。

我国是产煤大国，也是耗煤大国，洁净煤技术对我国更具有重要的战略意义。我国洁净煤技术发展领域包括高效、低污染地开发和利用煤炭的全过程，主要包括以下几个技术领域。

(1) 煤炭利用前净化技术：洗选、型煤、水煤浆。

(2) 煤炭洁净燃烧：循环流化床燃烧、先进燃烧器、燃煤联合循环发电技术。

(3) 煤炭转化：煤炭气化、煤炭液化、燃料电池。

(4) 污染控制与废气物管理：烟气净化、煤层气开发利用、煤矸石和粉煤灰综合利用。

下面着重介绍煤炭的转化技术。煤炭的转化是指用化学(或物理化学)方法将煤炭转化为洁净的气体(或液体)燃料或化工原料，是实现煤炭高效洁净利用的重要途径。

1) 煤的气化

使煤在氧气不足的条件下进行部分氧化，煤中的有机物转化为可燃气体，以气体燃料的方式经管道输送到车间、实验室和千家万户，也可以作为原料气体送进反应塔。煤的气化通常是在煤气发生炉中进行，过程中涉及以下基本化学反应：

化学反应	$\Delta_r H/(\text{kJ}\cdot\text{mol}^{-1})$	特征
① $C(s) + O_2(g) = CO_2(g)$	−393.5	完全燃烧
② $2C(s) + O_2(g) = 2CO(g)$	−110.5	不完全燃烧
③ $C(s) + CO_2(g) = 2CO(g)$	+172.5	还原反应
④ $C(s) + H_2O(g) = CO(g) + H_2(g)$	+131.3	水煤气的生成
⑤ $C(s) + 2H_2(g) = CH_4(g)$	−75	甲烷的生成
⑥ $2CO(g) + 2H_2(g) = CH_4(g) + CO_2(g)$	−247.5	甲烷的生成
⑦ $CO_2(g) + 4H_2(g) = CH_4(g) + 2H_2O(g)$	−165	甲烷的生成

其中反应①和④是制取水煤气的重要反应。将空气通过装有灼热焦炭的塔柱，发生放热反应①，放出的大量热可使焦炭的温度上升到约1500℃。切断空气，将水蒸气通过热焦炭，发生反应④，生成水煤气。由于反应④吸热，焦炭的温度将逐渐降低，因此这一方法需要间歇操作。根据煤气的用途不同，可通过调节煤和空气、水和空气的比例，改进气化炉结构，控制反应温度和压力等条件，以达到强化所需的反应、抑制不需要的反应的目的。

煤的气化还可分为地上气化和地下气化。简单地说，煤的地下气化技术是将气化剂直接通入煤层中，使煤在地下燃烧，经过热分解、氧化、还原等过程，生成含有甲烷、氢和一氧化碳的煤气，这类煤气的发热值一般为 $2.09\times10^3 \sim 1.05\times10^4 \text{ kJ}\cdot\text{m}^{-3}$。煤的地下气化既可以提高煤的利用率，又可以减轻工人的繁重劳动，避免井下采煤的危险。煤的地下气化经过几十年的研究，从技术上和规模上都有所进展，但要实现工业化生产，提供质量、产量都稳定的煤气还需克服许多技术上的难关，其中最关键的是要能够控制地下煤层的燃烧过程。随着现代科学技术的发展，特别是电子计算机的使用，给煤的地下气化研究提供了新的方法和手段。

煤气的主要用途有三方面：①用作燃料，广泛应用于钢铁、冶金、化工及商业、服务业和城市生活燃气；②用作化工原料，或作为煤液化的原料；③用于煤气化联合循环发电。煤气不仅输送和使用十分方便，而且比直接烧煤的热效率提高一倍多，并且大大降低了对环境的污染。由直接烧煤，发展到用煤制煤气，再烧煤气，这是能源技术发展中的一大进步。

2) 煤的液化

煤和石油的主要差别在于其组成的氢和碳的比例及相对分子质量不同，通常煤的氢碳(质量)比仅为石油的1/2，相对分子质量大约是石油的10倍或更高。因此，煤炭液化就是在一定的条件下，通过复杂的化学反应，使煤增加氢碳比，降低相对分子质量，由固态的煤转化为液体产物。要实现这一目的，目前有直接液化和间接液化两类方法。

直接液化是将煤粉与重质油(又称煤焦油)、催化剂混合成浆状物，在温度为673~773K，压力为12~30MPa下，直接加氢生成重质液体燃料。一般2~3t煤粉就可以得到1t液化油。间接液化是先使煤气化得到CO和 H_2 等气体小分子，然后在一定的温度、压力和催化剂的作用下合成液体燃料的方法。该法可制得汽油、柴油和液化石油气，但目前成本还偏高。

3) 煤的焦化

煤的焦化也称煤的干馏。这是把煤置于隔绝空气的密闭炼焦炉内加热，煤分解生成固态的焦炭、液态的煤焦油和气态的焦炉气。随干馏温度不同而得到不同的干馏产品。低温(500～600℃)干馏所得焦炭的数量和质量都较差，但焦油产率较高，其中所含轻油部分经过加氢可以制成汽油。中温(750～800℃)干馏的主要产品是城市煤气，而高温(1000～1100℃)干馏的主要产品则是焦炭。

13.2.2 石油和天然气

1. 石油

石油又称原油，是多种碳氢化合物的混合物，主要是烷烃、环烷烃、芳香烃和烯烃，以及少量的有机硫化物、有机氧化物、有机氮化物、水分和矿物质等。根据石油中所含碳氢化合物的种类不同，可将石油分为以下四大类。

(1) 石蜡基石油：这种油含烷烃(C_nH_{2n+2})较多，在沸点馏分中含石蜡较多。加工石蜡基石油，可以得到黏度较高的润滑油，我国大庆石油就属于这种类型。

(2) 烯基石油：含烯烃(C_nH_{2n})较多，含石蜡较少，有利于炼制柴油和润滑油，但汽油产量不高。

(3) 中间基石油：这种石油介于(1)和(2)两种类型之间，烷烃和烯烃各占一半左右。

(4) 芳香基石油：这类石油含芳香烃(C_nH_{2n-6})较多，石油组分内有双键，故化学活泼性较强，容易加氢和发生取代反应转化成为其他产品。

石油既是一种优良的燃料，也是重要的化工原料。利用石油的各种组分沸点不同，可通过分馏、精馏将不同组分分组、分离、提纯。其中，低沸点成分(挥发性组分)主要是含碳原子数很少的烃类，如乙烯、丙烯、丁烯、低碳烷等，都是极有价值的基本化工原料，可用于制造合成纤维、合成橡胶及塑料、树脂等许多重要产品。因此，若把石油直接作为燃料烧掉是十分可惜的。通常，开采出来的原油先要通过炼制，提取了各种有用的低碳烃类后，再分离加工成航空油、汽油、煤油、柴油等燃料油，以及润滑油、石蜡、沥青等以供不同的应用。但天然石油中含有的低碳成分不多，远不能满足实际需要，因此人们研究开发了石油的催化裂化技术，即在适当的催化剂作用下，使石油中含碳原子数较多的长链分子发生碳碳键的断裂，裂解为含碳原子数较少的短链分子，使其成为化学工业的基本原料。经过催化裂解，可使原油中轻质油含量增加到80%以上，降低汽油燃烧时的爆震程度。加氢催化裂解还可使高凝固点的汽油转化为低凝固点的航空汽油。对石油的深加工，不仅使石油的利用价值提高了成千上万倍，而且大大提高了石油作为能源的有效利用率。

2. 天然气

天然气是一种优质的气体燃料和重要的化工原料。其主要成分是甲烷，还有少量的乙烷和其他碳氢化合物。常温下加压可使其转化为液体，得到液化天然气，可替代汽油作为汽车燃料。此外，天然气还可望用作燃料电池的燃料，直接转化为电能。天然气的发热值与城市煤气相当，比燃煤要高得多。更令人感兴趣的是：天然气与煤炭、石油相比，含碳量较少，因而燃烧后排放的二氧化碳相应较少，并且废气中其他有害物质也大大降低。燃烧天然气排放的废气只是燃烧煤炭排放废气量的40%左右(按得到同样的能量比较)。随着环保呼声日益高涨，天然气的利用将更被看重。我国天然气储量也很丰富，而对天然气的开发利用还相对落后。今后肯定要大力加强天然气的开发利用，使天然气在我国的能源结构中的比例不断增加。

13.3 新 能 源

煤、石油、天然气等化石燃料都是非再生能源，它们的储量是有限的。随着传统能源日趋枯竭，以及大量燃烧化石燃料造成严重的环境问题，人们以极大的紧迫性去开发新的能源。而现代科学技术的飞速进步也为人类寻找、开发、利用新能源提供了必要的基础，大大促进了新能源的开发。新能源通常是指太阳能、氢能、地热能、海洋能、风能等。

13.3.1 太阳能

太阳能是一种清洁又极为丰富的能源，取之不尽，用之不竭。地球每年所接受的太阳能至少为 6×10^{17} kw·h，相当于74万亿t标准煤的能量。如此巨大的能量，被人类利用的潜力是相当大的，开发利用太阳能是21世纪人类共同的目标。

太阳能的本质是核聚变能。太阳上存在的元素地球上都有，其中氢占元素总量的一半以上，氦约占40%。太阳上存在的核聚变反应有许多种，其中最主要反应为

$$4{}_{1}^{1}\text{H} \longrightarrow {}_{2}^{4}\text{He} + 2{}_{-1}^{0}\text{e}^{-}$$

此过程质量亏损约为0.026 52g，释放出的核能约为 2.39×10^{9} kJ·mol^{-1}。由于太阳内每秒有6亿t氢参加聚变反应而生成氦核，故释放出来的核能足以使太阳保持很高的温度。只要能利用它的很少一部分就可满足目前世界上的能量需求。

目前，对太阳能的利用主要是对热和光的开发利用，太阳能的利用方式主要有光-热转换和光-电转换。用以收集太阳辐射能的部件称为集热器，太阳能的热利用是通过集热器进行光-热转化的。目前直接利用太阳能最普遍的方式就是用平板集热器加热水，以提供工业或生活用热水、采暖等。太阳能也可通过光电池直接转变成电能，这就是太阳能电池。太阳能电池有多种，根据其构成的半导体材料不同，主要有硅电池、硫化镉电池、砷化镓电池等。太阳能电池的制造工序较复杂，制造成本高而且受到半导体材料供应的限制。目前太阳能电池仍局限在1kW之内。随着太阳能电池制造技术的改进，光-电转换将是利用太阳能较为切实的方式。因为它既可做小型电源使用，又可建成大面积、大功率的太阳能电站，特别是在沙漠、高山、海岛等地建设太阳能电站更为合适。这必将为人类大规模地利用太阳能开辟道路。

13.3.2 氢能

由于氢能燃烧无烟无尘，只生成水，因此氢是人们长期以来梦寐以求的理想的清洁二次能源。氢的质量轻，常温下密度为89.88g·m^{-3}、液态氢密度为70.6kg·m^{-3}(20K)、固态为70.8kg·m^{-3}(11K)，比任何液态、固态燃料都轻，发热值高(12116.3kJ·m^{-3})。氢用作航空航天等运输工具的高能燃料，可大大提高载荷能力。液态氢的冷却性能好，是一般喷气发动机燃料冷却性能的30倍，因而特别适合作火箭和远航飞机的燃料。

氢的点火能量低、燃烧速度快，无论在空气还是在氧气中均易着火燃烧，特别适应高速气流中点火。氢的火焰传播速度比任何可燃性气体的火焰传播速度都快，只要氧化剂和氢的配比适当，燃烧就很完全。制氢的原料丰富，最广泛的原料是水，水在地球上储量极大，而且氢在燃烧时又生成水，因此制氢的原料是取之不尽，用之不竭的，不像煤、石油、天然气那样有储量的限制，且使用氢能对环境无污染，可见氢作为能源具有许多优越性。但现在氢还不能作为一般能源使用，主要是制氢的成本比较高。

目前制氢的方法很多。水煤气法是利用水蒸气通过炽热的焦煤而得到一氧化碳和氢的混合气，即水煤气，然后通过水洗和冷却的方法把氢分离出来，或者是水煤气与水蒸气混合，以氧化铁为催化剂，产生氢气。利用甲烷和水蒸气在 800℃ 的温度下反应也能够制取氢。

电解水制氢是大家所熟悉的，电解水所需要的能量由电能供给。电解法制氢，效率低，投资和运行费用高，生产 1kg 氢需耗电 57 kW·h，比用天然气制氢的成本要高 2～3 倍。为了提高电解法制氢的效率，除了在水中加入 10%～15% 的 KOH 或 NaOH 之外，一般都在较高的温度和压力下进行。

水的热化学分解制氢，即通过外加高温使水达到化学分解，是一种正在开发中的制氢方法。这方法的特点是利用核电站的热量，总的效率比较高。本来水的直接热分解要在 2500℃ 的高温条件下才能进行。为了利用核电站的热量，开发了热化学分解，其反应温度在 1000℃ 以下，在水中加入某些化学物质，使之与水发生反应，分解出氢气。1986年，日本成功地开发出世界上第一套连续制氢装置，投资少，热效率约为 30%，从总成本看是有足够竞争力的。

目前认为最有前途的是光分解法制氢，它是基于太阳光在一定条件下被水分子吸收，当水分子吸收的能量达到 285.9kJ·mol^{-1} 时，就分解释放出氢，这一过程称为光分解制氢。太阳光中并非所有的光都能使水分子分解，只有太阳辐射光谱中波长为 0.4μm 以下的紫外光才能使水分子实现光分解。太阳光到达地面时紫外线已很少，需要加入催化剂才能利用到达地面的太阳光进行水的光分解。现在已发现了几种催化剂，这些光催化剂吸收太阳辐射之后，将能量传给水分子从而使水分子释放出氢，目前效率还很低，但科学家认为这种方法潜在的效率是很高的。

13.3.3 地热能

地热能是利用地下热蒸汽通过汽轮机-发电机组发电，其发电的基本原理与一般的蒸汽发电大致相同。地下热蒸汽是地下水在某种地质条件下受地热的作用而产生的：作为热源的岩浆侵入地壳某处并加热不透水的晶形岩层，使其上的地下水升温到 270℃ 左右，但由于顶岩封盖压力很高，所以蒸汽仍处于液体状态，需要打井才能喷出地面。

大多数科学家认为是地球内部放射性元素发生放射性衰变而释放出来的原子能。研究证明：凡是原子序数在 84 以上的重原子核都容易发生放射性衰变。放射性衰变释放出来的核能比核裂变、核聚变反应放出的能量要小得多，但是比化学反应要大几十万倍。例如，1g 镭发生放射性衰变，所释放出来的核能就达 2.1×10^{6}kJ 以上，这相当于 1g 镭与氯化合生成氯化镭时放出的化学能的 50 万倍。地球内部各种放射性元素不断地进行放射性衰变，从而使地球内部保持很高的温度。

据估计，在地壳表面 3km 以内，可利用地热能约为 8.4×10^{20}J (接近全世界煤储量的含热量)。按 10% 的转换率计，相当于 50 年内 5800 万 kW 的发电量。截至 2001 年年底，全世界地热发电站约有 300 座,总装机容量接近 1×10^4MW,分布在 20 多个国家,其中美国占 40%。

我国地热资源比较丰富,全国的地下热水点有 2500 多处,其中 80℃以上的有 600 多处,遍及全国各省、市、自治区。但我国利用地热发电还刚刚起步,近年来一些地方只是利用地下热水建立小型发电站取得成功,这是地热能利用的一个良好开端。

13.3.4 风能

风能是太阳能的一种转换形式,地球接受到的太阳辐射能约有 20%被转换成风能。地球上近地层的风能总量约 1.3 万亿 kW,全球可利用的风能约为 200 亿 kW。这是一个巨大的潜在能源宝库。如果风能能够利用,就将大大缓解当前世界能源问题。

风能的利用是通过风力机将风能转变成机械旋转的动能,目前主要用于发电和提水。我国是世界上最早利用风能的国家之一。在新疆、辽宁、甘肃等多个省区建有风力发电厂。根据世界风能协会公布的最新数据显示,截至 2011 年年末,全球风力发电总量已经达到 2 亿 3800 万 kW,近 10 年间增加了 10 倍。按国家排名来看,风力发电总量排在首位的是中国,达 6273 万 kW;第 2、3 位分别是美国(4691 万 kW)、德国(2991 万 kW);日本以 250 万 kW 排在第 13 位。

13.3.5 可燃冰——天然气水合物

天然气水合物是一种由水分子和碳氢气体分子组成的结晶状固态简单化合物。天然气水合物外形如冰雪状,通常呈白色,其主要成分是甲烷与水分子($CH_4 \cdot H_2O$),甲烷占 80%~99.9%,可以直接点燃,因此又称之为"可燃冰"、"易燃冰"、"气冰"或"固体瓦斯"。填充甲烷的 $1m^3$ 的可燃冰可转化为 $164m^3$ 的天然气和 $0.8m^3$ 的水,其能量密度是煤和黑色页岩的 10 倍左右,而且在燃烧以后几乎不产生任何残渣或废弃物,污染比煤、石油、天然气等要小得多,是一种能量密度高的能源。

可燃冰大多存在于大陆架、海沟斜面等处。在我国东海的南海海沟最先发现可燃冰。这一地区可燃冰中的甲烷含量估计达 $77\times10^6 m^3$。此外,在美国西海岸的俄勒冈沿海、中美洲的哥斯达黎加沿海、美国东海岸的北卡罗来纳沿海,都已确证存在可燃冰。太平洋及加勒比海沿岸、挪威海附近的北大西洋、白令海、鄂霍茨克海、非洲西南部沿海、印度沿海都可能存在可燃冰。据此推测,全世界海底可燃冰的蕴藏量达 $1\times10^{25}\sim5\times10^{26} m^3$,其中甲烷的含量,按最保守的估计可供全世界使用 5~200 年。

天然气水合物的开采方法主要有热激化法、减压法和注入剂法三种。开发的最大难点是保证井底稳定,使甲烷气不泄漏、不引发温室效应。天然气水合物矿藏的最终确定必须通过钻探,其难度比常规海上油气钻探要大得多,一方面是水太深,另一方面由于天然气水合物遇减压会迅速分解,极易造成井喷。因此,研究天然气水合物的钻采方法已迫在眉睫,尽快开展室内外天然气水合物分解、合成方法和钻采方法的研究工作刻不容缓,天然气水合物研究的未来仍面临着挑战。由此可见,可燃冰带给人类的不仅是新的希望,同样也有新的困难,只有合理的、科学的开发和利用,可燃冰才能真正为人类造福。

13.3.6 生物质能

生物质能是绿色植物经过光合作用，将太阳能转化为化学能储藏在生物体内的能量。全世界的生物质如薪材、稻壳、秸秆、木屑、树叶等资源相当丰富，据估计世界上陆上生物质年产量为 1200 亿 t 干物质，其热量总值相当于全球人类目前年总能耗量的 5 倍多。我国是农业大国，生物质能资源丰富，生物质能占农村总能源的近 70%，占全国总能耗的近 1/4。但目前大多处于低效利用方式，大部分直接燃烧，其利用率仅为 10%~20%，既浪费了资源又污染了环境。因此，必须改变传统的用能方式，利用生物质能转化技术提高能量利用率。

生物质发酵制取沼气是一种有效的生物质能转换方式。沼气是各种有机物质在一定温度、湿度、酸碱度和隔绝空气的条件下，经微生物分解与发酵作用，产生一种可燃性气体，主要成分是 CH_4，作为燃料不仅发热值高而且干净。发酵的残余物还可综合利用，作为肥料、饲料等。小型沼气池作为家用能源，中型、大型沼气池不仅可用于发电，还可处理城市垃圾。利用生物质能发电是当今电源结构变化的新动向之一，美国、日本已建成相当数量的生物质能发电厂提供能源，生物质能发电在我国目前是小规模利用。可以预计，未来的生物质能发电将会得到巨大的发展，生物质能不仅降低了环境污染，保护了环境，而且开辟了新的能源，提高了能源利用率，是大有前途的新能源。

习　题

1. 什么是能源？什么是一次能源？什么是二次能源？什么是可再生能源？
2. 能源在国民经济建设中的作用是什么？我国的能源方针是什么？我国能源消费结构与国际相比有何特点？
3. 什么是化石能源？化石能源主要包括哪些？
4. 写出煤气化过程的主要反应方程式，说明水煤气和合成天然煤气的主要化学成分各是什么。
5. 什么是新能源？为什么要寻求和开发新能源？试列举某些重要的新能源。
6. 试述太阳能利用的现状及其前景。
7. 氢能具有哪些优点？为什么说氢能是未来最佳的清洁能源？
8. 结合实际谈谈你所感兴趣的新能源。

第 14 章　化学与材料

材料是指经过某种加工后具有一定组分、结构和性能，适合于某种或某些用途的物质，它是人类生活和生产活动的重要物质基础，信息、材料和能源一样是当代文明的三大支柱。新的科学技术的发展和实现，需要崭新的材料来支持；新技术的发展又支撑着具有前所未有性能的材料的诞生，二者相互支持，共同发展。

14.1　材料概述

14.1.1　材料的发展过程

人类从诞生之始，就开始了对材料的认识和利用，材料标志着人类社会的发展历程。对材料的认识和利用的能力，决定着社会的形态和人类生活的质量。历史学家也把材料及其器具作为划分时代的标志，如石器时代、青铜器时代、铁器时代、高分子材料时代。

原始人利用天然材料，如石块、竹、木、骨等作为渔猎工具维持生计。使用天然材料的阶段，根据是否对石器进行加工，分为旧石器时代和新石器时代，到了新石器时代后期，我国的先祖人类在世界上首次发明了钻木取火技术。除了使用火来取暖、熟食和驱兽外，人类借助火发明了将黏土烧结制成陶器的制陶技术，陶制材料的发明和使用创造了新石器时期的仰韶文化。在制陶技术的发展过程中，人类又发明了瓷器，形成了陶瓷材料发展的一次飞跃。

人类在寻找石器过程中认识了矿石，利用在反复摸索制陶材料和烧结温度的基础上熟练掌握的高温加工技术，开创了冶金技术。公元前 5000 年，人类进入青铜器时代。公元前 1200 年，人类开始使用铸铁，从而进入了铁器时代。以铁质材料制造的农具可以大大地提高农业生产力，由此推动了以农业为中心的科学技术的进步。进入 18 世纪，以欧洲发明的蒸汽机为代表而引发的席卷世界的工业革命，工业技术和生产力得到了空前提高，商品经济的大发展也使铁路、航运随之发展，出现了钢的制造技术。18 世纪，钢铁工业的发展，成为工业革命的重要内容和物质基础。19 世纪中叶，现代平炉和转炉炼钢技术的出现，使人类真正进入了钢铁时代。与此同时，铜、铅、锌也大量得到应用，铝、镁、钛等金属相继问世并得到应用。直到 20 世纪中叶，金属材料在材料工业中一直占有主导地位。

第二次世界大战之后，质量轻、强度高、耐腐蚀而又价格低廉的化学合成高分子材料应运而生，这是材料发展中的重大突破。先后出现尼龙、聚乙烯、聚丙烯、聚四氟乙烯等塑料，以及维尼纶、合成橡胶、新型工程塑料、高分子合金和功能高分子材料等。仅半个世纪时间，高分子材料已与有上千年历史的金属材料并驾齐驱，年产量的体积超过了钢，成为国民经济、国防尖端科学和高科技领域不可缺少的材料。其次是陶瓷材料的发展。陶瓷是人类最早利用自然界所提供的原料制造而成的材料。20 世纪 50 年代，合成化工原料和特殊制备工艺的发展，使陶瓷材料产生了一个飞跃，出现了从传统陶瓷向先进陶瓷的转变，许多新型功能陶瓷形成了产业，满足了电力、电子技术和航天技术的发展和需要。从此建立了以金属材料、陶瓷材料和合成高分子材料为主体的比较完整的材料体系,形成了材料科学。

现代材料科学技术的发展,促进了金属、非金属无机材料和高分子材料之间的密切联系,从而出现了一个新的材料领域——复合材料。复合材料以一种材料为基体,另一种或几种材料为增强体,可获得比单一材料更优越的性能。复合材料作为高性能的结构材料和功能材料,不仅用于航空航天领域,而且在现代民用工业、能源技术和信息技术方面不断扩大应用。

当今世界,以信息、生物、空间、能源、新材料及海洋技术为代表的高新技术迅猛发展,对新材料特别是新型功能材料提出了更高的要求。于是出现了能感知外部刺激、能够判断并适当处理且本身可执行的新型功能材料——智能材料。智能材料不仅要具有感知功能,能够检测并且可以识别外界(或者内部)的刺激强度,如电、光、热、应力、应变、化学、核辐射等,也要具有驱动功能,能够响应外界变化,双重功能如同模仿生命系统,类似于生命体的智慧反应。

14.1.2 材料的分类

材料品种繁多,可使用不同的方法进行分类。依据材料的化学成分及特性,通常将材料分为金属材料、非金属材料、高分子材料和复合材料。按照材料的用途常将材料分为结构材料和功能材料两大类。结构材料大量用于机械制造、工程建设、交通运输及能源等领域。功能材料主要利用材料的声、光、电、磁和热等特性,广泛用于微电子、激光、通信和生物工程等许多高新技术领域,前面所述智能材料是功能材料的最新发展。按照材料内部原子排列的有序程度分为晶体材料与非晶体材料。按照材料使用历史可分为传统材料和新型材料,传统材料指生产工艺成熟、使用历史悠久的材料;新型材料则指新工艺制成或正在发展中的材料。此外,还可以按照材料的物理性质、物理效应等进行分类。许多新型材料的发展,在很大程度上是建立在化学结构理论和化学变化规律提供的理论基础之上。化学是材料科学的重要基础,本书主要按照材料的化学成分及特性对材料做初步介绍。

14.2 金属材料

元素周期表中超过 2/3 为金属,在材料发展历史中,金属长时期占据着重要地位,是现代工程技术中使用最多的一种材料。金属材料泛指由金属元素或以金属元素为主的合金形成的具有一般金属性质的材料。金属具有下述特点:表面呈现特有的金属光泽,不透明;具有延展性,在应力作用下,可变形,且抗断裂性能好;具有良好的导电传热性;可以形成优良性能的合金。因此,金属材料包括金属和合金,工业上常把它们分为黑色金属和有色金属两大部分。黑色金属材料包括铁、锰和铬以及它们的合金,这是一类使用最为广泛的金属材料。除黑色金属外的其他各种金属及其合金通称有色金属。有色金属又可细分为轻金属、重金属、稀土金属、高熔点金属和贵金属。

14.2.1 钢铁

铁是人类发现和利用最早的金属之一,当铁与 C、Si、Mn、P、S 以及少量的其他元素组成合金即成为钢铁。其中除 Fe 外，C 的含量对钢铁的机械性能起着主要作用，故统称铁碳合金。它是工程技术中最重要、用量最大的金属材料。

铁碳合金分为钢与生铁两大类，钢是含碳量为 0.03%～2%的铁碳合金。碳钢是最常用的普通钢，冶炼方便、加工容易、价格低廉，而且在多数情况下能满足使用要求，所以应用十分普遍。按含碳量不同，碳钢又分为低碳钢、中碳钢和高碳钢。随含碳量升高，碳钢的硬度增加、韧性下降。合金钢又称特种钢，在碳钢的基础上加入一种或多种合金元素，使钢的组织结构和性能发生变化，从而具有一些特殊性能，如高硬度、高耐磨性、高韧性、耐腐蚀性等。经常加入钢中的合金元素有 Si、W、Mn、Cr、Ni、Mo、V、Ti 等。合金钢的资源相当丰富，除 Cr、Co 不足，Mn 品位较低外，W、Mo、V、Ti 和稀土金属储量都很高。

含碳量 2%～4.3%的铁碳合金称为生铁。生铁硬而脆，但耐压耐磨。根据生铁中碳存在的形态不同又可分为白口铁、灰口铁和球墨铸铁。白口铁中碳以 Fe_3C 形态分布，断口呈银白色，质硬而脆，不能进行机械加工，是炼钢的原料，故又称炼钢生铁。碳以片状石墨形态分布的称为灰口铁，断口呈银灰色，易切削，易铸，耐磨。若碳以球状石墨分布则称为球墨铸铁，其机械性能、加工性能接近于钢。在铸铁中加入特种合金元素可得特种铸铁，如加入 Cr，耐磨性可大幅度提高，在特种条件下有十分重要的应用。

14.2.2 合金

通常，纯金属材料的生产及获得比较困难，而且性能远不能满足工程上提出的众多技术要求，所以工程上大量使用的大多是各种各样的合金材料。凡是金属与其他物质(金属、非金属、化合物等)结合而成的金属基混合物都称为合金，如青铜合金、铁碳合金等。合金具有金属的特征，但是其他元素的加入常会改善元素单质的性质，合金形成后许多性能优于纯金属，具有更广泛的应用。

1. 合金的基本结构类型

按合金的结构和相图，一般可将合金分为两类：金属固溶体和金属化合物。

金属固溶体是指溶质原子溶入金属溶剂的晶格中所组成的合金相。两组分在液态下互溶，固态也相互溶解，且形成均匀一致的物质。形成固溶体时，含量多者为溶剂，含量少者为溶质；溶剂的晶格即为固溶体的晶格。按溶质原子在晶格中的位置不同可分为置换固溶体和间隙固溶体。溶质原子占据溶剂晶格中的结点位置而形成的固溶体称为置换固溶体。当溶剂和溶质原子直径相差不大，一般在 15%以内时，易形成置换固溶体。铜镍二元合金即形成置换固溶体，镍原子可在铜晶格的任意位置替代铜原子。溶质原子分布于溶剂晶格间隙而形成的固溶体称为间隙固溶体。间隙固溶体的溶剂是直径较大的过渡族金属，而溶质是直径很小的碳、氢等非金属元素。其形成条件是溶质原子与溶剂原子直径之比必须小于 0.59。例如，铁碳合金中，铁和碳所形成的固溶体——铁素体和奥氏体，均为间隙固溶体。固溶体的强度和硬度都较纯金属高，如黄铜的硬度高于纯铜，钢的硬度高于铁。

合金组元间发生相互作用而形成的具有金属特性的物质称为金属化合物。形成金属化合物的元素通常是元素的电子层结构、电负性和原子半径差别较大的金属元素或非金属元素。金属化合物的晶格类型不同于任一组元，一般具有复杂的晶格结构。从组成元素来看，可以由金属元素与金属元素组成，也可以由金属元素与非金属元素组成，故金属化合物合金的结构类型丰富多样,有 20 000 种以上。金属化合物的性能特点是熔点高、硬度高、脆性大。当合金中出现金属化合物时,通常能提高合金的硬度和耐磨性,但塑性和韧性会降低。金属化合物是许多合金的重要组成相,它们的存在对材料的强度、硬度、耐磨性等具有极为重要的意义。

2. 重要合金材料

1) 轻质铝合金

铝是一种银白色有光泽的金属,密度为 $2.7g \cdot cm^{-3}$,熔点为 660℃。它具有良好的延展性和导热性、导电性,能代替铜用来制造电线、高压电缆、发电机等电器设备。铝虽然是活泼金属,但在空气中其表面很快会覆盖一层致密的氧化膜,使铝不能进一步同氧和水作用,因而有很高的稳定性,这就使铝成为一种有用的金属构件。铝的这个特点使其一直被用作轻质合金元素。美国的宇宙飞船和超音速飞机制造中所用的金属材料,有 75%属于铝及铝合金。此外,铝及铝合金还用于火箭和导弹的制造,近年来又被大量用于汽车等工业制造中。

铝合金中常用的合金元素有硅、铜、镁、锌、锰及稀土元素,也有钛、铁、铬元素。这些合金元素在固态铝中的溶解度一般是有限的,故铝合金的结构除固溶体外,还可能形成金属化合物和机械混合物。

2) 硬质合金

硬质合金是指ⅣB、ⅤB、ⅥB族的金属和原子半径小的碳、氮、硼形成的间隙合金。硬质合金具有很高的硬度、强度、耐磨性和耐腐蚀性,被誉为"工业牙齿"。硬质合金在高温下仍保持良好的热硬性及抗腐蚀性,被广泛用于制造切削工具、刀具、钻具和耐磨零部件,应用于军工、航天航空、机械加工、冶金、石油钻井、矿山工具、电子通信、建筑等领域。伴随下游产业的发展,硬质合金市场需求不断加大。并且未来高新技术武器装备制造、尖端科学技术的进步以及核能源的快速发展,将大大提高对高技术含量和高质量稳定性的硬质合金产品的需求。

3) 低温合金

低温技术是一门发展迅速的现代科学,不仅与人们当代高质量生活息息相关,还与世界上许多尖端科学研究(如超导电技术、航天与航空技术、高能物理、受控热核聚变、远红外探测、精密电磁计量、生物学和生命科学等)密不可分。此外,液化气体的使用越来越普遍。液化气体一般具有极低的沸点,如液化天然气(110K)、液氧(90K)、液氮(77K)、液氢(20K)和液氦(4K)等。如此低的温度对生产、储存和使用这些液化气体的构件提出很高的要求,低温材料将为许多技术部门和基础科学服务。

低温合金是指在低温下使用不产生脆性破坏的合金。金属及合金在低温情况下一般都会变硬,容易产生脆性破坏。著名的泰坦尼克号沉船事件,就是钢在低温下发生脆性破坏的事故之一。事实上,桥梁、海上石油钻机、工程机械以及液化气体容器等都发生过低温脆性破坏。镍钢、铝合金及奥氏体不锈钢在防止低温脆性方面性能优异。含镍量为 32%~36%的因瓦合金(属镍钢)、钛合金,不仅可耐低温,还具有极小的低温热膨胀系数。铝合金在耐低温的同时又具有抗辐射和不被磁化的特点。奥氏体不锈钢具有较强的抗腐蚀性。实际使用可根据不同用途选择不同的低温合金材料。

4) 高温合金

高温合金主要由高熔点金属，即ⅤB、ⅥB、ⅦB族的金属（如钨、钼等）与Ⅷ族元素的金属形成的合金。一般能在 760~1500℃以上及一定应力条件下长期工作，具有优异的高温强度，良好的抗氧化和抗热腐蚀性能，良好的疲劳性能、断裂韧性等综合性能，已成为军民用燃气涡轮发动机热端部件不可替代的关键材料。

现代工业的许多机器设备要求材料在高温下长时间工作，并能保持较高的强度、韧性和抗腐蚀性能。例如，火力发电机组、喷气发动机、石油化工的某些设备（如乙烯分解炉等），各种加热炉、热处理炉、垃圾焚烧炉等，它们的工作温度都在1000℃以上，而且有的高温工作时间长达数万小时，普通钢无法胜任这样极端的工作条件。

早期使用的耐高温材料是改性后的钢铁，如向钢中加入铬、硅或铝等可提高钢的高温抗腐蚀性。随着对高温合金性能的要求越来越高，镍可以使铁基体成为稳定的面心立方结构，使得铁基高温合金中镍含量逐步提高。铁基、镍基高温合金虽已得到广泛应用，但它们不能适用更高温的条件。难熔金属钨、钼、铌、钽有更高的熔点，它们均可以在1227℃以上的温度下使用。这些金属为银白色、延展性好、化学稳定，但杂质含量对其耐高温性、硬度和韧性影响很大，不纯的难熔金属呈现脆性，因此需要很高的加工工艺条件。

3. 新型合金材料

1) 形状记忆合金

形状记忆合金，即拥有形状"记忆"效应的合金。其记忆表现在当给其施加外力或改变温度使之发生塑性变形后，一旦取消外力或变化温度，能恢复原来的形状，这种现象称为形状记忆效应，具有此种效应的合金称为形状记忆合金。

1963年，美国海军军械研究所的比勒在研究工作中发现，在高于室温较多的某温度范围内，把一种镍钛合金丝绕成弹簧，然后在冷水中把它拉直或铸成正方形、三角形等形状，再放在40℃以上的热水中，该合金丝就恢复成原来的弹簧形状。后来陆续发现某些其他合金也有类似的功能。钛镍形状记忆合金是最早开发成功并获得应用的形状记忆合金。1970年，美国太空飞船天线是用镍钛合金做成合金丝抛物面，在室温下折成球状放入飞船内，到太空后，通过加热或利用太阳热能，使合金丝升温至77℃后，合金丝打开成为抛物面天线。现在形状记忆合金在生物工程、医药、能源和自动化等方面也都有广阔的应用前景。

这种合金之所以具备奇特的形状记忆效应，从本质上说，是由合金微观结构固有的变化规律决定的。通常在固态的金属合金中，原子是按照一定的规律堆砌起来的。有的合金中，原子堆砌规律还可以随着环境条件的不同而改变。例如，在较高的温度下，原子按某一种规律堆砌起来，当温度下降到某个临界温度以下时，原子将会改变自己的堆砌规律，而形成另一种堆砌结构。金属合金在固态下发生的这种微观结构上的变化就是"固态相变"。

2) 超导材料

金属材料的电阻通常随着温度的降低而减小，当温度降低到一定数值时，某些金属及合金的电阻会完全消失，这种现象称为超导现象，具有超导性的物质称为超导体或超导材料。超导体电阻突然消失时的温度称为临界温度（T_c）。

超导材料处于超导态时电阻为零，能够无损耗地传输电能。如果用磁场在超导环中引发感生电流，这一电流可以毫不衰减地维持下去。这种"持续电流"已多次在实验中观察到。

当其处于超导态时，只要外加磁场不超过一定值，磁力线不能透入，超导材料内的磁场恒为零，具有完全抗磁性。此外，两超导材料之间若有一薄绝缘层（厚度约 1nm）连接而形成低电阻时，会有电子对穿过绝缘层形成电流，而绝缘层两侧没有电压，即绝缘层也成了超导体。当电流超过一定值后，绝缘层两侧出现电压 U（也可加一电压 U）。同时，直流电流变成高频交流电，并向外辐射电磁波。这些特性构成了超导材料在科学技术领域越来越引人注目的各类应用的依据。

荷兰物理学家昂内斯（Onnes）成功地制取了液体氦，获得了 4.2K 的低温。1911 年，他发现汞的电阻在 4.2K 附近突然下降到零，这就是人类第一次发现了超导现象。虽然超低温的临界温度条件为超导材料的应用带来很大困难，但是超导材料的电阻为零仍然具有十分诱人的应用前景。因此，提高材料的超导转变温度，实现在液氮温区乃至室温下使用超导材料一直被科学家探求。

从 1911 年到 1986 年，76 年间从汞的 4.2K 提高到铌三锗的 23.22K，才提高了 19K。1986 年 4 月，瑞士科学家贝德诺兹等发现由钡、镧、铜、氧组成的氧化物可能是高临界温度的超导材料，并获得了临界温度为 30K 的超导体，这是对超导材料的研究取得的第一次重大突破。由此掀起了以研究金属氧化物陶瓷材料为对象，以寻找高临界温度超导体为目标的"超导热"。1987 年 2 月，美国科学家发现钡钇铜氧材料的超导转变温度高达 98K，从而突破了液氢温区而进入液氮温区。中国科学院物理研究所、中国科学院化学研究所、北京大学等也都分别成功研制临界温度为 83.7K 的超导线材和超导薄膜。2009 年 10 月 10 日，美国科学家合成的超导材料已将超导温度提高到 254K，距离冰点仅 19℃，对于推广超导的实际应用具有极大的意义。

3）储氢合金

储氢合金是一种能储存氢气的合金，它所储存的氢的密度大于液态氢，因而被称为氢海绵。氢储入合金中时不需要消耗能量，反而能放出热量，储氢合金释放氢时所需的能量也不高，加上工作压力低，操作简便、安全，因此这是最有前途的储氢介质。

储氢合金的储氢原理是可逆地与氢形成金属氢化物，或者说是氢与合金形成了化合物，即气态氢分子被分解成氢原子而进入金属中。虽然储氢合金的金属原子之间缝隙不大，但储氢本领却比氢气瓶的本领大得多，因为它能像海绵吸水一样把钢瓶内的氢气全部吸尽。具体来说，相当于储氢钢瓶质量 1/3 的储氢合金，其体积不到钢瓶体积的 1/10，储氢量却是相同温度和压力条件下气态氢的 1000 倍。但是氢本身会使材料变质，如氢损伤、氢腐蚀、氢脆等，而且储氢合金在反复吸收和释放氢的过程中，会不断发生膨胀和收缩，使合金发生破坏，因此良好的储氢合金必须具有抵抗上述各种破坏作用的能力。

稀土金属材料是 20 世纪开发出来的特殊功能材料之一，其中一个新兴的应用领域是制造储氢合金材料。由于稀土元素易与氢化合形成稀土氢化物，因而成为储氢合金中吸藏氢气的组分，而另一组分可以是镍、铁等金属。$LaNi_5$ 是当代研制的储氢合金中的佼佼者，在所有物理性能方面均优于其他合金。除了镧系金属能用作储氢合金的吸藏组分外，钛、锆、镁等金属也是可选的金属。储氢合金具备许多独特的功能，它作为一种新型的能源材料，有着广泛的用途。

4）非晶态金属材料

金属及合金极易结晶，传统的金属材料都以晶态形式出现。1960 年，美国科学家杜威等首先发现某些贵金属合金(如金硅合金)在超快速冷却(冷却速度超过100℃·s^{-1})情况下可凝固成非晶态合金,其内部结构与玻璃相似,故又称金属玻璃。

大部分金属材料具有很高的有序结构,原子呈现周期性排列(晶体),以间隙很小的密集式堆积而成,这样的原子排列导致晶体有各向异性。而与此相反,非晶态合金中,原子排列呈混乱排列,基本上是各向同性的,没有晶界、位错等微观缺陷。研究表明,非晶态合金具有许多不寻常的性能:①高强度,并有一定的韧性和可塑性;②具有不寻常的抗腐蚀能力,其耐腐蚀性比晶态的不锈钢还强;③非晶态合金的电阻率很高,非晶态合金的电阻温度系数可以由正到负在很大的范围内变化,因此可望用非晶态合金制备出具有高电阻率和低电阻温度系数的材料;④铁基非晶态合金具有较高的饱和磁化强度,其矫顽力和损耗都比一般晶态的铁基材料低,可代替变压器中的硅钢片,性能优越;⑤有些非晶态材料具有很好的催化特性,比一般的晶态材料的催化活性及稳定性高得多。有的非晶态材料具有很强的吸氢能力,可望用作储氢材料。

目前,通过将金属熔体急速冷却而制成的非晶态合金已有很多种,它们一般是由过渡金属元素或贵金属与类金属元素组成的合金。除熔体急速冷却法外,非晶态合金还可采用液相急冷法、气相沉积法、注入法等制备。

14.3 无机非金属材料

无机非金属材料是以某些元素的氧化物、碳化物、氮化物、卤素化合物、硼化物以及硅酸盐、铝酸盐、磷酸盐、硼酸盐等物质组成的材料。普通无机非金属材料的特点是:耐压强度高、硬度大、耐高温、抗腐蚀。但与金属材料相比,它抗断强度低、缺少延展性,属于脆性材料;与高分子材料相比,密度较大,制造工艺较复杂。

近年来,材料科学和其他科学的新理论与新方法不断涌现,大大促进了无机非金属材料科学的发展,其应用从建筑及日常生活领域发展到冶金、化工、交通、能源、窑炉、机械设备、电工电子、食品、光学、医药、照明、新闻、情报技术以及尖端科技领域。无机非金属材料与金属材料和高分子材料一起构成工程材料的三大支柱。

无机非金属材料品种和名目极其繁多,用途各异,因此还没有一个统一而完善的无机非金属材料分类方法。通常把它们分为普通的(传统的)和先进的(新型的)无机非金属材料两大类。

14.3.1 传统无机非金属材料

传统的无机非金属材料是工业和基本建设所必需的基础材料,即早期的无机材料,主要包括水泥、玻璃、陶瓷等。由于这些材料的成分都含有SiO_2,所以无机材料又称硅酸盐材料。

1. 陶瓷材料

陶瓷材料具有优良的电性能、机械性能以及耐化学稳定性和耐高温等特性。因此,陶瓷材料在国民经济的各个领域中均有广泛的应用。陶瓷材料分为传统陶瓷材料和精密陶瓷材料。

传统陶瓷产品,如日用陶瓷、建筑陶瓷、电瓷等品主要是各种氧化物的烧结体。一般制备方法是将黏土(主要成分为$Al_2O_3·2SiO_2·2H_2O$)加水成型,晾干后经过高温加热失水,有些硅氧骨架重新形成,成为硬陶瓷。烧结温度低时形成结构疏松的陶;烧结温度高时便生成结构致密的瓷。

陶瓷材料具有许多优异的性能,但它的韧性小,脆性大,不抗冲击。为了增进陶瓷材料的性能,人们对其进行了改性,在此基础上发展起来很多复合材料,具有特殊性能的先进特种陶瓷也不断问世。

先进陶瓷,又称现代陶瓷、新型陶瓷或高性能陶瓷,它的出现与现代工业和高技术密切相关。先进陶瓷的出现,给陶瓷工业带来了新的活力,在现代生产及科学技术的推动下,近几十年来发展非常迅速,新品种层出不穷。

先进陶瓷按化学组成可分为:氧化物陶瓷(氧化铝、氧化锆、氧化镁、氧化铍、氧化锌、氧化钛等);氮化物陶瓷(氮化硅、氮化铝、氮化硼等);碳化物陶瓷(碳化硅、碳化硼、碳化钨等);硼化物陶瓷(硼化锆、硼化镧等);硅化物陶瓷(硅化钼等);氟化物陶瓷(氟化镁、氟化钙、氟化镧等);硫化物陶瓷(硫化锌、硫化镉、硫化铈等)。此外,还有磷化物陶瓷、砷化物陶瓷、硒化物陶瓷和碲化物陶瓷等。先进陶瓷有别于传统陶瓷,它可以是烧结体,也可以是单晶、纤维、薄膜等,具有高强度、耐高温、耐腐蚀能力,且在声、光、电、磁等方面具有某些优良的性能,常用作结构材料和功能材料。

2. 水泥

水泥是各行业基本建设的主要原材料之一,水泥的品种很多,按用途可分为通用水泥、专用水泥和特性水泥;按组成又可分为硅酸盐水泥、铝酸盐水泥、硫铝酸盐水泥等。建筑工程中应用最广泛的是硅酸盐类水泥。

硅酸盐类水泥是由黏土和石灰石以及铁粉按比例混合放入旋转窑中于 1450℃以上的温度煅烧成熟料,再混入石膏,磨细后制成。普通硅酸盐水泥的主要技术要求:①细度:80μm方孔筛余不得超过10%;②凝结时间:初凝不得早于45min,终凝不迟于390min;③强度与标号:各龄期强度不得低于表 14-1 所给数据。

表 14-1 硅酸盐水泥各龄期强度数值(GB 175—2007)

标号	抗压强度/MPa		抗折强度/MPa	
	3d	28d	3d	28d
425	≥17.0	42.5	≥3.5	6.5
425R	≥22.0	42.5	≥4.0	6.5
525	≥23.0	52.5	≥4.0	7.0
525R	≥27.0	52.5	≥5.0	7.0
625	≥28.0	62.5	≥5.0	8.0
625R	≥32.0	62.5	≥5.5	8.0

除硅酸盐水泥外,还有适合各种用途的水泥,如白水泥是由氧化铁含量少的硅酸盐水泥熟料加入适量石膏制成,彩色硅酸盐水泥是在白水泥中加入适量的石膏和碱性颜料而成。这两类水泥主要用于建筑物的内外表面装饰。快硬水泥是一种以硅酸盐水泥为基料,靠调整其矿物成分以实现快硬特性的水泥。高铝水泥以铝酸钙为主要矿物成分,具有高强、快硬、耐腐蚀、耐热等性能。

3. 玻璃

玻璃制造技术已经有 5000 年的历史,玻璃是具有非晶体结构的无机非金属材料,以纯碱、石灰石、过量石英为原料,在高温下发生复杂的物理化学变化,在玻璃窑熔融反应后形成玻璃。按使用原料不同,可以把玻璃划分为石英玻璃、钠钙硅玻璃、硼酸盐玻璃和其他氧化物玻璃四大类。但目前大多数实用玻璃(如瓶罐玻璃、器皿玻璃、泡壳玻璃、平板玻璃等)都是以钠钙硅为基础的玻璃。

玻璃透明度好,机械强度高,质地均匀,表面光滑,耐腐蚀等,在工农业生产和科学研究中有广泛的用途。玻璃不同的品种具有不同的特性,如石英玻璃,它的膨胀系数极小,热稳定性高,可在 1100~1200℃下长期使用。其对酸的耐蚀性也好,除氢氟酸和浓热磷酸外能耐其他任何浓度的酸,但它对碱的耐蚀性较差。石英玻璃性能很好,但成本较高。硬质玻璃(也称硼玻璃)的化学稳定性和热稳定性均很高,最高使用温度可达 1600℃以上。把玻璃拉成细丝(直径为约 0.005mm)称为玻璃纤维,其力学性能会发生极大的变化。原来又硬又脆、没有弹性、易破碎的大块玻璃变成柔软而富弹性、拉伸强度比尼龙纤维还高的玻璃纤维,它是做复合材料的重要原材料。

由于原子能、电子工业、计算机、医疗、激光等近代科学技术的发展及国防工业的需要,玻璃材料和其他无机非金属材料一样,发展非常迅速。许多新兴玻璃材料已发展成独立的玻璃材料品种,如微晶玻璃、半导体玻璃、生物玻璃等。

14.3.2 新型无机非金属材料

新型无机非金属材料是 20 世纪中期以后发展起来的具有特殊性能和用途的材料。它们是现代新技术、新产业、传统工业技术改造、现代国防和生物医学所不可缺少的物质基础。

1. 光导纤维

光纤通信中使用的纤维统称光导纤维,简称光纤,是近几十年蓬勃发展起来的新型材料。光纤的中心是用高折射率的超纯石英或特种光学玻璃拉制成的晶莹细丝,称为纤维芯。纤维芯的外皮是一层低折射率的玻璃或塑料制成的纤维皮。其中纤芯的折射率要高于包皮料的折射率,以一定角度入射的光就可以在纤芯和包皮料的界面上发生光的全反射,使入射光几乎全部被封闭在芯纤内部,经反复曲折前进到达光的输出端。

按化学成分不同,可以把光纤分为氧化物玻璃光纤、非氧化物玻璃光纤和聚合物光纤。氧化物玻璃光纤又可分为石英光纤和多元氧化物光纤,如 $SiO-CaO-Na_2O$ 等;属于非氧化物光纤的有氟化物玻璃等。石英光纤是目前最有实用价值的光纤。其制备方法很多,但大体按如下制备程序,即将气体原料 $SiCl_4$ 送入高温区后与 O_2 或 H_2O 反应,形成的 SiO_2 粉末会逐步沉积,加热堆积物便得到透明的、具有一定折射率的母体,再由母体拔成细丝而制得光纤。

光纤制成的光学元器件,如传光纤维束、传像纤维束、纤维面板等,能发挥一般光学元件所不能起的特殊作用。此外,利用光导纤维与某些敏感元件组合,或利用光导纤维本身的特性,可以做成各种传感器,用来测量温度、电流、压力、速度、声音等。它与现有的传感器相比,有许多独特的优点,特别适合在电磁干扰严重、空间狭小、易燃易爆等苛刻环境下使用。

目前光纤最大的应用是在通信上，即光纤通信。光纤通信信息容量很大，如20根光纤组成的铅笔大小的一支电缆每天可通话76 200人次，而直径3英寸($3×2.54cm$)、由1800根铜线组成的电缆每天只能通话900人次。此外，光纤通信具有质量轻、抗干扰、耐腐蚀等优点，而且保密性好，原材料丰富，可大量节约有色金属。因此，光纤是一种极为理想的通信材料。

2. 耐高温材料

耐高温材料包括耐火材料和耐热材料，是指用于热工设备中能够抵抗高温作用(耐火度不低于1580℃)的结构部件和高温容器的无机非金属材料和制品，也包括天然矿物和岩石。

耐高温材料由于长期使用于各种不同加热条件的高温设备，因此必须具有以下主要性能：①高的耐火度；②良好的荷重软化温度；③高温下的体积稳定性；④好的热振稳定性；⑤良好的抗腐蚀性。此外，还需具有一定的耐磨性，在某些特殊条件下有一定的透气性、导热性、导电性和硬度等，同时要求外形和尺寸准确。碳化硅、氮化硼及ⅣB～ⅦB族元素和Ⅷ族元素与碳、氮、硼等形成的化合物具有硬度大、熔点高的特性，是重要的耐磨耐高温材料。

耐高温材料主要应用于冶金工业，如炼铁、炼钢、轧钢、有色金属冶炼、炼焦等，以及硅酸盐、化工、机械、动力等工业部门用的窑炉等热工设备中。在某些高温容器或设备以及近代高科技工业(火箭、热核反应堆等)的零部件中也不可缺少耐高温材料。

3. 无机纤维材料

无机纤维是以矿物质为原料制成的化学纤维，主要品种有玻璃纤维、石英玻璃纤维、硼纤维、陶瓷纤维和金属纤维等。开始人们主要应用天然生物纤维，20世纪初由矿石与焦炭按比例经高温熔融、离心而合成无机纤维。自此，人造无机纤维领域迅速发展，其应用范围日益扩大。纤维不仅可直接作为材料使用，还可用来制作纤维增强复合材料(如轮胎等)。

不同种类纤维的化学组成、制作方法、形状、性能、用途各不相同，如可用作建筑材料的石棉纤维、耐火材料的矿物棉等，其中使用无机纤维材料进行喷涂已经在发达国家和地区得到迅速发展。无机纤维喷涂技术是将预先经特殊工艺制造加工的无机超细纤维棉与特有水基性黏接剂混合，具有无毒、无味、耐酸碱、抗老化、抗菌等特点，性能稳定持久。这些材料在通过专用配套喷涂设备后，内部纤维交织黏接为一体，形成具有一定强度和韧性的极其复杂的立体网络结构，表现出卓越的绝热性能和优异的吸声隔音性能，以及防冷凝、抗风蚀、不飘洒、黏接力强等功能，可有效保护基体和结构表面不受腐蚀气体和潮湿气体的侵蚀，防止钢结构锈蚀和避免耐火材料受潮脱落。其综合特性是传统保温吸声材料无法比拟的。

4. 纳米材料

纳米材料是指三维空间尺度至少有一维处于纳米量级(1～100nm)或由它们作为基本单元构成的材料。纳米材料是20世纪80年代发展起来的先进材料，被誉为"21世纪最有前途的材料"。

一般来说，纳米材料均指人工制备的材料，但是在自然界中已早有某些纳米材料存在。例如，天体的陨石碎片、人体和兽类的骨骼和牙齿等矿化组织都是由纳米微粒构成的。某些具有磁性的纳米微粒更是很多动物不可缺少的导航工具，研究表明，细菌、蜜蜂、螃蟹和海龟等都是依靠体内的磁性纳米粒子来进行准确无误的运动和迁移的。

人工制备纳米材料的历史可追溯到 1000 多年前。中国古代利用燃烧蜡烛来收集的炭黑，这就是最早的纳米材料；中国古代铜镜的防锈层被证实为纳米氧化锡颗粒构成的薄膜。1861 年，随着胶体化学的建立，科学家开始了对直径为 1~100nm 的粒子体系的研究工作。到 20 世纪 60 年代，人们开始对分立的纳米粒子进行研究。1990 年 7 月，在美国召开的第一届国际纳米科学技术会议正式宣布纳米材料科学为材料科学的一个新分支。这标志着纳米材料学作为一个相对比较独立学科的诞生。从此以后，纳米材料引起了世界各国科技界的极大兴趣和广泛重视，很快形成了世界性的"纳米热"。

纳米材料在结构上与常规的晶态和非晶态材料有很大的差别。由于纳米材料的粒子是超细微的，粒子数多，表面积大，而且处于粒子界面上的原子比例极大，一般可占总原子数的 50% 左右，这就使纳米材料具有特殊的表面效应、界面效应、小尺寸效应、量子效应等，因而呈现出一系列独特的物理化学性质，在电子、冶金、化学、生物和医学等领域展示了广泛的应用前景。

纳米材料熔点低，如金的熔点是 1064℃，而纳米金的熔点只有 330℃，降低了约 700℃；纳米级银粉的熔点由金属银的 962℃ 降低为 100℃。纳米金属熔点的降低不仅使低温烧结制备合金成为现实，还将为不互熔金属冶炼成合金创造条件。

纳米材料的表面积大，表面活性高，可制造各种高性能催化剂。例如，Ni 或 Cu-Zn 化合物的纳米颗粒对某些有机化合物的氢化反应是极好的催化剂，可替代昂贵的铂或钯催化剂；纳米铂黑催化剂可使乙烯氢化反应的温度从 600℃降至室温；利用纳米镍粉作火箭固体燃料反应触媒；燃烧效率可提高 100 倍。此外，其催化的反应选择性还表现出特异性，如用硅载体镍催化剂对丙醛的氧化反应表明，镍粒直径在 5nm 以下时，反应选择性发生急剧变化，醛分解反应得到有效控制，生成乙醇的转化率急剧增大。

陶瓷材料由于性脆、烧结温度高等缺点，限制了其应用范围。合成纳米 TiO_2 陶瓷晶体后陶瓷能被弯曲，其塑性变形可达 100%，人们长期不断探求的陶瓷增韧，在纳米陶瓷晶体中获得满意解决。纳米陶瓷优良的室温和高温力学性能、抗弯强度、断裂韧性，使其在切削刀具、轴承、汽车发动机部件等诸多方面都有广泛的应用，并在许多超高温、强腐蚀等苛刻的环境下起着其他材料不可替代的作用，具有广阔的应用前景。

纳米技术的发展，使微电子和光电子的结合更加紧密，在光电信息传输、存储、处理、运算和显示等方面，使光电器件的性能大大提高。将纳米技术用于现有雷达信息处理上，可使其能力提高 10 倍至几百倍，甚至可以将超高分辨率纳米孔径雷达放到卫星上进行高精度的对地侦察。但是要获取高分辨率图像，就必须采用先进的数字信息处理技术。科学家发现，将光调制器和光探测器结合在一起的量子阱自电光效应器件，将为实现光学高速数学运算提供可能。

纳米粒子作为光催化剂，有着许多优点。首先是粒径小，比表面积大，光催化效率高。另外，纳米粒子生成的电子、空穴在到达表面之前，大部分不会重新结合。因此，电子、空穴能够到达表面的数量多，则化学反应活性高。其次，纳米粒子分散在介质中往往具有透明性，容易运用光学手段和方法来观察界面间的电荷转移、质子转移、半导体能级结构与表面态密度的影响。

纳米材料还可以广泛地应用于生物医药领域，如进行细胞分离、细胞染色等。由于纳米粒子比红细胞($6\sim9\mu m$)小得多，可以在血液中自由运动，因此注入各种对机体无害的纳米粒子到人体的各部位，可检查病变和进行治疗。研究纳米生物学可以在纳米尺度上了解生物大分子的精细结构及其与功能的关系，获取生命信息，特别是细胞内的各种信息，利用纳米传感器可获取各种生化反应的生化信息和电化学信息。

利用先进的纳米技术，在不久的将来，可制成含有纳米计算机的、可人机对话并具有自我复制能力的纳米装置，它能在几秒钟内完成数十亿个操作动作。在军事方面，利用昆虫做平台，把分子机器人植入昆虫的神经系统中控制昆虫飞向敌方收集情报，使目标丧失功能。

利用纳米技术还可制成各种分子传感器和探测器。利用纳米羟基磷酸钙为原料，可制作人的牙齿、关节等仿生纳米材料。将药物储存在碳纳米管中，并通过一定的机制来激发药剂的释放，使可控药剂有希望变为现实。另外，还可利用碳纳米管来制作储氢材料，用作燃料汽车的燃料"储备箱"。利用纳米颗粒膜的巨磁阻效应研制高灵敏度的磁传感器；利用具有强红外吸收能力的纳米复合体系来制备红外隐身材料，都是具有应用前景的技术开发领域。

14.4 有机高分子材料

14.4.1 高分子化合物概述

高分子化合物指由众多原子或原子团主要以共价键结合而成的相对分子质量在10 000以上的化合物。1909年，美国科学家贝克兰德制得第一个高聚物——酚醛树脂并开始投入工业化生产后，人们开始了有关高分子的理论研究。随着科学技术的不断发展，高分子科学逐渐成为一门独立的学科。虽然合成高分子的工业历史很短暂，但其发展是十分迅速的。人们常称之为"三大合成材料"的合成塑料、合成橡胶和合成纤维已渗透到国民经济的各个部门，成为不可缺少的材料。

高分子化合物是由小分子化合物相互结合而成的。这种由许多小分子结合成高分子化合物的反应称为聚合反应，高分子化合物作为聚合反应的产物，称为高聚物。而作为原料的小分子化合物称为单体。例如，最常见的高分子化合物聚乙烯是由乙烯为单体，经聚合反应制得的，即

$$n\mathrm{CH_2}\!=\!\mathrm{CH_2} \xrightarrow{\text{催化剂}} \!\!+\!\mathrm{CH_2}\!-\!\mathrm{CH_2}\!+\!_n$$

在聚乙烯分子链中，化学组成和结构可重复的最小单位是—$\mathrm{CH_2}$—$\mathrm{CH_2}$—，称为重复结构单元，也称链节。n 为重复结构单元数或链节数，又称聚合度，它是衡量高分子化合物相对分子质量的重要指标。一般来说，高分子化合物都是由具有相同化学组成、不同聚合度的高聚物组成的混合物，通常所说高分子化合物的相对分子质量只是这些不同聚合度的高聚物的相对分子质量的统计平均值。因此，高分子化合物的相对分子质量和聚合度必须分别理解为平均相对分子质量和平均聚合度。真实的分子质量和聚合度是在一定范围内分布的，分布区间越窄越好。

高聚物和普通有机小分子相对分子质量之间的巨大差别，导致高聚物与有机小分子的性能有很大差别。高聚物的机械性能主要是指抗压、抗拉、抗弯、抗冲等，影响其机械性能的主要因素是高分子化合物的聚合度、结晶度及分子间力(包括氢键)。高聚物的平均聚合度大，

平均相对分子质量越大，分子链越长，使分子链间相互纠缠的内聚作用增加，分子链间的作用力增强，这种作用力使高分子化合物能承受相当强的外力而分子间不发生相对滑移，表现出足够的强度。但相对分子质量过大，聚合物黏度增大，弹性、塑性减小，造成加工困难。因此，合成高分子时，保持一定的聚合度是很重要的。高分子化合物的结晶程度大，链段排列紧密，分子间力随之增加，其机械性能也越好。高聚物分子链存在极性基团或分子链间能形成氢键，分子链间的作用增大，可以提高高聚物的强度。聚氯乙烯分子中有极性基团—Cl，其拉伸强度就比聚乙烯高。

高分子的结构是决定聚合物导电性能的重要因素。聚合物按其结构对称性的不同，分为非极性和极性两类。非极性聚合物是指高分子链中链节结构对称的聚合物，如聚乙烯、聚四氟乙烯等。极性聚合物是指高分子链中链节结构不对称的聚合物，如聚苯乙烯、聚氯乙烯、聚酰胺等。高聚物一般都是绝缘体，分子内部没有自由电子和离子，因此它不具有电子性和离子性的导电能力，在直流电场下多数具有良好的电绝缘性能。但在交流电场中，由于极性聚合物中的极性基团或极性链节会随电场方向发生周期性取向，因而具有一定的导电性。

高聚物一般为固态，其分子链缠绕在一起，高聚物分子链上的许多基团被包在内部，当有化学试剂加入时，只有少量露在外面的基团与化学试剂反应，所以高聚物的化学性质稳定，可耐酸、耐腐蚀。含氟高聚物是已知高聚物中化学稳定性最高的高分子化合物。在高聚物中引入含氟基团能大大改善其化学稳定性。无机阻燃高分子化合物聚磷腈在潮气中极不稳定，若用三氟乙醇钠(CF_3CH_2ONa)处理，引入含氟基团，即便在77℃下仍有极高的弹性，并能抑烟、抑火。

但事物总是具有两面性，高分子材料总体比较耐化学腐蚀，但也不是绝对不被腐蚀。实际上，许多高分子化合物在物理因素(如光照、受热以及高能辐射等)和化学因素(如氧化、受潮以及酸、碱)的长期作用下，也会发生化学变化。高聚物材料在加工使用过程中，由于环境的影响，逐渐失去弹性、变硬、变脆，出现龟裂或失去刚性、变软、发黏等，从而使得其使用性能越来越坏的现象称为高聚物的老化。为提高聚合物材料的使用价值，可采用改变聚合物的结构、添加防老化剂以及在聚合物表面镀膜(涂膜)等手段以防止老化。

高聚物种类繁多，结构复杂，因此它的分类有多种方法(表14-2)。

表14-2 高聚物的常见分类方法

分类的原则	类别	举例与特性
按聚合物的来源	天然聚合物	如天然橡胶、纤维素、蛋白质等
	人造聚合物	经人工改性的天然聚合物，如硝酸纤维、醋酸纤维(人造丝)
	合成聚合物	完全由低分子物质合成的，如聚氯乙烯、聚酰胺等
按生成聚合物的化学反应	加聚物	由加成聚合反应得到的，如聚烯烃
	缩聚物	由缩合聚合反应得到的，如酚醛树脂
按聚合物的性质	塑料	有固定形状、热稳定性与机械强度，如工程塑料
	橡胶	具有高弹性，可做弹性材料与密封材料
	纤维	单丝强度高，可做纺织材料

续表

分类的原则	类别	举例与特性
按聚合物的热行为	热塑性聚合物	线型结构加热后仍不变
	热固性聚合物	线型结构加热后变体型
按聚合物分子的结构	碳(均)链聚合物	一般为加聚物
	杂链聚合物	一般为缩聚物
	元素有机聚合物	一般为缩聚物

14.4.2 普通高分子材料

高分子合成材料具有许多优异的性能，如质轻、比强度大、高弹性、透明、绝热、绝缘、耐磨、耐辐射、耐化学腐蚀等。因此，高分子合成材料已成为人类生活、生产、科研中不可或缺的重要材料。普通高分子材料有塑料、橡胶、纤维、涂料、胶黏剂。塑料、橡胶和纤维被称为三大合成材料，但它们有时没有很严格的界限，用不同的加工方法可制成不同的材料。

1. 塑料

塑料是具有可塑性的高分子材料，即在加热、加压条件下，可塑制成型，在通常条件下保持其形状。习惯上把酚醛树脂、脲醛树脂等热固性树脂也并在塑料之列。因此，比较合理的定义应是在室温下以玻璃态存在和工作的高分子材料称为塑料。

塑料以合成树脂为主要成分，一般含有添加剂，经加热、加压而成型。合成树脂是塑料的重要成分，它决定了塑料的类型(热塑性或热固性)和性能(物理性能、化学性能和电性能)，添加剂的使用可赋予塑料良好的性能，拓宽其使用范围。添加剂主要包括填料、增塑剂、固化剂、稳定性等。例如，加入增塑剂(如氯化石蜡、苯二甲酸酯、癸二酸酯、磷酸酯类化合物)可增加合成材料的可塑性；加入稳定剂(如硬脂酸、铅化合物等)可防止塑料的老化；加入脱模剂(如硬脂酸、硬脂酸盐)可防止塑料黏附模具，使塑料表面光滑；加入颜料可使塑料制品色彩丰富；加入发泡剂可制成泡沫塑料；加入抗静电剂可消除塑料的静电效应；加入金属添加剂可增强塑料的导电性；等等。

塑料的种类非常繁多，按使用性能，常分为通用塑料与工程塑料两大类。通用塑料是指产量大、用途广、价格低的塑料，如聚乙烯、聚氯乙烯、聚苯乙烯、聚丙烯、酚醛塑料(电木)和氨基塑料(电玉)六个品种。工程塑料是指那些强度大、具有某些金属特点、能在机械设备和工程结构中应用的塑料，如聚甲醛、尼龙、ABS、聚碳酸酯、聚砜、聚苯醚、环氧树脂等。

塑料很轻，密度一般为 $0.9 \sim 2.0 \mathrm{g \cdot cm^{-3}}$，是轻金属铝的一半，常用在需要减轻自重的装备(轮船、飞行器等)上。塑料有一定的机械强度，而且化学性能稳定，常用作包装材料。塑料具有优良的机械性能、耐热性、尺寸稳定和耐磨性，可以代替某些金属或玻璃、木材等，做各种机器零件、仪表外壳、家具、建材等。具有良好耐磨性的聚酰胺甚至被用来做轴承。

2. 橡胶

橡胶分为天然橡胶和合成橡胶，天然橡胶的主要成分是聚异戊二烯。天然橡胶以三叶橡胶树的汁液为原料，经炼制而成，具有良好的弹性和加工性能。天然橡胶的综合性能比一般合成橡胶好，但其产量受地理、气候等条件的限制，远远不能满足经济发展的需要。这里主要指人工合成橡胶。合成橡胶是指由人工合成的，在常温下以高弹态存在并工作的一大类高聚物材料。合成橡胶主要是由二烯类单体合成的高聚物，在结构上与天然橡胶有共同之处，因而它的性能与天然橡胶十分相似。它们共同的特点是在工作温区内都显示出极优良的高弹性。合成橡胶的原料来源不受限制，产量高，因而发展很快。

橡胶分子主链为柔顺链，容易发生链的内旋转，使分子卷曲。其侧基一般为非极性基团，因而有利于分子链的柔顺性。因此，橡胶的机械强度比塑料低，但它的伸长率却比塑料大得多。它在很宽的温度范围内处于高弹态。合成橡胶按性能和用途不同可分为通用合成橡胶和特种合成橡胶。通用合成橡胶物理机械性能和加工性能较好，广泛用于制造工业和日常生活用品，如可以制造各种轮胎、运输带、密封圈、电线电缆、医疗用品及日常生活用品等。特种合成橡胶是具有特殊性能（如耐寒、耐热、耐油、耐腐蚀、耐辐射等）在特定条件下使用的橡胶，如输油胶管、设备防腐衬里、油箱的密封垫等。

3. 合成纤维

纤维可分成天然纤维、人造纤维和合成纤维。天然纤维是棉、麻、毛、丝等直接取自天然动植物的纤维。人造纤维是以棉短绒、木材、芦苇等天然纤维素为原料，经化学处理制得的纤维，如黏胶纤维、醋酸纤维等，可以做服装、轮胎帘子线等。合成纤维是以煤、石油、天然气为原料，用化学方法合成的纤维。合成纤维以小分子的有机化合物为原料，经加聚反应或缩聚反应合成的线型有机高分子化合物，如聚丙烯腈、聚酯、聚酰胺等。

合成纤维的品种很多，主要有涤纶、锦纶、维纶、丙纶和氯纶等。其中前3种最为常见，其产量占合成纤维总产量的90%以上。按高聚物的主链结构不同，合成纤维可分成碳链纤维和杂链纤维两大类。碳链纤维即高聚物的分子主链上全部是碳原子，是由不饱和烯烃类化合物通过加聚反应制得，如聚丙烯腈纤维（腈纶）、聚氯乙烯纤维（氯纶）、聚乙烯醇缩甲醛纤维（维纶）等。杂链纤维则是高聚物的分子主链除了含有碳原子外，还有O、N、S等其他原子。杂链纤维通常是由双官能团的单体发生缩聚反应而制得的，如聚酯纤维（涤纶）、聚酰胺纤维（锦纶）等。

合成纤维一般是线型高聚物，分子链比较直、支链少，链的排列也比较整齐。合成纤维的这种结构有利于分子定向排列，构成分子内部的局部结晶；此外，它要求分子链具有较大的极性，使其在结晶区内分子间力较大，纤维具有一定的强度。合成纤维中分子排列不整齐的区域，形成局部无定形区。在无定形区内，分子链可自由运动，使合成纤维柔软而富有弹性。在合成纤维分子内，晶区和无定形区的有机结合，使合成纤维既有柔性又具有一定的强度。合成纤维一般都具有强度高、弹性大、密度小、耐磨、耐化学腐蚀、耐光、耐热等特点，广泛用作衣料等生活用品，在工农业、交通、国防等部门也有许多重要应用。例如，用锦纶做汽车轮胎帘子线，寿命比一般天然纤维高出1~2倍，并可节约橡胶用量20%。

14.4.3 新型高分子材料

尽管高分子材料因普遍具有许多金属和无机材料所无法取代的优点而获得迅速发展，但目前已大规模生产的还是只能在寻常条件下使用的高分子物质，即通用高分子，它们存在机械强度和刚性差、耐热性低等缺点。而现代工程技术的发展则向高分子材料提出了更高的要求，因而推动了高分子材料向高性能化、功能化和生物化方向发展，这样就出现了许多产量低、价格高、性能优异的新型高分子材料。

1. 高分子分离膜

高分子分离膜是用高分子材料制成的具有选择性透过功能的半透性薄膜。采用这样的半透性薄膜，以压力差、温度梯度、浓度梯度或电位差为动力，与气体混合物、液体混合物或有机物、无机物的溶液等分离技术相比，具有省能、高效和洁净等特点，因而被认为是支撑新技术革命的重大技术。膜分离过程主要有反渗透、超滤、微滤、电渗析、压渗析、气体分离、渗透气化和液膜分离等，用于制备分离、渗透气化和液膜分离等。用来制备分离膜的高分子材料有许多种类。现在用得较多的是聚砜、聚烯烃、纤维素脂类和有机硅等。膜的形式也有多种，一般用的是平膜和中空纤维。推广应用高分子分离膜能获得巨大的经济效益和社会效益。例如，利用离子交换膜电解食盐可减少污染、节约能源，利用反渗透进行海水淡化和脱盐要比其他方法消耗的能量都小；利用气体分离膜从空气中富集氧可大大提高氧气回收率等。

2. 高分子导电材料

普通高分子材料是绝缘性较好的材料，根据不同应用领域的需要以及为进一步拓宽高分子材料的应用范围，一些高分子材料被赋予某种程度的导电性成为导电高分子材料。第一个高导电性的高分子材料是经碘掺杂处理的聚乙炔，其后又相继开发了聚吡咯、聚对苯撑、聚苯硫醚、聚苯胺等导电高分子材料。导电高分子材料分为结构型导电高分子材料和复合型导电高分子材料。结构型导电高分子材料的导电性是由其本身结构决定的，其导电性可以通过结构和配方的变化来调节。在普通高聚物中混以导电性物质而制得的导电高分子材料称为复合型导电高分子材料，其导电性可以通过改变配方调节。导电聚合物质量轻、柔软、耐腐蚀性好、加工成型容易、具有较好的机械强度，具有绿色环保的特点，因而发展前景十分诱人。

3. 光功能高分子材料

光功能高分子材料又称光敏高分子，是指能够对光进行透射、吸收、储存、转换的一类高分子材料。按其功能，光敏高分子可分为光导电材料、光能储存材料、光记录材料、光致变色材料、光致抗蚀材料和光致锈蚀材料等。光功能高分子材料利用对光的透射，可以制成品种繁多的线性光学材料，如普通的安全玻璃、各种透镜、棱镜等；利用高分子材料曲线传播特性，可以开发出非线性光学元件，如塑料光导纤维、塑料石英复合光导纤维等，而先进的信息储存元件兴盛的基本材料就是高性能的有机玻璃和聚碳酸酯。此外，利用高分子材料的光化学反应，可以开发出在电子工业和印刷工业上得到广泛使用的感光树脂、光固化涂料及黏合剂；利用高分子材料的能量转换特性，可制成光导电材料和光致变色材料；利用某些高分子材料的折射率随机械应力而变化的特性，可开发出光弹材料，用于研究力结构材料内部的应力分布等。

4. 医用高分子材料

医用高分子材料是指用于制造人体内脏、体外器官、药物剂型及医疗器械的聚合物材料，其来源包括天然生物高分子材料和合成生物高分子材料。根据实际应用将医用高分子材料分为两类：一类是用于制造医疗器械或医疗用品的材料，如注射器、手术钳、血浆袋等，本身不具备代替人体器官的功能。另一类是直接用于治疗人体的病变组织，替代人体某一脏器或修补人体的某一缺陷的材料，如用作人工血管、食管、人工心脏、肾脏、人造皮肤的高分子材料。它在使用过程中，与生物肌体、血液、体液等直接接触，有的还需长期植入体内。

医用高分子材料多用于人体，直接关系到人的生命和健康，一般对其性能的要求是：

(1) 安全性，必须无毒或副作用极少。这就要求聚合物纯度高，生产环境非常清洁，聚合助剂的残留少，杂质含量为 ppm 级，确保无病、无毒传播条件。同时其高分子化合物本身以及单体杂质、降解或磨损产物不对身体产生不良影响。

(2) 物理、化学和机械性能需满足医用所需设计和功能的要求，如硬度、弹性、机械强度、疲劳强度、蠕变、磨耗、吸水性、溶出性、耐酶性和体内老化性等。此外，还要求便于灭菌消毒而不降低材料的性能。不同性能的医用高分子材料可根据其具体情况选择合适的灭菌方式。

(3) 适应性，包括与医疗用品中其他材料的适应性，材料与人体生物相容性、血液相容性及组织的相容性。

(4) 特殊功能。不同的应用领域，要求材料分别具有一定的特殊功能。

在大多数情况下，现有高分子材料的表面化学组成与结构很难满足上述要求，通常要采用表面改性处理，如接枝共聚，以改进其抗凝血性等性能。此外，医用高分子材料还需要优异的加工成型性，易加工成需要的复杂形状。

迄今，医用高分子所涉及的材料大部分限于已工业化的高分子材料，远不能适应和满足十分复杂的人体器官功能。合成出具有生物医学功能的理想高分子材料，成为医学、医药学和化学工作者共同关心的问题。

14.5 复合材料

随着科学技术的发展，对材料提出越来越高的要求，单一的金属、非金属或有机高分子材料往往不能满足人们的需要。采用复合技术，把一些不同性能的材料复合在一起，使其互相取长补短，从而获得单一材料不具备的优越的综合性能，于是就产生了复合材料。

14.5.1 复合材料概述

复合材料是由两种或两种以上性质不同的材料通过复合工艺组合而成的多元材料。这样得到的复合材料不仅能克服单一材料的缺点，而且会产生单一材料通常不具备的新性能。复合材料具备下列特点。

(1) 比强度、比模量高。比强度与比模量是材料承载能力的一个重要指标。一般比强度越大，原料自重就越小；比模量越大，零件的刚性就越大。据估计，当用复合材料和高强度钢制成具有相同强度的零件时，其质量可减轻70%左右，这对于需要减轻材料质量的构件具有十分重大的意义。

(2) 抗疲劳性能好。纤维增强的复合材料在一定程度上能阻止材料在应力作用下产生裂纹的扩展，提高材料的疲劳极限。

(3) 减摩、耐磨和自润滑性能好。

(4) 化学稳定性好。

复合材料一般由基体组元和增强体组元或功能体组元组成。复合材料可按照其性能高低的层次分为常用复合材料和先进复合材料；也可以按照使用目的的不同分为结构复合材料和功能复合材料；还可按照组元的不同分为金属基复合材料、陶瓷基复合材料、玻璃基复合材料、水泥基复合材料、碳基复合材料、高聚物(树脂)基复合材料等。但目前复合材料还存在抗冲击性能低、横向强度和层间剪切强度差等缺点，有待研究改进。

14.5.2 几类先进的复合材料

1. 金属基复合材料

金属基复合材料是以金属为基体，并以高强度的增强体复合制得的材料。由于基体金属可有不同，增强体的种类也很多，可以是碳、硼、氧化铝、碳化硅等。增强体的形态可以是颗粒、纤维、晶须等，由此组合起来，可以形成的金属基复合材料的种类是多种多样的，目前已有铝基、镁基、钛基、高温合金基、铜基、铅基等，其中以铝基发展最快。金属基复合材料具有优异的机械性能、良好的导电性、耐高温性和优良的尺寸稳定性，首先在航天航空上得到应用。

2. 陶瓷基复合材料

陶瓷基复合材料是以陶瓷为基体，以各种物质的纤维、金属丝为增强体的复合材料。这些先进陶瓷具有耐高温、高强度和刚度、相对质量较轻、抗腐蚀等优异性能，而其致命的缺点是具有脆性，处于应力状态时，会产生裂纹，甚至断裂导致材料失效。而采用高强度、高弹性的纤维与基体复合，则是提高陶瓷韧性和可靠性的一种有效的方法。纤维能阻止裂纹的扩展，从而得到有优良韧性的纤维增强陶瓷基复合材料。用碳纤维、硼纤维及 SiC、Al_2O_3 纤维为增强材料制成的陶瓷复合材料，在强度模量及耐高温、耐磨、耐腐性能方面是无可比拟的。航天飞机外壳上的绝热瓦就是这种复合材料。陶瓷基复合材料已实用化或即将实用化的领域有刀具、滑动构件、发动机制件、能源构件等。法国已将长纤维增强碳化硅复合材料应用于制造高速列车的制动件，显示出优异的摩擦磨损特性，取得满意的使用效果。另外，陶瓷基复合材料制成的导弹的头锥、火箭喷管、航天飞机上的结构件等，效果非常好。

3. 高聚物基复合材料

高聚物基复合材料是以有机高聚物为基体，以连续纤维为增强剂的复合材料。高聚物具有黏性，可以与高强度的纤维牢固地固定在一起，成为有机整体，如用玻璃纤维增强热固性树脂——玻璃钢，玻璃钢可分为玻璃纤维增强热固性塑料和玻璃纤维增强热塑性塑料。玻璃纤维增强塑料质量轻而比强度高(比强度可以和金属材料相比)，被用于航天工业。而用碳纤维增强树脂的复合材料在许多方面(如比强度和比模量)均已超过玻璃钢，同时它还具有优良的抗疲劳性能及优良的耐冲击性能等，已大量用于飞机及宇航技术中，且有可能替代钢用于汽车制造，可大大减轻汽车质量。根据聚合物基体的不同，高聚物基复合材料还具有较好的抗疲劳性、减震性、耐磨性、耐腐蚀性、易加工、成本低及设计性强等特点，因而广泛用于汽车、轮船、飞机、石油化工、体育用品和生活用品。

习　题

1. 什么是材料？依据材料的特性和化学成分如何进行分类？
2. 解释下列名词：
    (1) 硬质合金；(2) 超导材料；(3) 纳米材料；(4) 非晶态金属；(5) 光导纤维。
3. 传统的无机非金属材料有哪些？列举一些这类材料的应用。
4. 举例说明新型无机非金属材料在现代社会的应用。
5. 什么是有机高分子？与无机材料相比，它有什么特点？
6. 现代社会最常用的有机高分子材料是什么？
7. 简要介绍医用高分子材料及其应用前景。
8. 从实际出发谈谈为什么要开发复合材料。

参 考 文 献

《大学化学》编辑委员会. 1995. 今日化学. 北京: 北京大学出版社.
北京师范大学等校. 1993. 无机化学(上、下册). 3 版. 北京: 高等教育出版社.
蔡少华, 龚孟濂, 史华红. 1999. 无机化学基本原理. 广州: 中山大学出版社.
陈吉书, 等. 2002. 无机化学. 南京: 南京大学出版社.
大连理工大学普通化学教研室. 1999. 大学普通化学. 3 版. 大连: 大连理工大学出版社.
傅献彩. 1999. 大学化学(上、下册). 北京: 高等教育出版社.
国家技术监督局. 1996. 量和单位国家标准实施指南. 北京: 中国标准出版社.
何强, 井文涌, 王翊亭. 2004. 环境学导论. 北京: 清华大学出版社.
胡忠鲠. 2000. 现代基础化学. 北京: 高等教育出版社.
华彤文, 等. 1993. 普通化学原理. 2 版. 北京: 北京大学出版社.
曲保中, 朱炳林, 周伟红. 2002. 新大学化学. 北京: 科学出版社.
邵学俊, 董平安, 魏益海. 2003. 无机化学. 2 版. 武汉: 武汉大学出版社.
沈光球, 陶家洵, 徐功骅. 1999. 现代化学基础. 北京: 清华大学出版社.
唐有祺, 王夔. 1997. 化学与社会. 北京: 高等教育出版社.
天津大学无机化学教研室. 1994. 大学化学. 天津: 天津大学出版社.
同济大学普通化学及无机化学教研室. 2004. 普通化学. 北京: 高等教育出版社.
图恩, 等. 1980~1981. 化学基础(1~3 分册). 罗伯儒等译. 北京: 文化教育出版社.
王芳. 2014. 大学化学. 北京: 北京大学出版社.
王明华, 等. 1998. 化学与现代文明. 杭州: 浙江大学出版社.
吴旦. 2002. 化学与现代社会. 北京: 科学出版社.
西安交通大学基础化学教研室. 1996. 普通化学. 2 版. 北京: 高等教育出版社.
徐端钧, 陈恒武, 李浩然. 2004. 新编普通化学. 北京: 科学出版社.
浙江大学普通化学教研组. 1995. 普通化学. 4 版. 北京: 高等教育出版社.
Shriver D F, 等. 1997. 无机化学. 2 版. 高忆慈等译. 北京: 高等教育出版社.
Masterton W L, 等. 1980. 化学原理. 华彤文等译. 北京: 北京大学出版社.

附　录

附录 1　一些常用的物理化学常数

(IUPAC 1988 推荐值)

名称	符号	数值	单位
标准状况下理想气体的标准摩尔体积	V_m	22.414 10±0.000 19	$L \cdot mol^{-1}$
标准压力	$p^{\ominus}$	$1.013\ 25 \times 10^5$	Pa
摩尔气体常量	R	8.314 510(70)	$J \cdot mol^{-1} \cdot K^{-1}$
玻耳兹曼常量	k	$1.380\ 658(12) \times 10^{-23}$	$J \cdot K^{-1}$
阿伏伽德罗常量	N_A	$6.022\ 136\ 7(36) \times 10^{23}$	mol^{-1}
水的三相点	$T_{tp}(H_2O)$	273.16	K
水在常压下的冰点	$T_0(H_2O)$	273.15	K
法拉第常量	F	$9.648\ 530\ 9(29) \times 10^4$	$C \cdot mol^{-1}$
普朗克常量	h	$6.626\ 075\ 5(40) \times 10^{-34}$	$J \cdot s$
真空光速	c_0	299 792 458	$m \cdot s^{-1}$
电子电荷	e	$1.602\ 177\ 33(49) \times 10^{-19}$	C
电子质量	m_e	$9.109\ 389\ 7(54) \times 10^{-31}$	kg
里德伯常量	R_∞	10 973 731.534(13)	m^{-1}
玻尔半径	a_0	$5.291\ 772\ 49(24) \times 10^{-11}$	m
真空电容率	ε_0	$8.854\ 187\ 816 \times 10^{-12}$	$C^2 \cdot J^{-1} \cdot m^{-1}$
原子质量常数 $\frac{1}{12}m(^{12}C)$	u	$1.660\ 540\ 2(10) \times 10^{-27}$	kg

附录 2　常用法定计量单位(部分)

物理量		单位		
名称	符号	名称	符号	备注
长度	$l, (L)$	米	M	SI 基本单位
质量	m	千克	kg	SI 基本单位
		吨	t	$1t = 10^3 kg$
		原子质量单位	u	$1u \approx 1.66 \times 10^{-27} kg$

续表

物理量		单位		
名称	符号	名称	符号	备注
时间	t	秒	s	SI 基本单位
		分	min	1min=60s
		时	h	1h=3600s
		天	d	1d=86400s
电流	I	安[培]	A	SI 基本单位
热力学温度	T	开[尔文]	K	SI 基本单位
物质的量	n	摩[尔]	mol	SI 基本单位
面积	$A, (S)$	平方米	m^2	SI 导出单位
体积	V	立方米	m^3	SI 导出单位
		升	L, (l)	$1L=1dm^3=10^{-3}m^3$
力	F	牛[顿]	N	SI 导出单位
压力	p	帕[斯卡]	Pa	SI 导出单位
物质 B 的浓度	c_B	摩尔每升	$mol \cdot L^{-1}$	SI 导出单位
密度	ρ	克每立方厘米	$g \cdot cm^{-3}$	
能量,功,热	E, W, Q	焦[耳]	J	
		电子伏特	eV	$1eV \approx 1.602\,189\,2 \times 10^{-19}J$
		千瓦小时	$kW \cdot h$	$1kW \cdot h=3.6 \times 10^6 J$
摄氏温度	t, θ	摄氏度	℃	SI 导出单位
电荷	Q	库[仑]	C	SI 导出单位
电势(电位)	V, φ			
电压	$U, (V)$	伏[特]	V	SI 导出单位
电动势	E			
电阻	R	欧[姆]	Ω	SI 导出单位

附录3 常用标准热力学数据(298.15K)

物质	状态	$\Delta_f H_m^{\ominus}/(kJ \cdot mol^{-1})$	$\Delta_f G_m^{\ominus}/(kJ \cdot mol^{-1})$	$S_m^{\ominus}/(J \cdot mol^{-1} \cdot K^{-1})$
Ag	s	0	0	42.6
Ag^+	aq	105.6	77.1	72.7
AgBr	s	−100.4	−96.9	107.1
AgCl	s	−127.0	−109.8	96.3
AgI	s	−61.8	−66.2	115.5
$AgNO_3$	s	−124.4	−33.4	140.9
Ag_2O	s	−31.1	−11.2	121.3

续表

物质	状态	$\Delta_f H_m^\ominus/(kJ\cdot mol^{-1})$	$\Delta_f G_m^\ominus/(kJ\cdot mol^{-1})$	$S_m^\ominus/(J\cdot mol^{-1}\cdot K^{-1})$
Al	s	0	0	28.3
Al^{3+}	aq	−531.0	−485.0	−321.7
$AlCl_3$	s	−704.2	−628.8	110.7
$Al(OH)_3$	s	−1284	−1306	71
Br_2	l	0	0	152.2
Br^-	aq	−121.6	−104.0	82.4
C(石墨)	s	0	0	5.7
C(金刚石)	s	1.9	2.9	2.4
Ca	s	0	0	41.6
Ca^{2+}	aq	−542.8	−553.6	−53.1
CaC_2	s	−59.8	−64.9	70.0
$CaCO_3$(方解石)	s	−1207.6	−1129.1	91.7
$CaCl_2$	s	−795.4	−748.8	108.4
CaO	s	−634.9	−603.3	38.1
$Ca(OH)_2$	s	−985.2	−897.5	83.4
Cl_2	g	0	0	223.1
Cl^-	aq	−167.2	−131.2	56.5
ClO_3^-	aq	−104.0	−8.0	162.3
ClO_4^-	aq	−129.3	−8.5	182.0
CCl_4	l	−128.2	−62.6	216.2
CH_4	g	−74.6	−50.5	186.3
CH_3OH	l	−239.2	−166.6	126.8
$CO(NH_2)_2$	s	−333.1	−196.8	104.6
CH_3NH_2	g	−22.5	32.7	242.9
C_2H_2	g	227.4	209.9	200.9
C_2H_4	g	52.4	68.4	219.3
CH_3CHO	l	−192.2	−127.6	160.2
CH_3COOH	l	−484.3	−389.9	159.8
C_2H_6	g	−84.0	−32.0	229.2
C_2H_5OH	l	−277.6	−174.8	160.7
$(CH_3)_2CO$	l	−248.4	−152.7	199.8
C_3H_8	g	−103.8	−23.4	270.3
C_6H_6	l	49.1	124.5	173.4
	g	82.9	129.7	269.2
CO	g	−110.5	−137.2	197.7
CO_2	g	−393.5	−394.4	213.8
CO_3^{2-}	aq	−677.1	−527.8	−56.9
CrO_4^{2-}	aq	−881.2	−727.8	50.2
Cr_2O_3	s	−1139.7	−1058.1	81.2
Cu	s	0	0	33.2

续表

物质	状态	$\Delta_f H_m^\ominus/(kJ \cdot mol^{-1})$	$\Delta_f G_m^\ominus/(kJ \cdot mol^{-1})$	$S_m^\ominus/(J \cdot mol^{-1} \cdot K^{-1})$
Cu^{2+}	aq	64.8	65.5	−99.6
CuO	s	−157.3	−129.7	42.6
Cu_2O	s	−168.6	−146.0	93.1
CuS	s	−53.1	−53.6	66.5
F_2	g	0	0	202.8
F^-	aq	−332.6	−278.8	−13.8
Fe	s	0	0	27.3
Fe^{2+}	aq	−89.1	−78.9	−137.7
Fe^{3+}	aq	−48.5	−4.7	−315.9
Fe_2O_3	s	−824.2	−742.2	87.4
$FeSO_4$	s	−928.4	−820.8	107.5
H_2	g	0	0	130.7
H^+	aq	0	0	0
HBr	g	−36.3	−53.4	198.7
HCl	g	−92.3	−95.3	186.9
HCO_3^-	aq	−692.0	−586.8	91.2
HCHO	g	−108.6	−102.5	218.8
HCOOH	l	−425.0	−361.4	129.0
HF	g	−273.3	−275.4	173.8
HI	g	26.5	1.7	206.6
HNO_3	l	−174.1	−80.7	155.6
H_2O	l	−285.8	−237.1	70.0
	g	−241.8	−228.6	188.8
H_2O_2	l	−187.8	−120.4	109.6
	g	−136.3	−105.6	232.7
H_2S	g	−20.6	−33.4	205.8
H_2SO_4	l	−814.0	−690.0	156.9
HgO	s	−90.8	−58.5	70.3
I_2	s	0	0	116.1
	g	62.4	19.3	260.7
I^-	aq	−55.2	−51.6	111.3
K	s	0	0	64.7
K^+	aq	−252.4	−283.3	102.5
KCl	s	−436.5	−408.5	82.6
$KClO_3$	s	−397.7	−296.3	143.1
Li^+	aq	−278.5	−293.3	13.4
Mg	s	0	0	32.7
Mg^{2+}	aq	−466.9	−454.8	−138.1
$MgCl_2$	s	−641.3	−591.8	89.6
MgO	s	−601.6	−569.3	27.0
$Mg(OH)_2$	s	−924.5	−833.5	63.2

物质	状态	$\Delta_f H_m^\ominus/(kJ \cdot mol^{-1})$	$\Delta_f G_m^\ominus/(kJ \cdot mol^{-1})$	$S_m^\ominus/(J \cdot mol^{-1} \cdot K^{-1})$
MgSO$_4$	s	−1284.9	−1170.6	91.6
Mn^{2+}	aq	−220.8	−228.1	−73.6
MnO$_2$	s	−520.0	−465.1	53.1
MnO$_4^-$	aq	−541.4	−447.2	191.2
N$_2$	g	0	0	191.6
Na	s	0	0	51.3
Na$^+$	aq	−240.1	−261.9	59.0
NaCl	s	−411.2	−384.1	72.1
Na$_2$CO$_3$	s	−1130.7	−1044.4	135.0
NaF	s	−576.6	−546.3	51.1
Na$_2$O	s	−414.2	−375.5	75.1
NaOH	s	−425.6	−379.5	40.0
NH$_3$	g	−45.9	−16.4	192.8
NH$_4^+$	aq	−132.5	−79.3	113.4
NH$_4$NO$_3$	s	−365.5	−183.9	151.1
NO	g	91.3	87.6	210.8
NO$_2$	g	33.2	51.3	240.1
NO$_3^-$	aq	−207.4	−111.3	146.4
O$_2$	g	0	0	205.2
O$_3$	g	142.7	163.2	238.9
OH$^-$	aq	−230.0	−157.2	−10.8
P$_4$	g	58.9	24.4	280.0
PCl$_3$	g	−287.0	−267.8	311.8
PCl$_5$	g	−374.9	−305.0	364.6
PO$_4^{3-}$	aq	−1277.4	−1018.7	−220.5
S(正交)	s	0	0	32.1
SO$_2$	g	−296.8	−300.1	248.2
SO$_3$	g	−395.7	−371.1	256.8
Si	s	0	0	18.8
SiCl$_4$	l	−687.0	−619.8	239.7
	g	−657.0	−617.0	330.7
SiH$_4$	g	34.3	56.9	204.6
SiO$_2$	s	−910.7	−856.3	41.5
Sn(白)	s	0	0	51.2
SnO$_2$	s	−577.6	−515.8	49.0
Zn	s	0	0	41.6
ZnO	s	−350.5	−320.5	43.7

附录4 常见弱电解质的标准解离常数(298.15K)

附录4.1 酸

名称	化学式		$K_a^\ominus$	$pK_a^\ominus$
砷酸	H_3AsO_4	$K_{a1}^\ominus$	5.50×10^{-3}	2.26
		$K_{a2}^\ominus$	1.74×10^{-7}	6.76
		$K_{a3}^\ominus$	5.13×10^{-12}	11.29
亚砷酸	H_3AsO_3		5.13×10^{-10}	9.29
硼酸	H_3BO_3		5.81×10^{-10}	9.236
焦硼酸	$H_2B_4O_7$	$K_{a1}^\ominus$	1.00×10^{-4}	4.00
		$K_{a2}^\ominus$	1.00×10^{-9}	9.00
碳酸	H_2CO_3	$K_{a1}^\ominus$	4.47×10^{-7}	6.35
		$K_{a2}^\ominus$	4.68×10^{-11}	10.33
铬酸	H_2CrO_4	$K_{a1}^\ominus$	1.80×10^{-1}	0.74
		$K_{a2}^\ominus$	3.20×10^{-7}	6.49
氢氟酸	HF		6.31×10^{-4}	3.20
亚硝酸	HNO_2		5.62×10^{-4}	3.25
过氧化氢	H_2O_2		2.4×10^{-12}	11.62
磷酸	H_3PO_4	$K_{a1}^\ominus$	6.92×10^{-3}	2.16
		$K_{a2}^\ominus$	6.23×10^{-8}	7.21
		$K_{a3}^\ominus$	4.80×10^{-13}	12.32
焦磷酸	$H_4P_2O_7$	$K_{a1}^\ominus$	1.23×10^{-1}	0.91
		$K_{a2}^\ominus$	7.94×10^{-3}	2.10
		$K_{a3}^\ominus$	2.00×10^{-7}	6.70
		$K_{a4}^\ominus$	4.79×10^{-10}	9.32
氢硫酸	H_2S	$K_{a1}^\ominus$	8.90×10^{-8}	7.05
		$K_{a2}^\ominus$	1.26×10^{-14}	13.9
亚硫酸	H_2SO_3	$K_{a1}^\ominus$	1.40×10^{-2}	1.85
		$K_{a2}^\ominus$	6.31×10^{-2}	7.20
硫酸	H_2SO_4	$K_{a2}^\ominus$	1.02×10^{-2}	1.99
偏硅酸	H_2SiO_3	$K_{a1}^\ominus$	1.70×10^{-10}	9.77
		$K_{a2}^\ominus$	1.58×10^{-12}	11.80
甲酸	$HCOOH$		1.772×10^{-4}	3.75
乙酸	CH_3COOH		1.74×10^{-5}	4.76
草酸	$H_2C_2O_4$	$K_{a1}^\ominus$	5.9×10^{-2}	1.23
		$K_{a2}^\ominus$	6.46×10^{-5}	4.19

续表

名称	化学式	$K_a^\ominus$		$pK_a^\ominus$
酒石酸	HOOC(CHOH)$_2$COOH	$K_{a1}^\ominus$	1.04×10^{-3}	2.98
		$K_{a2}^\ominus$	4.57×10^{-5}	4.34
苯酚	C$_6$H$_5$OH		1.02×10^{-10}	9.99
抗坏血酸	O=C—C(OH)=C(OH)—CH—CHOH—CH$_2$OH O	$K_{a1}^\ominus$	5.0×10^{-5}	4.10
		$K_{a2}^\ominus$	1.5×10^{-10}	11.79
柠檬酸	HO—C(CH$_2$COOH)$_2$COOH	$K_{a1}^\ominus$	7.24×10^{-4}	3.14
		$K_{a2}^\ominus$	1.70×10^{-5}	4.77
		$K_{a3}^\ominus$	4.07×10^{-7}	6.39
苯甲酸	C$_6$H$_5$COOH		6.45×10^{-5}	4.19
邻苯二甲酸	C$_6$H$_4$(COOH)$_2$	$K_{a1}^\ominus$	1.30×10^{-3}	2.89
		$K_{a2}^\ominus$	3.09×10^{-6}	5.51

附录4.2 碱

名称	化学式	$K_b^\ominus$		$pK_b^\ominus$
氨水	NH$_3$·H$_2$O		1.79×10^{-5}	4.75
甲胺	CH$_3$NH$_2$		4.20×10^{-4}	3.38
乙胺	C$_2$H$_5$NH$_2$		4.30×10^{-4}	3.37
二甲胺	(CH$_3$)$_2$NH		5.90×10^{-4}	3.23
二乙胺	(C$_2$H$_5$)$_2$NH		6.31×10^{-4}	3.2
苯胺	C$_6$H$_5$NH$_2$		3.98×10^{-10}	9.40
乙二胺	H$_2$NCH$_2$CH$_2$NH$_2$	$K_{b1}^\ominus$	8.32×10^{-5}	4.08
		$K_{b2}^\ominus$	7.10×10^{-8}	7.15
乙醇胺	HOCH$_2$CH$_2$NH$_2$		3.2×10^{-5}	4.50
三乙醇胺	(HOCH$_2$CH$_2$)$_3$N		5.8×10^{-7}	6.24
六次甲基四胺	(CH$_2$)$_6$N$_4$		1.35×10^{-9}	8.87
吡啶	C$_5$H$_5$N		1.80×10^{-9}	8.70

附录5 常见难溶电解质的溶度积(298.15K)

难溶电解质	K_{sp}	难溶电解质	K_{sp}
AgCl	1.56×10^{-10}	CaC$_2$O$_4$·H$_2$O	2.57×10^{-9}
AgBr	7.7×10^{-13}	CaF$_2$	3.95×10^{-11}
AgI	1.5×10^{-16}	Ca$_3$(PO$_4$)$_2$	2.07×10^{-33}
Ag$_2$CrO$_4$	9.0×10^{-12}	CaSO$_4$	1.96×10^{-5}
Ag$_2$S	1.6×10^{-49}	CdS	3.6×10^{-29}
Al(OH)$_3$	2×10^{-33}	Cr(OH)$_3$	7.0×10^{-31}
BaCO$_3$	8.1×10^{-9}	CuCl	1.02×10^{-6}
BaSO$_4$	1.08×10^{-10}	CuBr	4.15×10^{-8}
BaCrO$_4$	1.6×10^{-10}	CuI	5.06×10^{-12}
CaCO$_3$	8.7×10^{-9}	CuS	1.27×10^{-36}

续表

难溶电解质	K_{sp}	难溶电解质	K_{sp}
Cu_2S	2×10^{-47}	MnS	1.4×10^{-15}
$Fe(OH)_2$	1.64×10^{-14}	$Ni(OH)_2$	4.8×10^{-16}
$Fe(OH)_3$	1.1×10^{-36}	$PbCO_3$	3.3×10^{-14}
FeS	3.7×10^{-19}	$PbCrO_4$	1.77×10^{-14}
Hg_2Cl_2	2×10^{-18}	$PbSO_4$	1.39×10^{-8}
Hg_2I_2	1.2×10^{-28}	PbS	3.4×10^{-28}
HgS(黑)	4×10^{-53}	PbI_2	1.39×10^{-8}
Li_2CO_3	1.7×10^{-3}	SnS	1.2×10^{-25}
$MgCO_3$	2.6×10^{-5}	$Zn(OH)_2$	1.8×10^{-14}
$Mg(OH)_2$	1.2×10^{-11}	ZnS	1.2×10^{-23}
$Mn(OH)_2$	4×10^{-14}		

摘自 Weast R C. Handbook of Chemistry and Physics.69th ed. 1988~1989：207-208。

附录6 常见氧化还原电对的标准电极电势

附录6.1 在酸性溶液中

电对	电极反应	$\varphi^{\ominus}$/V
Li^+/Li	$Li^+ + e^- \rightleftharpoons Li$	−3.040 1
Cs^+/Cs	$Cs^+ + e^- \rightleftharpoons Cs$	−3.026
K^+/K	$K^+ + e^- \rightleftharpoons K$	−2.931
Ba^{2+}/Ba	$Ba^{2+} + 2e^- \rightleftharpoons Ba$	−2.912
Ca^{2+}/Ca	$Ca^{2+} + 2e^- \rightleftharpoons Ca$	−2.868
Na^+/Na	$Na^+ + e^- \rightleftharpoons Na$	−2.71
Mg^{2+}/Mg	$Mg^{2+} + 2e^- \rightleftharpoons Mg$	−2.372
H_2/H^-	$1/2\,H_2 + e^- \rightleftharpoons H^-$	−2.23
Al^{3+}/Al	$Al^{3+} + 3e^- \rightleftharpoons Al$	−1.662
Mn^{2+}/Mn	$Mn^{2+} + 2e^- \rightleftharpoons Mn$	−1.185
Zn^{2+}/Zn	$Zn^{2+} + 2e^- \rightleftharpoons Zn$	−0.761 8
Cr^{3+}/Cr	$Cr^{3+} + 3e^- \rightleftharpoons Cr$	−0.744
Ag_2S/Ag	$Ag_2S + 2e^- \rightleftharpoons 2Ag + S^{2-}$	−0.691
$CO_2/H_2C_2O_4$	$2CO_2 + 2H^+ + 2e^- \rightleftharpoons H_2C_2O_4$	−0.481
Fe^{2+}/Fe	$Fe^{2+} + 2e^- \rightleftharpoons Fe$	−0.447
Cr^{3+}/Cr^{2+}	$Cr^{3+} + e^- \rightleftharpoons Cr^{2+}$	−0.407
Cd^{2+}/Cd	$Cd^{2+} + 2e^- \rightleftharpoons Cd$	−0.403 0
$PbSO_4/Pb$	$PbSO_4 + 2e^- \rightleftharpoons Pb + SO_4^{2-}$	−0.358 8
Co^{2+}/Co	$Co^{2+} + 2e^- \rightleftharpoons Co$	−0.28
$PbCl_2/Pb$	$PbCl_2 + 2e^- \rightleftharpoons Pb + 2Cl^-$	−0.2675
Ni^{2+}/Ni	$Ni^{2+} + 2e^- \rightleftharpoons Ni$	−0.257
AgI/Ag	$AgI + e^- \rightleftharpoons Ag + I^-$	−0.152 24
Sn^{2+}/Sn	$Sn^{2+} + 2e^- \rightleftharpoons Sn$	−0.137 5

续表

电对	电极反应	$\varphi^{\ominus}$/ V
Pb^{2+} / Pb	$Pb^{2+} + 2e^- \rightleftharpoons Pb$	−0.126 2
Fe^{3+} / Fe	$Fe^{3+} + 3e^- \rightleftharpoons Fe$	−0.037
AgCN / Ag	$AgCN + e^- \rightleftharpoons Ag + CN^-$	−0.017
H^+ / H_2	$2H^+ + 2e^- \rightleftharpoons H_2$	0.000 0
AgBr /Ag	$AgBr + e^- \rightleftharpoons Ag + Br^-$	0.071 33
S/H_2S	$S + 2H^+ + 2e^- \rightleftharpoons H_2S\ (aq)$	0.142
Sn^{4+}/Sn^{2+}	$Sn^{4+} + 2e^- \rightleftharpoons Sn^{2+}$	0.151
Cu^{2+}/Cu^+	$Cu^{2+} + e^- \rightleftharpoons Cu^+$	0.153
AgCl/Ag	$AgCl + e^- \rightleftharpoons Ag + Cl^-$	0.222 33
Hg_2Cl_2/Hg	$Hg_2Cl_2 + 2e^- \rightleftharpoons 2Hg + 2Cl^-$	0.268 08
Cu^{2+} /Cu	$Cu^{2+} + 2e^- \rightleftharpoons Cu$	0.341 9
$S_2O_3^{2-}$/S	$S_2O_3^{2-} + 6H^+ + 4e^- \rightleftharpoons 2S + 3H_2O$	0.5
Cu^+/Cu	$Cu^+ + e^- \rightleftharpoons Cu$	0.521
I_2/ I^-	$I_2 + 2e^- \rightleftharpoons 2I^-$	0.535 5
I_3^-/ I^-	$I_3^- + 2e^- \rightleftharpoons 3I^-$	0.536
MnO_4^-/ MnO_4^{2-}	$MnO_4^- + e^- \rightleftharpoons MnO_4^{2-}$	0.558
H_3AsO_4/$HAsO_2$	$H_3AsO_4 + 2H^+ + 2e^- \rightleftharpoons HAsO_2 + 2H_2O$	0.560
Ag_2SO_4/Ag	$Ag_2SO_4 + 2e^- \rightleftharpoons 2Ag + SO_4^{2-}$	0.654
O_2 / H_2O_2	$O_2 + 2H^+ + 2e^- \rightleftharpoons H_2O_2$	0.695
Fe^{3+} /Fe^{2+}	$Fe^{3+} + e^- \rightleftharpoons Fe^{2+}$	0.771
Hg_2^{2+}/ Hg	$Hg_2^{2+} + 2e^- \rightleftharpoons 2Hg$	0.797 3
Ag^+ /Ag	$Ag^+ + e^- \rightleftharpoons Ag$	0.799 6
NO_3^-/N_2O_4	$2NO_3^- + 4H^+ + 2e^- \rightleftharpoons N_2O_4 + 2H_2O$	0.803
Hg^{2+} / Hg	$Hg^{2+} + 2e^- \rightleftharpoons Hg$	0.851
Cu^{2+} /CuI	$Cu^{2+} + I^- + e^- \rightleftharpoons CuI$	0.86
Hg^{2+}/Hg_2^{2+}	$2Hg^{2+} + 2e^- \rightleftharpoons Hg_2^{2+}$	0.920
NO_3^- / HNO_2	$NO_3^- + 3H^+ + 2e^- \rightleftharpoons HNO_2 + H_2O$	0.934
NO_3^- / NO	$NO_3^- + 4H^+ + 3e^- \rightleftharpoons NO + 2H_2O$	0.957
HNO_2 / NO	$HNO_2 + H^+ + e^- \rightleftharpoons NO + H_2O$	0.983
$[AuCl_4]^-$/Au	$[AuCl_4]^- + 3e^- \rightleftharpoons Au + 4Cl^-$	1.002
Br_2 / Br^-	$Br_2(l) + 2e^- \rightleftharpoons 2Br^-$	1.066
Cu^{2+} / $[Cu(CN)_2]^-$	$Cu^{2+} + 2CN^- + e^- \rightleftharpoons [Cu(CN)_2]^-$	1.103
IO_3^- / HIO	$IO_3^- + 5H^+ + 4e^- \rightleftharpoons HIO + 2H_2O$	1.14
IO_3^- / I_2	$2IO_3^- + 12H^+ + 10e^- \rightleftharpoons I_2 + 6H_2O$	1.195
MnO_2/ Mn^{2+}	$MnO_2 + 4H^+ + 2e^- \rightleftharpoons Mn^{2+} + 2H_2O$	1.224
O_2 / H_2O	$O_2 + 4H^+ + 4e^- \rightleftharpoons 2H_2O$	1.229
$Cr_2O_7^{2-}$ /Cr^{3+}	$Cr_2O_7^{2-} + 14H^+ + 6e^- \rightleftharpoons 2Cr^{3+} + 7H_2O$	1.232
Cl_2/Cl^-	$Cl_2(g) + 2e^- \rightleftharpoons 2Cl^-$	1.358 27
ClO_4^-/Cl_2	$2ClO_4^- + 16H^+ + 14e^- \rightleftharpoons Cl_2 + 8H_2O$	1.39

续表

电对	电极反应	$\varphi^{\ominus}/V$
ClO_3^-/Cl^-	$ClO_3^- + 6H^+ + 6e^- \rightleftharpoons Cl^- + 3H_2O$	1.451
PbO_2/Pb^{2+}	$PbO_2 + 4H^+ + 2e^- \rightleftharpoons Pb^{2+} + 2H_2O$	1.455
ClO_3^-/Cl_2	$ClO_3^- + 6H^+ + 5e^- \rightleftharpoons 1/2\,Cl_2 + 3H_2O$	1.47
BrO_3^-/Br_2	$2BrO_3^- + 12H^+ + 10e^- \rightleftharpoons Br_2 + 6H_2O$	1.482
$HClO/Cl^-$	$HClO + H^+ + 2e^- \rightleftharpoons Cl^- + H_2O$	1.482
Au^{3+}/Au	$Au^{3+} + 3e^- \rightleftharpoons Au$	1.498
MnO_4^-/Mn^{2+}	$MnO_4^- + 8H^+ + 5e^- \rightleftharpoons Mn^{2+} + 4H_2O$	1.507
Mn^{3+}/Mn^{2+}	$Mn^{3+} + e^- \rightleftharpoons Mn^{2+}$	1.541 5
$HBrO/Br_2$	$2HBrO + 2H^+ + 2e^- \rightleftharpoons Br_2 + 2H_2O$	1.596
H_5IO_6/IO_3^-	$H_5IO_6 + H^+ + 2e^- \rightleftharpoons IO_3^- + 3H_2O$	1.601
$HClO/Cl_2$	$2HClO + 2H^+ + 2e^- \rightleftharpoons Cl_2 + 2H_2O$	1.611
$HClO_2/HClO$	$HClO_2 + 2H^+ + 2e^- \rightleftharpoons HClO + H_2O$	1.645
MnO_4^-/MnO_2	$MnO_4^- + 4H^+ + 3e^- \rightleftharpoons MnO_2 + 2H_2O$	1.679
$PbO_2/PbSO_4$	$PbO_2 + SO_4^{2-} + 4H^+ + 2e^- \rightleftharpoons PbSO_4 + 2H_2O$	1.691 3
H_2O_2/H_2O	$H_2O_2 + 2H^+ + 2e^- \rightleftharpoons 2H_2O$	1.776
Co^{3+}/Co^{2+}	$Co^{3+} + e^- \rightleftharpoons Co^{2+}$	1.92
$S_2O_8^{2-}/SO_4^{2-}$	$S_2O_8^{2-} + 2e^- \rightleftharpoons 2SO_4^{2-}$	2.010
O_3/O_2	$O_3 + 2H^+ + 2e^- \rightleftharpoons O_2 + H_2O$	2.076
F_2/F^-	$F_2 + 2e^- \rightleftharpoons 2F^-$	2.866
F_2/HF	$F_2(g) + 2H^+ + 2e^- \rightleftharpoons 2HF$	3.503

附录6.2 在碱性溶液中

电对	电极反应	$\varphi^{\ominus}/V$
$Mn(OH)_2/Mn$	$Mn(OH)_2 + 2e^- \rightleftharpoons Mn + 2OH^-$	−1.56
$[Zn(CN)_4]^{2-}/Zn$	$[Zn(CN)_4]^{2-} + 2e^- \rightleftharpoons Zn + 4CN^-$	−1.34
ZnO_2^{2-}/Zn	$ZnO_2^{2-} + 2H_2O + 2e^- \rightleftharpoons Zn + 4OH^-$	−1.215
$[Sn(OH)_6]^{2-}/HSnO_2^-$	$[Sn(OH)_6]^{2-} + 2e^- \rightleftharpoons HSnO_2^- + 3OH^- + H_2O$	−0.93
SO_4^{2-}/SO_3^{2-}	$SO_4^{2-} + H_2O + 2e^- \rightleftharpoons SO_3^{2-} + 2OH^-$	−0.93
$HSnO_2^-/Sn$	$HSnO_2^- + H_2O + 2e^- \rightleftharpoons Sn + 3OH^-$	−0.909
H_2O/H_2	$2H_2O + 2e^- \rightleftharpoons H_2 + 2OH^-$	−0.827 7
$Ni(OH)_2/Ni$	$Ni(OH)_2 + 2e^- \rightleftharpoons Ni + 2OH^-$	−0.72
AsO_4^{3-}/AsO_2^-	$AsO_4^{3-} + 2H_2O + 2e^- \rightleftharpoons AsO_2^- + 4OH^-$	−0.71
SO_3^{2-}/S	$SO_3^{2-} + 3H_2O + 4e^- \rightleftharpoons S + 6OH^-$	−0.59
$SO_3^{2-}/S_2O_3^{2-}$	$2SO_3^{2-} + 3H_2O + 4e^- \rightleftharpoons S_2O_3^{2-} + 6OH^-$	−0.571
S/S^{2-}	$S + 2e^- \rightleftharpoons S^{2-}$	−0.476 27
$[Ag(CN)_2]^-/Ag$	$[Ag(CN)_2]^- + e^- \rightleftharpoons Ag + 2CN^-$	−0.31

续表

电对	电极反应	$\varphi^\ominus$/ V
CrO_4^{2-}/CrO_2^-	$CrO_4^{2-} + 2H_2O + 3e^- \rightleftharpoons CrO_2^- + 4OH^-$	−0.13
O_2/HO_2^-	$O_2 + H_2O + 2e^- \rightleftharpoons HO_2^- + OH^-$	−0.076
NO_3^-/NO_2^-	$NO_3^- + H_2O + 2e^- \rightleftharpoons NO_2^- + 2OH^-$	0.01
$S_4O_6^{2-}/S_2O_3^{2-}$	$S_4O_6^{2-} + 2e^- \rightleftharpoons 2S_2O_3^{2-}$	0.08
$[Co(NH_3)_6]^{3+}/[Co(NH_3)_6]^{2+}$	$[Co(NH_3)_6]^{3+} + e^- \rightleftharpoons [Co(NH_3)_6]^{2+}$	0.108
MnO_2/Mn_2O_3	$2MnO_2 + H_2O + 2e^- \rightleftharpoons Mn_2O_3 + 2OH^-$	0.15
$Co(OH)_3/Co(OH)_2$	$Co(OH)_3 + e^- \rightleftharpoons Co(OH)_2 + OH^-$	0.17
Ag_2O/Ag	$Ag_2O + H_2O + 2e^- \rightleftharpoons 2Ag + 2OH^-$	0.342
O_2/OH^-	$O_2 + 2H_2O + 4e^- \rightleftharpoons 4OH^-$	0.401
MnO_4^-/MnO_2	$MnO_4^- + 2H_2O + 3e^- \rightleftharpoons MnO_2 + 4OH^-$	0.595
BrO_3^-/Br^-	$BrO_3^- + 3H_2O + 6e^- \rightleftharpoons Br^- + 6OH^-$	0.61
BrO^-/Br^-	$BrO^- + H_2O + 2e^- \rightleftharpoons Br^- + 2OH^-$	0.761
ClO^-/Cl^-	$ClO^- + H_2O + 2e^- \rightleftharpoons Cl^- + 2OH^-$	0.81
H_2O_2/OH^-	$H_2O_2 + 2e^- \rightleftharpoons 2OH^-$	0.88
O_3/OH^-	$O_3 + H_2O + 2e^- \rightleftharpoons O_2 + 2OH^-$	1.24